自動車技術シリーズ 1　　（社）自動車技術会―編集

自動車原動機の環境対応技術
普及版

■編集幹事
井上惠太
辻村欽司

朝倉書店

序

　本書は(社)自動車技術会が企画編集した「自動車技術シリーズ」全12巻の1冊として刊行されるものである．このシリーズは，自動車に関わる焦点技術とその展望を紹介する意図のもとに，第一線で活躍されている研究者・技術者に特別に執筆を依頼して刊行の運びとなったものである．

　最新の技術課題について的確な情報を提供することは自動車技術会の重要な活動のひとつで，当会の編集会議の答申にもとづいてこのシリーズの刊行が企画された．このシリーズの各巻では，関連事項をくまなく網羅するよりも，内容を適宜取捨選択して主張や見解も含め自由に記述していただくよう執筆者にお願いした．その意味で，本書から自動車工学・技術の最前線におけるホットな雰囲気がじかに伝わってくるものと信じている．

　このような意味で，本書のシリーズは，基礎的で普遍的事項を漏れなく含める方針で編集されている当会の「自動車技術ハンドブック」と対極に位置している．また，ハンドブックはおよそ10年ごとに改訂され，最新技術を含めて時代に見合うよう更新する方針となっており，本自動車技術シリーズはその10年間の技術進展の記述を補完する意味ももっている．さらに，発刊の時期が自動車技術会発足50年目の節目にもあたっており，時代を画すマイルストーンとしての意義も込められている．本シリーズはこのような多くの背景のもとで企画されたものであり，本書が今後の自動車工学・技術，さらには工業の発展に役立つことを強く願っている．

　本シリーズの発刊にあたり，関係各位の適切なご助言，本シリーズ編集担当幹事ならびに執筆者諸氏の献身的なご努力，会員各位のご支援，事務局ならびに朝倉書店のご尽力に対して，深く謝意を表したい．

　1996年7月

社団法人　自動車技術会
自動車技術シリーズ出版委員会
委員長　池上　詢

(社)自動車技術会　編集
＜自動車技術シリーズ＞
編集委員会

編集委員長	池　上　　　詢	京都大学工学部
副委員長	近　森　　　順	成蹊大学工学部
編集委員	安　部　正　人	神奈川工科大学工学部
	井　上　愿　太	トヨタ自動車(株)
	大　沢　　　洋	日野自動車工業(株)
	岡　　　克　己	(株)本田技術研究所
	小　林　敏　雄	東京大学生産技術研究所
	城　井　幸　保	三菱自動車工業(株)
	芹　野　洋　一	トヨタ自動車(株)
	高　波　克　治	いすゞエンジニアリング(株)
	辻　村　欽　司	(株)新エィシーイー
	農　沢　隆　秀	マツダ(株)
	林　　　直　義	(株)本田技術研究所
	原　田　　　宏	防衛大学校
	東　出　隼　機	日産ディーゼル工業(株)
	間　瀬　俊　明	日産自動車(株)
	柳　瀬　徹　夫	日産自動車(株)
	山　川　新　二	工学院大学工学部

(五十音順)

まえがき

　19世紀後半に発明されて以来著しい発展を重ねた自動車は，今や人類にとって欠くべからざるものとして，日常生活の中に深く浸透しているが，その保有台数増大とともに公害，安全，道路混雑，廃棄物等多くの深刻な問題を起こしつつある．とりわけ公害と安全の問題は，その技術的解決が容易でなく，1960年代以降世界中の自動車技術者が全力をあげて取り組んできたといっても過言ではない．しかも，従来の主として機械工学分野の知識だけでは十分でなく，エレクトロニクス，材料，計測，制御等の広い領域の技術を総合しなければ目的を達成することが困難であり，技術者達は新しい知識を求めて，従来関係の薄かった他領域の研究者達とも緊密な連携をとりつつ解決にあたってきた．

　本書はこれらのうち，自動車原動機の環境対応技術についての最新の成果を，このような多面的な角度から記述したもので，排出ガスおよび燃費に関する法規制動向からはじめて，火花点火エンジンおよび圧縮着火エンジンの，燃焼，本体構造，排出ガス後処理，制御，燃料，さらに代替燃料エンジン，ハイブリッド車を含む電気自動車およびガスタービンにまで言及している．

　内容が多岐にわたるために，多数の研究者をわずらわせて執筆していただいた．何分，日進月歩の領域だけに日々新しい技術が生まれつつあるが，広く現在の技術の全貌を知っていただくとともに，今後研究すべき課題を考えるための参考としていただければ幸いである．

　最後に，業務多忙にもかかわらず執筆していただいた方々に心からお礼申しあげる．

　1997年6月

井上　憙太

辻村　欽司

編集幹事

井 上 恵 太	(株)コンポン研究所・トヨタ自動車(株)
辻 村 欽 司	(株)新エィシーイー

執 筆 者 (執筆順)

井 上 恵 太	(株)コンポン研究所・トヨタ自動車(株)
馬 渕 章 好	本田技研工業(株) 認証部
大 聖 泰 弘	早稲田大学 理工学部
山 田 敏 生	トヨタ自動車(株) 東富士研究所
村 中 重 夫	日産自動車(株) 動力機構研究所
小 松 一 也	マツダ(株) 技術研究所
野 村 宏 次	(財)石油産業活性化センター 技術開発部
大 畠 明	トヨタ自動車(株) 東富士研究所
西 脇 一 宇	立命館大学 理工学部
横 田 克 彦	(株)いすゞ 中央研究所
青 柳 友 三	日野自動車工業(株) 技術研究所
伊 勢 一	エネルギ・環境コンサルタント
渡 邉 慶 人	日産ディーゼル工業(株) 開発本部研究所
小 笠 原 弘 三	(株)リケン 環境システム部
辻 村 欽 司	(株)新エィシーイー
金 榮 吉	全南大学校 自動車研究所
横 井 征 一 郎	前・東燃(株) 人材開発室
小 俣 達 雄	日本石油(株) 中央技術研究所
川 勝 史 郎	ダイハツ工業(株) 電気自動車事業部
鈴 木 孝 幸	日野自動車工業(株) エンジン RD 部
伊 藤 高 根	東海大学 工学部

目　　　次

1.　序　　　論　　　　　　　　　　　　　　　　　　　　　　　　　　　　　[井上憙太]　1

2.　排出ガスおよび燃費に関する法規制動向　　　　　　　　　　　　　　　　[馬渕章好]

2.1　排出ガスと大気汚染 ……………… 3
 2.1.1　排出ガスによる大気汚染 ……… 3
 2.1.2　排出ガス規制の歴史 …………… 4
2.2　排出ガスに関する法規制動向 …… 5
 2.2.1　日本での規制動向 ……………… 5
  a．NO_x 総量削減法 …………………… 5
  b．規制値強化 ………………………… 5
 2.2.2　アメリカでの規制動向 ………… 6
  a．連邦大気清浄法の改定 …………… 6
  b．カリフォルニア州の低排出ガス車規定 ‥ 8
  c．他州の動向 ………………………… 9
 2.2.3　ヨーロッパその他の国での規制動向 …… 9
2.3　燃料消費に関する規制動向 ……… 11
 2.3.1　日本での規制動向 ……………… 11
 2.3.2　アメリカ・ヨーロッパその他の国での規制動向 …… 11
2.4　燃料に関する規制動向 …………… 13
 2.4.1　日本での規制 …………………… 13
 2.4.2　アメリカ・ヨーロッパその他の国での規制動向 …… 13

3.　火花点火エンジン

3.1　はじめに ……………[大聖泰弘]… 15
3.2　燃焼特性と排出物の発生機構 [大聖泰弘]… 15
 3.2.1　燃焼特性と熱効率 ……………… 15
  a．予混合気の形成 …………………… 15
  b．火花点火と火炎の発達 …………… 16
  c．火炎伝播と燃焼速度 ……………… 16
  d．燃焼速度や熱効率に影響する因子 …… 19
  e．異常燃焼 …………………………… 20
  f．その他の燃焼方式 ………………… 22
 3.2.2　排出ガスの発生機構とその対策 ……… 22
  a．NO_x の生成機構と対策 …………… 23
  b．HC と CO の生成機構と対策 …… 25
  c．後処理による排出ガス対策 ……… 26
3.3　燃焼改善 ……………[山田敏生]… 27
 3.3.1　吸気系 …………………………… 27
  a．シリンダ内流れの生成法と効果 ……… 27
  b．効率的な吸気乱れ生成法 ………… 28
  c．タンブルポート …………………… 29
 3.3.2　燃料供給系 ……………………… 29
  a．噴射弁の構造 ……………………… 31
  b．噴霧粒径 …………………………… 31
  c．始動・暖機時の HC 低減 ………… 31
  d．燃料の応答遅れ防止 ……………… 32
 3.3.3　燃焼室 …………………………… 32
  a．比表面積と冷却損失 ……………… 32
  b．スキッシュ ………………………… 33
  c．ピストンクレビスと HC ………… 33
  d．燃焼室壁温とノッキング ………… 33
 3.3.4　点火系 …………………………… 34
  a．着火不良と伝播不良 ……………… 34
  b．着火不良の改善 …………………… 34
  c．くすぶりとプレイグニション …… 34
  d．点火方式と回路 …………………… 35
 3.3.5　EGR ……………………………… 35
  a．EGR 弁の構造と制御性 …………… 35
  b．EGR の供給口位置と応答性・混合 …… 35

3.3.6 リーンバーン ……………………… 36	c．電気加熱触媒 …………………………… 57
a．空燃比限界と燃費向上効果 ………… 36	d．バーナシステム ………………………… 57
b．リーンバーンの歴史と比較 ………… 36	e．HCトラップシステム ………………… 58
c．スワールと混合気形成 ……………… 37	3.5.3 リーンNO$_x$触媒 ………………………… 59
d．直接燃料噴射方式 …………………… 37	a．直接分解型触媒 ………………………… 59
3.4 本体改善 ……………………[村中重夫] 39	b．NO$_x$吸蔵還元型触媒 ………………… 61
3.4.1 機械損失の低減と軽量化 ……………… 39	3.5.4 エバポエミッション対策技術 ………… 62
a．機械損失の内訳と熱効率への影響 … 39	3.6 燃　料 ………………………[野村宏次] 64
b．ピストン，ピストンリング ………… 41	3.6.1 オクタン価 ………………………………… 64
c．クランク，コンロッド ……………… 42	3.6.2 揮発性 ……………………………………… 65
d．動弁系 ………………………………… 43	3.6.3 組　成 ……………………………………… 66
e．補　機 ………………………………… 44	3.6.4 硫黄分 ……………………………………… 67
f．軽量化 ………………………………… 44	3.6.5 鉛　分 ……………………………………… 67
3.4.2 ポンプ損失の低減 ……………………… 44	3.6.6 添加剤（清浄剤） ………………………… 69
a．可変動弁機構の分類 ………………… 45	3.7 エンジン・駆動系の制御 ……[大畠　明] 70
b．吸気弁閉時期制御 …………………… 45	3.7.1 エンジン制御の歴史 ……………………… 70
3.4.3 ポンプ損失と機械損失の組合せ ……… 47	3.7.2 エンジン制御の現状 ……………………… 71
a．可変気筒数エンジン ………………… 47	a．基本制御 ………………………………… 71
b．小排気量過給エンジン ……………… 48	b．過渡補正 ………………………………… 73
3.5 後　処　理 …………………[小松一也] 50	c．フィードバック ………………………… 74
3.5.1 後処理技術の変遷 ……………………… 50	d．学習補正 ………………………………… 75
a．排気リアクタ方式 …………………… 50	3.7.3 エンジン制御の動向 ……………………… 75
b．触媒方式 ……………………………… 50	a．低排気エミッション化 ………………… 76
3.5.2 低温HC低減技術 ……………………… 54	b．リーンバーンエンジンの制御 ………… 77
a．直結触媒システム …………………… 54	3.7.4 変速機の制御 ……………………………… 77
b．低温活性触媒 ………………………… 56	

4．圧縮着火エンジン

4.1 はじめに ……………………[西脇一宇] 81	4.3.2 燃焼室系 ………………………[横田克彦] 108
4.2 燃焼と排出物の発生機構 ……[西脇一宇] 82	a．直接噴射式燃焼室 ……………………… 109
4.2.1 ディーゼル燃焼と排出ガス …………… 82	b．副室式燃焼室 …………………………… 114
4.2.2 窒素酸化物NOの生成機構 …………… 85	c．攪乱燃焼方式 …………………………… 116
a．均一系でのNOの生成・分解過程 … 85	4.3.3 吸排気系 ………………………[青柳友三] 117
b．確率過程論モデルと反応動力学を組み合わせたNOの生成過程の解析 ……… 86	a．吸排気ポート …………………………… 118
	b．吸排気システム ………………………… 119
c．過濃混合気におけるNOの分解 …… 88	c．過　給 …………………………………… 121
4.2.3 すすの発生機構 ………………………… 89	4.3.4 EGR ……………………………[青柳友三] 126
4.3 燃焼改善 ………………………………… 93	a．EGRの特性 …………………………… 126
4.3.1 燃料噴射系 ……………………[横田克彦] 93	b．EGRの実施上の課題 ………………… 129
a．従来型噴射系 ………………………… 93	c．EGRの耐久性，信頼性 ……………… 130
b．新噴射系 ……………………………… 101	4.3.5 エンジン本体系 ………………[横田克彦] 131
c．燃料噴射ノズル ……………………… 106	a．シリンダブロック ……………………… 132

b．シリンダヘッド …………… 132	4.5.1 酸化触媒 ………[渡邉慶人]… 139
c．ピストン ………………… 132	a．技術課題 …………………… 139
d．ピストンリング ………… 134	b．触媒設計 …………………… 140
e．その他 …………………… 134	c．実用性 ……………………… 140
4.4 燃　料 ……………[伊勢　一]… 135	d．車両搭載性 ………………… 140
4.4.1 燃料性状と排気ガス	4.5.2 DPF（ディーゼルパティキュレート
a．噴射特性と燃料の物性 …… 135	フィルタ）………[渡邉慶人]… 141
b．蒸発特性と燃料の特性 …… 135	a．フィルタの材料と構造 …… 141
c．燃焼速度と燃料の特性 …… 135	b．フィルタの再生方法 ……… 145
d．パティキュレートと燃料の特性 … 136	c．パティキュレート堆積量検知システム … 148
e．NO_xと燃料の特性 ………… 137	4.5.3 NO_x還元触媒 ……[小笠原弘三]… 149
f．排気ガス低減対策と軽油の低硫黄化 … 137	a．開発のアプローチ ………… 149
4.4.2 燃料添加剤 ………………… 137	b．NO_x還元触媒技術 ………… 150
a．セタン価向上剤 …………… 137	c．NO_x還元触媒システムの実現へ ……… 152
b．燃料噴射ノズル清浄剤 …… 137	4.6 ディーゼル技術における今後の発展
4.4.3 その他 ……………………… 138	………………………[辻村欽司]… 154
4.5 後処理技術 …………………… 139	

5．新エネルギーおよび新エンジンシステム

5.1 はじめに ………………[金　榮吉]… 155	5.4.1 天然ガスエンジン ……………… 164
5.2 各エネルギー源の将来見通し	a．性状と特質 ………………… 164
…………………[横井征一郎]… 156	b．利用技術の種類と特徴 …… 164
5.2.1 世界のエネルギー事情 …… 156	c．CNGエンジン ……………… 164
5.2.2 世界の石油事情 …………… 156	d．LNGエンジン ……………… 167
a．世界石油埋蔵量 …………… 156	5.4.2 含酸素燃料エンジン ……… 169
b．石油価格 …………………… 156	a．メタノール・エタノールエンジン …… 169
c．石油消費 …………………… 157	b．植物油エンジン …………… 171
d．OPECの石油生産能力 …… 157	5.4.3 水素エンジン ……………… 172
e．非OPECの石油生産能力 … 157	a．性状と特質 ………………… 172
5.2.3 世界の天然ガス事情 ……… 157	b．利用技術の種類とR＆Dの状況 … 173
a．埋蔵量 ……………………… 157	5.4.4 LPGエンジン ……………… 174
b．パイプラインと液化（LNG）取引 …… 158	5.5 電気自動車 ………[川勝史郎]… 175
c．地域的見通し ……………… 158	5.5.1 電気自動車の概要 ………… 175
5.3 石油製造技術の進歩 ……[小俣達雄]… 159	5.5.2 電気自動車用電池 ………… 175
5.3.1 ガソリンの製造 …………… 159	a．鉛電池 ……………………… 175
a．接触改質ガソリン ………… 159	b．ニッケル・カドミウム電池 … 175
b．流動接触分解ガソリン …… 160	c．ニッケル・水素電池 ……… 175
c．MTBE ……………………… 161	d．ナトリウム・硫黄電池 …… 177
d．アルキレート ……………… 162	e．リチウムイオン電池 ……… 178
e．異性化ガソリン …………… 162	f．燃料電池 …………………… 178
5.3.2 深度脱硫軽油の製造 ……… 162	g．その他の電池 ……………… 178
5.4 代替燃料エンジン ………[金　榮吉]… 164	5.5.3 電気自動車用モータ ……… 179

a．	モータの分類 …………………………	179
b．	直流モータ …………………………	179
c．	交流モータ …………………………	179
d．	モータの特徴 …………………………	181
5.5.4	モータ制御装置 …………………………	181
a．	制御装置用電力素子 ………………	181
b．	直流モータの制御装置 ……………	181
c．	交流モータの制御装置 ……………	182
5.6	ハイブリッド車 ……………[鈴木孝幸]…	183
5.6.1	エンジン－電気のハイブリッド車の歴史的経過 ……………………………	183

5.6.2	種類と特徴 …………………………	183
a．	シリーズ方式 ………………………	183
b．	パラレル方式 ………………………	183
5.6.3	最近のハイブリッド車の事例と諸元 …	184
5.6.4	大型バス用油圧回生システムの事例 …	188
5.7	セラミックガスタービン ……[伊藤高根]	189
5.7.1	開発の目的と開発経緯 ………………	189
5.7.2	技術の現状 …………………………	191
5.7.3	今後の展望 …………………………	192

索　引 ……………………………………………………………………………………………… 195

1 序　　論

　自動車エンジンの環境対応技術は，自動車関連技術の中でも最も進展の著しい領域である．社会からの要請もきわだって高く，機械・化学・電気電子その他の広い範囲の技術が統合されたものであり，21世紀以降も自動車の世界各地域への普及とともにその重要性がますます増大する技術分野といえる．

　出力性能と信頼性を2本の柱としてきたそれまでのエンジン技術に対し，全く新しい要求が提示されたわけで，この課題解決のために従来ほとんど交流のなかった科学技術分野との緊密な連携研究が始まり，計測技術も含めてエンジン技術の内容を深化，一変させるに至った．

　現在，自動車用エンジンの主流はガソリンエンジンとディーゼルエンジンである．これらは高温高圧下での急速間欠燃焼という特性のため排気ガスをクリーンに保つのは容易でない．したがって，低公害性を達成するためには燃焼技術だけでは十分でなく，とくに排気ガス後処理技術の確立に多大な努力が積み重ねられてきた．また，ガスタービンのような定常燃焼エンジンの可能性検討や，メタノール，天然ガス，水素などの代替燃料エンジン，さらに燃料電池を含めた電気自動車などの研究開発も続けられている．

　これらの技術の中で今後どれが主流になっていくかは現時点ではまだ十分明らかでないが，電気自動車の部分的導入を除いては，おそらく石油系の燃料をベースにしたレシプロエンジンが中心であろうと考えられる．

　燃焼生成物が結局は燃料成分に由来するものであることを考えると，燃料の化学的組成，物理的性状をどうするかがきわめて大きな影響をもつことになる．燃料性状はいわゆるエバポラティブエミッションにも直接的影響を与えるわけで，燃料の研究はエンジンそのものの研究に勝るとも劣らぬ重要性をもっている．

　一方，地球環境という観点に立ったとき，CO_2問題を避けて通ることはできない．石油系燃料の多量消費が化石化されていた炭素の大気への放出につながる点からも，またこの有限の資源の有効活用の点からも，燃費低減技術への要請はきわめて強いものがある．エンジンにとって最も根本的な効率の向上という課題が，ここでもきわめて重要である．

　実際に車が運転される過渡条件下での燃費低減は，燃焼効率だけでなくエネルギー回生やトランスミッションの効率向上，さらにはパワートレーンシステム全体としての最適化を要求する．エンジンと電気モータジェネレータを組み合わせたハイブリッドシステムも，燃費・排気ガス双方の観点からメリットが予想される．さらにこれらパワートレーンを構成する各要素を最適制御する電子制御技術が著しい発展をとげており，自動車用パワートレーン技術の中で不可欠の技術領域となってきている．

　このように，自動車エンジンの環境対応技術は非常に広い広がりをもち，技術者にとってきわめて興味深いテーマであるとともに，まだ解決されていない課題も数多く残されている．本書はこの領域の第一線の研究者らの手によって最新の成果をまとめたものであり，未解決の課題はそのまま課題として提示されている．若い技術者らの今後の挑戦を心より期待するものである．

［井上憲太］

2

排出ガスおよび燃費に関する法規制動向

2.1 排出ガスと大気汚染

2.1.1 排出ガスによる大気汚染

　文化・経済の発展や生活の利便追求により、先進諸国における自動車社会の完全な定着化はもとより、世界各国における自動車の普及は加速され、もはや自動車は輸送や移動の手段として不可欠なものとなっている。しかし、一方では自動車排出ガスによる人体への悪影響や地球規模で深刻化している環境問題への社会的関心は高く、その対応については自動車製造者にとっても、大きな責務となっている。大気汚染の原因としては自動車の排出ガス以外にも数多くの発生源（工場、事業所、発電所、船舶、飛行機など）が存在しており、何百種類にものぼる汚染物質があると報告されている。自動車排出ガスによる大気汚染への寄与率は、排出ガス成分、また国や地域によっても異なるが、排出ガスの主成分である一酸化炭素 CO、炭素化合物 HC および窒素化合物 NO_x についてはそれぞれ 5 割程度あるいはそれ以上を占めるといわれている。
　自動車から排出されるガスは排気ガス、ブローバイガス、蒸発ガスの三つに分類される。ガソリン機関の排気ガス中には機関の燃焼により発生する CO、HC、NO_x が含まれる。燃焼中に燃料は空気中の酸素 O_2 と反応するが、一部が不完全燃焼することにより CO、HC を発生する。また燃焼により空気中の窒素 N_2 が反応して、大部分は一酸化窒素 NO として排出される。クランクケース内の未燃焼混合気であるブローバイガスと燃料系からの蒸発ガスの大部分の成分は HC であり、密閉または吸着などの対策が施されない限り大気に放出される。また燃料中に含まれる硫黄分は硫黄酸化物 SO_x として排出される。
　ディーゼル機関では CO や HC の排出は比較的少ないものの、窒素酸化物 NO_x の排出が多いことや黒煙が主成分である粒子状物質 PM（パティキュレート）が排出されるのが特徴である。
　以上のような自動車からの排出成分は大気や太陽光によって化学反応を生じ、2 次的に他種の汚染物質も生ずる。CO は血液中のヘモグロビンと結合しやすく、酸素欠乏症の原因となり、また HC と NO_x は太陽光によって光化学反応を起こしオゾン O_3、二酸化窒素 NO_2 さらにオキシダント O_x を形成し光化学スモッグとなり、人体影響はもちろんのこと植物への被害をも引き起こす。NO_x や PM はそのものが呼吸器疾患の原因となる可能性がある。ディーゼル車からの PM は、人体への影響について最近注目されている大気中の浮遊粒子状物質 SPM 発生の主要因とされている。
　また現在、先進諸国ではガソリンの無鉛化はほぼ完了しているが、アンチノック剤としてガソリンに混入されている鉛は鉛中毒の恐れもある。各国の環境庁は、人体への影響が心配のない大気汚染度合を示す環境基準を定めているが、ほとんどの大都市部ではその基準をクリヤできていないのが現状である。自動車の新車単体の排出ガス規制強化だけで環境基準を達成することは困難とされており、使用過程車を含めた総量規制や、交通量そのものを減らす方法など、総合的な都市環境対策が求められている。最近ではこうした都市環境問題もさることながら、地球規模での環境問題として地球温暖化、高層オゾン破壊、酸性雨などの問題がクローズアップされている。自動車からも排出される大気中の炭酸ガス CO_2 は太陽の放射熱を吸収する性質を有していることから温室効果を与え、地球温暖化につながる要因となる。CO_2 の低減は温暖化防止対策とともに自動車の燃費効率を高めることにつながるため、各国のエネルギー政策の一つとしても検討が進められている。また自動車のエアコンディショナの冷媒にも含まれるフロンガスは高層オゾン層を破壊する性質があり、太陽の紫外線の受射量を増す結果につな

がっている．このことが皮膚がんの誘発や温暖化の要因ともなっており，各国で社会的関心が高まっている．酸性雨の原因の一つは，自動車から排出されるNO_xが大気中で反応し硝酸となることがある．また同じく自動車から排出されるSO_xも大気中で反応して硫酸になることから，酸性雨の原因の一つであると考えられているが，SO_xの排出低減は燃料中の硫黄分の低減によって実施できるので，燃料の改質が望まれている．このようなさまざまな環境問題への対応は，国や地域の交通事情，気象，地形，社会や経済状況などの特性に応じて，各国独自の自動車排出ガス規制，燃費規制さらに燃料規制という形に結び付いている．

2.1.2 排出ガス規制の歴史

アメリカにおいて自動車の排出ガスが大気汚染の原因として注目されるようになったのは，1950年代の初めにA. J. Haagenn Shmitte博士により光化学スモッグのメカニズムが解明され，自動車排出ガスを制御する必要性が説かれたことに始まる．世界で最初に自動車排出ガス規制を実施したのはアメリカのカリフォルニア州で，連邦に先がけ，1966年式車を対象に排出ガス規制を実施した．このことが引き金となり，連邦議会は1968年式以降の車両を対象に排出ガス規制を開始する権限を行政省に与えた．その後，1970年にはマスキー上院議員により当時としてはきわめて厳しい自動車排出ガス基準値が提案され，その年末には「1970年米国大気清浄法（いわゆるマスキー法）」が成立した．このマスキー法がその後のアメリカの排出ガス規制の基本となるとともに世界各国の排出ガス規制法規に大きな影響を及ぼすことになった．しかし，1979年末の第2次石油ショックを契機に自動車産業の不況が表面化するなどの理由でマスキー法に基づく規制は1981年以降，やっと段階的に開始される結果となった．なお，その後の景気回復や環境問題の高まりにより，1990年には連邦大気清浄法が大幅に見直され，同年にカリフォルニア州で決定された低公害車規定とともに，現在の強化排出ガス規制へとつながっている．

日本における自動車排出ガス公害は，昭和30(1955)年代の後半から自動車保有台数や交通量の増大に伴って，大都市部の交通量が多い箇所を中心に目立ち始め，昭和41(1966)年にガソリン車の排気ガス中に含まれるCO濃度を3%以下に抑える4モード規制が初めて実施された．その後，大気汚染が原因とみられる東京都内の高校や中学校での集団被害によって自動車排出ガス規制の強化が望まれるようになり，昭和48(1973)年4月から，COのほかにHCとNO_xを加えて，従来の濃度規制から10モード法による走行距離当たりの排出ガス重量規制の適用が開始された．その後度重なる規制強化が繰り返され，前出のマスキー法をにらんだ当時世界一厳しい排気ガス規制といわれたガソリン燃料乗用車に対する昭和53(1978)年度規制が実施されることになった．ただしディーゼル車に対する本格的規制強化は平成年度に持ち越されている．

ヨーロッパ諸国は戦後の弱体化した経済再建のために一致した経済共同体を形成していることや陸続きであることから，各国が異なる規制を行わず，統一規制を設けようとする基本発想がある．1970年3月には国連のヨーロッパ経済委員会（ECE）で，ガソリン車の排出ガス規制がECE 15として制定された．以後，ディーゼル排気黒煙やブローバイガス規制が追加され，1981年9月にはECE 15が04規制（ECE 15の4回目の規制見直しに当たる第4次規制）として強化された．この規制はアメリカの1972年規制に相当するレベルのものであったが，実施時期は各国の判断に任され，最も早い国では1982年から実施が開始された．その後，ECE 15は排出ガス規制ECE 83，燃費測定法ECE 84，出力測定法ECE 85に細分化されることになった．

一方，ヨーロッパ経済共同体のEEC指令も幾度か改定が加えられ，今日のヨーロッパ連合（EU）の統一型認証制度に適用される統合強化排出ガス規制値を誕生させている．

一方，東南アジアなどの諸国でも，1980年代に入ると各都市部ではモータリゼーションの本格的な普及が始まった．しかし，こうした地域では依然として，排出ガス抑制が未対策の2サイクル二輪車やディーゼル車が主流であるところが多いうえに，鉛や硫黄などの含有量が管理されていないガソリンおよびディーゼル燃料が多く販売されているため，大気汚染が進行している．これらの国は欧米の排出ガス規制を参考として，燃料の改質，触媒装置の義務付け，車検制度の導入などの環境保護政策の新規導入あるいは改定強化に取り組んでいる．

2.2 排出ガスに関する法規制動向

2.2.1 日本での規制動向

近年の都市部のNO$_x$と粒子状物質PMの排出低減への関心の高まりにより,この先,平成12(2000)年ごろまでは,ディーゼル車を中心とした規制強化が主体となる.

a. NO$_x$総量削減法

大都市におけるNO$_x$による大気汚染を削減するため「自動車から排出される窒素酸化物の特定地域における総量の削減等に関する特別措置法」に基づき,特定地域(東京都,神奈川県,千葉県,埼玉県,大阪府,兵庫県のそれぞれ一部)での使用車種規制が平成4(1992)年12月より施行された.この使用車種規制は,特定自動車について,従来の排出ガス規制の中でも最も厳しいNO$_x$排出ガス基準値が適用され,適合できない場合は車検が不合格となり,使用が禁止される.これは平成5(1993)年12月1日以降(ただし車両総重量が3.5トン超で,かつ5トン以下の車両は平成8(1996)年4月1日以降)の車検時より実施される.また使用過程車については,平均使用年数など実態に応じた経過措置が定められ,平成12(2000)年ごろまでには現在,特定地域内で使用されている特定車両の大部分が規制適合車に代替される見込みである.

とくに重量ディーゼル貨物車のユーザとしてはNO$_x$低減対策車への切替えが求められることになるため,行政側も含めた形でトラック・バスなどの輸送業界(フリートオーナ)に対する理解を求めていく必要もある

b. 規制値強化

中央公害審議会(現在の中央環境審議会)は,上記の「NO$_x$総量削減法」が検討される以前の平成元(1989)年12月,その時点から10年先をにらんだ,ディーゼルを中心とした自動車からのNO$_x$およびPMの大幅削減を盛り込んだ「今後の自動車排出ガス低減のあり方」について答申をまとめ,環境庁に提出した.環境庁はこれを受け,まずは5年以内での短期目標に沿ったディーゼル車を中心とするNO$_x$規制強化およびガソリン車,ディーゼル車を含む排出ガス測定モードの変更を伴った「自動車排出ガス量の許容限度」の改正を行った.これを受け,運輸省では平成3(1991)年3月に,「道路運送車両の保安基準」を改正した.改正の概要を以下に示す.

① トラック・バスからのNO$_x$の排出量を最大35%削減する.またディーゼル車からのPMについて新たに許容限度を設定するとともに,黒煙についての許容限度も20%削減する.

② 乗用車や軽・中量トラック・バス用の排出ガス測定モードを都市高速道路走行実態を反映させるために,従来の10モードから10・15モードに変更する.また重量用トラック・バス用の測定モードも,従来の6モードから13モードに変更する.

③ 従来,車種によって使い分けてきた重量規制と濃度規制(単位:ppm)をすべての車種について重量規制(単位:g/kmまたはg/kWh)とする.

また,ディーゼル車に対する平成7(1995)年度以降の長期目標については,「自動車排出ガス低減技術評価検討会」の中で,達成見通し時期が報告されている.規制強化の主たる対象であるディーゼル車の排出ガス規制強化の経緯と見通しについて,表2.2.1に示す.

中央環境審議会は,平成8(1996)年5月に諮問された「今後の自動車排出ガス低減対策のあり方について」のうち,有害大気汚染物質対策の観点から早急に実施すべき対策について平成8(1996)年10月に中間答申した.中間答申の概要を以下に示す.

① 二輪車の排出ガス低減対策

CO,HCおよびNO$_x$のモード規制,COおよびHCのアイドリング規制およびブローバイガス規制を新設する.軽二輪自動車および第一種原動機付自転車にあっては平成10(1998)年末,小型自動二輪車および第二種原動機付自転車にあっては平成11(1999)年末までの達成を求めている.

② 四輪車の排出ガス低減対策

ガソリン・LPGを燃料とする軽貨物車,中量貨物車(車両総重量1.7~2.5トン)および重量貨物車(車両総重量2.5トン超)のCO,HCおよびNO$_x$のモード規制を強化し,平成10(1998)年末までの達成を求めている.また,あわせて使用過程時のアイドリングの規制強化を求めている.

③ 今後の自動車の排出ガス低減対策の考え方

燃料蒸発ガス試験方法,コールドスタート要件の見直しを含めた新たな低減目標の検討,また,平成元(1989)年の答申目標値達成後の新たな低減目標の検討が求められている.

表 2.2.1　国内ディーゼル車の排出ガス規制値の経緯[昭和61(1986)年度以降を示す]　　（数値は平均規制値）

年度				昭和61(1986)	62(1987)	63(1988)	平成1(1989)	2(1990)	3(1991)	4(1992)	5(1993)	6(1994)	7(1995)	8(1996)	9(1997)	10(1998)	11(1999)	12(2000)
乗用車 10または 10・15 モード	車両総重量 1.265 t 以下	CO					2.10 g/km				←					←		
		HC					0.40 g/km				←					←		
		NO$_x$	直噴					0.70 g/km				0.50 g/km					0.40 g/km		
			副室					0.70 g/km				0.50 g/km					0.40 g/km		
		PM					−						0.20 g/km				0.08 g/km		
	車両総重量 1.265 t 超	CO					2.10 g/km				←					←		
		HC					0.40 g/km				←					←		
		NO$_x$	直噴					0.90 g/km				0.60 g/km					0.40 g/km		
			副室					0.90 g/km				0.60 g/km					0.40 g/km		
		PM			−			−				0.20 g/km				0.08 g/km			
貨物車 10または 10・15 モード	軽量 車両総重量 1.7 t 以下	CO		790 ppm			2.10 g/km				←					←		
		HC		510 ppm			0.40 g/km				←					←		
		NO$_x$	直噴	470 ppm			0.90 g/km				0.60 g/km					0.40 g/km			
			副室	290 ppm			0.90 g/km				0.60 g/km					0.40 g/km			
		PM		−			−					0.20 g/km				0.08 g/km			
中・重量 ppmは 6モード g/kWh はD13 モード	中量 車両総重量 1.7〜2.5 t	CO		790 ppm		←					2.10 g/km				←			
		HC		510 ppm							0.40 g/km				←				
		NO$_x$	直噴	470 ppm			380 ppm					1.30 g/km				0.70 g/km			
			副室	290 ppm			260 ppm					1.30 g/km				0.70 g/km			
		PM		−			−					0.25 g/km				0.09 g/km			
	重量 車両総重量 2.5 t 超	CO		790 ppm		←			←			7.4 g/kWh				←			
		HC		510 ppm								2.9 g/kWh				←			
		NO$_x$	直噴	470 ppm	400							6.0 g/kWh				4.5 g/kWh			
			副室	290 ppm				260 ppm				5.0 g/kWh				4.5 g/kWh			
		PM		−				−				0.7 g/kWh				0.25 g/kWh			

また電気自動車やCNG（圧縮天然ガス）車に代表される低公害車について，環境庁の進める「低公害車技術指針」や運輸省・通産省の低公害車の普及・拡大計画などに対して今後，注目視していく必要がある．

2.2.2　アメリカでの規制動向

世界最大の自動車保有台数を誇り，車社会が定着しているアメリカでは，いっこうに改善されない大気汚染の大きな要因となっている自動車排出ガスに関する規制強化のための大幅な法規見直し作業が1990年代に入る直前から活発化した．一つは1990年に発表された連邦大気清浄法改定に伴ったアメリカ環境庁EPAによる排出ガス強化規制であり，一方では大気汚染が最も深刻化している州であるカリフォルニア州大気資源局ARBによる低排出ガス車（LEV）規定の制定である．

a.　連邦大気清浄法の改定

1990年11月，当時のブッシュ政権の重点政策の一つであった環境行政の強化策のもと，連邦大気清浄法の改定が議会で可決された．当大気清浄法では，EPAに対して自動車排気ガスレベルの大幅削減を課すことはもちろん，自動車以外の汚染源への改善強化を法令化することを要求している．また光化学スモッグの要因となる低層オゾンやCOなどについて連邦が定めた環境基準に対し，基準未達成の地域や州はその未達成程度に応じ，各地域での幅広い施策をSIP（州実行計画）として実施することも要求している．自動車排出ガス規制強化関連条項については，大気清浄法のタイトルIIで要求されており，これを受けてEPAは大半の規則制定作業を終了しつつあるが，排気ガス試験法の改定と排気ガス抑制装置の耐久試験方法の改定作業が現在なお継続している．以下がおもなEPAの規則改定内容である．

（i）**排気ガス規制値の強化**　　第一段階規制として1994年式車から段階的に，排気ガス中の非メタン系炭化水素NMHCの規制を強化するとともに，使用過程車の規制値適合性を保証すべき耐用期間を従来の5万マイル（または5年）から倍の10万マイル（または10年）に延長した（表2.2.2）．

またこの第一段階規制には，寒冷地都市部でのCO排出量を削減する目的の低気温（−7℃）時の排気CO規制も含まれている．なお今後の環境基準達成へ

表 2.2.2 連邦第一段階規制（TIER I） （単位：g/mile）

カテゴリ	耐用年数（距離）	THC	NMHC	CO	NOₓ	PM
乗用車および軽量トラック1	5年(5万マイル)	0.41	0.25	3.4	0.4(1.0)	0.08
	10年(10万マイル)	[0.80]	0.31	4.2	0.6(1.25)	0.10
軽量トラック2	5年(5万マイル)	—	0.32	4.4	0.7	0.08
	10年(10万マイル)	0.80	0.40	5.5	0.97	0.10

（注） 軽量トラック1：車両総重量 6 000 lbs 以下で車両負荷重量 3 750 lbs 以下
　　　軽量トラック2：車両総重量 6 000 lbs 以下で車両負荷重量 3 750〜5 750 lbs 以下
　　　[0.80] は軽量トラック1のみ適用，（　）内はディーゼル車の場合適用

表 2.2.3 連邦第二段階規制（TIER II） （単位：g/mile）

カテゴリ	耐用年数	NMHC	CO	NOₓ	PM
乗用車および軽量トラック1	10年(10万マイル)	0.125	1.7	0.2	0.08

（注） 上記はガイドラインであり，1997年の評価で決定する．

の改善度合を1997年に評価したうえで，さらなる規制強化が必要と判断された場合，2004年式車より，第二段階の排気ガス規制（表2.2.3）が実施される計画がある．

なお車両総重量8 500ポンドを超える大型貨物車用のディーゼルエンジンについても NO_x 基準値強化が計画されている．現行 EPA の NO_x 基準値5.0g/馬力-時間は，1998年に4.0g/馬力-時間に強化され，さらに2004年にこの NO_x 基準値をさらに半分の2.0g/馬力-時間に削減する計画があることを発表している．

(ii) 燃料系蒸発ガス規制の強化　オゾン生成の要因である揮発性有機化合物 VOC の寄与率が高いとされる車両のガソリン燃料系部品から排出される蒸発ガス（HC が主成分で通称エバポガスと呼ばれる）の低減を目的に，従来のエバポガス測定法が大幅に改定され，1996年式車から段階的に実施開始となる．改定内容には，エバポガスが最も多く排出されると考えられる晴天真夏日での3日間連続駐車を想定したダイアーナルロス試験，および高気温時の市街地走行時を想定したランニングロス試験などが含まれる．これにより，とくにガソリン燃料車のエバポガス捕獲装置（キャニスタなど）や捕獲エバポガスのエンジンへの還元装置は大きく改良が要求されることになる．

(iii) 給油時蒸発ガス規制　ガスステーションでの燃料給油中に大気に放出される給油燃料蒸発ガスは上記のエバポガス同様，大気中の VOC の一因となっている．このガソリン燃料蒸発ガスの回収については，カリフォルニアなど一部の大気汚染が深刻な地域ではすでにガスステーションの各給油装置に回収装置を備えているが，EPA は給油燃料蒸発ガスの回収率95％以上の回収装置を車両側へ装備することを義務付ける規則を発行した．この規則は，1998年式の乗用車から段階的に適用開始となる．エバポガスの捕獲も加味した給油燃料蒸散ガスの捕獲装置は，過渡的とはいえ多量の可燃ガスを蓄えることになるため，その設計に当たっては車両安全性を十分配慮することが要求される．

(iv) 車載故障診断装置規則　自動車技術の発展に伴い，現在ではほとんどの燃料供給装置は車載コンピュータによって電子的に制御されている．当規則は車載故障診断装置（OBD）の装備を義務付けるものであり，車載コンピュータを活用することで使用過程車の排出ガス抑制装置やその関連部品の故障や急激な劣化を検知，表示させることによって運転者に対して早急な修復を促そうとするものである．当 EPA 規則は，カリフォルニア ARB が先行で規則化した OBD-II 規則における要件を全面的に受け入れる形で，1994年式車から段階的に適用している．なお1999年式車からは EPA 独自の OBD 要件が適用される予定である．いずれの要件においても触媒装置の劣化判定や燃焼時の失火検知などが要求されており，自動車メーカにとっては対応コストを含め難易度は高い．

(v) 排気ガス試験法の改定　自動車の性能向上が進んだことや20年ほど前に設定された LA-4 と呼ばれている排気ガス測定モードにおける規制だけでは，現在のアメリカでの走行条件の実態を反映した効

果的な自動車排出ガスを抑制することにはならないとの考えに基づき，新しい試験法が追加された．現行のLA-4モードに加え，エアコンディショナを作動させた高温時の運転モード，高速道路進入時の急加速を想定した急加速モード，さらに高速道路走行時の追い越しを想定した高速加速を含む高速モードなどがEPAによって2000年式車から，CARBによって2001年式車から，段階的に規制される．

（ⅵ）**認定耐久試験法の改定**　前述の第一段階規制に伴って規制値適合証明のための車両耐用距離が5万マイルから10万マイルに延長されたが，現在の走行距離積算モード（11ラップモード）は，排出ガス試験モード同様に過去一度も変更がなく，時代遅れとなり実際の市場における使用過程車の実態からかけ離れているとの認識がある．自動車メーカ自らがより厳しい代替耐久方法を設定し，それによって得られた排出ガス耐久劣化係数をとりあえず適合証明に使用することが，EPAによって許可されるようになった．ただし同時に該当型式車が使用過程状態になった後，複数の購入者の車を定期的かつ経時的に排出ガス試験をして市場の実態を示す耐久劣化係数を統計的に得ることをメーカに要求し，その耐久劣化係数と適合証明の際，使われた耐久劣化係数とを比較検証させることが義務付けられた．

b.　カリフォルニア州の低排出ガス車規定

カリフォルニア州は，過去からの自動車排出ガス規制の実績が評価され，現在でも全米の中で，連邦規制とは異なる規制を設ける権限を与えられている唯一の州である．この権限が生かされて，1990年にカリフォルニアARBによって，以下の内容を含む低排出ガス車（LEV）規定が発行された．

（ⅰ）**低排出ガス車（LEV）の導入**　LEVは規制値の難易度によって，以下のカテゴリに分類されている．

①　TLEV　（過渡的低排出ガス車）
②　LEV　　（低排出ガス車）
③　ULEV　（超低排出ガス車）

これら各カテゴリのLEVとしての認可を得るには表2.2.4に示す規制値に適合しなければならない．規制の特徴として，光化学スモッグの原因であるオゾン生成となりうる排気HC成分中の非メタン系有機ガ

表2.2.4　カリフォルニアLEVの認定排出ガス基準（5万マイル時の基準値）

（単位：g/mile）

LEVカテゴリ	NMOG	CO	NO_x	HCHO（ホルムアルデヒド）
TLEV	0.125 0.160	3.4 4.4	0.4 0.4	0.015 0.018
LEV	0.075 0.100	3.4 4.4	0.2 0.4	0.015 0.018
ULEV	0.040 0.050	1.7 2.2	0.2 0.4	0.008 0.009

（注）上段：乗用車および軽量トラック1，下段：軽量トラック2
　　　10万マイル基準は別途設定されている．

表2.2.5　カリフォルニアNMOG企業平均規制値（5万マイル基準値で計算される）　　　（単位：g/mile）

年 カテゴリ	1994	1995	1996	1997	1998	1999	2000	2001	2002	2003
乗用車および軽量トラック1	0.250	0.231	0.225	0.202	0.157	0.113	0.073	0.070	0.068	0.062
軽量トラック2	0.320	0.295	0.287	0.260	0.205	0.150	0.099	0.098	0.095	0.093

表2.2.6　カリフォルニアZEV導入計画規定

年 カテゴリ	1998	1999	2000	2001	2002	2003
乗用車および軽量トラック1	2%	2%	2%	5%	5%	10%

（注）カリフォルニアでの乗用車/軽量トラック1カテゴリの年間生産台数が，相当規模のメーカに義務付けられる．相当規模以下のメーカは，2003年以降適用．

ス NMOG が規制値となっている．この NMOG の分析には化学的にほかのガス成分と識別するための分離分析手法が必要となる．各 LEV は 1994 年式車から段階的に導入が必要となるが，1994 年式からは TLEV，1996 年式からは LEV，また 1998 年式からは ULEV を，それぞれ相当数の型式車には適用していかなければ後述の企業平均 NMOG 値規制への適合が困難となる．

（ii）**企業平均 NMOG 規制** 上記の各 LEV の導入割合は自動車メーカの任意であるが，各年式ごとにカリフォルニアで販売する各 LEV の台数を加重係数として計算されたメーカ全体での NMOG の平均排出量が，ARB が規定している各年式ごとの基準値（表 2.2.5）を下回ることを要求している．

（iii）**ゼロ排出ガス車（ZEV）の義務付け** カリフォルニアでの年間の販売実績が相当数以上である自動車メーカに対して 1998 年式より，その年のメーカが販売台数の 2% 以上にあたる台数を ZEV として販売することの義務付けが予定されている（表 2.2.6）．

電気自動車に代表される ZEV の社会的受け入れについて，バッテリ技術からくる航続距離，車両価格さらには充電スタンドの整備などの問題をデモンストレーションプログラムで見きわめることが，ARB と業界の間で合意され，義務付け開始は 2003 年まで延期された．

プログラムでは，業界全体で 3 750 台の先進バッテリ ZEV の導入を要求している．

（iv）**代替燃料車の導入促進** 代替燃料を使用する各 LEV は，通常のガソリン燃料車に比べて，排出ガス NMOG が大気と反応してオゾンを生成する潜在能力が低くなる特性をもっている．したがって，通常のガソリン燃料車での LEV，ULEV の成立性が技術的に困難視される中で，ARB は各 LEV に代替燃料を使用する場合，排出された NMOG 分析値を補正する 1.0 未満の係数（RAF）の使用を許可している．この規定はメタノールや圧縮天然ガス CNG を燃料とする車の導入の促進効果があるとして期待されている．

（v）**その他の規制** その他の自動車排出ガス規制は原則的には EPA 規則に準じているが，前出のエバポガス規制や OBD 規則は，カリフォルニアが連邦に先がけ制定したもので，部分的には州独自の規定となっている．

カリフォルニアの悩みはオゾンなどの大気質基準への未達成度合が，全米の中でも最も深刻な 3 地区（南沿岸地区，サクラメント，ベンチュラ）を抱えていることである．したがって，使用過程車の排出ガス検査の強化を含む強力な州環境対策実行計画が総合的に検討されている．また新車の排出ガス削減の領域においても前述の LEV 規定だけでは不十分とみられていることより，2000 年以降のさらなる排出ガス規制強化策が提示されると予測されている．

c. 他州の動向

連邦大気質基準を満たしていない地域で，その深刻度がカリフォルニアに次ぐ地域としては，ニューヨークやマサチューセッツなどを含む北東部各州で，これらの 13 州・地域がメンバとなっているオゾン遷移委員会 OTC は，カリフォルニアで販売される車両と同一車両の導入を義務付けようとしている．各州はカリフォルニアの LEV 規定適合車を導入することを SIP（州実行計画）の主要施策として EPA の承認を得たが，LEV 規定に含まれる ZEV（電気自動車）の寒冷地区の北東部への導入の問題やカリフォルニアの改質ガソリンが OTC 地域市場で導入されていないなどの問題により，自動車業界と激しく対立しており，自動車業界の自主対応などによる代替規制の検討なども進められてきたが，状況は依然混沌としている．なおカナダについては，EPA の米国連邦規制を全面的に受け入れており，EPA の認可した車の導入を要求しているが，カナダのブリティッシュコロンビア州は OTC 同様，州独自にカリフォルニア規制採用の検討をしている．

2.2.3 ヨーロッパその他の国での規制動向

通貨・政治統合を目的としたヨーロッパ連合 EU は，1993 年 10 月からヨーロッパ共同体 EC 12 か国によって発足し，1995 年 1 月からはスウェーデン，フィンランド，オーストリアの 3 か国を加えるなど拡大方向で歩んでいる．この動きに対応する統一車両認証制度 WVTA は 1996 年 1 月 1 日以降に認可を取得しようとする新型自動車（乗員数 8 人以下の乗用車）から適用義務付けとなり，EU 内であれば，WVTA 認可取得車は個々に国別型式認証が不要となる．現在，ヨーロッパの統合排出ガス規制値は第二段階を迎えているが，その排出ガス規制値は，WVTA としての認可基準値（表 2.2.7）として採用されている．

表 2.2.7 ヨーロッパ第二段階規制の規制値（単位：g/km）

	CO	HC$^+$NO$_x$	PM
ガソリン車	2.2	0.5	—
ディーゼル車（副室）	1.0	0.7	0.08
ディーゼル車（直噴）*	1.0	0.9	0.10

* 直噴ディーゼル車の規制値：1999年9月30日までの暫定規制値

　この排出ガス規制値は US 94（1994年式車用のアメリカ連邦排出ガス規制値）に相当する厳しさとの評価もあるが，この規制の特徴として，ヨーロッパでは依然として高い市場占有率のディーゼル車が配慮された HC と NO$_x$ の合成規制値が採用されている．商用車についても時期を遅らせて，この第二段階規制に移行する予定である．なお EU の中でもとくに環境問題を重要政策としているスウェーデン，オーストリアおよび EU 加盟国ではないがノルウェー，スイスなどはいまのところアメリカの規制（US 83 相当）を代替基準としているものの，遅くとも1996年より EU 規則を受け入れていく方向である．現在，ヨーロッパ委員会ではアメリカでの規制強化の動きをにらみながら，排出ガス規制の第三段階を検討している．第三段階での規制値強化は，2000年前後での実施開始を目標として，以下の内容を含む規制強化が検討されている（表2.2.8に排気ガス規制強化についてのドイツ提案を示す）．

表 2.2.8 ヨーロッパ第三段階の規制値ドイツ案（単位：g/km）

	CO	HC$^+$NO$_x$	PM
ガソリン車	1.2	0.2	—
ディーゼル車	0.5	0.5	0.04

① 排気ガス規制値の強化
② 低温時の CO 規制値の設定
③ エバポガスの測定法改定
④ OBD 規定の新設
⑤ 排気ガス測定モードの改定

　上記内容は先行するアメリカでの規制強化への対応技術とほぼ同等のものを自動車業界に要求することになるとみられている．
　一方，自動車社会における後進国あるいは中進国といわれている地域においても，経済の発展や自由化とともに都市部での環境問題がクローズアップされており，自動車排出ガスの規制強化あるいは新設の動きが活発となっている．とくに，アジアの中では比較的速く経済発展をとげようとしている NIES と呼ばれる台湾，韓国，香港，シンガポールでは1990年前後から既存のアメリカ，日本あるいは EU の規制の導入を開始している．いまの動きとしては，さらなる規制強化のために先進諸国の強化規制に追従していく姿勢を示している．また，ASEAN 諸国，中国，インドなどでもアイドル運転時の排出ガス濃度規制などの初歩的な規制が実施されている一方，今後彼らが目標とするレベルの排出ガス基準値を適用するためには三元触媒装置などの排出ガス抑制装置にダメージを与えない無鉛化燃料の供給体制の整備が求められている．日本の自動車業界としても，これらの各国での主使用車種（未対策ディーゼル貨物車・バスおよび2サイクル二輪車）や道路交通事情などの状況を考慮した適切な自動車排出ガス規制制定に向けての助言・協力が望まれる．なお ASEAN の中でもタイにおいては，すでに燃料の無鉛化が定着していて，1995年3月以降生産する新型自動車に対して，ECE 83 規制をベースとした排出ガス規制を含む型式認証制度が開始されており，さらに1996年中には第二段階規制が開始されている．
　地域・経済圏などの特性により，中南米諸国やオーストラリアはアメリカの83年式車規制をもとにした，また東ヨーロッパや中近東諸国では ECE/EEC で過去に適用された規制値を参考とした規制強化が実施または予定されている．

2.3 燃料消費に関する規制動向

2.3.1 日本での規制動向

日本では昭和54 (1979) 年にエネルギー消費効率改善に関する目標が制定された．この目標では，通産省が定めた「エネルギーの使用の合理化に関する法令」に従って，ガソリン乗用車の車両重量クラス別メーカ平均燃費の目標基準値が設定された．当法令では昭和60 (1985) 年までに各車両重量クラスの目標基準値を満たすことを求めていたが，各国内自動車メーカは，期限までにこの目標を達成した．最近時の動きとしては，通産省の「エネルギー需給計画」で，自動車を含む運輸部門のエネルギー需要が突出していることが発表されたことにより，運輸省としての対応が迫られている．さらに地球温暖化防止のためのCO_2低減に直結する自動車の燃費改善について，地球環境サミットなどを通じて海外先進諸国との協調を示す政治的配慮が必要視されている．このような背景のもと平成5 (1993) 年1月に「ガソリン乗用車の燃費に関し，平成12 (2000) 年の目標値として，平成2 (1990) 年レベルより平均で8.5％向上させる」旨，通産省および運輸省から告示された．また，ガソリン貨物車については，平成8 (1996) 年3月に「車両総重量2.5t以下の貨物自動車の燃費に関し，平成15 (2003) 年度の目標値として，平成5 (1993) 年レベルより車両区分毎に4.8～5.8％向上させる」旨，通産省および運輸省から告示された．

2.3.2 アメリカ・ヨーロッパその他の国での規制動向

アメリカ EPA は，個々の自動車燃費値に対する特定の規制値を設けていないが，同一車両クラス間で競合車との燃費経済性の優劣を明示するために，その値を消費者やプレスに対して，燃費ガイドブックとして毎年公表している．この燃費値は市街地走行時の燃費

表 2.3.1 ガスガズラー税（燃料がぶ飲み税）—1991年式以降—

燃費(mile/ガロン)	課税額($)	燃費(mile/ガロン)	課税額($)
～12.4 未満	7 700	17.5 以上～18.0 未満	2 600
12.5 以上～13.0 未満	6 400	18.0 ～18.5	2 600
13.0 ～13.5	6 400	18.5 ～19.0	2 100
13.5 ～14.0	5 400	19.0 ～19.5	2 100
14.0 ～14.5	5 400	19.5 ～20.0	1 700
14.5 ～15.0	4 500	20.0 ～20.5	1 700
15.0 ～15.5	4 500	20.5 ～21.0	1 300
15.5 ～16.0	3 700	21.0 ～21.5	1 300
16.0 ～16.5	3 700	21.5 ～22.0	1 000
16.5 ～17.0	3 000	22.0 ～22.5	1 000
17.0 ～17.5	3 000	22.5 以上	課税なし

燃費値はシティとハイウェイのコンバイン値で，課税額は1台当たりのUSドル

表 2.3.2 CAFE（企業平均燃費）基準値

年式	乗用車	貨物車		
		2 WD 車	4 WD 車	トータル
1990	27.5	20.5	19.0	20.0
1991	27.5	20.7	19.1	20.2
1992	27.5	N.A	N.A	20.2
1993	27.5	N.A	N.A	20.4
1994	27.5	N.A	N.A	20.5
1995	27.5	N.A	N.A	20.6
1996	27.5	N.A	N.A	20.7
1997	27.5	N.A	N.A	20.7

燃費単位：mile/ガロン, N.A：基準値なし
ブライアンCAFE強化法案は1990年式車の各社のCAFE値を1996年式車に10％，2000年に20％一律に向上させることを要求したものであったが成立しなかった．

を代表する排気ガス測定モード燃費および高速道路走行を代表する高速モード燃費をベースとしてEPAが決定し，販売店頭の新車に添付されるステッカにも表示され，消費者の新車購入の参考情報として定着している．またとくに燃費が悪い大型高級乗用車や大排気量スポーツカーなどについては，その燃費値しだいでガスガズラー（燃料がぶ飲み税）が自動車メーカに課せられている（表2.3.1）．一方，自動車メーカが毎年式単位にアメリカに販売する乗用車あるいは貨物車の平均燃費値に対してのメーカ平均燃費規制（通称CAFE規制）が存在する（表2.3.2）．これはアメリカ道路交通安全局NHTSAが省コスト法に基づき施行しているもので，EPAが確認した個々の車両型式の燃費データと生産実績とで加重平均された平均燃費値が基準値を下回る場合，該当自動車メーカに対して罰則金が課せられる規則となっている．この規則は第2次石油ショックを契機に発効したものであり，アメリカ乗用車の小型化の促進にもつながっているが，今後のエネルギー危機や地球温暖化抑制を唱えるアメリカ議会の環境派議員は過去幾度となくCAFE基準強化法案を提示している．現在この規制強化論議はアメリカ自動車業界の圧力などで中断状態ではあるが，近い将来，再燃する可能性を秘めている．なお1992年，連邦議会はエネルギー包括法を成立させ，代替燃料車の導入促進を図っていくことを決定し，21世紀に向けたガソリン燃料の確保を打ち出している．

ヨーロッパでは，燃費測定法に関する規則80/1286/EECの改定をする形で，93/116/EECが1993年12月17日付けで発行され，WVTAの認可条件として，1996年1月以降の新型車および1997年1月以降の継続生産車に対して適用となる．燃費の規制値的なものは定めておらず，燃費データと直接的相関関係にあるCO_2の認定諸元値を後に製造される新車の目標値として，量産車の燃費ばらつき幅を管理させようとする規則となっている．一方，ヨーロッパ理事会は，地球温暖化抑制の観点より，燃費向上を目指すことによって結果的にCO_2の発生量を削減させようとするCO_2規制の検討を専門作業部会に指示している．部会提案では，CO_2排出量160 g/kmを基準にして，その基準に対する燃費優劣度合で自動車税の増減を試みようとした．さらに，1995年ヨーロッパ委員会は，新規登録乗用車の平均燃費値の目標（2005年）として，ガソリン車：5 l/100 km，ディーゼル車：4.5 l/100 kmな

どを提示した．今後この目標を基に，各国での施策が展開される予定である．

日本や欧米以外の国でも，省エネルギー対応や地球温暖化抑制対策の関心は高まりつつあるが，自動車の燃費に関して，検討段階のものも含めての具体的な規制はまだ多くない．台湾では乗用車に対して，車両重量クラスに応じた燃費規制値が存在するが，規制値そのものはそれほど厳しいものではない．

またオーストラリアやカナダではCAFEタイプの自主規制を制定しており，燃費に関するパンフレットも毎年発行している．韓国では燃費諸元値を，営業活動に使用するカタログやパンフレットまた新聞広告の中に表示することを義務付けている．

以上のような各国の燃費規制あるいは行政指導は，排出ガス規制と違い，燃費値そのものが販売許認可の条件となることはまれで，むしろ罰則金の徴収，自動車税への反映，経済性の優劣の公表などといった形で自動車メーカに対して間接的に燃費向上を迫っていこうとするものである．ガソリン以外の代替燃料車への移行も検討しつつ，エンジンやエンジンの燃焼技術の改善はもちろんのこと自動車車体も含めた燃費改善技術をさらに押し上げていかなければならない時代に入ろうとしている．

また，1994年に締結された気候変動枠組条約（先進国では温室効果ガスの総排出量を2000年時点で1990年の水準に戻すことに合意）に基づき，各国レベルでのCO_2排出量削減のための政策施策に関しては今後も議論が続くと見られ，世界規模で成り行きが注目されている．

2.4 燃料に関する規制動向

2.4.1 日本での規制

ガソリン中のアンチノック剤として使用されていた鉛量を日本で最初に規制したのは昭和45 (1970) 年に遡る．このガソリン中の鉛が鉛中毒の問題としてとり出され，この年，鉛の添加量を削減する通産省の通達が出された．これを受けた産業構造審議会からガソリンの無鉛化促進計画などが発行され，自動車業界としては昭和48 (1973) 年4月以降生産されるガソリン自動車はすべて無鉛適合車に切り換えられた．その後，排出ガス規制値の強化により，排出ガス浄化のための触媒装置の装着が一般化する中で，無鉛ガソリンの使用が不可欠となり，昭和57 (1982) 年までに市販の有鉛ガソリンは完全に姿を消した．現在，日本で市販されているガソリンは鉛の無添加はもちろんのこと硫黄分，ベンゼン量，ガム量などの含有量や濃度は低めに管理されており，他国の市販ガソリンと比較しても良質のガソリンといえる．一方，「特定石油製品輸入暫定措置法（特石法）」および通産省の指導により一定以上のガソリンの品質が確保されていたが，平成8 (1996) 年3月に特石法が廃止されることになった．ガソリンの品質を確保するため，大気汚染防止法および道路運送車両の保安基準を改正し，ガソリンの性状に関する許容限度が定められ，平成8 (1996) 年4月より施行された．

発がん性を有することが認められているベンゼンの含有率については，現行5体積％の許容限度であるが，平成8 (1996) 年10月の中央環境審議会にて，平成11 (1999) 年末までに1体積％に低減を図ることが答申された．

2.4.2 アメリカ・ヨーロッパその他の国での規制動向

アメリカでもガソリンの無鉛化は，ほぼ全域で終了している．現在は連邦，カリフォルニアともガソリンの改質により自動車排出ガス低減を促進する段階にある．大気質の改善には使用過程車も含めて考えると，ガソリンの改質の促進は，むしろ新車の規制強化より速効性があるとの見地もある．EPAはオゾンの発生要因の一つであるVOCの削減のために，夏期ガソリンのリード蒸気圧RVPの低減規制を1989年から1992年にかけて実施してきた．さらに連邦政府は1990年の大気清浄法改定の中で，オゾン大気質基準未達地区に対して1995年1月1日より改質ガソリン導入の義務付けを指示し，これを受けたEPAの法規のもと，すでに実行に移っている．また，前述のカリフォルニアのLEV規制は改質ガソリン規制を前提に策定されたものであり，現行の市販ガソリンの組成を大幅に改善した改質ガソリンの導入を1990年に決定し，1996年から実際に導入されている．

これらの連邦およびカリフォルニアの改質ガソリンは一般のガソリンと比べて，RVPが大幅に下げられ，硫黄分，アロマ，オレフィン，ベンゼンなどが低減されている一方で，含酸素化合物MTBEが添加されているのがおもな特徴である．なお，ディーゼル燃料についても硫黄分を低減させる規則がすでに決定されている．

カナダにおける市場ガソリンには，重金属であるマンガンベースのオクタン価増進剤であるMMTが添加されており，これが触媒装置やその劣化度合などを検知しているOBDシステムに悪影響を与えるとの懸念から，排ガス規制強化が進んでいない．現在MMTを禁止する法案が国会で審議されており，その行方が注目されている．

またこのMMTは，アメリカでは1996年に使用が許可され，現在その影響について大きな議論をよんでいるが，市場ガソリンへの拡がりはまだ進んでいない．

ヨーロッパ諸国でもガソリンの無鉛化は進んでいるが，各石油メーカ独自の精製方法や管理であるため，実際の含有量や性状には差がみられる．また北ヨーロッパで注目されている酸性雨問題により，ガソリン，ディーゼル燃料ともに，硫黄分の低減が検討されているが，EU統合により，今後燃料の改質に関しても各国の個別問題として考えるのでなく全EUで考えなくてはならない時期にきている．

その他の諸国でも，ブラジルのように国策としてアルコール燃料が以前から定着している事例もあるが，今後は触媒装置が必要な排気ガス規制値レベルへの規制強化が，すでに実施または検討されていることより，とりあえずは無鉛ガソリンの導入および定着が必須となる．

[馬渕章好]

3

火花点火エンジン

3.1 はじめに

　自動車用火花点火エンジンは，ガソリンをはじめ，LPG（液化石油ガス）や各種の代替燃料（たとえば，天然ガスやメタノール，水素など）を燃料とし，その優れた動力性能によって，乗用車はもとより商用車や小型トラック用として今日最も広く利用されている原動機である．しかしながら，そのような優れた性能の反面，排出される窒素酸化物（NO_x），一酸化炭素（CO），炭化水素（HC）の3成分については，大気汚染の要因とされ，現在厳しい規制が課せられている．その対策として，火花点火エンジン本来の性能や熱効率を維持しながら大幅な排気ガス浄化を実現するための高度な対策技術が必要とされている．そのような対策技術の開発に当たっては，燃焼特性と排出ガスの発生機構に関する理解が不可欠である．そこで本章では，まずこれらに関する基本的な事項について解説し，次に対策のための燃焼制御，エンジン本体，後処理，燃料，動力伝達などにかかわる主要な技術について具体的に説明する．
　　　　　　　　　　　　　　　　　　　［大聖泰弘］

3.2 燃焼特性と排出物の発生機構

3.2.1 燃焼特性と熱効率

　火花点火エンジンの燃焼は，空気と燃料の混合気の形成，点火，火炎の発達と伝播からなる一連の過程によって特徴付けられるので，それらの現象について説明し，その燃焼特性や熱効率に及ぼす影響因子について解説する．

a. 予混合気の形成

　火花点火エンジンでは，吸気系において，ガソリンやLPGなどの揮発性をもつ燃料や気体燃料を空気と混合して混合気を形成し，これをエンジン内に導入して圧縮し火花点火することを特徴としている．ガソリンのような液体燃料の可燃予混合気を形成するためには，気化器や燃料噴射装置（インジェクタ）が使われている．気化器には種々の形式があるが，原理的には，吸気管路内に空気流速を増すベンチュリなどの機構を設け，これにより生じる負圧を利用して，空気流量に比例した燃料をそこに供給する方法をとっている．
　一方，燃料噴射装置は，電子制御により噴射の時期と期間を定めて電磁ソレノイド弁を有する噴射ノズルを通じ予圧された燃料を吸気管や各吸気ポートに噴射する方式をとっている．3.2.2項で述べるように，排出ガスの対策上，空気と燃料の質量比（空燃比という）に対して高い精度と応答性の必要な場合には，燃料噴射装置が利用されることが多い．
　混合気の形成に当たっては，燃料は完全に気化され空気と均一に混合されることが望ましい．このような目的のため，気化器やインジェクタで供給される燃料は流動する空気中で微粒化されるが，すべての燃料がこれによって気化するわけではない．その一部は液滴粒子のまま，あるいは吸気系の壁面や吸気弁に付着し液膜流となってシリンダ内に流入し，吸気・圧縮行程

表 3.2.1 各種予混合気の燃焼特性値[1] （大気圧下）

燃料	可燃範囲*				最大燃焼速度*		最低自己点火温度
	下限 (体積%)	(当量比)	上限 (体積%)	(当量比)	(m/s)	(当量比)	(℃)
一酸化炭素 (CO)	12.5	(0.34)	74.0	(6.80)	0.45	(1.70)	609
水素 (H_2)	4.0	(0.10)	75.0	(7.17)	3.06	(1.70)	585
メタン (CH_4)	5.0	(0.50)	15.0	(1.7)	0.39	(1.06)	537
アセチレン (C_2H_2)	2.5	(0.31)	80.0	(47.4)	1.63	(1.33)	299
エタン (C_2H_6)	3.0	(0.52)	12.4	(2.37)	0.46	(1.12)	515
プロパン (C_3H_8)	2.1	(0.51)	9.5	(2.51)	0.45	(1.14)	466
正ブタン (n-C_4H_{10})	1.8	(0.57)	8.4	(2.85)	0.44	(1.12)	405
メタノール (CH_3OH)	6.7	(0.51)	36.0	(4.03)	0.55	(1.01)	465
ガソリン**	1.4	(0.8)	6.0	(3.5)	0.40	(1.07)	460

＊ 大気温度の条件，＊＊ オクタン価100の代表例．

で蒸発を伴いながら流動する空気と混合し蒸発して，点火前に可燃混合気を形成する．

燃料を混合気として燃焼させるためには，燃料の種類によって混合気中の燃料濃度がある範囲にあることが必要であり，これを可燃範囲と呼び，表 3.2.1[1]に示すように，濃度の上・下限値がある．この表で示した範囲は大気条件での値であり，エンジン内で圧縮され高温・高圧になった混合気では，いずれの燃料もこの範囲は拡大する．なお，表中の当量比とは，実際の燃焼における空燃比に対する理論空燃比の比である．また，空気過剰率は，完全燃焼に必要な空気量（理論空気量）に対する実際の空気量の比で，当量比の逆数である．

b. 火花点火と火炎の発達

(i) 放電と火炎核の発生　均一な混合気は圧縮された後，スパークプラグの電極における火花放電によって点火が行われる．火花放電では，1〜1.5 mm 程度の間隙をもつ電極に 10〜20 kV の電圧が加えられて絶縁破壊を生じ，電極部にある混合気が急激に加熱され化学的に活性化される．その際，通常数十 mJ の電気エネルギーが供給され点火に使われる．これによって放電から数百 μs の時間を経て電極部に 1〜2 mm の火炎核が発生する．この火炎は，始めは層流火炎の形態をとり，これを中心として周囲の混合気に火炎が伝わり拡大していく．この過程で，放電によって与えられた熱の一部は電極への伝熱によって失われるので，放電の形態や電極の形状を適切に設定する必要がある．

(ii) 点火性に影響する因子　このような火炎核の発生には，必要とされる最小限の点火エネルギーが存在し，これ以下のエネルギーでは失火（ミスファイア）する．このエネルギーは，電極の形状や燃料の種類，当量比，温度，圧力，空気に含まれる不活性ガスなどの影響を受ける．図 3.2.1[2]に示すように，最小点火エネルギーは当量比が1をわずかに越えるところで最小となる．また，温度が上がると混合気が活性化されやすくなるため，最小点火エネルギーは小さくなる一方，圧力が上がると混合気の密度が増え絶縁抵抗が増大し，放電により多くの点火エネルギーが必要となる傾向がある．さらに，混合気の流速が大きく電極の冷却が増える場合や，不活性ガスの濃度が増して反応性が低下する場合は，より多くの点火エネルギーが必要となる．

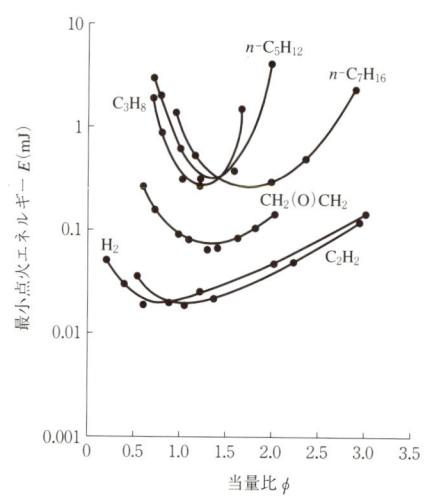

図 3.2.1　当量比，燃料の種類と最小点火エネルギー[2]

c. 火炎伝播と燃焼速度

(i) 火炎伝播機構　点火によって発生した火炎核は，周囲の未燃混合気に対して熱と化学活性種を伝えて燃焼反応を生じさせる．このような機構によって，

火炎が発達しシリンダ内に伝播する。その速度を火炎伝播速度という。エンジン内の燃焼では、未燃混合気は燃焼圧力によって圧縮されながら移動するので、火炎伝播速度からその移動速度を差し引いたもの、すなわち未燃混合気に対する相対速度を燃焼速度という。

このような火炎は2 000℃を越える高温となり、シリンダ内の圧力を高める。これによって、未燃混合気が圧縮されて温度が上昇するので、燃焼速度をさらに増す効果がある。一方、拡大を続けた火炎は、燃焼室の壁面に達するとそこで燃焼反応が終結する。燃焼によって発生する単位時間あるいはクランク角度当たりの熱量および燃料の燃焼量をそれぞれ熱発生率 (dQ_h/dt)、燃焼率（あるいは質量燃焼速度：dm_b/dt）と呼び、一般的に図3.2.2に示すような形をとる。これらは、クランク角度の関数として測定された燃焼圧力を用い、シリンダ内の動作ガスに対して熱力学の第一法則（エネルギー保存則）を適用することにより計算で求められ、燃焼状態の判定に用いられる。

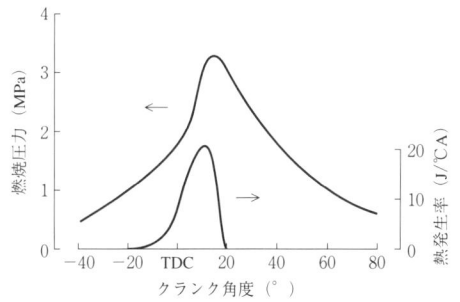

図3.2.2 火花点火エンジンにおける燃焼圧力と熱発生率[1]

また、これらは、火炎直前の未燃混合気の密度 ρ_u、火炎の面積 A_f、燃焼速度 S_b、未燃混合気の低発熱量 H_u がわかれば、それぞれ下式で表すこともできる。ただし、この場合の熱発生率は完全燃焼の仮定のもとで成り立つ。なお、1サイクル当たりの燃焼量 m_{b0} に対する m_b の比 X_b を燃焼割合という。

$$\frac{dm_b}{dt} = A_f \rho_u S_b \tag{3.2.1}$$

$$\frac{dQ_h}{dt} = H_u \cdot \frac{dm_b}{dt} \tag{3.2.2}$$

$$X_b(t) = \frac{m_b(t)}{m_{b0}} \tag{3.2.3}$$

なお、燃焼速度や未燃混合気の密度が局所的に異なる燃焼場では、$\rho_u S_b$ を火炎面全体にわたって面積積分したものが全体の燃焼率となる。これらの式から、エンジンの出力や熱効率の向上につながる燃焼率を高めるためには、火炎面積の拡大と燃焼速度の増大を図ることがきわめて有効であることが理解される。

一方、燃焼は、分子レベルでみれば、燃料と酸素の化学反応であるが、炭化水素系の燃料では、その開始から持続にわたって多くの素反応が存在し、活性種を含めC, H, N, Oからなるきわめて多くの中間生成物が介在する。現在、メタンのような最も単純な炭化水素の素反応については、ほぼ解明されているものの、実際に使われるより高級な炭化水素燃料については、素反応の種類やそれらの反応速度に関するデータははなはだ不十分である。このため、燃焼反応を予測する場合、このような反応速度を簡略的に記述する方法として、燃料と酸素のみからなる総括反応モデルが用いられることが多く、その速度 R は下式で表される。

$$R = k \, [\text{Fuel}]^a \, [\text{O}_2]^b \tag{3.2.4}$$

$$k = A T^n \exp\left(-\frac{E_a}{R_0 T}\right) \tag{3.2.5}$$

ここで、k は総括反応速度、A は定数、E_a は活性化エネルギー、a, b は反応次数で燃料固有の経験値として与えられ、[ ] は成分濃度、T は混合気の絶対温度、R_0 は一般ガス定数である。

(ⅱ) 火炎の構造と乱れの影響 燃焼室内に導入される混合気は乱れを伴って流動する。この乱れは混合気の平均流速に対する速度変動強度 u'（乱れ強さあるいは乱流強度と呼ぶ）や相対乱れ強さ $u'/U_m(t)$ として評価され、下式によって定義される。ここで、$U(t)$ は時間 t あるいはクランク角に対する瞬時流速、$U_m(t)$ は平均流速、τ は平均化時間である。

$$U_m(t) = \frac{1}{\tau} \int_{t-\frac{1}{2}\tau}^{t+\frac{1}{2}\tau} U(t) \, dt \tag{3.2.6}$$

$$u' = \sqrt{\frac{1}{\tau} \int_{t-\frac{1}{2}\tau}^{t+\frac{1}{2}\tau} \{U(t) - U_m(t)\}^2 \, dt} \tag{3.2.7}$$

また、その際おおむね1mm以下の微小なスケール λ（テイラーのマイクロスケールという）の渦が発生して混合気の混合を促進する効果がある。燃焼室内の流速測定に当たっては、熱線流速計や各種のレーザ計測法[3]が用いられ、多サイクルにわたる計測データの統計的な数値処理によって乱流に関する種々の特性値が評価される。また、サイクル内での乱れとサイクルご

との速度変動は異なる流動形態であり，両者の分離がこのような方法で可能となっている．

火炎は，乱れによって層流から乱流に遷移し燃焼速度が飛躍的に増加する効果が得られる．図3.2.3に示したように，層流火炎では，火炎面は平坦であり，その火災帯の厚さはきわめて薄く，エンジン内のような高温・高圧場では数十μm程度である．その燃焼速度は燃料の酸化反応によって支配され，層流燃焼速度S_Lという．このような燃焼に対して，混合気の流動に伴って乱れが発生する場合には，λに関連したスケールのしわ状の火炎（wrinckled flame）となり，その面積が増加して結果的に質量燃焼速度が増加する効果が得られる．乱れが増すと，火炎帯内の熱と化学活性種の輸送が促進されて燃焼が速くなり，さらに，未燃混合気の小さな渦塊が燃焼ガス内に取り込まれる形態をとるようになり，これを含めた見掛けの火炎帯は厚みを増して燃焼がいっそう促進されるようになる．このような乱れを伴う場合の燃焼速度を乱流燃焼速度という．乱流燃焼においても微視的には燃料と酸素の反応が生じることに変わりはないが，このような物理的な要因によって燃焼速度が増加する．

表3.2.1[1]に示したように，大気条件での層流燃焼速度は，水素やアセチレンは例外として，いずれの燃料も数十cm/sにすぎないが，混合気の圧縮による温度と圧力の上昇により燃焼速度が増加する．これに加えて，図3.2.4[4]に示したように，乱流レイノルズ数R_tの増加による効果はきわめて大きく，乱流燃焼速度は層流燃焼速度の数十倍にも達する効果が得られる．ここで，$R_t = u'\lambda/\nu$であり，νは動粘性係数である．

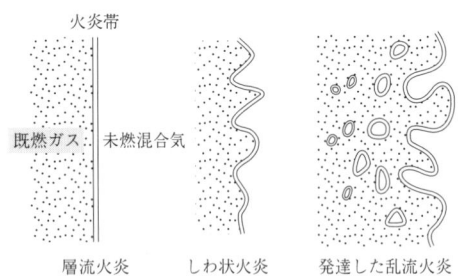

図3.2.3　乱れと火炎構造

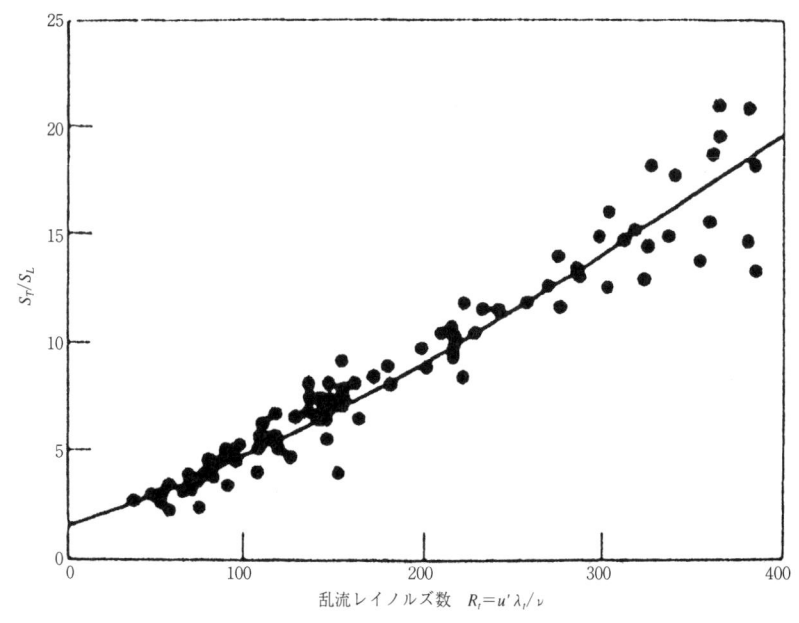

図3.2.4　乱れが燃焼速度に及ぼす効果[4]

エンジンの回転速度の上昇に伴って燃焼速度が増加し,高速での運転が可能となるのもこのような乱れの効果によっている.

d. 燃焼速度や熱効率に影響する因子

熱力学サイクル論によって説明すると,火花点火エンジンの理想サイクルは圧縮上死点で瞬時に熱供給が行われる定容サイクルであり,その理論熱効率は次式で表される.

$$\eta_{\mathrm{th}} = 1 - \frac{1}{\varepsilon^{\kappa-1}} \qquad (3.2.8)$$

ここに,ε は圧縮比,κ は動作ガスの比熱比である.

定容サイクルは,圧縮比一定の条件では,内燃機関のサイクルとしては最も高い熱効率となる.したがって,有限な速度をもつ実際の燃焼において,そのような理論熱効率に近づけるためには,圧縮比や比熱比を上げるとともに,燃焼速度を高めることや燃焼率の重心位置を上死点に近づけることが有効である.これらに影響する重要な設計・運転因子としては,当量比(あるいは空燃比)や点火時期,乱流特性,不活性ガスなどがあげられる.

(i) 当量比 当量比については,1を超える値,すなわち燃料過剰な条件で燃焼速度が最大となる.スロットル弁を全開にして高い出力を得るには,このような燃料過剰な設定にする手段がとられるが,不完全燃焼となるため熱効率が低下する.これについては後述する3.2.2項の図3.2.7に示すとおりである.また,スロットル弁開度が小さいアイドル時やきわめて低い負荷条件では,前のサイクルの燃焼ガスが残留する割合が大きいので,燃焼を安定させるために燃料を過剰に供給する必要がある.それ以外の部分負荷条件では,通常理論空燃比で運転される.

一方,燃料に対して空気を過剰にしていくと,燃料が完全に燃焼し熱効率が向上する.その要因としては,燃焼ガス温度が低下して動作ガスとしての比熱比が上がることや燃焼室壁との温度差が減少して熱損失が減ること,空気流量が増すので吸気のスロットル弁での圧力降下によるポンプ損失が軽減されることなどがあげられる.しかしながら,燃焼速度自体は遅れるので乱れを増したり,点火時期を早めるなどして遅れを回復あるいは補償することが必要になる.

このような空気過剰な燃焼を希薄燃焼(リーンバーン)と呼び,燃費を改善したり,3.2.2項で述べるように排出ガスの低減のための有力な手段として実用化されている.しかしながら,あまり空気過剰な状態では燃焼温度が下がり燃焼速度が低下して熱効率はかえって低下する.また燃焼反応の遅れや燃焼変動が顕著になり,ついには失火を起こす.そのような燃焼の限界を希薄燃焼限界と呼ぶ.

(ii) 点火時期 点火時期は燃焼の開始を決定する重要な運転因子である.図3.2.2に示した熱発生率の重心位置が上死点付近にくるような燃焼において最も高い熱効率とトルクが得られる.それを実現する点火時期を最適点火時期(MBT:Minimum advance for Best Torque)と呼ぶ.それ以上点火を早めると熱効率が悪化するうえ,燃焼圧力が増大し後述するノックの発生に至るので避けなければならない.

混合気の供給量が少ない場合,すなわちエンジンの負荷が低い場合は混合気密度の低下によって燃焼速度が遅くなる.またエンジン回転速度の上昇に対して燃焼が遅れ気味になる場合には,このような遅れを補償するため,それぞれ吸気負圧とエンジン回転速度を検出して点火時期を適切に進める方法が広く採用されている.

(iii) 乱流特性 混合気の流動に伴う乱れの燃焼促進効果が大きいことは,上述のc.(ii)で述べたとおりである.実際のエンジンでは高速回転において高い出力が維持されるのは,シリンダ内への混合気の流入速度の増加で乱れが増す結果,燃焼が速くなるためである.また,上述した希薄燃焼や,後述する排気再循環による不活性ガスの増加で生じる燃焼速度の低下や変動を改善するのにも,乱れの利用が有効である.しかしながら,過度の流動によって火炎が引き伸ばされたり,未燃混合気による冷却効果で,かえって燃焼が遅れたり,途中で失火を起こすこともあり,さらに冷却損失の増加を招くので,流動は適切なレベルに設定することが必要である.

乱れを与える方法としては,吸気ポートの形状を工夫することで,空気がシリンダ内に流入した際,シリンダ軸に対して旋回流(スワールという)を形成させる方法や,ピストン面とヘッド面の間で縦渦(タンブル)を形成する方法,吸気ポートと弁系統の流路を可変にして運転条件により流入速度を制御する手段を併用するやり方などがある.これによって生じた巨視的な流動から微小なスケールの乱れが派生して燃焼を効果的に促進することが最近のレーザを用いた各種の流速測定や流動観察の結果から明らかにされている.ま

た，トルク変動を通じて車両の運転性に影響する燃焼変動については，サイクルごとの流動の変動がその主要因であることが，このような計測法によって確認されている．

このような吸気系から燃焼室内に至る混合気の流動を対象に，コンピュータを用いた3次元数値流体計算法によりシミュレートする試みが最近盛んに行われている．さらに，これに燃焼モデルを適用して燃焼過程，ひいてはエンジン性能や排気ガスの予測に役立てようとする試行例も増えている[5,6]．現在，上述した計測方法によってモデルの検証が進み，燃焼室内の流動と乱れの発生については定量性が得られつつあり，その一例を図3.2.5[7]に示した．しかしながら，燃焼過程については，供給燃料の挙動とその混合気形成の影響や乱れの効果のモデル化がむずかしく，十分な予測精度が得られていないのが実情である．今後のモデル化の進展により，このような計算手法が，現象の説明にとどまらず，エンジンの吸気・燃焼系の詳細設計に対して利用可能になることが期待されている．これが実現すれば，これまで実験による評価に大きく依存していたエンジン開発と設計の迅速・合理化が飛躍的に進むものと予想される．

e. 異常燃焼

これまで述べた燃焼は火花点火によって開始される火炎伝播に基づく予混合燃焼であったが，このような正常な火炎伝播によらない異常燃焼が発生してエンジンのトラブルを招くことがある．したがって，エンジンの設計により，あるいはエンジンの運転条件を適切に設定してこのような異常燃焼を防止することが必要不可欠とされる．

(i) **ノックの発生** 異常燃焼の代表的なものがノックである．ノックは，シリンダ内の末端に存在する未燃混合気が燃焼圧力により圧縮を受けて反応し，予混合火炎が到達する前に自己点火を起こす現象である．これによって末端ガスは急激に燃焼し，不平衡圧力を発生して数kHzの強い圧力波を生じ，エンジンを加振して戸を叩くような音を発するのでノックと呼ばれる．一般に，エンジンの冷却が悪い場合や大気温度が高い場合，エンジン負荷が高く回転速度が低い場合に発生しやすくなる．また，表3.2.1に示したように

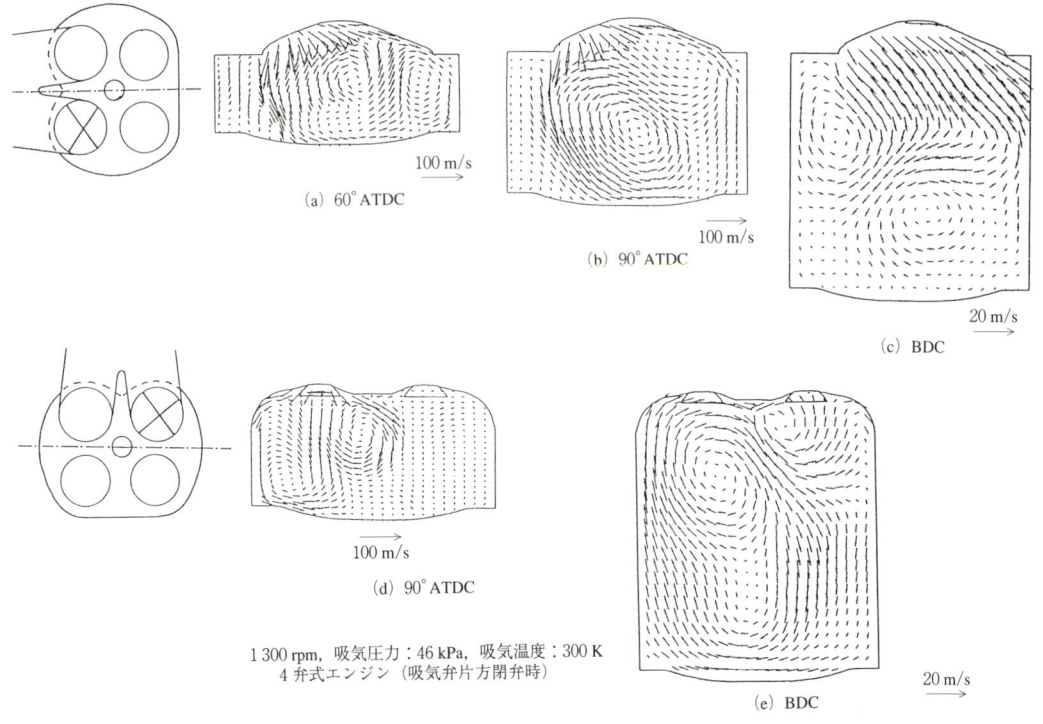

図 3.2.5 燃焼室内の流動シミュレーション結果の一例[7]

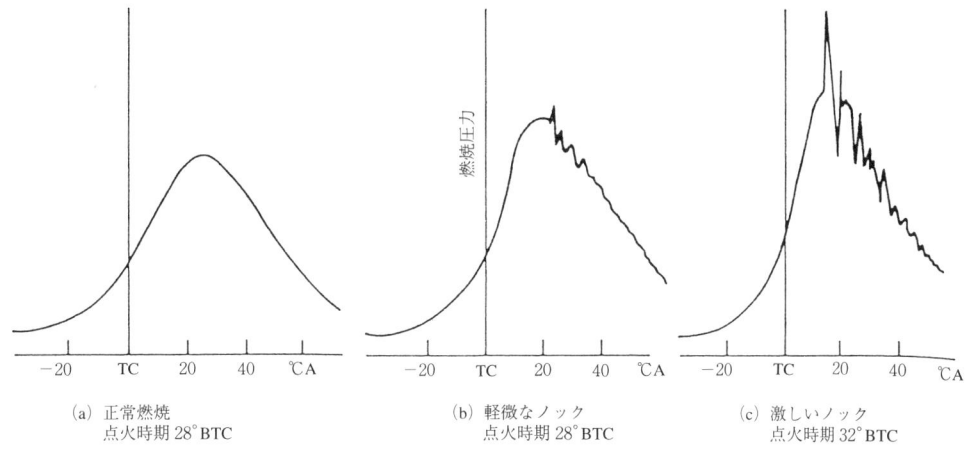

(a) 正常燃焼
点火時期 28°BTC

(b) 軽微なノック
点火時期 28°BTC

(c) 激しいノック
点火時期 32°BTC

(4 000 rpm,スロットル全開,排気量 381 cc 単筒エンジン)

図 3.2.6　ノック発生時の燃焼圧力[8]

燃料性状にも大きく依存している．いずれにしても，ノックは 600～1 000 K の比較的低温における炭化水素系燃料の化学反応現象であるが，関連する反応機構はきわめて複雑で不明な点が多いのが現状であり，その解明とノックの予測手法の確立が求められている．

ノックが発生した際の燃焼圧力の測定例を図 3.2.6[8] に示したが，このような圧力波は，燃焼室壁面の温度境界層を破壊し高温の燃焼ガスが直接表面に接触して壁面温度を上昇させ，またシリンダ壁に形成している潤滑油膜の粘性を低下させたり蒸発させる．その結果，ピストンなどの運動部品の焼付きや溶損を招くことがある．また，このような壁面の温度上昇によってノックがいっそう助長されることになる．3.2.1 項の d. で述べた理論サイクルの熱効率の式から理解されるように，火花点火エンジンの熱効率と出力を向上させるためには，圧縮比を高くすることが望ましいが，実際のエンジンでは，このようなノックが発生するため圧縮比が制限される．たとえば，通常のガソリンを使う場合には，ノックの防止上，圧縮比はおおむね 8～10 に抑えられている．

（ii）**ノックの防止法**　ノックを防止するには，燃料として，耐ノック性を表す指標であるオクタン価の高いものを使用することがきわめて有効であり，自動車用燃料の規格としてオクタン価とその評価法が定められている．これについては，3.6 節で詳しく説明する．

一方，燃焼技術の観点からは，火炎伝播を促進して末端ガスが圧縮着火に至る誘導時間よりも早く火炎が伝わるようにするとともに，その温度上昇自体を抑制する必要がある．具体的な対策としては，圧縮比を適正な値にするとともに，混合気に乱れを与えて火炎速度を高める方法がとられる．燃焼室の設計に当たっては，火炎伝播距離の短い一部球形状やペントルーフ形状のコンパクトな燃焼室形状とし，点火位置をなるべく燃焼室の中心に配置することが望ましい．高出力化の要求に対して，シリンダ径を大きくすると火炎が末端ガスに到達する時間が長くなりノックを起こしやすくなるので，シリンダ径をあまり大きくせずにシリンダ数を増やす方法がとられる．また，冷却を偏りなく十分に行って末端ガスの温度上昇を抑制する必要がある．さらに，過給を行うと圧縮空気の温度が高くなりノックを起こしやすくなるので，その冷却のためインタクーラを併用することが多い．

点火時期の遅延は燃焼圧力を下げることによりノックを抑える有効な方法である．そのため，エンジンブロックの適切な位置にノックセンサを取り付けてノックにより加振された際の加速度を検出する方法や，直接シリンダ内の圧力波を検出する方法によりノックの発生を判断し，点火時期を遅延させることでノックを回避する方式が広く使われている．ただし，大幅に点火時期を遅らせると熱効率の悪化を招くことは避けられない．

(iii) 過早着火　異常燃焼には，このほかに点火プラグや排気弁，燃焼室内の堆積物（デポジット）などの高温部が点火源となって生じる表面点火（あるいは熱面点火ともいう）があり，正規の火花点火の前に起こるものをプリイグニション（過早着火），その後に起こるものをポストイグニションと呼んでいる．これらも急激な圧力上昇を招き，ノックと同様エンジンの焼付きや溶損を招くので，このような高温部の冷却やその除去などの対策を講じる必要がある．また，点火プラグには適切な熱価のものを利用しなければならない．燃料に清浄剤を添加してシリンダ内でのデポジットの生成を防止する方法も有効である．

f. その他の燃焼方式

理論空燃比の均一予混合気を燃焼させる従来の方式に対して，3.2.1項 d.(i) で述べた理由により，空気過剰な燃焼条件では熱効率が向上する．そのような効果を積極的に利用したものに，希薄燃焼（リーンバーン）方式があり，それを実現するには下記のような方式がある．ただし，吸気スロットル弁が全開の状態でできるだけ高い出力を得るためには，燃料の供給量を多くする必要があり，理論空燃比あるいは燃料過剰の条件で燃焼を行わざるをえない．

〈希薄燃焼の各種方式〉
```
          ┌─均一予混合気燃焼
          │          ┌─副室方式
          └─成層燃焼─┼─吸気ポート噴射方式
                     └─直接噴射方式
```

希薄燃焼のうち，均一予混合気燃焼では，希薄燃焼限界内での運転に限られるが，その限界に近づくと燃焼の遅れが著しくなるため熱効率はかえって悪化する．また，燃焼変動や失火するサイクルが頻発してトルク変動を招き，運転性能を悪化させる．

一方，成層燃焼（層状給気燃焼ともいう）は，燃焼室において，燃料過剰な混合気を点火プラグ周辺に形成することで点火と初期火炎の形成を確実に行い，これによってその周辺に形成された燃焼の遅い希薄な混合気の燃焼を促すものである．燃焼全体としては，空気が過剰になるように空燃比が設定されるが，燃料過剰な混合気で燃焼が開始されるので，均一予混合気の燃焼に比べて希薄燃焼限界が拡大される．

このような成層燃焼を実現する三つの方法のうち，副室方式では，副室内で形成した燃料過剰な混合気を点火・燃焼させ，活性化された未燃混合気とともに主燃焼室に噴出し，そこでの希薄な混合気の燃焼を促進するものである．副室を使うことで過濃な混合気の分散が防げるが，副室の連絡孔で絞り損失が発生すること，副室分の燃焼室面積の増大や高速の噴出ガスによって熱損失が増大することなどが欠点である．

吸気ポート噴射方式は，電子制御式燃料噴射装置により適切な噴射タイミングで燃料噴射を行って吸気ポート中で過濃混合気を形成し，燃焼室への流動を制御して点火時期にプラグ付近にこの混合気を運ぶようにするもので，最近実用例が増えている．

また，直接噴射方式は，圧縮行程中に燃焼室内に直接燃料を噴射して燃料噴霧を形成させ，その過濃な領域で点火して希薄領域への燃焼を行わせるもので，噴霧燃焼の特徴である拡散燃焼の形態も含まれることを特徴としている．吸気系での燃料供給遅れがないことや，耐ノック性が向上するので高圧縮比化が可能になり，熱効率がさらに向上することが長所である．この方式自体は，古くは，多種燃料機関として，最近では排出ガス低減と熱効率の向上をねらいとして提案され実用化に至った例がある[9]．このような燃焼を実現するためには，燃料噴霧と混合気の形成，点火の位置，点火後の火炎制御などを最適化することが必要であり，噴射方式とともに，空気流動を利用するための吸気系と燃焼室の形状の決定が重要な設計課題とされている．このように課題は多いが，火花点火燃焼における最も有力な低燃費技術として期待される燃焼方式である．

3.2.2 排出ガスの発生機構とその対策

火花点火エンジンから排出される NO_x，CO，HCの3成分は，3.2.1項で述べた燃焼特性と関連して発生し，排出される．図3.2.7に示すように，エンジン性能とともにこれら3成分は空気過剰率（あるいは当量比）の影響を強く受け，しかも，それぞれ排出傾向が異なるため，低減対策がむずかしいことがわかる．そこで，本項では，これらの成分の生成機構とその低減のための基本的な考え方について解説する．なお，低減対策については，燃焼にかかわる因子を適切に制御する燃焼技術的なやり方と排出したガスを浄化する後処理法に分けて概説し，実用化されているこれらの技術については，それぞれ3.3節と3.5節で具体的に説明する．

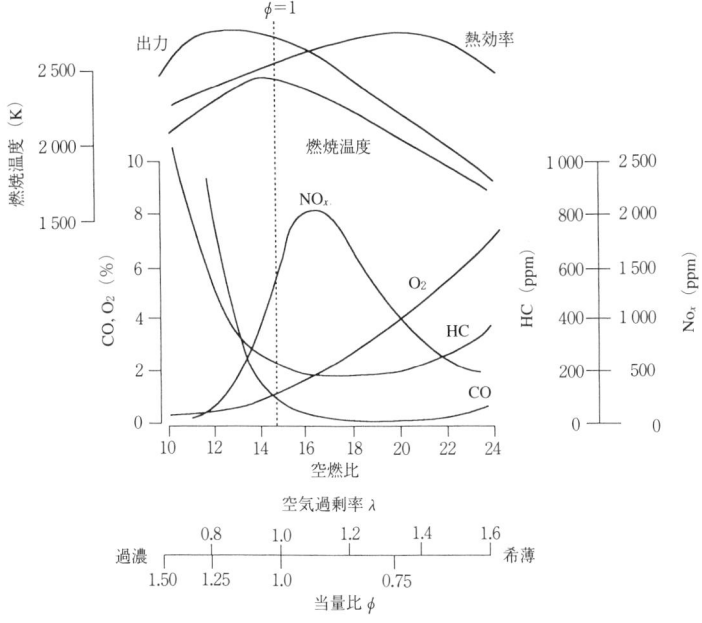

図 3.2.7 空燃比がエンジン性能と排出ガス特性に及ぼす影響

a. NO_x の生成機構と対策

（i） 生成反応機構[10]　　NO_x は NO, NO_2, N_2O などの窒素酸化物の総称であるが，エンジンのような高温の燃焼場で発生するものは大半が NO であり，NO_2 はエンジン内で低温となった条件で NO の酸化によりわずかに生成される．一般的に，燃焼における NO の生成機構としては，「Prompt NO」，「Fuel NO」，「Thermal NO」の三つがある．Prompt NO の反応には，燃料過剰な火炎帯内で化学平衡濃度を越える O や OH などの活性種に起因するものや，燃料の炭化水素系の生成物が関与し，HCN や CN, NH などが介在するものがある．Fuel NO は，燃料中に含まれる窒素化合物が分解して発生する中間生成物（NH_2, NH, N, HCN, CN など）が要因となる．また，Thermal NO は，火炎通過後の高温反応によるものである．

火花点火エンジンでは，圧縮により高温・高圧となった場で燃焼が行われ，燃焼ガス温度は 2 000 ℃ を超えるので，これらのうち，Thermal NO がおもな生成プロセスと考えられる．その反応としては，以下に示すように，O_2 から高温で解離した O 原子に起因するゼルドヴィッチ（Zeldovich）機構と呼ばれる二組の連鎖反応式 (3.2.10), (3.2.11) と OH による反応式 (3.2.12) を加えた三つが主要なものとされ，拡大ゼルドヴィッチ機構と呼ばれる．

$$O_2 \rightleftarrows 2O \quad (3.2.9)$$
$$O + N_2 \rightleftarrows NO + N \quad (3.2.10)$$
$$N + O_2 \rightleftarrows NO + O \quad (3.2.11)$$
$$OH + N \rightleftarrows NO + H \quad (3.2.12)$$

もちろん，C-H-N 系に関連する Prompt NO や Fuel NO の生成分解反応も副次的には起こっているが，通常の燃料は高級炭化水素の複合物であるため，これらの反応経路は複雑で不明な点が多い．NO の反応計算では，近似的には式 (3.2.10) ～ (3.2.12) で十分とされ最も広く用いられている．これらの反応から，① 燃焼ガスが高温であること，② その保持時間が長いこと，③ 余剰 O_2 が存在すること，の三つが NO の生成要因であることが理解される．図 3.2.7 において，燃焼温度は燃料過剰側で最も高くなるが，排出 NO_x が空気過剰率 1.1～1.2 付近で最高濃度となるのは，O_2 濃度の影響も加わるためである．

火花点火エンジンにおいて測定された燃焼圧力をもとに拡大ゼルドヴィッチ機構により NO の反応計算を行った例[11]を図 3.2.8 に示す．図から明らかなように，早い時期に燃焼したガスは，その後最高圧力に達するまで圧縮されてさらに高温となり，NO の平衡濃度も高くなる．そのため生成速度が増加して NO 濃度は平衡濃度に近づき高濃度となり，さらに膨張時には温度降下により分解速度が減少して結果的に高い濃度

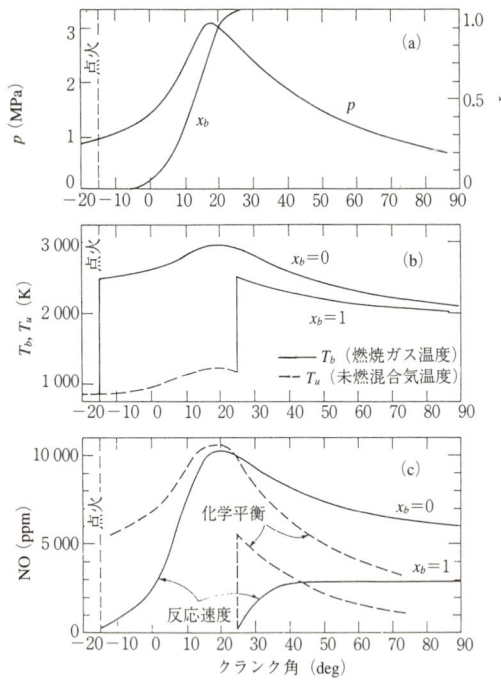

図 3.2.8 反応計算による NO の生成・分解過程[11]

で凍結する．一方，遅い時期に燃焼するガスでは，到達温度が低いため生成速度は遅く，最高平衡濃度に比べてかなり低い濃度で凍結する．このような傾向を式（3.2.3）の燃焼割合に対して図式的に説明すると図 3.2.9[10] に示すとおりである．すなわち，より早く燃焼したおおむね点火プラグに近いガスほど高温となり，燃焼室内にはこれから遠ざかるように温度勾配が生じ，それに対応して凍結 NO が分布する．ここで凍結量 NO_f を X_b で積分したものが全体の NO 量となる．このような現象については，燃焼室内における NO 濃度の分析結果からも裏づけられている．排気ガス温度における平衡濃度よりもかなり高い濃度の NO が実測されるのは，いったん高温下で生成された NO が，膨張行程での温度低下により分解反応が遅れ，凍結して排出されるためである．なお，このようにして生成・排出された NO は大気中で徐々に酸化されてより有害な NO_2 となる．

（ⅱ）**NO_x の対策**　上述したように，NO_x の生成要因は，燃焼ガスが高温に保持されることと酸素が過剰に存在することであり，これを避けることが低減対策として有効である．このようなねらいから，具体的な手段として以下の三つの方法が利用されている．

（1）**点火時期の遅延**：　点火時期を遅らせる方法は最も容易であり広く採用されている手段である．これによって燃焼の開始が遅れるため燃焼圧力・温度が下がり，NO_x の生成が抑制される．図 3.2.10（a）[12] にその低減効果の例を示したが，燃焼自体が遅れることになり，熱効率の悪化を招くとともに，排気温度が上昇して排気系の熱負荷を増大させるなどの欠点がある．また，過度に点火時期を遅延すると失火の原因ともなるので，これらの点から点火時期の遅延には限度がある．点火時期の遅延に伴う燃焼の悪化を抑える対策としては，混合気の乱れを強めたり，燃焼室の形状や点火プラグの位置を適切にして燃焼速度を促進させることが有効である．

（2）**排気再循環（EGR）法**：　EGR 法は，不活性ガスである排気の一部を還流して新気と混合することにより混合気の熱容量を増すものである．これによって燃焼温度が数百℃低下する効果が得られ，図 3.2.10（b）[12] に例示したように，大幅に NO_x を低減する方法として自動車用エンジンでは広く利用されている．EGR に当たっては，出力を保つ必要から，通常混合気の供給量を維持し，これに排気を追加するので全体の体積流量が増加する．したがって，吸気スロットル弁を全開にする場合，すなわち全負荷の条件では，排気を再循環すると新気量が減って出力の低下につながるので，このような条件では EGR を行うことはできない．

EGR は，燃焼温度の低下によって熱損失を低減するとともに吸気絞り損失を軽減する効果をもつので，適度の EGR であれば，点火時期を早めて燃焼の遅れ

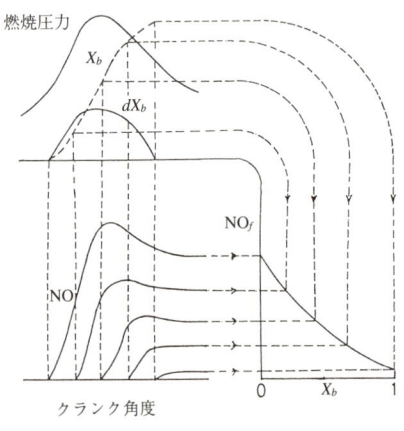

図 3.2.9 燃焼割合と NO の凍結量[10]

(1 600 rpm, 容積効率 50%)

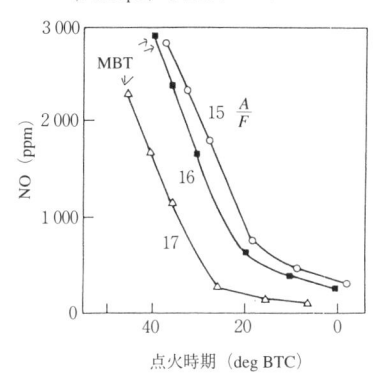

図中: NO (ppm) 縦軸, 点火時期 (deg BTC) 横軸, MBT, A/F = 15, 16, 17

(a) 点火時期遅延

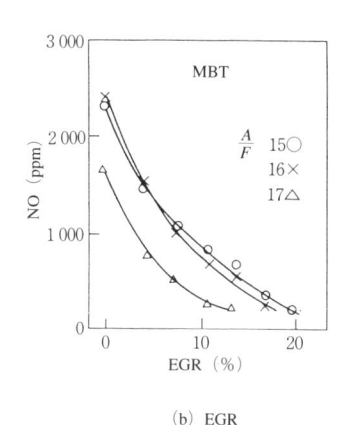

図中: NO (ppm) 縦軸, EGR (%) 横軸, MBT, A/F 15○, 16×, 17△

(b) EGR

図 3.2.10 NO 低減対策の効果[12]

を補償する方法をとると，NO_x を低減しつつ熱効率を維持あるいはわずかながら改善することが可能である．一方，排気をあまり多量に再循環すると，不活性ガスの増大によって燃焼速度が遅くなり熱効率の悪化や HC の増大を招き，はなはだしいときは失火を起こす．その対策としては，燃焼室内における混合気の乱れを強化したり，点火プラグを複数設けることや点火エネルギーを増大する方法がとられている．実際には，燃焼への悪影響を配慮し，吸気に対して排気を通常 10～20% 程度混合するが，これによって NO_x が 50～70% 程度低減される効果がある．

（3）希薄燃焼方式： 図 3.2.7 に示したように，空気過剰率が 1.1 付近で NO_x 濃度が最高となるので，これを避けるためには，燃料過剰な燃焼よりも空気過剰な燃焼を行うほうが熱効率の向上と HC と CO の低減の両面で有利である．ただし，空気を多くしすぎると温度の低下により HC や CO の酸化反応が遅れて排出濃度が増大し，さらに空気を増すと失火が生じる．

また，図 3.2.7 からわかるように，希薄燃焼の NO_x 低減効果は同様に動作ガスが増加する EGR ほど大幅なものではない．そこで EGR を併用する場合もあるが，排気中に酸素が含まれるので，理論空燃比での EGR より低減効果は低い．なお，スロットル弁全開時に高出力を得るためには，燃料の供給量を増して理論空燃比あるいはそれ以下にする必要があり，そのような条件では別途 NO_x を対策する必要がある．

なお，希薄燃焼を実現するには，成層燃焼が有効であることを 3.2.1 項の f. で説明したが，その混合気は過濃から希薄にわたって分布する．したがって，NO が多く生成される希薄な領域や，過濃な燃焼のあと周囲の空気と混合して希薄化し NO が多く生成される領域が共存する．その結果，同じ空気過剰率の均一予混合気燃焼よりも NO が多く排出される可能性があり，混合気の形成や EGR，後処理を含む低減対策を併用する必要がある．

b. HC と CO の生成機構と対策

HC の生成機構としては，以下のような複数の生成要因がある．

① 燃料の不完全燃焼
② クエンチ層と潤滑油膜
③ バルククエンチ
④ 燃料の蒸発不良
⑤ ブローバイガス

図 3.2.7 から明らかなように，HC と CO は燃料が過剰な燃焼において，不完全燃焼によって排出される一方，酸素が十分存在する条件であってもある程度の濃度の HC や CO 濃度が排出される傾向がある．図 3.2.11 に示すように，このような HC の排出は，燃焼室壁面の温度境界層内の底層に含まれる混合気が低温のために十分酸化されないことによるものである．また，ピストンのトップランドとシリンダ壁との隙間（クレビスという）やヘッドガスケット部の隙間に存在する混合気も酸化されにくい．このような領域を消炎層（クエンチ層）といい，壁面では 0.2 mm 以下，隙間では 0.2～1 mm 程度の消炎距離がある．さらに，クエンチ層の燃料の一部が圧縮行程中にシリンダ壁面上の厚さ数～数十 μm の潤滑油膜に吸収され，膨張行程で放出される．したがって，これらの HC を減らすには，極力比表面積の小さい燃焼室とし，隙間部を減らすようにし，高温の燃焼ガスとの適切な混合によっ

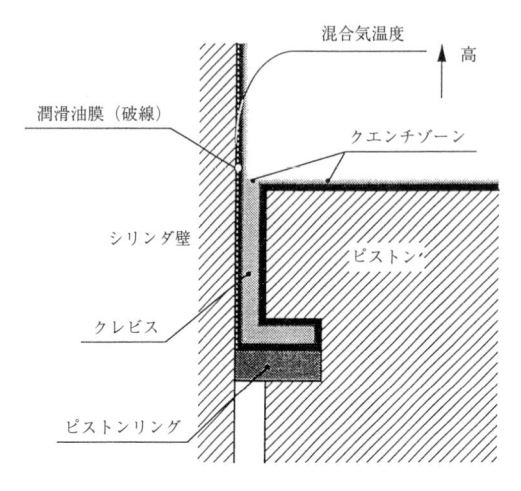

図 3.2.11 HC の生成ゾーン

て酸化を促進することが設計上必要である.

一方,CO は希薄な条件であっても高温における熱解離反応によって生成され,膨張行程での温度低下で凍結されて排出される.また,上述した HC の低温における酸化過程でも発生する.

図 3.2.7 に示したように,燃料をさらに希薄にすると HC 濃度が増加するのは,温度の低下により酸化反応が遅くなり,また失火するサイクルが出るためであり,HC の部分酸化により CO も同時に増加する.また,EGR によって不活性ガスの割合が増すと同様の傾向が現れる.そのうえ,膨張行程では燃焼ガス全体の温度が低下するバルククエンチと呼ばれる効果によっても,HC の酸化を妨げられる.このため,希薄燃焼ではこのような原因で生じる HC の対策が必要になるケースがある.発生した HC は,温度が十分高ければ膨張行程や排気行程でもある程度酸化し減少する傾向があり,この行程での温度保持が酸化にかかわる重要な因子となる.

さらにガソリンなどの液体燃料を使用するエンジンでは,低温での始動や,吸気系壁面での燃料付着などのため,燃料が十分蒸発されずに未燃焼のまま排出される.その対策として,電気ヒータや冷却水で吸気系を暖めたり,燃料の微粒化や混合を促進する方法などの対策が施されている.

なお,ブローバイガス中にはピストンのクレビスにあった未燃混合気が含まれるが,このガスは外部に排出されないように,ブローバイガス還元装置により強制的に吸気に戻す対策が施されている.

c. 後処理による排出ガス対策

上述のような燃焼技術のみで排出ガスを低減しようとすると,燃焼の遅れや燃焼変動,熱効率の悪化,さらには失火を招く.そこで,そのような犠牲を軽減する目的で各種の触媒装置などの後処理技術による方法が併用される.その例としては,NO_x,HC,CO の 3 成分の同時浄化が可能な三元触媒や,HC,CO を浄化する酸化触媒,酸素過剰な排気中の NO_x を還元する触媒などがあげられるが,それらの原理と具体例については 3.5 節でまとめて詳しく述べることにする.

[大聖泰弘]

参 考 文 献

1) 斎藤,大聖ほか:熱機関演習,実教出版,p.16 (1985)
2) J. F. Griffiths, et al. : Flame and Combustion, 3rd ed., London, Blakie A & P, p.230 (1995)
3) レーザ計測ハンドブック編集委員会編:レーザ計測ハンドブック,丸善 (1993)
4) G. E. Andrews, et al. : Combustion and Flame, 24-3, p.285 (1975)
5) Proceedings of the 3rd International Symposium on Diagnostics and Modeling of Combustion in Internal Combustion Engines, 日本機械学会 (1994)
6) Engine and Multidimensional Engine Modeling, SP-1101, SAE Paper (1995)
7) B. Khalighi, et al. : Computation and Measurement of Flow and Combustion in a Four-Valve Engine with Intake Variation, SAE Paper 950287 (1995)
8) A. Douaud, et al. : DIGIP-An On-Line Acquisition and Processing System for Instantaneous Engine Data-Application, SAE Paper 770217 (1977)
9) Y. Iwamoto, K. Noma, O. Nakayama, T. Yamauchi and H. Ando : Development of Gasoline Direct Injection Engine, SAE Paper 970541 (1997)
10) 広安,大聖ほか:内燃機関の燃焼モデリング,日本機械学会第572回講習会教材,pp.59-68 (1983)
11) K. Komiyama, et al. : Predicting NO_x Emissions and Effects of Exhaust Gas Recirculation in Spark-Ignition Engines, SAE Paper 730475 (1973)
12) Y. Sakai, et al. : The Effect of Combustion Chamber Shape on Nitrogen Oxides, SAE Paper 730154 (1971)

3.3 燃焼改善

排気規制初期には,燃焼改善によるエミッション低減法も多く試みられたが,各エミッションの排出要因が明確になるとともに,また三元触媒システムが確立した後は,おもに後処理を主体としたシステム開発によって対策がなされてきた.

燃費についても,空燃比を理論空燃比から変えられない三元触媒システムでは,燃焼改善で得られる大きな効果は,アイドルの低回転化などに限られていた.

しかし,最近の低いエミッションレベルでは,触媒の機能が働かない暖機過程での排出量の低減も重要であり,このときの燃焼改善の要求も高まってきた.さらに,大幅な燃費改善のニーズは,三元触媒が機能しない希薄空燃比領域での燃焼の成立を要求している.そこで,ここでは,燃焼改善に関係するエンジン各部での技術と,それらをシステム的にまとめたリーンバーンについて述べる.

3.3.1 吸 気 系

吸気系は,吸気流で生成する乱れによる燃焼の促進・燃料と空気の混合改善の役割を担う.

混合気の乱れによる燃焼促進効果は,層流燃焼速度に対する乱流燃焼速度の比が,乱流レイノルズ数に比例して大きくなる関係がよく知られている[1].一般のエンジンでは,空気が高速で吸気弁から流入する吸気行程中に生じた乱れは,圧縮行程でほぼ減衰し,ピストン運動によって生成する乱れが回転上昇につれて増大し燃焼期間(時間)を短縮する.

a. シリンダ内流れの生成法と効果

吸気行程の流れによって燃焼期間中にも乱れが生成するためには,シリンダ内に主流を形成させることが必要で,この主流として(水平)スワール,(縦渦)タンブル[2]とこの両者を合成した斜めスワール[3]がある.これらの流れのシリンダ内での軌跡を図3.3.1[4]に示す.吸気弁出口流速分布を,TYPE Ⅲのように接線成分をもつ流れとすればスワールとなり,TYPE Ⅳのようにシリンダ中心側の速度成分が大きくなればタ

吸気弁出口速度比率

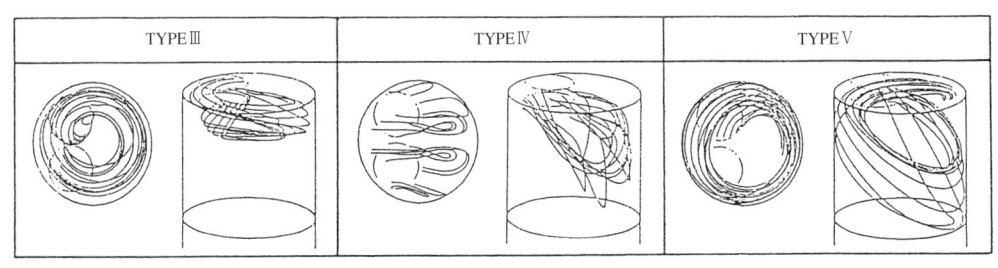

吸気弁からの流入粒子軌跡(ATDC 153°~360°)

図3.3.1 吸気弁出口流速分布とシリンダ内の流れ軌跡(3次元数値流体計算)[4]

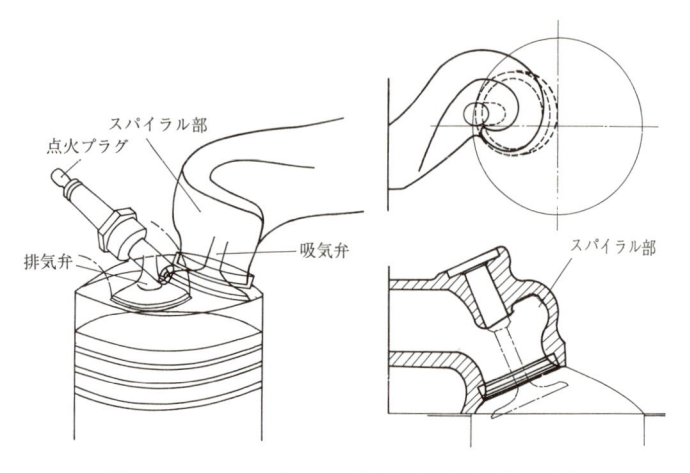

図 3.3.2 ヘリカルポートの形状（吸気1弁球形燃焼室）[5]

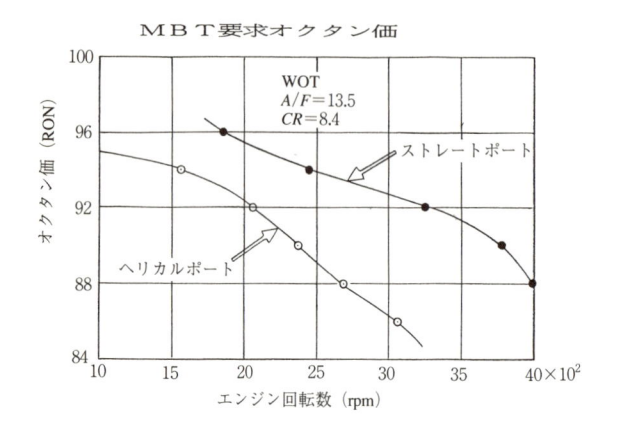

図 3.3.3 ヘリカルポートの要求オクタン価低減効果[5]

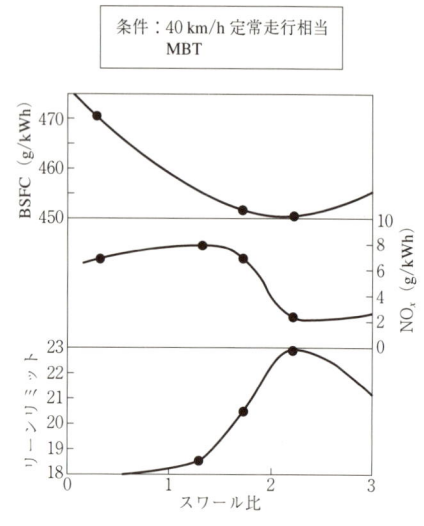

図 3.3.4 スワール比とリーンリミット（希薄燃焼限界）[6]

ンブルとなり，TYPE V のように両成分をもてば斜めスワールとなる．

スワールを生成する代表的な吸気ポートに，ヘリカルポートがある．図 3.3.2[5] は，燃費 NO_x 低減を目的とした大量 EGR 時の燃焼改善を図るために使われた例である．また燃焼促進は，未燃混合気が自発火に至るまでの予反応時間に対して，火炎伝播時間を短縮するのでノッキング特性を改善し，要求オクタン価を低減する（図 3.3.3[5]）．したがって，高圧縮比化による燃費改善にもつながる．

スワールの大きさを圧縮上死点付近で評価することは容易ではないため，シリンダヘッドをスワールメータ上に取り付け，その下流を負圧として定常流で羽根車の回転数を計測する．このときの空気流量がスロットル全開で吸入されるエンジン回転数を求め，次式で計算するスワール比をスワールの大きさの代表特性として用いる．

$$スワール比 = \frac{(羽根車回転数)}{(エンジン回転数)}$$

b. 効率的な吸気乱れ生成法

燃焼改善に有効なスワール比は，図 3.3.4[6] に示すよう 1.5～2.5 とされている．スワールポートに必要な要件は，①流量低下が少ない，②圧縮行程中の減衰が小さい，③形状感度（製造時の形状誤差によるスワール比変化）が小さいなどがあげられる．

吸気弁出口で接線方向の速度成分を多くもつヘリカル型のポートは，吸気弁位置によるスワール比への影

響が小さく，また圧縮行程中の減衰も小さい．

一方，吸気ポートをシリンダ中心からずらすなどして偏流成分を強めた偏心ポートタイプは，吸気弁位置の影響が大きく，圧縮行程中の減衰も大きくなりやすいので注意を要する．

吸気ポート内での流れの偏流による流量低下を防ぐために，図3.3.26に示すようなスワールコントロールバルブ(SCV)[7]が使われている．燃焼促進が必要な低・中負荷域では，SCVを閉じてスワールを生成させ，吸気抵抗が問題となる高回転高負荷域ではSCVを開いてストレートポートなみの流量を確保している．

乱れを効率的に発生させるためには，シリンダ軸に水平なスワール成分に縦成分を加えた斜めスワールがよい．吸気弁外周の一部に壁を付けたシュラウド弁の壁の位置を移動し，両成分の比率を変化させた実験で，最も圧縮上死点付近の乱れが大きな両スワール成分の比率を求めると，図3.3.5[8]に示すようにスワールの傾き角が約40°となる．なお，ここでスワール傾き角はスワールメータで測定した角運動量の水平成分と縦成分の合成分がなす角度と定義されている．また，両成分の合成は，乱れのサイクル間変動低減にも有効である[9]．

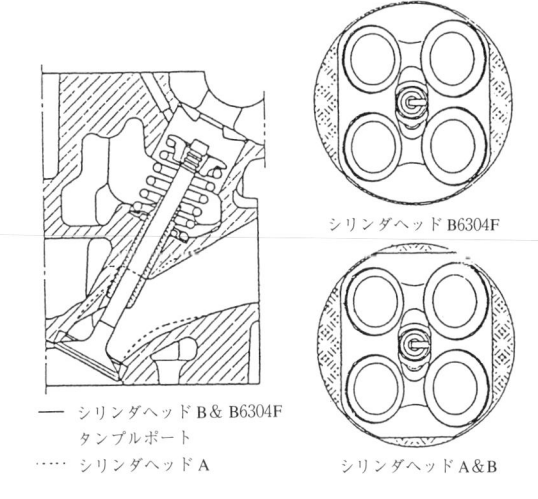

図3.3.6 ポートによるタンブル生成例[11]

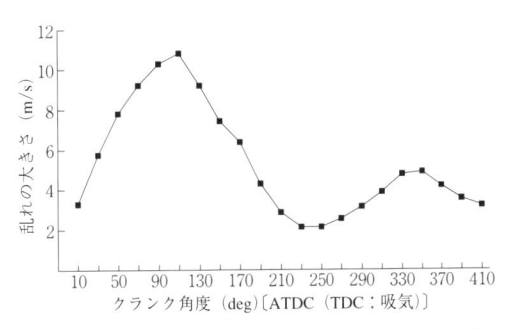

図3.3.7 タンブルポートのシリンダ内の乱れ大きさ[11]

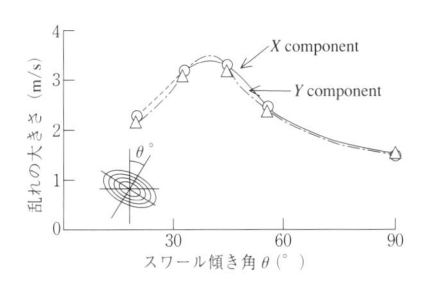

図3.3.5 スワールの傾き角と圧縮上死点付近の乱れの大きさ[8]

c. タンブルポート

4弁ペントルーフ型燃焼室では，タンブル流を発生させやすい．燃焼室に壁を設けて発生させている例もある[10]が，ポート壁のわずかな変更で発生させている例が多い．図3.3.6[11]は，Volvoの例でポート形状を点線から実線に変更して，図3.3.7[11]のように圧縮上死点付近で乱れを強化している．Fordでは，ポートを水平付近まで傾け，吸気弁のシリンダ中心側から出る流速を増している[12]．

吸気流によって生成される乱れを最も強化しようとしたポートは，リーンバーンエンジンで各種開発されているので，3.3.6項リーンバーンエンジンで紹介する．

3.3.2 燃料供給系

システムとしての技術は3.7節で述べることとし，ここでは燃焼改善に直接関係する電子燃料噴射弁のみを対象とする．電子燃料噴射弁に必要な用件は，基本特性として，

① 噴射パルス幅に対して噴射量がリニヤなこと
② リニヤ特性から得られる（最大/最小）流量比が大きいこと

でさらに燃焼改善・エミッション低減からは

① 噴霧の微粒化
② 噴射方向の制御（吸気ポートに燃料が付着しな

3. 火花点火エンジン

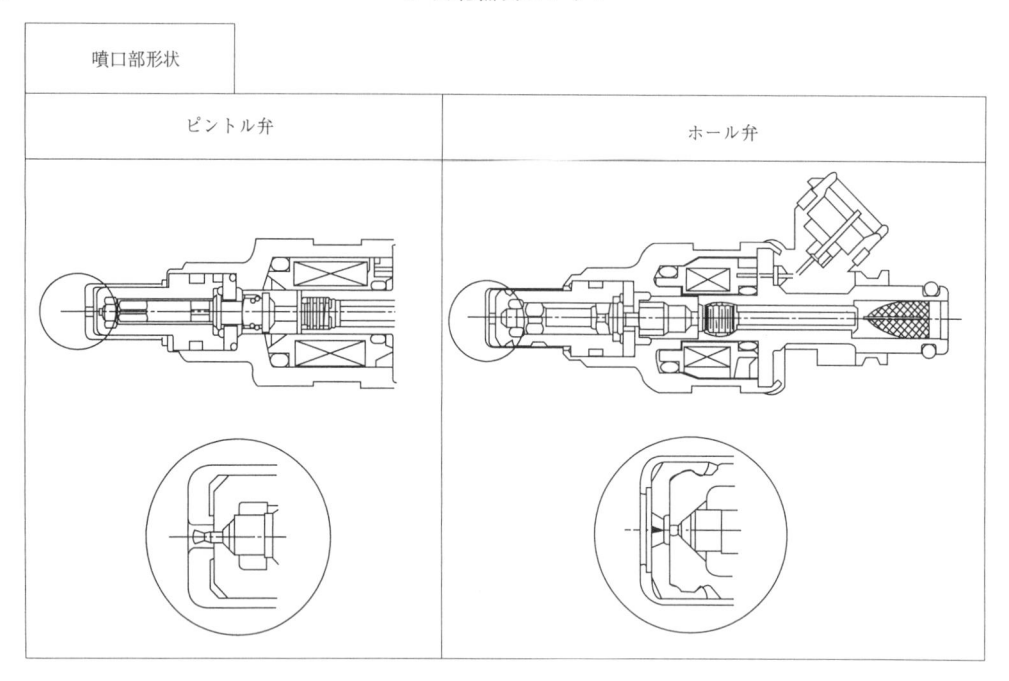

噴口部形状	
ピントル弁	ホール弁

図 3.3.8 燃料噴射弁の構造

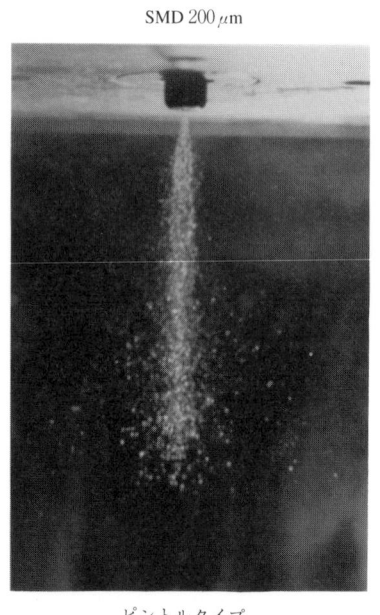

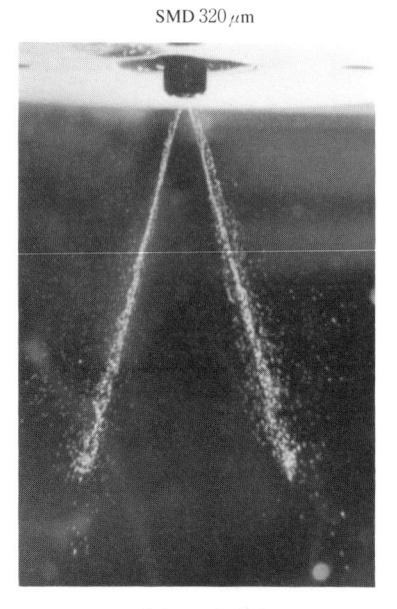

SMD 200 μm — ピントルタイプ

SMD 320 μm — 2ホールタイプ

図 3.3.9 噴霧写真[13]

い)
③ 油密性確保

があげられる.

a. 噴射弁の構造

電子燃料噴射弁が使われ始めた時代は吸気1弁で図3.3.8に示すピントルタイプであったが, 吸気2弁が主流となりつつある最近ではホールタイプが多い. ピントルタイプはピントル部で燃料が薄膜となり微粒化しやすい (図 3.3.9[13]). しかし, 吸気2弁エンジンでは吸気ポートの中心に置かれた噴射弁からの噴霧は, ポート内の隔壁に当たって直接シリンダ内に入る燃料量が減少し, 図 3.3.10[13]に示すようにスロットル開度変化時の空燃比変動を大きくする.

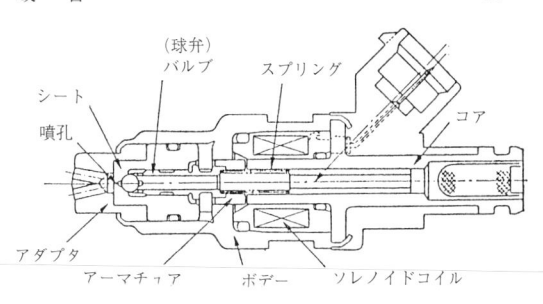

図 3.3.11 球弁タイプ燃料噴射弁

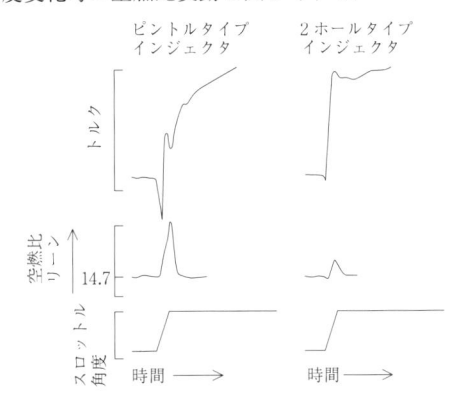

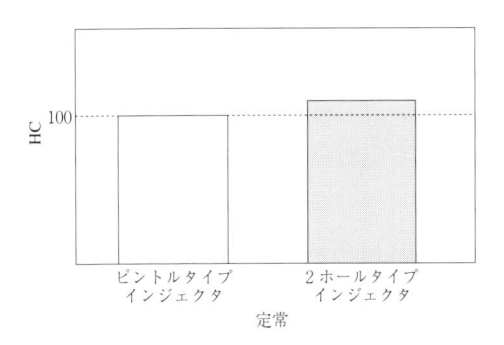

図 3.3.10 スロットル急開時の空燃比挙動 (上図), 定常時 HC (下図) (ピントルタイプと2ホールタイプの比較)[13]

そこで, 二つの吸気ポートの中心付近に向けた数個 (2～4) の穴をもつホールタイプが使われるようになった. 図 3.3.11 に示す球弁タイプでは, 一つの噴孔で計量した後, 二つの穴で方向付ける. プレートタイプでは, 数個の穴で計量と方向付けを同時に行う. またホールタイプでは, ソレノイドコイルの電磁力で動くニードル部分の重量を軽くでき4弁による高性能化に

よって要求される流量比の拡大にも対応している[14].

b. 噴霧粒径

噴霧の粒径は, HC の排出量に影響を及ぼす. 初期の球弁タイプは, ザウター平均粒径がピントルタイプの約 200 μm に比べ大きかったため, 図 3.3.10 に示すように冷間定常運転時の排出 HC 濃度が高かった. しかし, その後, 二つのホールの分岐部形状の改良による衝突微粒化の促進や4孔のプレートノズル[15]により改良された.

さらに微粒化を促進するためには, 空気流を衝突混合させるエアアシスト弁がある[13,16]. 図 3.3.12[13]に噴射弁内空気通路の出入口間の差圧と粒径の関係を示す. 差圧を大きくして空気流量を増加すると粒径約 40 μm が得られる.

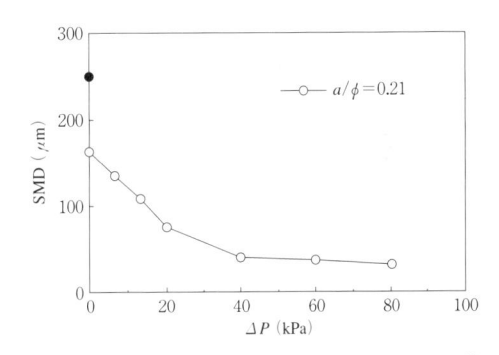

図 3.3.12 エアアシストの流量 (差圧) と燃料粒径[13]

吸気行程に同期した燃料噴射は, 図 3.3.13[13]に示すように過渡時の空燃比変化を小さくするための燃料増量を低減できるが, 吸入空気との混合時間が短いために, 定常運転時の排出 HC を増大させやすい. 燃料の微粒化は, この影響も小さくする.

c. 始動・暖機時の HC 低減

排出 HC 量をさらに低減するためには, 始動時に燃焼せずに排出するわずかな量も考慮しなければならな

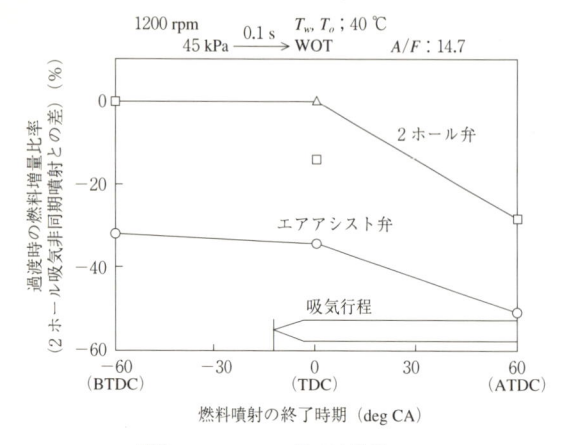

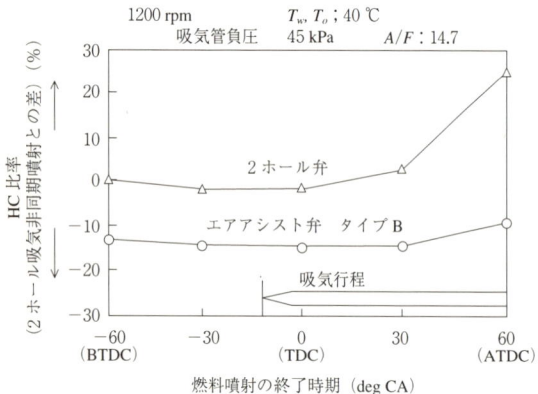

図 3.3.13 噴射タイミングと過渡時の増量燃料比（上図），定常時 HC（下図）（吸気非同期噴射の 2 ホール弁に対する比率）[13]

い．暖機されたエンジンの再始動時には，噴射弁内に残っている燃料が高温によって気化し，噴射量が低下してしまうことがある．この対策のため，燃料供給口を横側に設け噴射弁内の燃料通路容積を小さくするサイドフィード型噴射弁も使われている[17]．

また，長時間放置時には，噴射弁からの燃料の微量な漏れも問題となるので，シール部の油密性も非常に重要である．

d. 燃料の応答遅れ防止

吸気ポート壁への燃料付着量は，図 3.3.14[18] に示

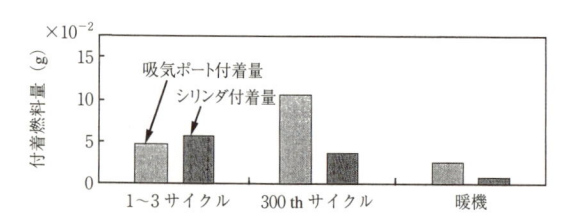

図 3.3.14 吸気ポート壁への燃料付着量[18]

すように多い．これは，先に述べた過渡時の燃料応答遅れの原因となる．噴射弁を吸気弁に近づければ付着量は減少するので，噴射弁の小型化やさらにはシリンダ内に直接燃料を噴射する直噴化が今後要求されるであろう．

3.3.3 燃焼室

基本的に火炎伝播距離が短く，比表面積（燃焼室表面積/燃焼室容積）の小さいコンパクトな燃焼室形状がよい．これは，冷却損失の低減，高圧縮比化による燃費向上，クエンチ HC の低減による排気浄化のいずれの観点からも望ましい．

a. 比表面積と冷却損失

圧縮・膨張行程に，未燃・既燃ガスから燃焼室壁を経て冷却水，大気などに失われる冷却損失は，熱効率の大きな低下要因である．図 3.3.15[19] は，比表面積の図示効率への影響を，行程容積を変えたサイクルシミュレーションで調べた例で，図中二重線の断熱等容燃焼サイクルは，冷却損失がないため，行程容積に関係なく効率が決定するが，冷却損失を考慮すると大きな行程容積ほど効率がよい．これは，行程容積が大きいほど，比表面積が小さくなって冷却損失が低下するためである．同一排気量でも同様なことがいえる．高岡ら[20]は，各種エンジンの燃費をストローク/ボアに対してプロットすると，ストローク/ボアと燃費に相関はないが，重回帰分析した結果は，同一排気量で上死点での比表面積が小さくなるロングストロークほど燃費がよいとしている．冷却損失の寄与率が，温度，圧力の高い上死点近傍で大きいため，このように上死

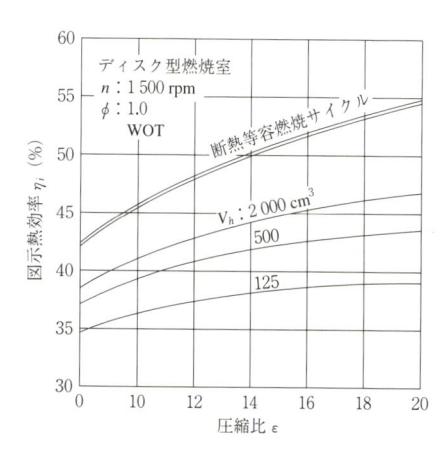

図 3.3.15 行程容積と図示熱効率[19]

点での比表面積が重要となっている．比表面積は，同一ストローク/ボア比では，コンパクトな燃焼室ほど小さく，ペントルーフ型や球形燃焼室が優れている．

また，燃焼室表面で火炎がクエンチされることによって生成される比率の高いHCも，図3.3.16[21]に示すようにロングストロークほど低い．

ただし，エンジンのボア径は，エンジンのサイズや出力特性にも大きく影響するので，これらも考慮のうえ決められる．

b. スキッシュ

ピストン運動による乱れをより積極的に活用するために，図3.3.17[22]に示すスキッシュエリアが設けられる．コンパクトになったペントルーフ型燃焼室では，スキッシュの効果は小さくなってきているが，図3.3.18[22]に示す程度の燃焼促進効果がある．

c. ピストンクレビスとHC

HCを生成させるもう一つの要因は，ピストンやガスケットのクレビス部で，ピストンクレビス容積を図3.3.19[23]のようにほぼゼロとすれば，HCは数十%程度低減する．したがって，ピストンリングをできるだけ上げる設計が要望される．

d. 燃焼室壁温とノッキング

ノッキングの予反応が進む前に火炎伝播させノッキングを予防する，前記の燃焼室のコンパクト化やスキッシュによる燃焼促進と同時に，予反応の進行を遅くする混合温度の低減が重要である．冷却損失の観点からは，燃焼室壁温は高いほうがよいといえるが，実際には燃焼ガスの2千数百℃と数十℃の壁温との間で伝わるので，壁温の影響はほとんどない．

一方，混合気の吸圧縮行程中における受熱は，両者とも百数十℃以下の間で行われるので，壁温の低下の影響は大きい．壁温低下には，冷却水温の設定温度変更が効果的だが，油温への影響も大きく，油の粘度を上げて摩擦を増大させる．そこで，摩擦への影響が少ないヘッド水温だけを低下させるように，ブロックとヘッドの冷却水路を分け，先にヘッドへ水を供給する方式が使用されるようになってきた．

同一水温でも壁温が低下するように冷却水と壁との間の熱伝達率を上げる流し方もとられている．冷却水通路を必要以上に太くせず，よどみをなくし一方向に

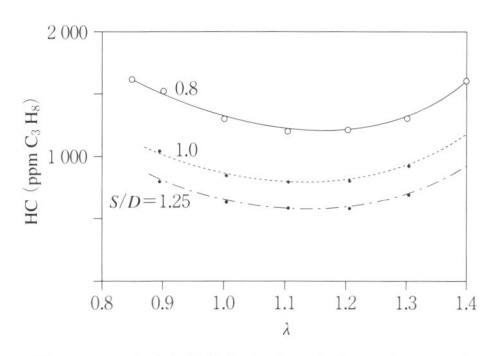

図3.3.16 各空気過剰率（λ）におけるストローク/ボア比（S/D）と定常HC[21]

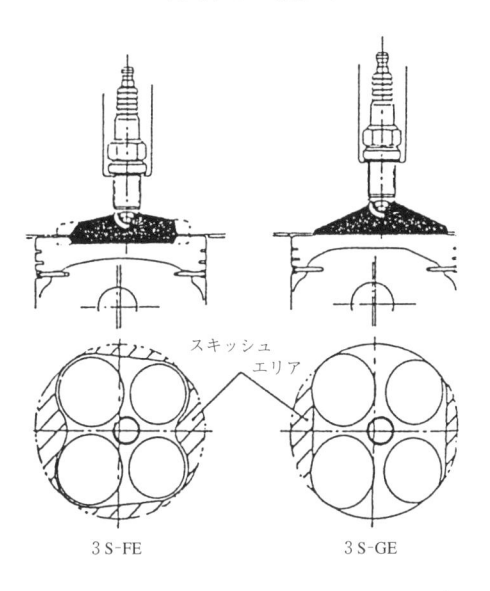

図3.3.17 4弁燃焼室のスキッシュエリア形状[22]

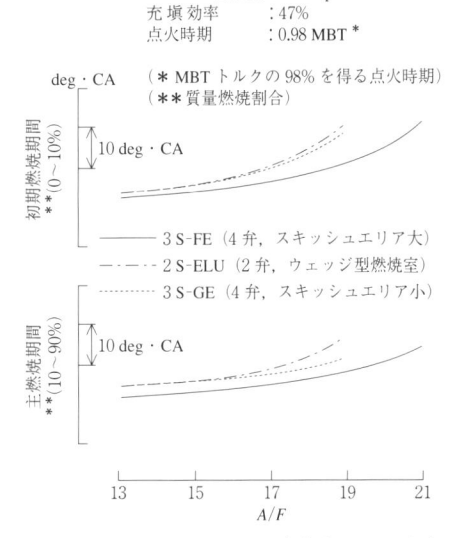

図3.3.18 スキッシュエリアが大きくコンパクトな4弁燃焼室の燃焼促進効果[22]

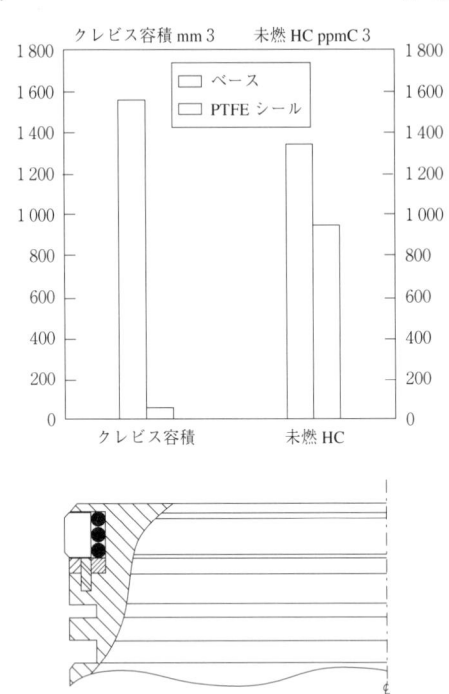

図 3.3.19 ピストンクレビス容積と定常 HC [23]

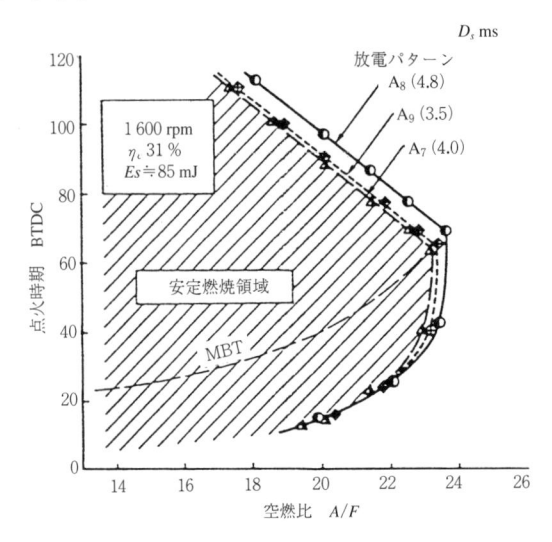

図 3.3.20 放電時間を変えたときの進み側と遅れ側の燃焼限界 [24,25]

流して流速を上げる．また，プラグ回りの冷却水路は狭くなりやすいので，プラグ回りの壁を鋳物でつくらず，管を入れることによって冷却水通路を確保し，ノッキングを改善したという報告もある．

3.3.4 点 火 系

a. 着火不良と伝播不良

未燃燃料を排出させないために，確実な着火が要求される．燃焼不良が，着火できなかったためか，着火しても火炎が途中で伝播不良したためかは，点火時期を変化させて調べられる．図3.3.20[24,25]に示すように，MBT から遅角した側の燃焼不良は，火炎伝播不良で点火方式によらない．進角すると，点火時の混合気温度が低下し着火不良の限界が現れる．

b. 着火不良の改善

この限界を拡大するためには，化学反応を始めた火炎核のエネルギーを電極へ逃さないようにすることで，電極ギャップを広げ，電極を細くすればよい[8]．ギャップ拡大の効果は，1.5 mm 付近で飽和するが[26]，広いと要求電圧が増大するので，通常 0.8～1.1 mm くらいで使われている．

白金チップを電極先端につけた点火プラグは[27]，長時間使用しても電極摩耗が少なく要求電圧が増大しないので，初期設定ギャップを大きくできる．また，火炎核が電極に接触する面積を小さくするために，電極に溝をつけた点火プラグも多く使われている．

点火エネルギーは，長い時間で与えるほうがよい．図 3.3.21[6]に示すように，アーク電流を 80 から 420 mA にしても希薄空燃比限界にほとんど影響を与えないが，長くした方式では拡大している．

c. くすぶりとプレイグニション

キャブレタ方式では，くすぶりとプレイグニションを両立させる熱価の選択の自由度は少ないが，電子制御化された燃料供給方式では，点火プラグのくすぶり

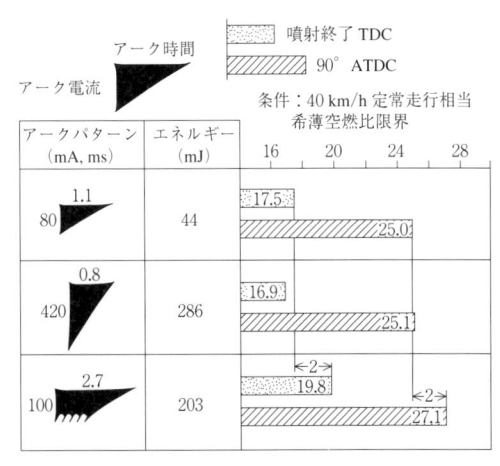

図 3.3.21 アークパターンが希薄燃焼限界に及ぼす影響 [6]

による失火は非常に少なくなっている．ただし，燃料が直接点火プラグにかからないようにする噴射方向の選択などは要求される．

d. 点火方式と回路

各エンジンの運転条件によって要求される最適な点火時期の幅が広がっている．冷間時は，排気温を上げ触媒の暖機を促進するため遅角が要求され，EGR 時には MBT が進む．このため，ガバナによる点火時期制御は電子制御に，配電は数個のコイルをもつディスレス点火方式（図 3.3.22[28]）に変わりつつある．

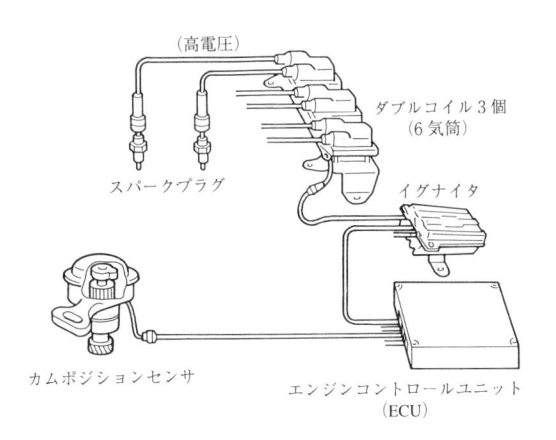

図 3.3.22 ディスレス点火方式[28]

3.3.5 EGR

EGR の利用のねらいは，NO_x 低減と燃費向上であるが，一般的には NO_x 低減が主となっている．EGR を利用することによって，空気量測定の精度が悪化して空燃比の適合が，また MBT が変化して最適な点火時期への適合がむずかしくなる．このため，ベンチ（定常）試験で得られた燃費効果が，実車のモード走行では小さくなる．

a. EGR 弁の構造と制御性

EGR 弁は，一般的に図 3.3.23[29] に示すようにエンジン負圧を利用して動かされ，その弁リフトの制御は，負圧調整弁で EGR 弁ダイヤフラム室にかかる負圧の大きさを変えて行われる．

EGR の燃費向上効果を積極的に利用する場合には，前述したような燃焼改善策（とくに吸気系）で燃焼悪化を防止し，EGR の質量割合を 10% 程度から 20% 以上に増大させる．このとき，定常運転で約 5% の燃費向上が得られる．

EGR 量を増大させるとより精密な制御が要求される．その一つの方法として，リフトセンサ付き EGR 弁が使われている[30]．これでは，リフトセンサ出力がコンピュータのもつリフトマップになるように，デューティ駆動される VSV（バキュームスイッチングバルブ）がフィードバック制御される．さらに，リフト制御の精度を向上させることを目的に，図 3.3.24[31] のように駆動源を負圧に換えてステッパモータで弁を直接動かす EGR 弁も使われている．

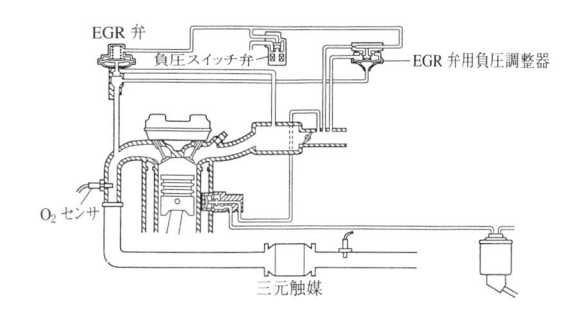

図 3.3.23 エンジン負圧を利用した EGR 弁の制御例[29]

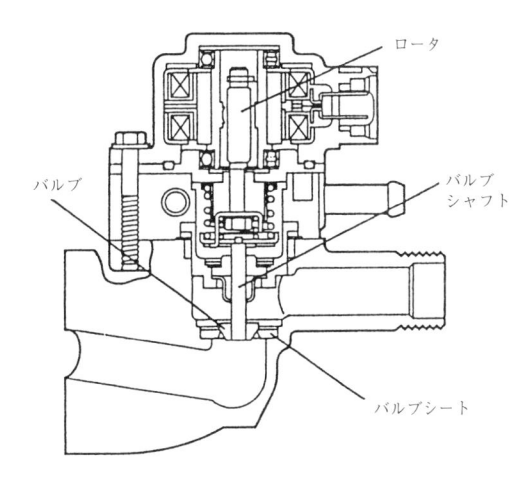

図 3.3.24 ステッパモータを利用した EGR 弁の制御例[31]

b. EGR の供給口位置と応答性・混合

EGR の供給口を吸気弁に近づけることは，ガス温度を高くし応答性を向上させるので燃費向上の面から望ましいが，空気との混合が悪化するとともに，気筒間の EGR 量差も大きくなりやすいので燃焼悪化を招きやすい．後者の点からは吸気乱れの大きいスロットル付近の下流に排気ガスの吸入口を設けることがよいが，前者の効果を考え，インテークマニホールド途中に設けている例も増加している．

3.3.6 リーンバーン

a. 空燃比限界と燃費向上効果

排気ガス中に多量の酸素を含む希薄空燃費比の運転では,三元触媒による NO_x 浄化が期待できないため,使用できる空燃比はかなり薄くなる.このため,前述の燃焼改善策を有効に利用し,燃焼変動がドラビリ上許容できる空燃比限界(リーンリミット)を大きく拡大しなければならない.リーンバーンエンジンでは,図 3.3.25[8] に示すように通常のリーンリミット 18〜20 を,25 くらいまで拡大し,燃費を 10〜12% 改善している.

b. リーンバーンの歴史と比較

厳しい排気ガス規制下でのリーンバーンは,1984 年から市場に導入され,1994 年には図 3.3.26 に示すような多くの種類が各社より出されている.ケース 1〜4 は,いずれも斜めスワールを利用しているが,そのスワール生成は,ケース 1[32] では制御弁と小突起をもつポート形状で,ケース 2[33] と 3[34] は制御弁に設けた切欠で,ケース 4[35] は 片弁の小リフトと燃焼壁でのガイドで行っている.高出力が要求される条件では制御弁を開け,あるいは片方の吸気弁のリフト量を他方の弁リフトと同じにし,スワール生成と吸気ポートの抵抗増大防止とを両立している.

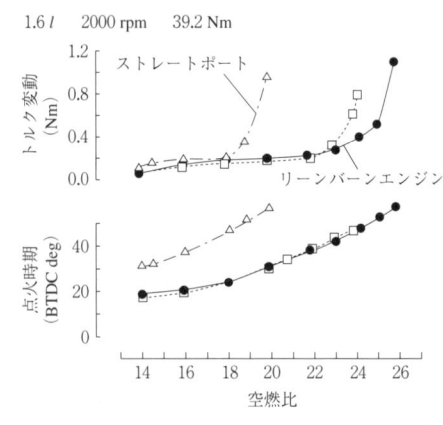

図 3.3.25 リーンバーンエンジンのトルク変動[8]

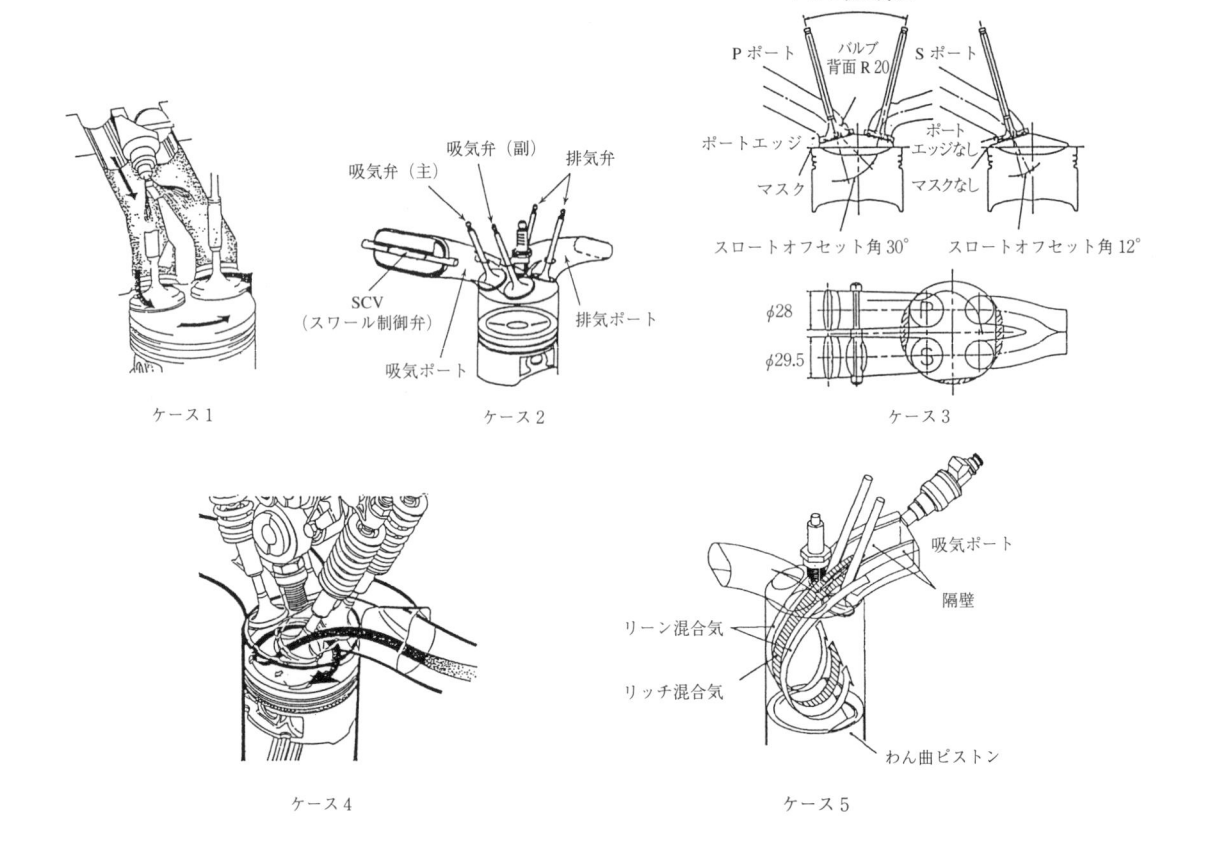

図 3.3.26 各社リーンバーンエンジンの構成

ケース1は，燃料噴射弁の噴孔の先に両ポートをつなぐ通路が設けられており，制御弁（SCV）の付いていないポートからの流れによって燃料霧化の促進を行っている．

ケース5は隔壁付きポートとピストン表面形状の変更によって制御されたタンブルを利用している．速すぎる混合気流は点火プラグで生成された火炎核を吹き飛ばすので，ピストン突起は点火プラグ付近の流速を抑えている．

c. スワールと混合気形成

リーンバーンでは，燃料霧化の促進と同時に混合気分布も非常に重要である．スワールが形成されている場合，とくに成層化が生じやすく燃料噴射終了時期が吸気行程90度付近になると，点火プラグ付近の混合気の空燃比が濃くなり，トルク変動が低下しNO_x濃度が増大する（図3.3.27[6]）．これは，図3.3.28に示すような初期燃焼域20%の空燃比を変化させたときの排出NO_xのシミュレーション値の傾向と一致している．点火プラグ付近の初期に燃焼した部分は，その後の火炎伝播によって圧縮され高温になるので，この部分の空燃比が理論空燃比付近の場合，より高温になりNO_xが生成されやすい．

吸気行程前の噴射では，逆に点火プラグ付近の空燃比は薄くなりトルク変動が増大する．このため，いずれもが，NO_xとトルク変動が許容される各気筒の吸気行程前半に燃料噴射が同期する独立噴射制御が行われている．触媒にNO_x浄化が期待できない条件では，NO_x許容限界値が低いため，トルク変動限界とが両立する狭い範囲で燃料噴射が行われなければならない．このため，3.7制御の項で述べるように，三元触媒のO_2センサに換えて空燃比センサを付け，あるいは燃焼室に燃焼圧センサを付けてトルク変動限界付近の空燃比にフィードバック制御される．

d. 直接燃料噴射方式

一方，最近製品化され始めた酸素過剰下でもNO_xを浄化するNO_x触媒が，さらに開発が進み浄化率が向上していけば，エンジン排出NO_x許容限界値が拡大し，積極的な成層化の利用が可能となり，リーンリミットの拡大，燃費のさらなる向上が期待できる．

スワール付きでは，ポート噴射でも成層化が可能であるが，ディーゼルと同様にスロットルレス（吸気絞りなし）でも運転可能なリーンバーンを行うためには，古くから研究されている直接筒内燃料噴射方式が必要となる．ディーゼルと異なり，火炎伝播で燃焼するガソリンエンジンでは，濃い混合気から薄い混合気に伝播していく過程で消炎し，未燃HCが多量に排出する．このため，燃料と空気の混合気部分と，空気のみの部分がつくられるように，ピストン頂部を含めて燃焼室形状が検討されている．

最近，空燃比の成層化によって超希薄燃焼させる際の，この基本的問題を解決するために，ディーゼルと同様に圧縮着火による燃焼方式が試みられている[38,39]．ガソリンでも，希薄空燃比では，ノッキングのような急速な燃焼にならず，緩慢な熱発生率で燃焼することに着目している．若干，高圧縮比化し，燃料の噴射タイミングで自発火時期をコントロールする．広い空燃比範囲を，この方式で燃焼させることは困難なので，目的に合わせたシステムづくりも課題である．

出力空燃比付近では，ガソリンでも成層化を行うと黒煙が発生する．このため，混合気の均質化を図って

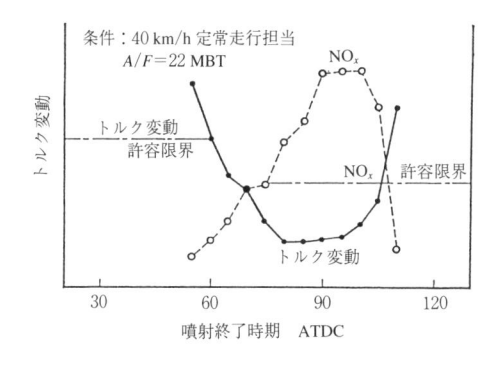

図3.3.27 噴射時期のトルク変動，NO_xへの影響[6]

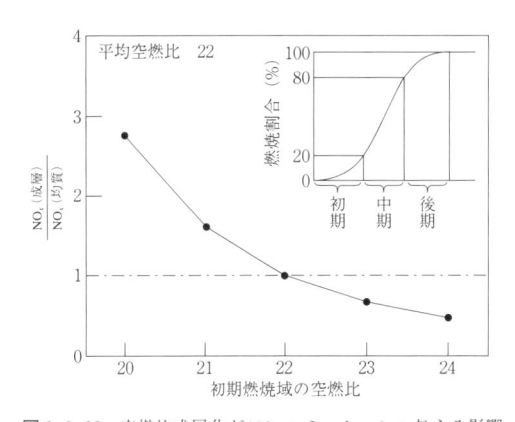

図3.3.28 空燃比成層化がNO_xエミッションへ与える影響（シミュレーション）

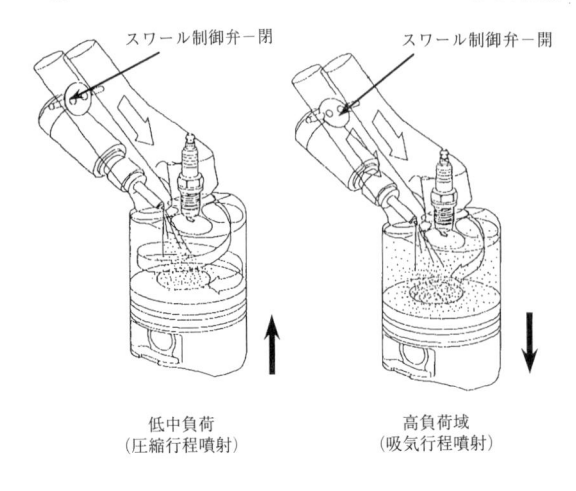

図3.3.29 直噴成層エンジンにおける噴射タイミング制御例

図3.3.29 に示すように，吸気行程噴射が行われる．近年の進歩した電子技術による精密な噴射タイミング制御と吸気流生成法とによって，混合気形成[40]の最適化を可能として，従来の課題を解決しつつある．

直噴エンジンは，燃料の吸気ポート付着による応答遅れのないことから，エミッション低減の観点でも検討されている[41]．エンジンの暖機過程では，過渡時の燃料の遅れで空燃比が希薄化し燃焼悪化するのを防ぐために，一般に理論空燃比より濃く設定されている．最近の非常に低減したエミッションレベルでは，この暖機時に排出されるエミッション比率が高くなっている．このため，応答遅れのない直噴化により理論空燃比付近の燃焼を可能とし，エミッション低減が図れる．

[山田敏生]

参考文献

1) R. I. Tabacynski : Turbulence and Turbulent Combustion in Spark-ignition Engine, Prog Energy Combust. Sci., 2, pp.143-165 (1976)
2) A. D. Gosman, et al. : Flow in a Model Engine with Shrouded Valve-A Combined Experimental and Computational Study, SAE paper 850498 (1985)
3) T. Inoue, et al. : In Cylinder Gas Motion, Mixture Formation and Combustion of 4 Valve Lean Burn Engine, Vienna Motor Sympo., 9th (1988.5)
4) 山田ほか：4弁リーンバーンエンジンにおけるガス流動と燃焼，自動車技術会学術講演会前刷集 882, pp.367-370 (1998.10)
5) 奥村ほか：ガソリン機関における燃焼室形状の研究（第2報），トヨタ技術，Vol.30, No.2 (1980)
6) 加藤ほか：リーンバーンシステムにおける混合気形成と燃焼，第5回内燃機関合同シンポジウム講演論文集，pp.103-108 (1985.6)
7) 奥村ほか：ガソリン機関における燃焼室形状の研究（第3報），トヨタ技術，Vol.33, No.2, pp.46-52 (1983)
8) 古野ほか：4バルブリーンバーンにおける高効率吸気系の開発，自動車技術会論文集，Vol.24, No.3, pp.10-15 (1993.7)
9) 漆原ほか：スワール・タンブルによる乱流生成と燃焼特性，第11回内燃機関合同シンポジウム，pp.573-578 (1993.7)
10) J.C. Kent, et al. : Observations on the Effects of Intake-Generated swirl and Tumble on Combustion Duration, SAE Paper 892096 (1989)
11) T. Larsson, et al. : The Volvo 3-Liter 6-Cylinder Engine with 4-Valve Technology, SAE Paper 901715 (1990)
12) V. W. Brandstetter, et al. : Entwicklung, Abstimmung und Motormanagement, MTZ, Vol.53, No.3 (1992.3)
13) 武田ほか：4弁エンジンにおける燃料の微粒化とエンジン特性，第9回内燃機関合同シンポジウム講演論文集，pp.343-348 (1991.7)
14) 林ほか：愛三工業における各種エンジン部品の研究開発—燃料噴射弁—，内燃機関，Vol.28, No.352 (1989.2)
15) K. Takeda, et al. : Mixture Preparation and HC Emissions of a 4-Valve Engine with Port Fuel Injection During Cold Starting and Warm-up, SAE Paper 950074 (1995.2)
16) 藤枝ほか：ガソリンエンジン用二流体間欠動作噴射弁の開発，第8回内燃機関合同シンポジウム講演論文集，pp.263-267 (1990.1)
17) 田沼ほか：電子燃料噴射システム，自動車部品・装置と試験機器 '93/'94, pp.140-147
18) K. Takeda : Mixture Preparation and HC Emissions of a 4-Valve Engine with Port Fuel Injection During Cold Starting and Warm-up, SAE Paper 950074 (1995)
19) 村中ほか：火花点火機関の熱効率に及ぼす冷却損失の影響—エンジンサイズによる高圧縮比化の影響の違い—，第4回内燃機関合同シンポジウム講演論文集，pp.241-246 (1984)
20) 高岡ほか：燃費改善要因の解析，品質，Vol.21, No.1, pp.64-69 (1991.1)
21) P. Kreuter, et al. : Influence of Stroke-to-Bore Ratio on the Combustion Process of SI-Engines, International Conference on New Developments in Power Train and Chassies Engineering, pp.45-72 (1986.12)
22) 水野ほか：トヨタ3S-FE型エンジンの開発，トヨタ技術，Vol.36, No.2, pp.57-66 (1986.12)
23) D. J. Boam : The sources of unburnt hydrocarbon emissions from spark ignition engines during cold starts and warm-up, I Mech E C448/064, pp.57-72 (1992)
24) 浜井ほか：火花放電時間と燃焼の安定性，自動車技術，Vol.39, No.4 (1985)
25) 小西ほか：希薄燃焼における失火メカニズムの解析とそれにおよぼす点火電源の影響，トヨタ技術，Vol.27, No.2 (1977.9)
26) T. Tanuma, et al. : Ignition, Combustion, and Exhaust Emissions of Lean Mixture in Automotive Spark Ignition Engines, SAE Paper 710159 (1971)
27) 小林ほか：白金プラグの開発，自動車技術会学術講演会前刷集 822, pp.273-276 (1982)
28) 杉浦ほか：点火装置の基礎と実際，鉄道の日本社，pp.248-252 (1987)
29) '95 TERCEL Repair Manual (1994)
30) '91 Legend Coupe Service Manual, pp.11-127 (1990)
31) トヨタカリーナ新型車解説書，pp.2-54 (1992.8)
32) K.Katoh : Toyota Lean Burn Engine—Recent Development, 13th Int. Vienna Motor Sympo., pp.249-256 (1992.5)

33) 斉藤ほか：新型1.5Lエンジンにおける燃費向上技術の開発，自動車技術会学術講演会前刷集 943, pp.5-8(1994.5)
34) 長尾ほか：新型1.5L DOHC Z-LEAN エンジンの開発，自動車技術会新開発エンジンシンポジウム，pp.1-7(1995.3)
35) 西澤ほか：ホンダVTEC-Eリーンバーンエンジン，自動車技術会リーンバーンガソリンエンジンシンポジウム(1992.2)
36) 桑原ほか：燃焼室形状によるタンブル生成崩壊過程の制御，機械学会第71期全国大会，Vol.D, pp.222-224(1993.10)
37) 加藤ほか：NO$_x$吸蔵還元型三元触媒システムの開発(1)，自動車技術会学術講演会前刷集 946, pp.41-44(1994.10)
38) 青山ほか：ガソリン予混合圧縮点火エンジンの研究，自動車技術会学術講演会前刷集 951, pp.309-312(1995)
39) 古谷ほか：超希薄予混合圧縮着火機関試案，第12回内燃機関シンポジウム講演論文集，pp.259-264(1995)
40) 岩本ほか：筒内ガソリンエンジンのための燃焼制御，第73期機械学会全国大会論文集，Vol.3, pp.286-288(1995)
41) 下谷，洞田：ガソリン筒内直接噴射エンジンの特性，第12回内燃機関シンポジウム講演論文集，pp.289-294(1995)

3.4 本体改善

前節ではエンジンの燃焼を積極的に制御することによる燃費，排気の改善について述べたが，本節ではエンジン各部の寸法，材質，表面仕上げなどの最適化による，性能の改善（とくに燃費）について述べる．

具体的には，図3.4.1に示すエンジンの熱効率に影響を及ぼす因子[1)]の中から，機械損失の低減，ポンプ損失低減（可変バルブタイミング），両者の組合せ効果をねらった可変気筒数や小排気量過給エンジンについて述べる．

部品の軽量化については，関連が深い機械損失の項でセットで取り扱う．

3.4.1 機械損失の低減と軽量化
a. 機械損失の内訳と熱効率への影響

エンジンの機械損失の内訳は図3.4.2[2)]に示すように，エンジン内部で運動部品がしゅう動することに起因する摩擦仕事と補機類（オイルポンプ，オルタネータなど）の駆動仕事からなる．

図3.4.2の例はモータリング法により測定したもので次項で扱うポンプ損失も含まれている．

クランク，ピストン系の機械損失（摩擦平均有効圧 p_f）は，回転数の上昇とともにしゅう動面の相対滑り速度が上昇するため増大する．動弁系の潤滑状態は低速ほど厳しい条件となり，回転数が上昇するとオイルの巻込み速度も上昇し潤滑条件が改善されるため損失が低減するという逆の特性を示す．

実働時（発火運転＝ファイアリング）の全機械損失を指圧線図解析から求めた例を図3.4.3に示す[3)]．エンジン回転数：1500 rpm 一定で負荷（正味平均有効圧：p_e）を変化させて，機械損失（p_f）とポンプ損失（$p_{i(-)}$）を測定したものである．

これから回転数が一定の場合の機械損失は負荷によらずほぼ一定であること，および機械損失の大きさは全負荷仕事の1割程度であることがわかる．

その結果，負荷の低下とともに図示仕事（∞p_i），正味仕事（∞p_e）に対する機械損失の割合は増加して，乗用車の市街地走行相当の負荷（p_e：200～300 kPa）では，エンジンが車を動かすのに要するエネルギーの4～7割を機械損失が占める．

このような機械損失の特性から，機械損失をある一

40   3. 火花点火エンジン

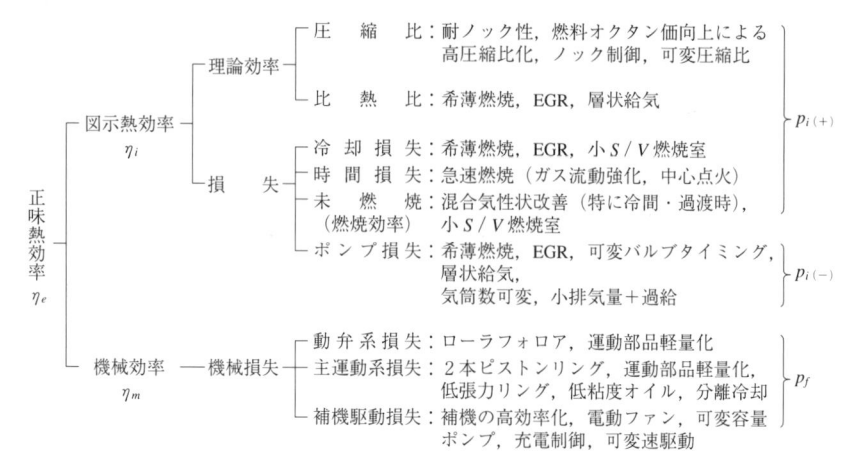

```
                  ┌ 理論効率 ┬ 圧 縮 比：耐ノック性，燃料オクタン価向上による
                  │         │           高圧縮比化，ノック制御，可変圧縮比
        ┌ 図示熱効率│         └ 比 熱 比：希薄燃焼，EGR，層状給気
        │    η_i   │         ┌ 冷却損失：希薄燃焼，EGR，小 S/V 燃焼室
        │         │  損  失 │ 時間損失：急速燃焼（ガス流動強化，中心点火）
正味熱効率│         └         │ 未  燃  ：混合気性状改善（特に冷間・過渡時），
   η_e   │          （燃焼効率）└           小 S/V 燃焼室
        │                      ┌ ポンプ損失：希薄燃焼，EGR，可変バルブタイミング，
        │                      │             層状給気，
        │                      └             気筒数可変，小排気量+過給
        │         ┌           ┌ 動弁系損失：ローラフォロア，運動部品軽量化
        └ 機械効率│ 機械損失  │ 主運動系損失：2本ピストンリング，運動部品軽量化，
             η_m  └           │               低張力リング，低粘度オイル，分離冷却
                              └ 補機駆動損失：補機の高効率化，電動ファン，可変容量
                                              ポンプ，充電制御，可変速駆動
```
p_i(+)、p_i(−)、p_f

図 3.4.1　正味熱効率に影響を及ぼす因子と具体的向上方法 [1]

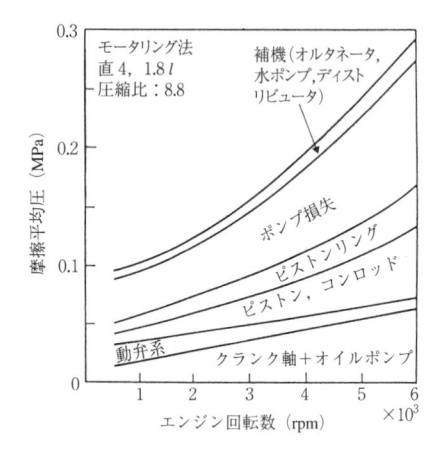

図 3.4.2　モータリング時の機械損失の内訳 [2]

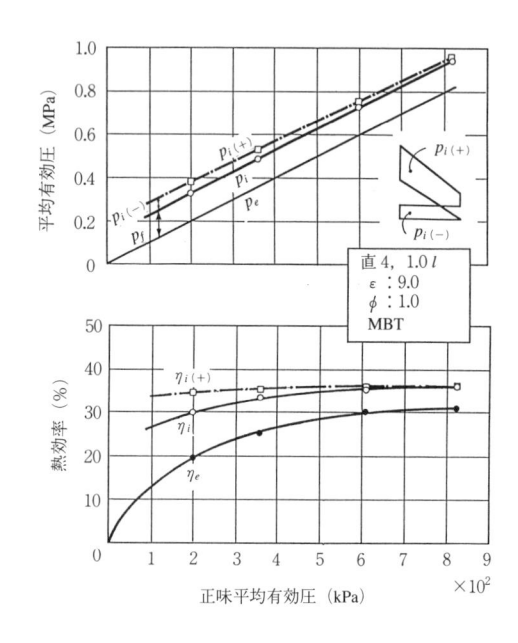

図 3.4.3　負荷と熱効率の関係 [3]

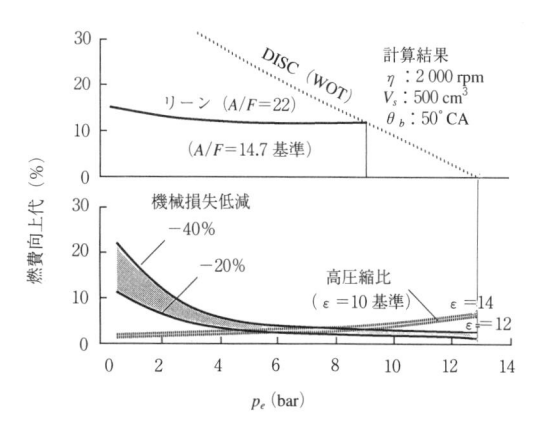

図 3.4.4　燃費向上代の負荷による変化 [4]

定割合低減した場合の熱効率改善効果（＝燃費向上効果）はエンジンの負荷により大きく異なることが予測される.

図 3.4.4 は現行の 2 l エンジンをベースに機械損失を 20% と 40% 低減した場合，燃費向上代が負荷により，どの程度変化するかを計算で求めたものである [4]. これから，図 3.4.3 の正味熱効率（η_e）の特性に対応して，高負荷では向上代は小さいが，負荷の低下とと

もに急激に効果が増大することがわかる.

上述の p_e ：200～300 kPa の負荷では機械損失を10％低減することにより，燃費は2～3％向上することがわかる.

また参考としてエンジンの燃費向上手段として代表的な3.3節で述べた高圧縮比化や，リーンバーン，層状給気（DISC）の効果の負荷による変化も図中に記した.

b. ピストン，ピストンリング

ピストン系（ピストン＋ピストンリング）の機械損失は図3.4.2で示したモータリングでも全機械損失の約4割を占め，実働では数MPaオーダの燃焼圧がしゅう動速度の低い上死点近傍でピストンに作用するために，機械損失割合はさらに増大し5～6割に達することを多くの測定例は示している.

ピストン系の機械損失の発生機構をまずみてみる．図3.4.5は，ピストン・ピストンリング部の摩擦力を各行程ごとの模擬的な状態をつくりだして測定した結果[5]である.

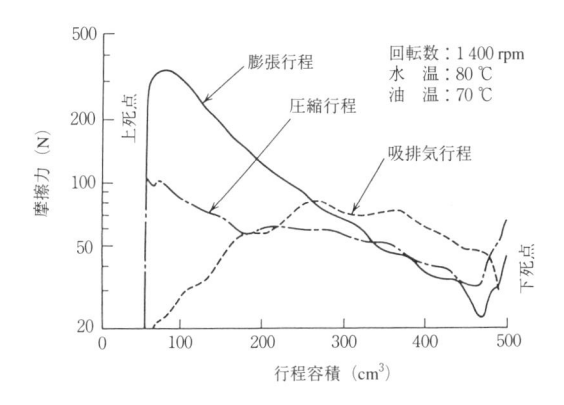

図3.4.5 ピストンの各行程ごとの機械損失[5]

ピストンにかかるガス圧が比較的低い吸入，排気行程では正弦波状の特性であり，ピストンしゅう動速度が支配的要因であることを示している．圧縮，膨張行程では圧縮上死点近傍でガス圧が高くなることに対応して摩擦力も急増している（図の縦軸は対数表示）．このことは，しゅう動速度が0となる上死点の近傍で，高いガス圧で背面から押されるピストンリングとシリンダ壁との潤滑状態は境界潤滑となり，ピストンもスラップ時やガス圧による側圧により部分的に境界潤滑状態になっていることを示している.

以上のピストン系の機械損失の発生機構から，その低減方法と実例について次に述べる.

（i）ピストンリング ピストンリングのしゅう動に起因する機械損失は，リング張力（リングをシリンダ壁に押しつける力）の合計にほぼ比例することがわかっている.

よって合計張力を下げるには，1本1本のリング張力を下げるか，リング本数を減らせばよい．ただしピストンリングの機能である，ガスシールとピストン-シリンダ壁間の適正な潤滑膜の形成，すなわちブローバイガス量やオイル消費量を悪化させないことが前提条件となる.

このためにリングの薄幅化（圧縮リングで1.0～1.2 mm）や2本リング（セカンドリングなし）仕様のピストンが実用化されている.

薄幅化によるはね返り防止のためには，リング溝加工の高精度化や溝部の硬度向上，さらにはボアひずみの低減策をシリンダブロック側に施すといったことが同時に行われ実現されている.

図3.4.6は2本リングピストンの摩擦力低減効果をみたものである[5]．おもにセカンドリング張力分がな

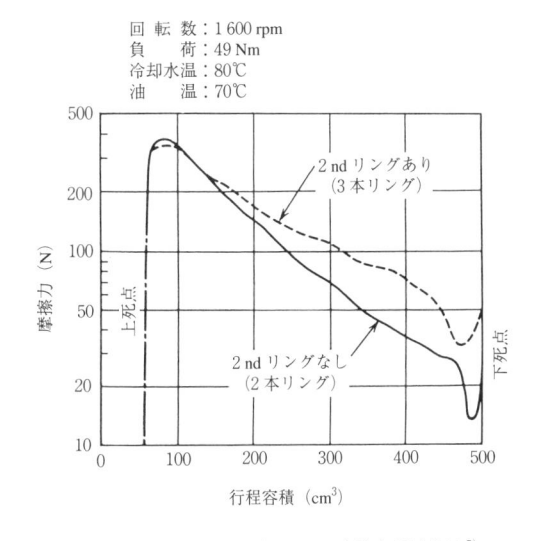

図3.4.6 2本リングピストンの摩擦力低減効果[5]

くなることによりピストン系の摩擦力は約20％低減している.

2本リング化によるオイル消費やブローバイガス量の増大対策としては，トップリングの合口形状，セカンドランド諸元，オイルリングスペーサ形状の最適化を行うことにより，個々のリング張力アップなしで，

2本リング化を実現している．

またリングの耐摩性の向上や境界潤滑状態における摩擦係数低減のために，ガス窒化やイオンプレーティングなどの各種表面処理技術も開発されている．

（ⅱ）**ピストン**　吸排気行程や燃焼圧力の低い条件ではピストンスカート部とシリンダ壁間の潤滑状態は流体潤滑とみなせるから，その摩擦力は接触面積としゅう動速度の積に比例する．すなわち流体潤滑状態を維持しながら接触面積を低減できれば摩擦力も面積に比例して低減が可能である[6]．

しかし，スカート部の接触面積の低減は，適正な"当たり"が得られないと高回転，高負荷運転時に摩耗やスカッフの発生が懸念される．この対策としては，FEM解析などに基づくピストン剛性とスカートプロファイルの適正化，表面処理などが行われている．

ピストンスラップや側圧に起因する境界潤滑状態の摩擦力低減には慣性力を下げる軽量化が有効である．

ピストンの軽量化はコンロッド，クランクシャフトの軽量化につながり，エンジン全体の軽量化も可能となる．エンジンの軽量化とともに往復動加振力が低減するため車両全体として軽量化，燃費の向上につながる，というように波及効果が大きいため，ピストンの軽量化は従来からエンジン設計上の重要課題である．

ピストンには往復動の慣性力に加え，燃焼行程には大きな熱的，機械的負荷が加わる．このため機械的応力のみでなく，図3.4.7に示すような熱解析[7]を加え各部の寸法の最適化，限界設計を行い軽量化が図られている．

以上述べてきた，スカート面積の低減と軽量化を織り込んだピストンの実例[8]を図3.4.8（a）に示す．本ピストンの軽量化指標であるK値（質量/(直径)^3）は0.58と量産自動車用エンジンとしてはトップクラスである．

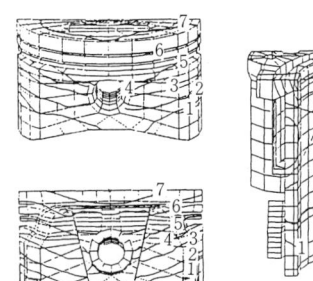

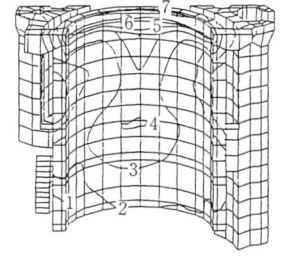

図3.4.7　ピストン，シリンダ壁の温度分布解析例[7]

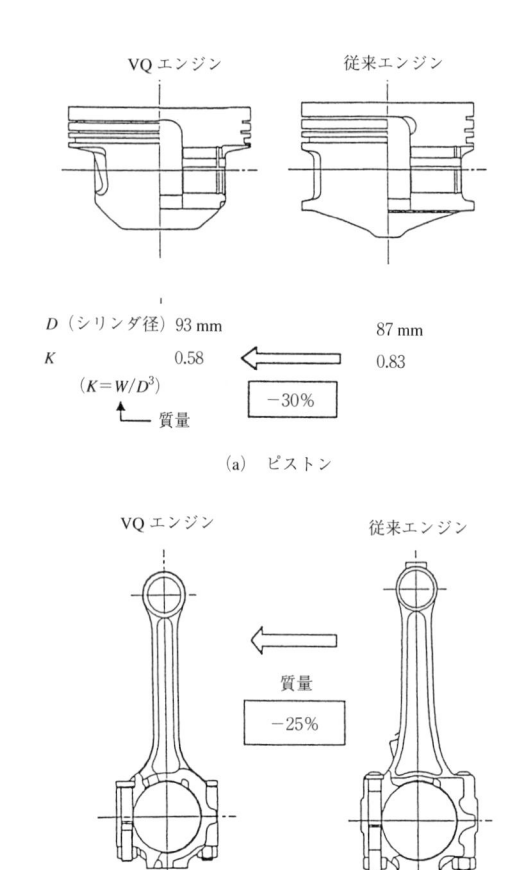

図3.4.8　エンジン運動部品の軽量化例[8]

c．**クランク，コンロッド**

クランク系の摩擦力Fの基本は軸受における潤滑油のせん断力であるので軸受面積と回転数の積に比例し，軸径をD，メタル幅をL，回転数をnとすると，$F \propto D^2 L n$と表される．

これからのクランク系の機械損失を低減するには，軸径の縮小が最も効果的であるがピストンの場合と同様に，はね返り対策を行わないと，剛性低下に起因する振動騒音の悪化やさらには摩耗の増大や，耐焼付き性の悪化をもたらす．

このため細軸化の採用に当たっては，ピストン・コンロッドの軽量化により慣性力の低減を図り，剛性低

下によるクランクシャフトの曲げ共振対策としてフレキシブルフライホイールを採用するなどの手が打たれている.

図3.4.8（b）はコンロッドの軽量化例である.FEMによる構造解析に基づく形状の最適化に加え,座屈強度の高い材料を採用してIセクション部をスリム化し,疲労強度の維持向上のためショットピーニング加工を施したもので,以上の組合せ技術により従来より25%の軽量化を達成している[8].

細軸化や幅縮小により最小油膜厚さが小さくなり,摩耗や焼付きが発生しやすくなることに対するもう一方の対策は,軸の表面粗度の低減と耐焼付き性の高いメタルの採用である.

スーパフィニッシュやマイクロフィニッシュと称する超仕上加工により,油膜厚さが薄くなっても境界潤滑状態にならずに,摩擦力の低減と信頼性の向上が得られている.

さらには高回転,高荷重条件では軸と軸受間の油膜圧力が非常に高まり,軸受部の弾性変形や循環油粘度の変化が無視できない.

このような特性を扱える,弾性流体潤滑（EHL：Elasto-Hydrodynamic Lubrication）解析[9]による軸受部形状の最適化の試みも行われている.

EHL解析が進めば,軸受部の周辺やピストンの小型,軽量化がより可能となり,エンジンの性能改善が進むと考えられる.

d. 動弁系

図3.4.2で示したように低回転域においては,全機械損失の15%前後が動弁系によるものであり,その低減は低回転の使用頻度が高い実用燃費の向上に寄与する.

動弁系機械損失の大半はカムとカムフォロア間の滑り摩擦によるものである.カム-カムフォロア間の潤滑状態は,「線接触」という条件下で,カム回転数がエンジン回転数の半分のため滑り速度が低いこと,高回転数まで安定した弁運動を実現するために弁ばね荷重が高いことにより,十分な油膜を形成するのがむずかしく境界潤滑状態に近い.

回転数が上昇すると接触面への潤滑油の巻込みが進み,潤滑状態が改善され機械損失は減少していく.

以上の損失発生機構から,低減方法としては,接触面の摩擦係数の低減と荷重の低減の2種に大別できる.

前者はさらに接触形態を滑りから転がりに変えるローラフォロア化と,滑り接触のままで表面加工粗度の低減により摩擦係数を下げる手法とがある.

図3.4.9は,エンジン1回転中の弁駆動トルクをローラフォロアと滑りフォロアの間で比較したものである[10].ローラ化により接触形態が滑りから転がりになると,摩擦係数が大幅に低下するため,開弁側ではカムにより弁を押し下げるための駆動トルクは小さく,閉弁側では圧縮された弁ばねに蓄えられたエネルギーの回収効率が高くなる.

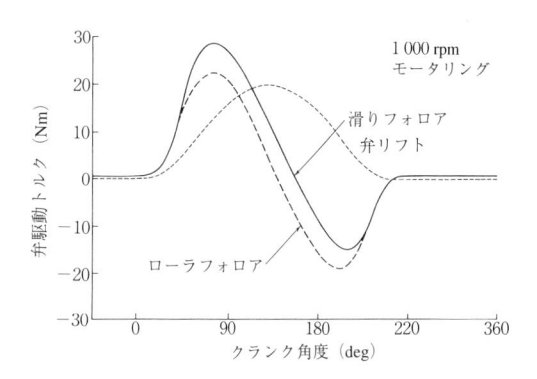

図3.4.9 リフト中の弁駆動トルク比較
（ローラvs滑りフォロア）[10]

その結果,1サイクル平均の駆動トルクは,滑りフォロアと比べ70～80%という大きな駆動トルクの低減が得られ,かつ極低回転を除き,回転数の影響が小さい.

これによるエンジンの燃料消費率（BSFC）の改善効果は低負荷ほど大きく,市街走行モードでは2～3%の改善が得られる.

ロッカアームや,スイングアームを用いずに,カムでバルブリフタを直接動かす「直動式」動弁系は,一般にシリンダヘッドを小型軽量にできて,動弁系コストも安いがローラの採用はむずかしい.この直動動弁系の機械損失の低減は,図3.4.10のようにカムとタペット双方の表面粗さを超仕上加工で鏡面に近づけることで,摩擦係数を大幅に下げることにより可能である[11].

動弁系の等価慣性質量の低減も,同一運動限界回転数の条件で弁ばねの荷重を低減でき,接触荷重が低減するため,機械損失低減に有効である.

このためには弁軸の細軸化,中空化,軽合金製バルブリテーナの採用がみられ,図3.4.11のような従来のシムを廃止したシム一体式リフタも実用化されている[12].

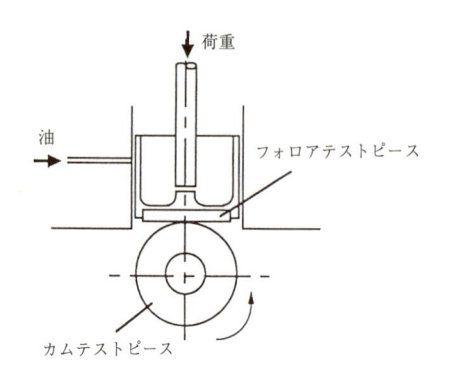

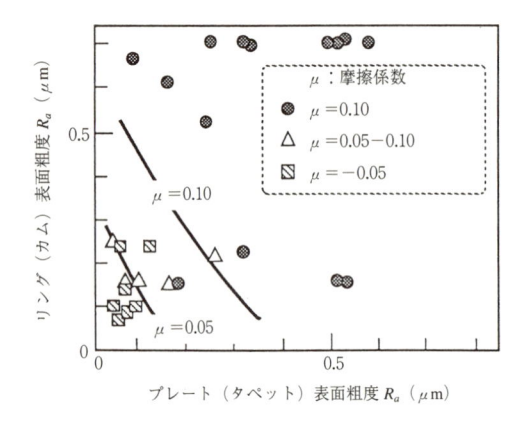

図 3.4.10 カム，タペットの表面粗度と摩擦係数の関係[11]

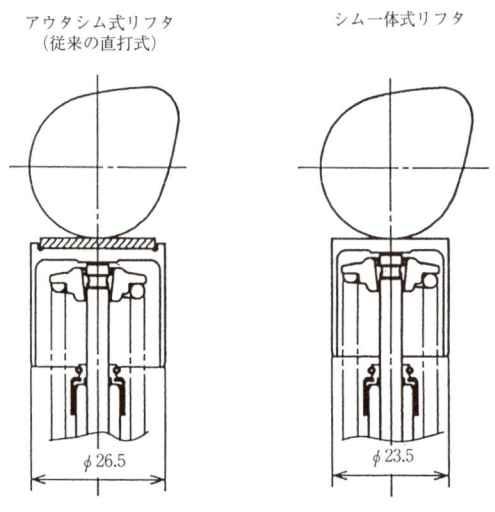

図 3.4.11 シム一体式リフタの例[12]

またエンジンの最高（保証上限）回転数を下げ，弁ばね荷重を下げることも行われている．

e. 補　機

現在のガソリンエンジンの補機としては，エンジン運転上必須なものとして，ウォータポンプ，オイルポンプ，燃料ポンプ，オルタネータがあり，車両としての利便性要求からパワーステアリング用ポンプ，エアコン用のコンプレッサなどがある．

これらの駆動損失を減らすには個々の効率向上が必要である．コンプレッサの可変容量化やパワーステアリングポンプの電動化も行われている．

f. 軽 量 化

エンジンの軽量化で最も効果が大きいのはシリンダブロックのアルミ化である．排気量クラスを問わず採用例が多くなってきている．

その他，材料置換による軽量化としては，マグネシウムのダイカスト性のよさを生かして，薄肉リブ構造でアルミ製と遮音レベルを同等にしながら重量を半減させたロッカカバーのマグネ化[12]や，吸気系部品やカバー類の樹脂化が行われている．

設計技術的には，ボア間の鋳抜き水ジャケットをなくして，シリンダブロック全長を短縮したサイヤミーズブロック構造に，ボア間機械加工孔やスリットに冷却水を流すという構成が直列エンジンでは多い．

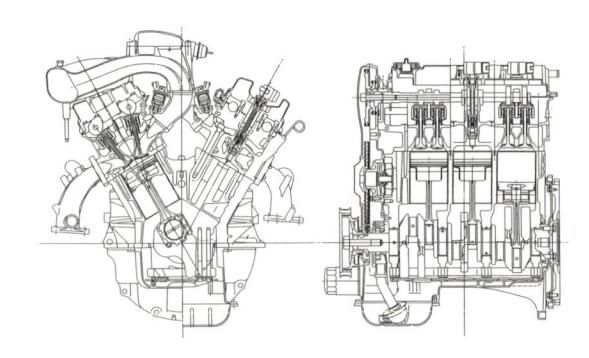

図 3.4.12 軽量，コンパクトＶ6　3lエンジンの例[8]

図3.4.12の例[8]はシリンダブロックのアルミ化や本項で述べてきた運動部品の軽量化などにより旧型比約20％，50 kgの重量低減とエンジンのコンパクト化を実現したＶ6 3.0lエンジンである．

3.4.2　ポンプ損失の低減

予混合（ポート燃料噴射）ガソリンエンジンでは負荷の制御を吸気量で，すなわち絞り弁の開度によって行っているために，絞り弁下流が大気圧より低くなり，吸気行程時はエンジンが「真空ポンプ」の作用をする損失，すなわちポンプ損失が発生する．

図3.4.3に示したように，負荷の低下とともに直線的にポンプ損失は増大して，低負荷域ほど熱効率が低下する一因となっている．

リーンバーン，EGR，層状給気（DISC）は前節の「燃焼改善」によるポンプ損失低減に含まれる．本項では供給空燃比は一定（たとえば，理論空燃比）でありながら，可変機構によりポンプロス低減（スロットルレス）を目指した技術について述べる．

この技術には可変ストローク機構や，可変動弁機構などがあるが，ここでは可変動弁機構に絞って説明する．

a. 可変動弁機構の分類

図3.4.13は実用化されたもの，研究開発中のものも含め可変動弁機構を分類したもの[13]である．

出力，燃費，排気（HC，NO_x）の要求からみると，それぞれのベストバルブタイミングは，エンジンの回転数，負荷などにより変化する．

現用の固定バルブタイミングは，一般に，低速トルク，最大出力，アイドル性能のバランスから決定されており，個々の要求からはベストのものではない．

このため古くから多くの可変弁機構の研究開発が行われてきたが，実用化されているのは，トルクカーブのワイドレンジ化をねらったものでは位相変化型と低速-高速カム切換え型があり，燃費ねらいとしてはリーンバーン用の弁停止機構や，次項で述べる気筒数可変機構がある．

しかしここで扱うスロットルレスをねらった吸気弁閉時期（IVC）制御機構は現時点（1996）では実用化されていない．

b. 吸気弁閉時期制御

吸気弁の閉時期（以下，IVC）を変化させるとなぜポンプ損失が減少するのか？

絞り弁全開時の体積効率はIVCの影響を強く受け，各回転数で体積効率が最大となるIVCがあり，それより早めても遅らせても体積効率が低下する．

すなわち，最適IVCより早く閉じると吸気を吸い切る前に弁が閉じ，遅く閉じると一度吸入した混合気をまた吸気側へ押し出すことによって「最適IVC」より吸気量が減少するため出力が低下する．

以上は全負荷（絞り弁全開）の場合であるが，部分負荷運転では，IVCが上述の「最適」値から離れるとともに，同一出力を得るため，より絞り弁開度を開くため，吸気管内圧が大気圧に近づいてポンプ損失の低減が得られる．

つまりIVC制御により低出力特性となったエンジンをアクセルを踏み込んで使うというのが，部分負荷でポンプ損失が低減する理由である．

図3.4.14に早閉じ遅閉じ両方の4気筒エンジンのインジケータ線図とポンプ損失を示す[14]．

IVC制御による燃費改善効果は弁リフト特性からわかるように，早閉じのほうが弁駆動仕事が小さいため，遅閉じとポンプ損失低減代はほぼ同等でも燃費改善効果が大きい[15]．

図3.4.15は油圧を併用した可変動弁機構の例で，カムとバブル間に介在する油圧室の，油の逃し量を電磁弁で制御することにより，フルリフトからゼロリフト（弁休止）まで任意の，リフトとIVC制御が可能である[16]．

図3.4.16はそのエンジン性能である．低負荷域で

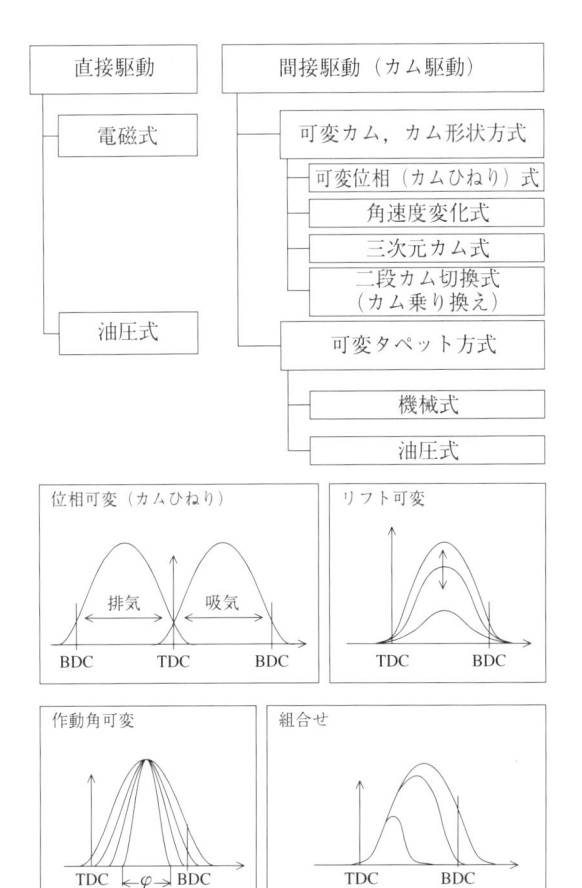

図3.4.13 可変動弁機構の分類[13]

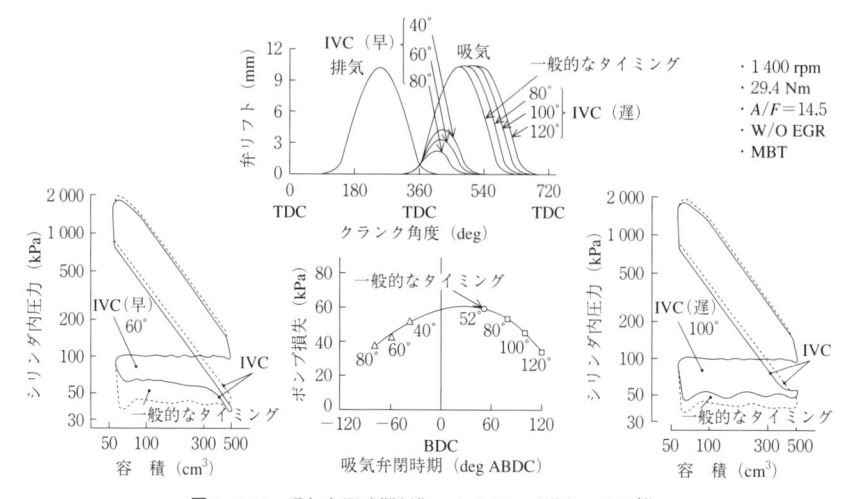

図 3.4.14 吸気弁閉時期制御によるポンプ損失の低減[14]

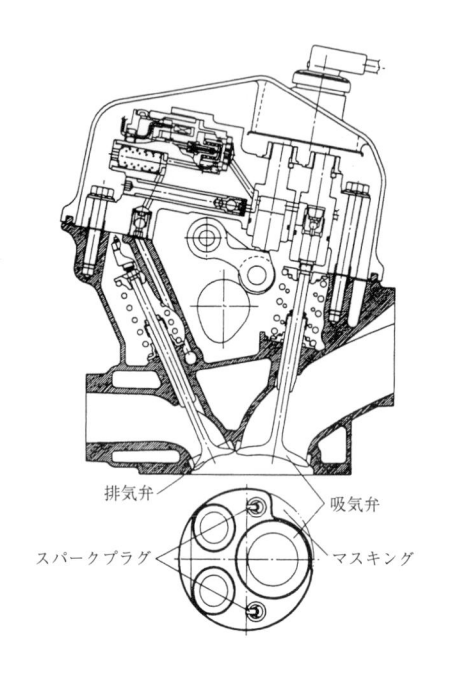

図 3.4.15 油圧式可変動弁機構 (HVT) のシリンダヘッド, 燃焼室[16]

図 3.4.16 HVT 付きエンジンの燃費, 排気性能

は 10% 前後の燃費改善効果が得られているだけでなく, NO_x 排出率も低減している.

これは図 3.4.14 に示したように, 吸気弁の早閉じ, 遅閉じとも圧縮圧力・温度とも低下するため燃焼温度が低下することによる.

IVC 以外のバルブタイミングも図 3.4.17 のように排気レベルに影響を及ぼす[17]).

バルブオーバラップ量の大小により残留ガス量が増減して燃焼温度が変化することで NO_x は減少したり増加する.

オーバラップ量とその時期により, 排気行程末期の HC 濃度の高い排気が吸気系に戻り, 次サイクルで吸入, 燃焼することで排気 HC の低減が得られる.

すなわち, バルブタイミングを可変化することにより, 出力・燃費の向上以外に, 排気性能の改善も可能である.

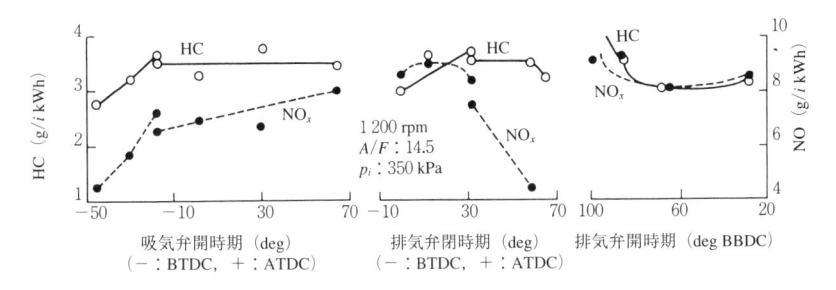

図 3.4.17 バルブタイミングによる HC, NO$_x$ 排出特性[17]

しかしながら，以上述べてきたポンプ損失，さらには排気低減をねらった可変動弁機構は，エンジンシステムとして機構（ハード）も，制御系（ソフト）も，現行動弁系より複雑になるため，信頼性の保証やコストの低減が実用化に向けての大きな課題である．

3.4.3 ポンプ損失と機械損失の組合せ

部分負荷域の燃費向上効果の大きいエンジンシステムとして，ポンプ損失低減と機械損失低減効果を組み合わせた可変気筒数エンジンと小排気量過給エンジンがある．

いずれも一部実用化されているのでその効果と課題について述べる．

a. 可変気筒数エンジン

図 3.4.18 は 4 弁エンジンで最近実用化された，稼働気筒数を 4 ⇄ 2 可変とする動弁機構である[18]．カムに従動するロッカアームと弁を駆動する T 型レバーの間に結合を ON-OFF する機構を設け，高負荷には通常の 4 気筒運転，ある一定条件を満たす低負荷では 2 気筒の弁を休止させるものである．

2 気筒運転時の作動気筒は，4 気筒運転時と同一出力を出すため，気筒当たりの吸気量が増えてポンプ損失が低減する．

休止気筒は弁が閉弁状態で停止しているため，ブローバイと冷却損失分で，わずかなポンプ損失が発生するのみなのでエンジン全体としてはポンプ損失が大幅に低減し，休止気筒の動弁系機械損失も低減するので，40 km/h 定地走行条件では 17% という大きな燃費改善効果が得られている．

しかし，図 3.4.19 のマップでわかるように，気筒休止モード域は平坦路の定常走行負荷よりやや高い程

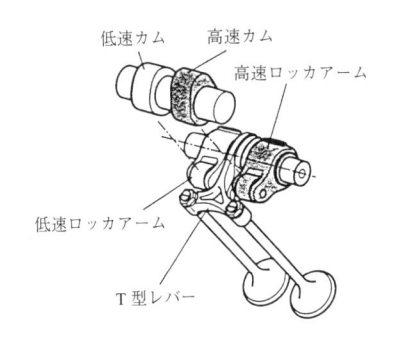

図 3.4.18 可変排気量機構（MIVEC-MD）[18]

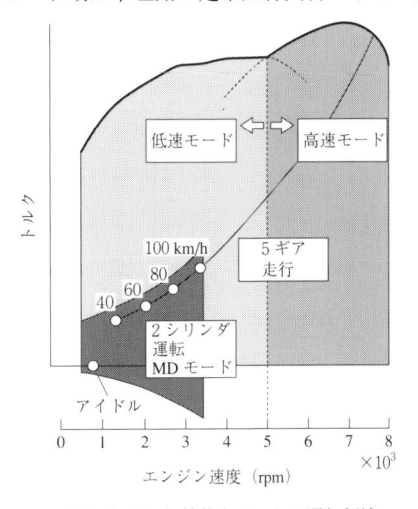

図 3.4.19 気筒休止モードの運転領域

度なので，実用上は 2⇄4 切換えが高い頻度で発生し，そのたびにエンジンから車体への加振モードとレベルが変化する．

これによる振動・騒音の変化レベルを車両側の対策を含めて，いかに小さくできるかが，システムコストと合わせ，普及するかどうかを決めるものと考えられる．

b. 小排気量過給エンジン

エンジン回転数が一定の場合，高負荷ほど正味熱効率が高くなるのは，おもにポンプ損失の低減と機械効率の向上によるものである（図 3.4.3 参照）．

このため，ある一定の出力条件下では可能な限り小排気量化して使用運転領域を高負荷側へシフトさせることにより燃費向上が得られる．

図 3.4.20 はメタノール燃料で排気量を 1l から 2l まで 5 種類のエンジンで，アイドリングと部分負荷の一定出力条件で燃料消費量を比較したもの[19]で，小排気量化とともに燃費低減が得られているのがわかる．

小排気量化により低下する全負荷トルク，出力は過給によって補う，というのが小排気量過給エンジンのコンセプトである．

前述の 1.3l メタノール機関はガソリンの 1.0l なみ燃費と 2.0l なみ出力を両立している．

小排気量過給エンジンでは，低負荷燃費の大幅改善が可能であるが，一般に高負荷ではノック増大を抑制するため低圧縮比化することや過給機の駆動損失などで，全負荷トルク特性が同等の無過給エンジンより燃費が悪化する．図 3.4.21 に一例を示す[15]．本例では約 1/2 負荷により低負荷側では燃費が改善し，1/2 負荷以上では逆に悪化している．

図 3.4.22 に示す構成の，スクリュ式機械過給機と吸気弁の「やや遅閉じ」を組み合わせた「ミラーサイ

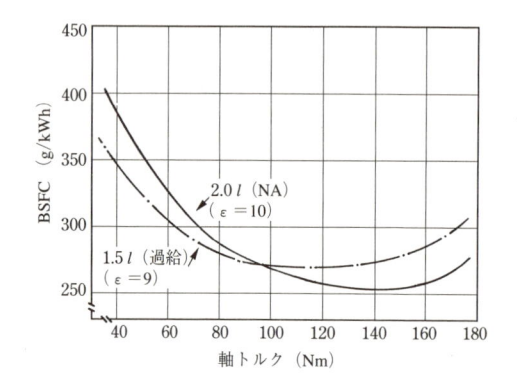

図 3.4.21 小排気量過給エンジンの燃費特性[15]

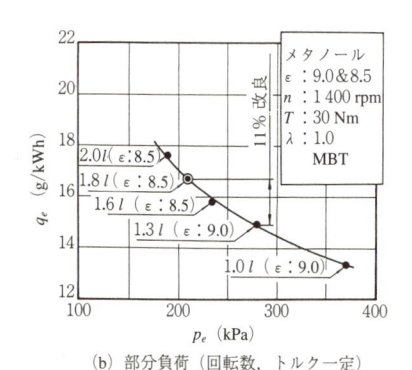

図 3.4.20 小排気量化による燃費低減効果[19]

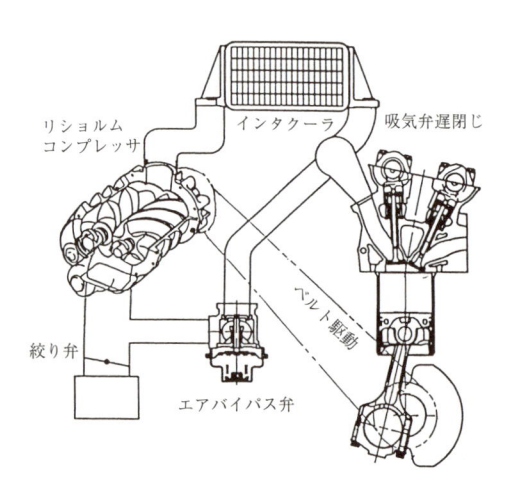

図 3.4.22 「ミラーサイクル」エンジンの構成[23]

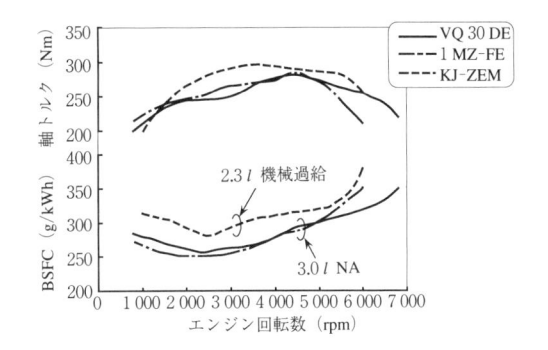

図 3.4.23 機械式過給エンジンの全負荷 BSFC とトルク [21~23]

クル」エンジン[23] が商品化され，同等の動力性能の無過給エンジンと比べ，10～15% 燃費向上が得られるとしている．「ミラーサイクル」エンジンの効果とされる出力，燃費特性の大半は，高効率機械式過給機を用いた上述の小排気量過給エンジンの効果である．

また「遅閉じ」により低中速域では実質的に低圧縮比となり高過給が可能となっている．

図 3.4.23 は全負荷トルク特性が近い，無過給エンジンとトルク，燃費を比較したものである[21~23]．2.3 l 機械過給エンジンは，3.0 l 無過給エンジンと比べ，中速トルクは 10% 前後高いが，全負荷燃費が 10～20% 悪いことを示しており，図 3.4.21 に示した例と基本的には同じ特性である．

小排気量過給エンジンをより普及させるには，過給システムのサイズとコストの低減が大きな課題で，高負荷時の燃費や過給機騒音もより改善が望まれる．

[村中重夫]

参考文献

1) 中島，村中：新・自動車用ガソリンエンジン，山海堂，p.33 (1994)
2) 自動車技術会編：自動車技術ハンドブック基礎・理論編，p.12 (1990)
3) 村中，北田：ガソリンエンジンの熱効率向上の可能性，自動車技術，Vol.45, No.8 (1991)
4) 村中，亀ヶ谷：ガソリンエンジン技術の現状と展望，自動車技術，Vol.47, No.1 (1993)
5) T. Goto, et al. : Measurement of Piston and Piston Ring Assembly Friction Force, SAE Paper 851671 (1985)
6) 藤田ほか：新型 V6 ツインカム VQ 型エンジンの燃費向上技術，自動車技術会講演会前刷集，9433687 (1994)
7) 村田ほか：新型 V6 ツインカム VQ 型エンジンの軽量・コンパクト設計，自動車技術会講演会前刷集，9433678 (1994)
8) I. Doi, et al. : Development of a New-Generation Light weight 3-Liter V6 Nissan Engine, SAE Paper 940991 (1994)
9) 小笹ほか：コンロッド大端部軸受の弾性流体潤滑解析，機構論，No.930-63, p.25 (1993)
10) 亀ヶ谷ほか：外側エンドピボット式 Y 字ロッカアーム動弁機構の開発，自動車技術会講演会前刷集，901024 (1990)
11) 加藤，保田：直動型動弁系フリクション低減技術の解析，自動車技術会講演会前刷集，924072 (1992)
12) 藤田，松本：ダイハツ新型ミラ用4気筒 JB 型エンジン，自動車技術会新開発エンジンシンポジウム (1995)
13) W. Demmelbauer-Ebner, et al. : Variable Valve Actuation Systems for the Optimization of Engine Torque, SAE Paper 910447 (1991)
14) S. Hara, et al. : Effect of Intake-Valve Closing Timing on S. I. Engine Combustion, SAE Paper 850074 (1985)
15) 村中：低燃費ガソリンエンジンの展望，自動車技術会リーンバーンエンジンシンポジウム (1992)
16) 藤吉ほか：吸気弁早閉じ機構を用いたノンスロットリングエンジンの研究，自動車技術会講演会前刷集，924006 (1992)
17) R. M. Siewert, : How Individual Valve Timing Events Affect Exhaust Emissions, SAE Paper 710609 (1971)
18) 波多野ほか：休筒機構可変バルブタイミングの開発，自動車技術会講演会前刷集，924167 (1992)
19) Y. Takagi, et al. : Characteristics of Fuel Economy and Output in Methanol Fueled Turbocharged S. I. Engine, SAE Paper 830123 (1983)
20) 畑村ほか：ミラーサイクルエンジンの開発，自動車技術会講演会前刷集，9302088 (1993)
21) マツダ㈱：ユーノス 800 新型車の紹介 (1993)
22) 志村ほか：新型 V6 ツインカム VQ 型エンジンの開発，自動車技術会新開発エンジンシンポジウム (1995)
23) 河北ほか：トヨタ V6MZ 型エンジンの開発，自動車技術会新開発エンジンシンポジウム (1995)

3.5 後　処　理

火花点火方式の機関を有する自動車から大気に放出される汚染物質としては，燃料の燃焼によって発生する排出ガスと燃料タンクおよび気化器から蒸発する燃料の蒸気に大別することができる．

排出ガスを浄化するための後処理技術の研究開発は，1960年代から本格的に始められ，1970年代には，炭化水素（HC）と一酸化炭素（CO）を酸化するための排気リアクタ方式や酸化触媒方式が実用化された．その後，窒素酸化物（NO_x）も同時に低減できる三元触媒方式へと改良が進められ現在に至っている．

最近の研究動向としては，貴金属の有効利用の観点からパラジウム系三元触媒の研究や将来のきわめて厳しい排出ガス規制に適合するための低温HC低減技術の研究開発が盛んに行われている．

加えて，燃費改善（二酸化炭素排出抑制）を目的とした希薄燃焼（リーンバーン）エンジン用リーンNO_x触媒の研究も精力的に進められており，環境保全に対する後処理技術の果たすべき役割と期待は大きい．

3.5.1 後処理技術の変遷

排気リアクタ方式から触媒方式へ，また触媒方式も酸化触媒から三元触媒へと主流が移り変わってきた．

現在では，電子燃料制御装置と三元触媒を組み合わせたシステムに集約されている．

a. 排気リアクタ方式

排気系における熱反応でHC，COを酸化させる排気リアクタ方式としては，マニホールド容積を拡大し，排出ガスの滞留時間を長くして酸化を促進する拡大型マニホールド，断熱材を組み込んで保温機能を向上させたクローズドカプル型サーマルリアクタ，また着火燃焼機能を付加したアフタバーナ型などがある．いずれの方式も反応に必要な温度を確保するために，過濃空燃比の採用や点火時期の遅角といった燃費面での犠牲を伴う場合が多く，現在では，ほとんど用いられていない．

b. 触 媒 方 式

現在，一般的に採用されている後処理技術は触媒方式であり，触媒浄化装置とその補助システムで構成されている．これは，排気系に設置された触媒に排出ガスを通過させ，HC，CO，NO_xを触媒反応により浄化する方式である．

（i）**触媒反応**　触媒とは，反応の系の中にあって自らは変化せず，熱力学的に反応の進行が可能な物質系の反応を促進させる物質の総称である．触媒により活性化エネルギーが下がるため，排気リアクタに比べ低温での反応が可能である．

触媒上では，温度，ガス組成などの変化により複雑な化学反応が起こるが，酸化反応，還元反応，水性ガス反応および水蒸気改質反応という基本的反応に分類することができる（表3.5.1）．

表3.5.1　三元触媒におけるガス反応

1.	$CO + 1/2\,O_2$	$\rightarrow CO_2$
2.	$C_mH_n + (m+n/4)\,O_2$	$\rightarrow mCO_2 + n/2\,H_2O$
3.	$H_2 + 1/2\,O_2$	$\rightarrow H_2O$
4.	$CO + NO$	$\rightarrow 1/2\,N_2 + CO_2$
5.	$C_mH_n + 2(m+n/4)\,NO$	$\rightarrow (m+n/4)\,N_2 + n/2\,H_2O + mCO$
6.	$H_2 + NO$	$\rightarrow N_2 + H_2O$
7.	$5/2\,H_2 + NO$	$\rightarrow NH_3 + H_2O$
8.	$CO + H_2O$	$\rightarrow CO_2 + H_2$
9.	$C_mH_n + 2mH_2O$	$\rightarrow mCO_2 + (2m+n/2)\,H_2$

1～3：酸化反応，4～7：還元反応，8：水性ガス反応，9：水蒸気改質反応

（ii）**触媒構成**　活性成分とこれを保持する担体とで構成されている．

（1）活性成分：　活性金属，サポート材および助触媒で構成される．

（a）活性金属　貴金属である白金（Pt），パラジウム（Pd），ロジウム（Rh）などと卑金属（Ni, Cu, V, Crなど）がある．

卑金属元素は，貴金属の性能を向上させる添加剤として併用される場合もあるが，一般的には，浄化性能と耐久性に優れる貴金属が活性金属として用いられている．

酸化触媒としては，PtとPdが，三元触媒の場合には，PtとRhが用いられる場合が多い．

（b）サポート材　活性金属を安定化させ，ガスとの接触面積を拡大して浄化性能を向上させるため，活性アルミナが活性金属のサポート材として用いられている．

アルミナは温度によって相転移を起こし，高温になるほど比表面積が低下する[1]．比表面積の低下は，浄化性能低下の原因となるため，アルミナの熱安定化を図る技術開発が行われている．

（c）助触媒　活性，選択性および耐久性向上を目的として助触媒が用いられている．代表的なものに，

三元触媒に添加される酸素吸蔵物質（OSC：Oxygen Storage Component）であるセリアがある．これは，酸化（リーン）側で酸素を吸蔵し，還元（リッチ）側で酸素を放出する特性を有している．HC, CO, NO_x 3成分を同時に高効率で浄化可能な空燃比（A/F）のウィンドウを広げる効果がある．

高温を経験すると比表面積が低下し，酸素吸蔵能力が失われるため，数多くの劣化抑制技術が開発されている．

(2) 担体： 担体は，形状によりペレット型（粒状型）とモノリス型（ハニカム型）の二つのタイプに分類される．

(a) ペレット型 活性アルミナを直径約2～3mm程度の粒状に成形したものであり，当初はこのペレット型担体が主流であった（図3.5.1）．

現在では，圧力損失や搭載性面でも有利なモノリス型が広く用いられており，ペレット型は一部の車種にのみ採用されている．

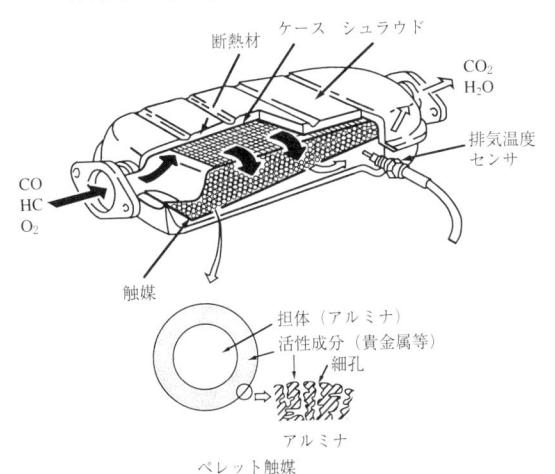

図3.5.1 ペレット型コンバータ

(b) モノリス型 基材の製造技術やキャニング技術の進歩により，モノリス担体の採用が急速に増加した．表3.5.2[2]は，ペレットとモノリスタイプの性能および一般特徴を比較したものである．総合的に優れているモノリス担体触媒（図3.5.2）が短期間で主役の座を奪うことになった．

このモノリス型には，材質によってセラミックとメタルがある．それぞれ異なった特徴を有しており，目的によって両者が使い分けられている．

(イ) セラミック担体： 自動車用触媒担体は，厳しい使用環境に耐えうる耐熱性，耐熱衝撃性および機械的強度をあわせもつことが必要である．これらの条件を満たす材料として，コーディエライトを用いた押出し製法によるセラミック担体が開発され，広く使用されている．表3.5.3は，コーディエライト担体の材料特性を示したものである．

表3.5.2 モノリス担体とペレット担体触媒の比較[2]

比較項目	モノリス担体触媒	ペレット担体触媒
ウォームアップ性	◎	△熱容量が大きい
耐被毒性	○入口部に被毒集中	△全体が一様に被毒
活性の耐熱性	◎	○
耐摩耗性	◎	○
担体の耐熱性	○エンジン失火時溶融	収縮が発生
背　圧	◎	○
搭載性	◎	△水平搭載が必要
軽量化	◎	△容器重量が大
製造コスト	△触媒コスト大	○容器コストが大
触媒交換コスト	△容器ごと交換必要	○触媒のみ交換可

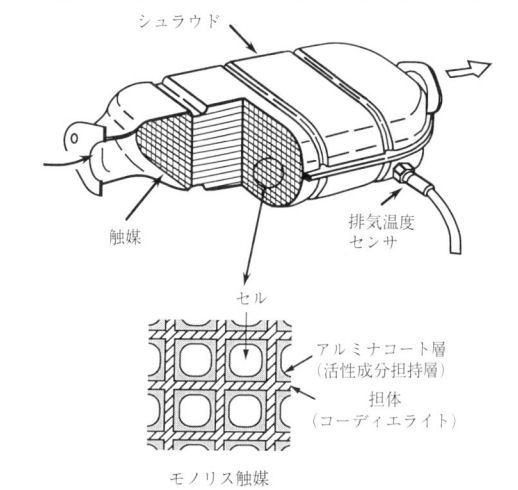

図3.5.2 モノリス型コンバータ

表3.5.3 自動車排出ガス用コーディエライトハニカム担体の材料特性

項　目	特　性
結晶組成	主結晶 コーディエライト
熱的特性	
熱膨張係数(40～800℃)(×10^{-6}/℃)	1.0
比　熱 (25℃) (J/kg·℃)	840
熱伝導率 (25℃) (W/m·℃)	1.05
軟化温度 (℃)	1400
物理的特性	
吸水率 (wt%)	15
全細孔容積 (m^3/kg)	0.0002
気孔率 (%)	35
圧縮破壊強度 (MPa)	
A 軸	>8.3
B 軸	>1.1
C 軸	>0.1

現在では，壁厚とセル密度をある程度変更した担体を成形できるようになっている．図3.5.3はセル構造と幾何学的表面積，開孔率の関係を示している．このセル構造により圧力損失も変化するため，担体仕様の決定には，多方面からの検討が必要である[3]．

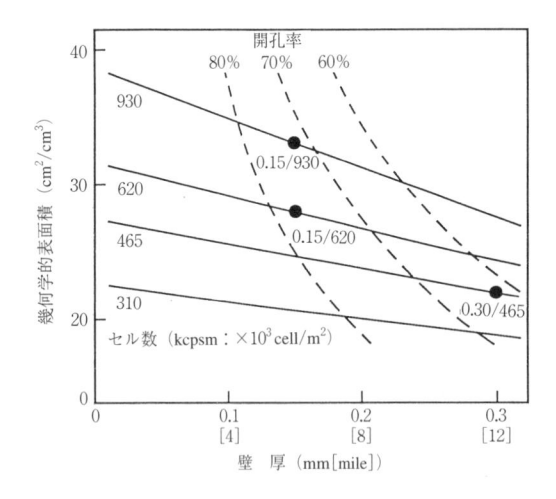

図3.5.3 セル構造と幾何学的表面積，開孔率の関係[3]

最近では，ウォームアップ性向上や幾何学表面積を増大させる目的で，壁厚の薄い担体（薄壁担体）の開発が盛んに行われている．壁厚が薄くセル密度の高い担体を用いた場合，活性成分は同一でも，図3.5.4のように排出エミッションが低減されることが報告されている[4]．

また，セル密度が同一の場合，薄壁にすることにより背圧抵抗が10%低下し，ウォームアップ性も20℃程度向上したという報告もある[5]．

この薄膜担体は，強度を上げるため高密度コーディエライトが用いられており，触媒成分（ウォシュコート）担持の困難さやはく離強度低下などの問題を引き起こす可能性を含んでいる．薄壁担体の課題解決のためには，触媒コーティングメーカの協力が不可欠と考えられる．

（ロ）メタル担体[6~9]：セラミック（コーディエライト）担体とは異なる特徴を有するメタル担体が実用化されている．表3.5.4はメタル担体とセラミック担体の特性を比較したものである．

それぞれ長短所があるが，使用する側にとっての最も大きなメタル担体のメリットは，通気抵抗が小さいこと，およびケーシングも含めて小型化が可能（設計自由度大）なことである．

通気抵抗が小さいという特徴は，高出力が要求されるエンジンには都合がよく，低背圧による最高出力の

表3.5.4 メタル担体とセラミック担体の特性比較

担　　体	メタル	セラミック
セル形状 620 kcpsm	0.05mm 1.28mm	0.17mm 1.27mm
材　　質	フェライト系ステンレス 20Cr-5Al-Fe bal.	コーディエライト $2MgO\text{-}2Al_2O_3\text{-}5SiO_2$
比　　熱	0.5 kJ/kg・℃	1.0 kJ/kg・℃
熱 伝 導 度	14 W/m・℃	1 W/m・℃
開 孔 率	90%	75%
幾何学表面積	32 cm^2/cm^3	27 cm^2/cm^3

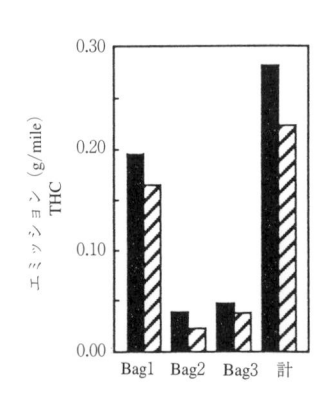

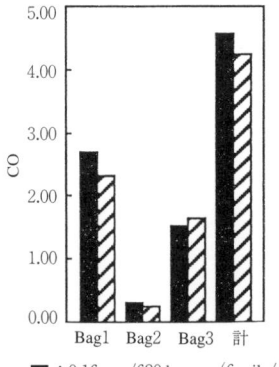

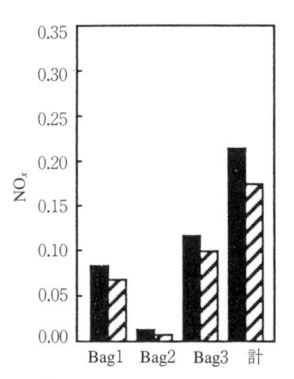

■：0.16 mm/620 kcpsm（6 mile/400 cpsi）
▨：0.11 mm/930 kcpsm（4 mile/600 cpsi）

図3.5.4 薄壁高密度セル担体のエミッションへの影響[4]
（1989年式2.0 l　4気筒エンジン搭載車によるFTPモードエミッション）

向上が可能である．

また，メタル担体は，外筒と直接接合されるため保持材が不要であり，小型化が可能である．これは，十分な触媒スペースをとることが困難な直接触媒の適用に有利な特徴である．

直結触媒は床下触媒に比べ，より高温かつ温度差も大きな排ガス雰囲気下で使用されるため，高い耐酸化性と耐熱衝撃性が要求される．これらの要求に応えるため，メタル材料や構造面から精力的な技術開発が行われている．

(iii) 触媒の種類　自動車用触媒をその機能で分類すると，HC, CO を浄化する酸化触媒と，HC, CO, NO_x を同時に浄化する三元触媒に分けることができる．

(1) 酸化触媒：　自動車排出ガス浄化触媒として最初に実用化されたのが酸化触媒である．これは，排出ガス中の HC, CO を酸化するための触媒であり，Pt, Pd 単独，もしくはその組合せを主体とする貴金属を活性成分とした触媒である．

開発当初は，活性成分として卑金属系も検討されたが，反応開始温度が高く最高浄化率が低いこと，および担体成分の活性アルミナと反応してスピネル，アルミネートを形成し失活したり[10]，2次公害の懸念のある重金属であるなどの理由で実用化されなかった．

酸化触媒としての Pt, Pd の組合せ比率と耐久性の関係を図 3.5.5 に示す[11]．Pd は，とくに鉛 (Pb) による被毒を受けやすく，Pt は熱により劣化しやすいことが示唆されている．

現実には，Pt/Pd の比は 2.3/1 の組合せ近辺が使用され，Pt/Pd = 2/1 あるいは 2.5/1 の触媒が多く用いられた．

(2) 三元触媒：　上述の排気リアクタ方式や酸化触媒方式に代表されるように，各種の後処理装置が研究開発され実用化されたが，最も合理的なシステムとして残ったのが，HC, CO, NO_x の3種の汚染物質を同時に浄化できる三元触媒方式である．

このシステムが主流の位置を占めることができたのは，触媒技術の進歩はもちろんのこと，三元触媒を最も有効に働かせるための酸素センサと電子制御燃料供給技術が開発されたためである．

(a) Pt/Rh 系触媒　触媒の活性金属は，Pt, Pd, Rh などの貴金属であり，Pt/Rh, Pd/Rh, Pt/Pd/Rh 系触媒など，各貴金属の特性を組み合わせて三元触媒として使用されている．

図 3.5.6 は，Pt, Pd, Rh 単独触媒の性能比較を示している[12]．Rh は少量で HC, CO, NO_x 3成分の浄化に高い活性を示し，とくに NO_x の浄化性能が優れているため，欠くことのできない元素となっている．

フレッシュでは，Pt より Pd のほうが浄化性能が優れているが，鉛などの被毒に弱く，還元雰囲気でシンタリングしやすいなどの理由から主として Pt が用いられている．

Pt/Rh が三元触媒の活性金属として使用される理由は，Pt が Pd に比べ上記の理由で優れること，および HC 活性が Rh のみでは十分でないことによる．最近では，燃料の無鉛化，低硫黄化が進み，Pd の使用に適した環境になってきたため，Pd を主成分とした三元触媒の研究開発が行われ，一部実用化されている．

(b) Pd 系触媒　Pd を主活性金属とした三元触媒の目的は，Pt の代替による貴金属資源の有効活用と低温 HC 浄化特性向上の二つである．低温 HC 浄化の向上を目的とした触媒については，3.5.2 項低温 HC 低減技術で後述するので，ここでは Pt 代替をねらった Pd 系触媒について説明する．

1995 年 1 月現在，1 g 当たり Pt が約 1300 円に対して Pd は約 500 円であり，1993 年の供給量は，Pt とほぼ同等の約 130 t/年である．

Pd は，Pt に比較して安価ではあるが，高温使用での劣化が大きく，NO_x の浄化ウィンドウが狭いという

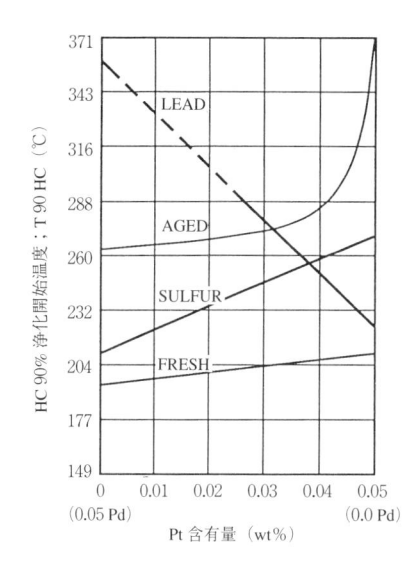

図 3.5.5　Pb, S およびエージング温度の
　　　　　HC 浄化活性への影響
　　　　　(Pt+Pd=0.05 wt% 一定)[11]

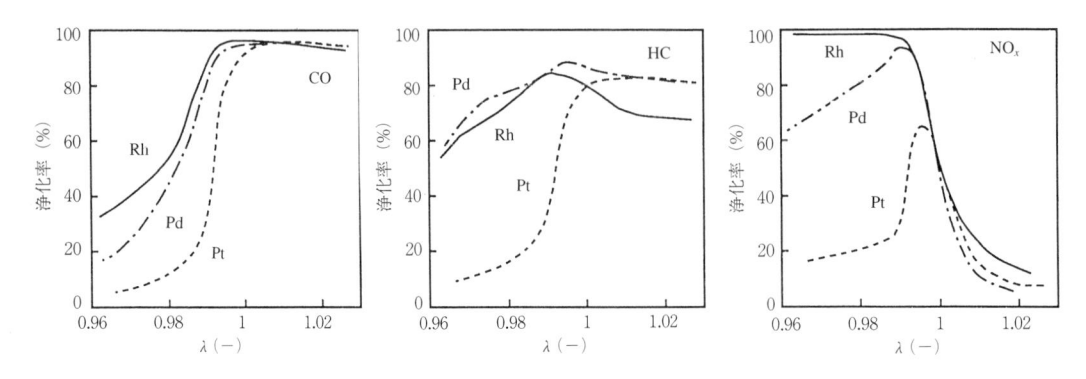

図 3.5.6 Pt, Pd, Rh 触媒の三元特性の比較 (Fresh)[12]
(Pt, Pd : 1.0 g/l, Rh : 0.2 g/l, 400℃, SV = 122 000/h)

課題を抱えており，実用化のために，これまで多大な開発努力が行われてきた[13〜15].

この Pd の欠点を補うため，微量の Rh を用いた Pd/Rh 触媒がまず実用化されたが，現在では，Pt/Rh 触媒に近い性能を有する Pd 単独三元触媒も開発され，一部の車種で採用されている.

図 3.5.7 は，Pd のもつ上記欠点を補うために，活性アルミナやセリアの改良および Ba, La 添加を行った触媒の耐久後 NO_x 浄化性能を示している．耐久温度が 800℃以上では，Pt/Rh 触媒に劣るものの，改良を行う前の Pd 単独触媒に比べ大幅に性能改善が図られている.

しかし，リーン側での NO_x ウィンドウが Pt/Rh 触媒に比べやや狭いという Pd 固有の特性が残されている．したがって，空燃比制御によって浄化特性が異なってくるため，Pd の特性に合致した制御方法，とくに制御定数を選定することが重要となる[16].

貴金属資源をバランスよく有効活用するためには，Pd 触媒を幅広い車種へ展開できるようにしなければならない．そのためには，さらなる高耐熱化，NO_x ウィンドウの拡大および硫黄分の多い燃料に対する耐久性向上などの技術開発が必要と考えられる.

3.5.2 低温 HC 低減技術

アメリカカリフォルニア州の LEV (Low Emission Vehicle) プログラムに代表されるように，各国の排出ガス規制は，今後とも大幅に強化される．火花点火機関においては，とりわけ排出 HC の低減が技術的に難度が高く，後処理だけでなく，燃焼制御も含めた幅広い観点から，HC をさらに低減するための新技術が研究開発されている.

現在の三元触媒搭載車から大気に放出される HC は，触媒が反応を開始する温度に達するまでの冷間時に排出される未浄化 HC がその大部分を占めている．したがって，走行開始後の冷間時に排出される HC をいかに抑制するかが鍵となる.

後処理技術に関しては，直結触媒システムや，より低温から反応を開始する低温活性触媒，外部電力により触媒の急速加熱を行う電気加熱触媒，バーナで触媒を早期昇温させるバーナシステムおよび触媒反応開始以前に排出される HC を吸着する HC トラップシステムなどの研究開発が進められている.

a. 直結触媒システム

冷間時の排出 HC を浄化する一般的方法として，触媒搭載位置を排気マニホールドに近づけ，触媒の昇温を速めるシステムが採用されている.

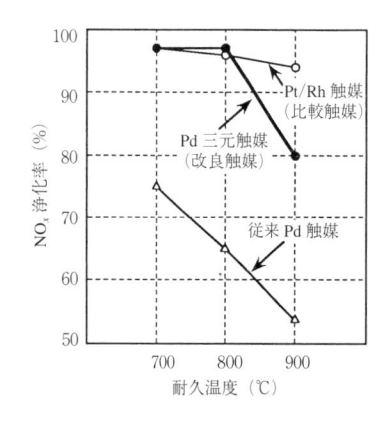

図 3.5.7 Pd 単独触媒の耐久後ストイキ浄化率

(i) **直結触媒の効果と課題**[17]　直結触媒は床下触媒に比べ昇温が早く，HC の浄化が早期から開始されるため，図 3.5.8 にみられるように，冷間時の HC 低減に有効である．

このシステムの課題は，排気マニホールドに触媒を近づけるため，高温を経験する頻度が高くなり，熱劣化が促進されることである．このため，触媒の耐熱性向上を目的としたさまざまな研究が精力的に行われている．

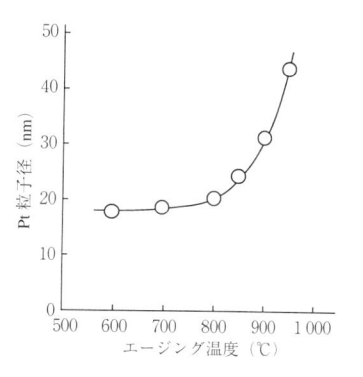

図 3.5.9　Pt 粒子径とエージング温度の関係
（触媒：Pt/Rh = 5/1, 1.4 g/l）

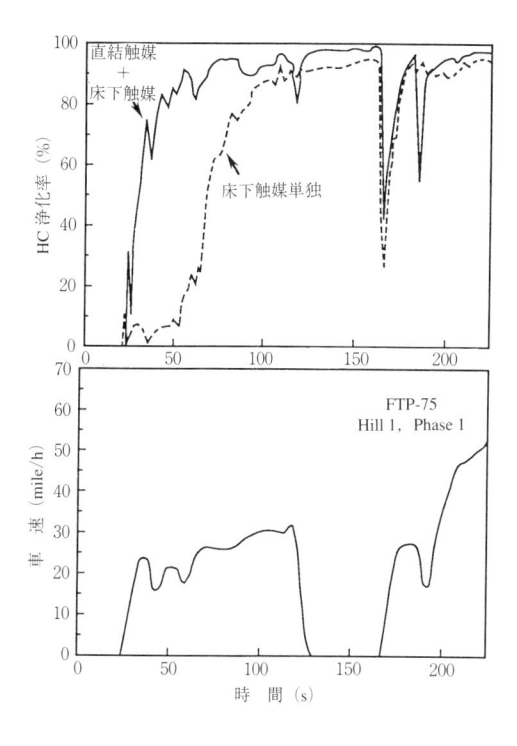

図 3.5.8　コールドスタートにおける直結触媒と床下触媒の HC ライトオフ特性

(ii) **触媒の耐熱性向上技術**[1,18]　触媒性能は，一般に耐久温度が高温になるほど劣化が進むが，劣化原因としては，貴金属の劣化，アルミナ母材の劣化，助触媒であるセリアの劣化の三つが考えられる．

(1) **貴金属の劣化抑制技術**：　三元触媒に用いられている貴金属は，一般的に 500℃ 以上でシンタリングが進行する．図 3.5.9 にみられるように，耐久温度の上昇に従い，Pt の粒子径は，とくに 800℃ 以上で著しく増大する．貴金属のシンタリング抑制には，アルカリ土類金属の添加が有効であることが知られている．しかし，貴金属劣化は，アルミナ母材やセリアの劣化との関係が強いため，総合的に対策されることが望ましい．

(2) **アルミナ母材の劣化抑制技術**：　図 3.5.10 は，耐久温度による Pt/Rh/CeO$_2$/Al$_2$O$_3$ 触媒の表面積の変化を示している．これは，アルミナ母材の劣化が主要因であり，ミクロポアおよびメソポア容積の著しい減少がみられる．ポアの消失による活性点の埋没や貴金属のシンタリングの加速により，触媒活性が低下するものと考えられている．

アルミナの熱劣化抑制には，アルカリ土類および希土類元素の添加が効果的であるといわれている．図 3.

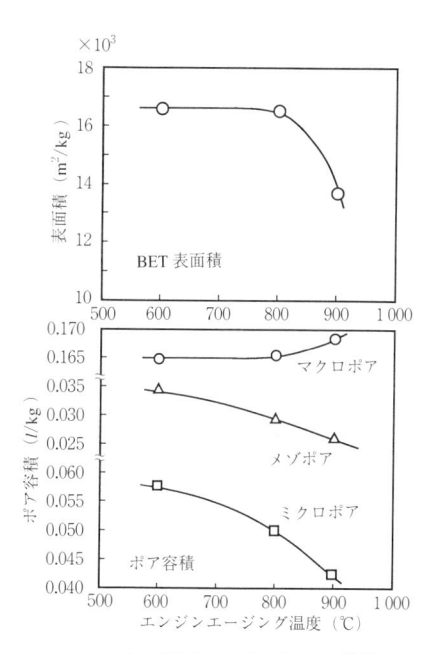

図 3.5.10　エージング温度による Pt/Rh/Ce 触媒の BET 表面積とポア容積の変化（触媒：Pt/Rh = 5/1, 1.5 g/l）

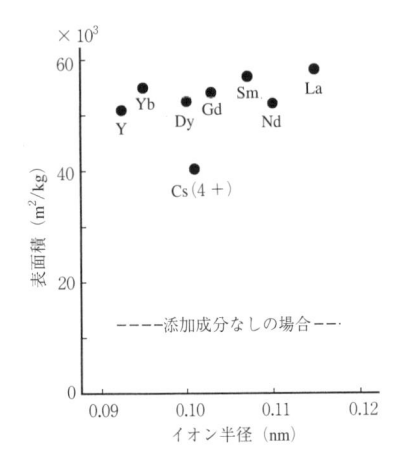

図 3.5.11 希土類元素を添加（1 mol%）したアルミナの 1200℃，5 時間大気熱処理後の表面積

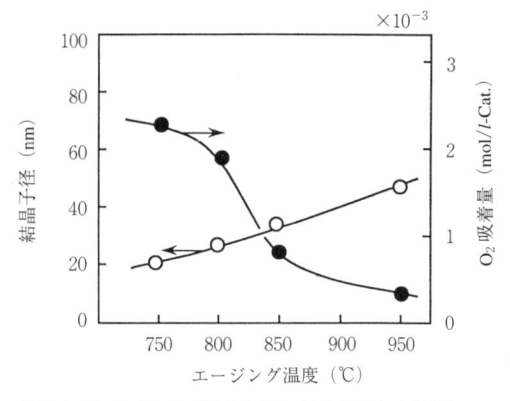

図 3.5.12 Pt/Rh/Ce 触媒の CeO_2 結晶子径と O_2 吸着（触媒：Pt/Rh = 5/1, 1.4 g/l, Measurement：CeO_2 crystallite size-XRD, O_2 adsorption-inlet temp. = 400℃）

5.11 は，Ce, La およびその他の希土類を添加したアルミナの 1200℃，5 時間加熱後の比表面積を示している．無添加のアルミナは 12 m^2/g であるのに対し，Ce, La などを添加すると 3 倍以上の高い比表面積を維持させることができる．

(3) セリアの劣化抑制技術： 理論空燃比近傍における酸化還元反応を高める酸素吸蔵物質として，現行三元触媒においては，セリアの添加が必須となっている．セリアの結晶子径は，耐久温度により増大し，これに伴い酸素の吸着能は減少する（図 3.5.12）．

このセリアの劣化抑制には，Ba, Zr などの添加が効果的であることが知られている．この Ba, Zr 添加により，貴金属，アルミナおよびセリアの劣化が総合的に抑制され，950℃耐久後において浄化特性の改良が得られるという報告が行われている（図 3.5.13）．

将来の厳しい規制に適合するために，直結触媒システムの採用は増えることが予想されるため，触媒の耐熱性向上技術は，これまで以上に重要になると考えられる．

b. 低温活性触媒[17~19]

現在，一般に用いられている三元触媒に比べ，より低温から反応を開始するライトオフ（light-off）特性の優れた触媒の研究開発が行われている．

触媒の貴金属は，Pt, Pd, Rh およびこれら貴金属の組合せの中から選定される場合が多いが，Pd はほかの貴金属元素に比較し，HC の浄化性能に優れるという特徴を有している．

図 3.5.14 に，Pt/Rh 触媒と Pd 触媒のライトオフ特性の一例を示す．HC の 50% 浄化開始温度は，Pt/Rh

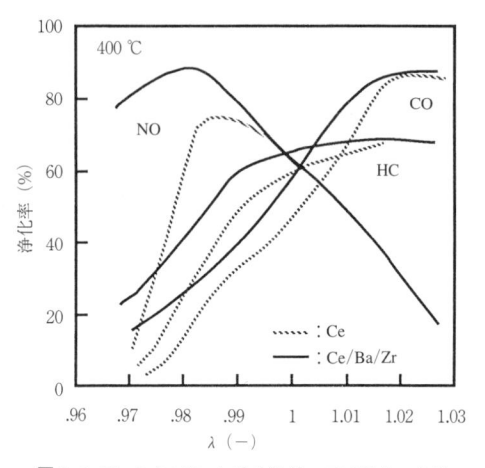

図 3.5.13 Pt/Rh/Ce と改良触媒の三元特性の比較（触媒：Pt/Rh = 5/1, 1.4 g/l, エージング：950℃×40 h at A/F = 16.5）

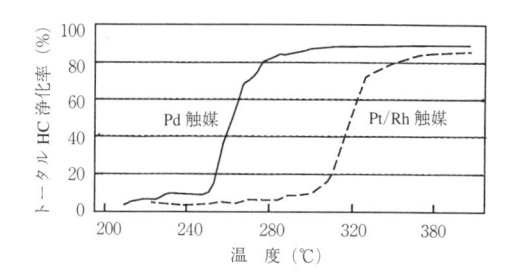

図 3.5.14 Pd 触媒と Pt/Rh 触媒のエージング後のライトオフ特性

触媒に比べ約 50℃程度低温側へシフトしている．このライトオフ特性改善効果は，使用 Pd 量つまり触媒単位体積当たりの活性サイトを増加させることに

よって，さらに向上させることが可能である．しかし，貴金属量増大は，直接触媒価格上昇につながるため，図 3.5.15 のように直結触媒と床下触媒への Pd 担持量配分の最適化研究も行われており，貴金属資源の有効活用の努力が精力的に進められている．

また，Pd は硫黄による一時被毒を受けやすいことが知られているが，燃料中の硫黄含有量が Pd 触媒の浄化性能に与える影響を調査した結果が図 3.5.16 である．燃料の硫黄含有量が少ないと，テールパイプエミッションは大幅に低減される．将来の強化規制適合のためには，単に触媒技術の向上だけでなく，燃料クリーン化への努力も重要であることが示唆されている．

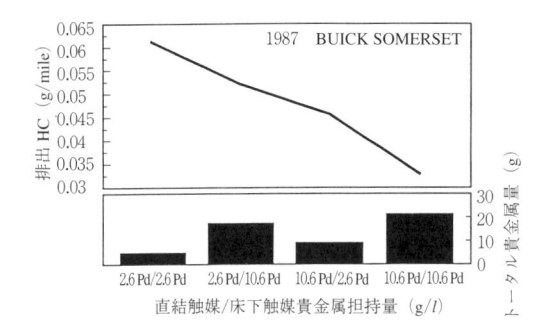

図 3.5.15 直結触媒/床下触媒の貴金属担持量配分と浄化性能の関係（触媒容量：直結＝0.5 l，床下＝0.5 l）

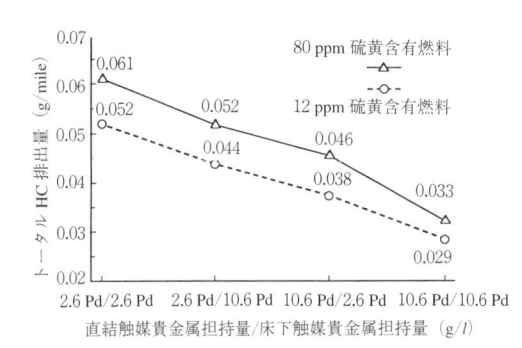

図 3.5.16 燃料の硫黄含有量が Pd 触媒システムのテールパイプエミッションに与える影響（Pd 触媒：エージング品）

c. **電気加熱触媒**[20〜24]

触媒の昇温を外部電力によって早期化し，冷間時の HC を低減するシステムが電気加熱触媒（EHC：Electrically Heated Catalyst）である．

（ⅰ）**EHC 構成** 現在，金属粉末の押出成形によるものとメタル箔によるものが提案されている．どちらのタイプも，少容量のライトオフ触媒，メイン触媒と組み合わせたカスケード構造のものが多い．

外部電力の供給方式としては，バッテリ通電とオルタネータ通電がある．オルタネータ通電は，高い電圧を印加できるため，電流を小さくできるという長所があり，最近の研究対象となっている．

（ⅱ）**EHC 性能** EHC の技術的課題は，消費電力が大きいこと，および耐久信頼性であるといわれている．低消費電力で高い HC 浄化効率を得るための研究開発が鋭意行われているが，最近では，図 3.5.17 に示されたように，三元触媒のみのシステムに比べ，1 kW の電力で排出 HC を 70％以上低減できる性能が得られるという報告もなされている．

信頼性についても，材質や構造の工夫により改善されつつあり，その他解決すべき課題も残されているようであるが，冷間時の HC を確実に低減できる有力な技術である．

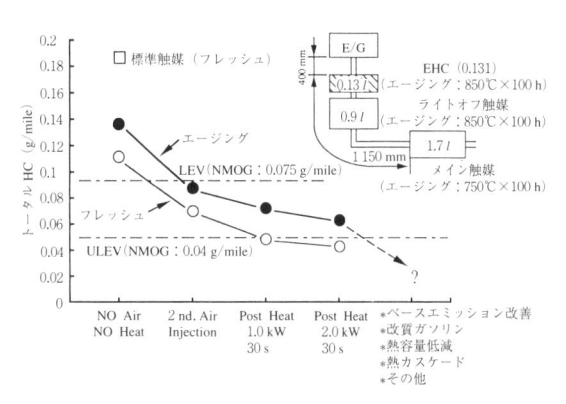

図 3.5.17 FTP モードにおける EHC の性能

d. **バーナシステム**

燃料の一部もしくは過濃混合気燃焼ガスを触媒前に設置したバーナで着火燃焼させ，触媒を急速加熱するシステムである．

（ⅰ）**バーナシステム構成** 触媒上流に設置されたバーナに燃料とエアが供給されるシステムの研究例が多い．このシステムは構成が複雑となるが，過濃混合気燃料ガスにエアを混合し着火する方式に比べ，燃

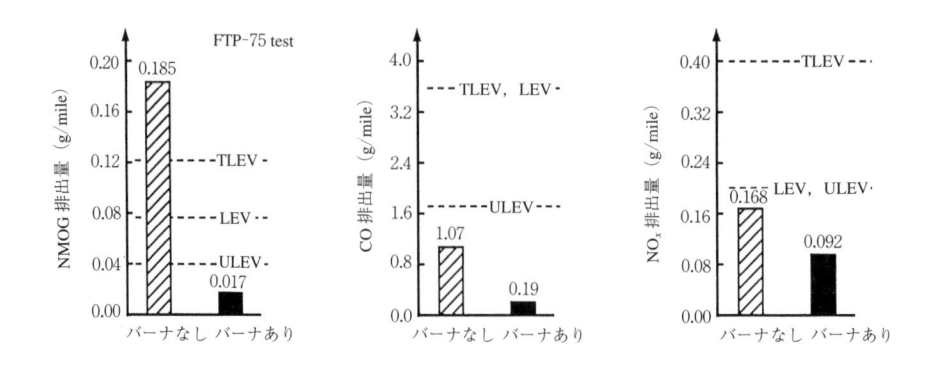

図 3.5.18 バーナによるエミッション低減効果

焼（動力性能）への悪影響がなく，確実に着火できるという長所を有している．

（ii）バーナシステム性能[25]　このバーナシステムを用いると，触媒入口ガス温度をエンジン始動後約6秒で300℃まで昇温することができ，図3.5.18に見られるように，排出HCを1/10程度まで低減できるという結果が報告されている．

しかしながら，着火ミスが発生した場合には，現行システム以上の多量のHCが放出される危険性があるため，信頼性の確保が重要な課題であると思われる．

e．HCトラップシステム[26]

外部からエネルギーを加えることなく，低温時に排出されるHCを一時的に吸着するシステムであり，吸着剤としては，ゼオライトや活性炭が用いられる．

（i）HCトラップシステム構成　低温時に吸着されたHCは，吸着剤の温度上昇とともに放出されるため，この放出HCを浄化するためのさまざまなシステムが研究されている．システムとしては，バイパスを用いるものとそうでないシステムが提案されている．バイパスシステムは，その搭載の困難さや切換えバルブの信頼性の課題を有しており，バイパスを用いないシステムの研究が主流である．

その中でも，図3.5.19に示したようなユニークなシステムが提案されている．これは，吸着剤上下流に配置する触媒を一体化したもので，触媒コンバータに熱交換器としての機能が付加されている．

吸着剤上流の触媒が活性温度になるまでに放出されるHCは，吸着剤にトラップされ，吸着剤の昇温とともに放出されるHCは，熱交換により暖められた吸着剤下流の触媒により浄化される．

（ii）HCトラップシステム性能　上記システム

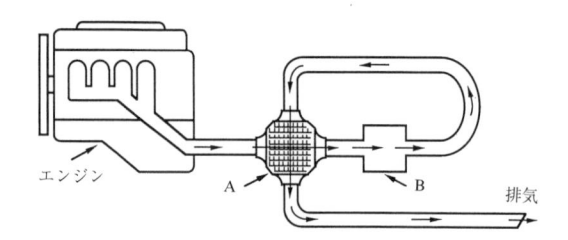

図 3.5.19　熱交換三元触媒を用いたEngelhard社のHCトラップシステム構成（A：クロスフロー熱交換三元触媒，B：ゼオライトベースHCトラップ）

を搭載した車両における性能は，図3.5.20に示された改善効果があると報告されている．熱交換触媒による背圧の上昇や信頼性の課題があるといわれているが，外部エネルギーを必要としないシンプルなシステムで

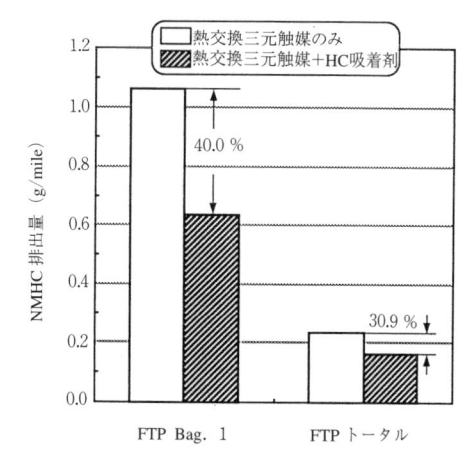

図 3.5.20　Engelhard社製熱交換三元触媒HCトラップシステム性能（車両：1985年式ボルボ740 GLE, 2.3 l, 4 cylinder, 触媒：900℃×100 h エージング品）

あり，今後の技術の進展が期待される．

以上，冷間時の排出 HC 低減を目的とした最近の後処理技術の研究開発例を紹介した．単に従来の三元触媒の性能改善だけでなく，新機能の追求が精力的に行われており，排出ガス浄化技術は，次世代に向けて新たなステップを踏み出したといえる．

しかしながら，各技術とも解決すべき課題が残されており，将来的に要求される低エミッションを実現するためには，最新の解析技術やシミュレーション技術を活用した材料開発，触媒の機能を最大限発揮させるための制御技術および燃料のクリーン化など，総合的な取組みが必須となると思われる．

3.5.3 リーン NO_x 触媒

リーンバーンは，火花点火機関の燃費向上のための有効な手段として長年研究開発が行われ，一部実用化されている技術である．しかしながら，従来の三元触媒では，酸素過剰下における NO_x を十分に浄化できないという課題があるため，燃費改善と低 NO_x を両立させるためのリーン NO_x 触媒の実用化が望まれている．

現在までに多くの触媒材料についての研究報告がなされているが，方式としては，リーン下で HC を還元剤として NO_x を浄化する直接分解方式とリーンにおいて NO_x を吸蔵し，リッチで吸蔵した NO_x を還元する吸蔵還元方式とに大別される．

a. 直接分解型触媒

研究開発されている多くの触媒は，酸素過剰下で HC を還元剤として NO_x を浄化する，NO_x 直接分解型触媒である．

（i）**Cu/ゼオライト触媒**[27,28]　酸素過剰下においても，Cu イオン交換/ZSM-5 ゼオライトが NO を直接 N_2 と O_2 に分解できる触媒作用を有していることが岩本らにより報告された．

図 3.5.21 は，Cu イオン交換/ZSM-5 ゼオライトによる NO の直接分解特性を示したものである．触媒が新品時であって，空間速度が小さな条件下では，Cu イオン交換/ZSM-5 ゼオライトは，優れた NO 分解性能を有していることが確認されている．

また，Cu イオン交換/ZSM-5 ゼオライトは，酸素過剰下で HC が共存する場合，NO の分解浄化効率が飛躍的に向上することが見出された．

これらの知見が得られたことにより，リーン NO_x 触媒に関する研究開発は急増した．しかしながら，Cu イオン交換/ZSM-5 ゼオライトは，熱により NO 浄化性能が低下するとの報告もなされており，800℃を越える温度に耐えなければならない自動車排気への適用のためには，劣化機構の解明とさらなる触媒材料の改良が必要と思われる．

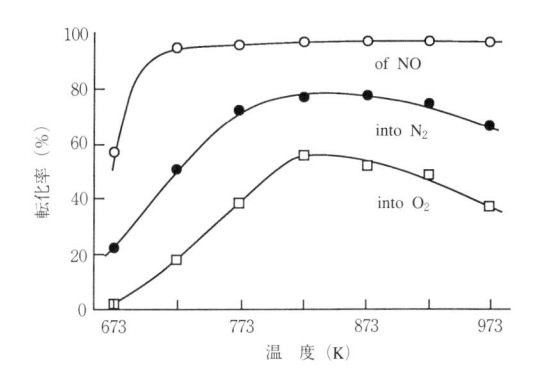

図 3.5.21　Cu/ZSM-5 の NO 分解活性の温度依存性
（接触時間：$4.0\,g\cdot s/cm^3$）

（ii）**メタロシリケート系触媒**[29,30]　一方，イオン交換ではなく，ゼオライト格子内に，Fe, Ga, Co などの金属原子を組み込んだメタロシリケートがリーンにおける NO を分解浄化できる触媒作用を有しているという報告も行われている．

メタロシリケート触媒も，共存する HC によって，図 3.5.22 のように NO 分解性能が変化することが確認されている．

このメタロシリケート触媒は，活性金属がゼオライトとイオン結合しているイオン交換触媒に比べ，熱的

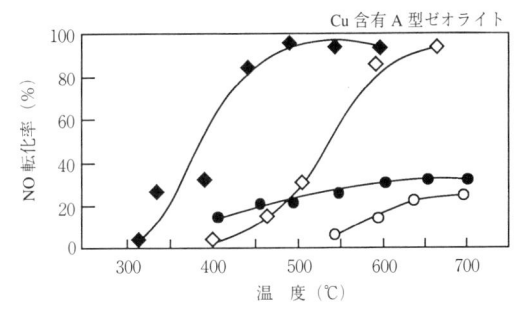

○ 4.8%C_4H_8-3.1%O_2-2.0%NO/He
◇ 2.4%C_2H_6-2.8%O_2-2.3%NO/He
● 1.8%C_3H_8-2.9%O_2-2.1%NO/He
◆ 0.85%C_7H_{16}-3.0%O_2-1.6%NO/He

図 3.5.22　O_2 共存化 NO 分解における共存炭化水素の影響

安定性が向上するという特徴がある．反面，ガスの反応場である触媒表面における活性金属密度が低くなるため，自動車排気のような高SV（Space Velocity）条件下で使用するためには，上記課題を解決できるブレークスルーが必要と思われる．

（iii）貴金属系触媒[31～33]　耐熱性を確保するために，融点の高い貴金属をゼオライトやアルミナに担持したリーンNO_x触媒の研究開発も行われている．

Pt/ゼオライト系触媒が研究の主対象となっているが，最近，貴金属としてPt，Ir，Rhを複合化させることにより，Pt単独に比ベリーンNO_x浄化性能と耐熱性を向上させることができるという報告が行われている（図3.5.23）．この貴金属複合化の効果は，熱による貴金属のシンタリング抑制とそれに伴う触媒表面へのNO_x吸着能の向上であるとしている（図3.5.24）．

貴金属によるNO_xの吸着能序列とリーンNO_x浄化率序列が一致することから，リーンNO_x浄化性能を支配する大きな要因の一つは，触媒表面上へのNO_x吸着特性にあると考察している．

また，ほかの触媒系と同様に，HC濃度が高くなるほどNO_x浄化率が向上することが確認されている．これらの結果から，NO_x分解によって生成し，貴金属表面に吸着した酸素をHCが還元除去することによってNO_x分解サイクルが回るという反応モデルを提案している．

排出ガス中に含まれる水蒸気や二酸化硫黄（SO_2）の影響を受けず，特別な制御を必要としないという特徴がある．

また，地球温暖化ガスである亜酸化窒素（N_2O）の生成もなく，排出ガス中にごく微量含まれる人体に有害な可能性がある未規制成分（1,3-ブタジエン，1-ニトロピレンなど）の浄化効率も高いことが確認されている．

Pt系貴金属が活性金属として担持された触媒であり，リーンNO_x浄化特性だけでなく，一般的な三元浄化特性も有しており（図3.5.25），1994年より国内リーンバーン車に搭載され市場導入された．

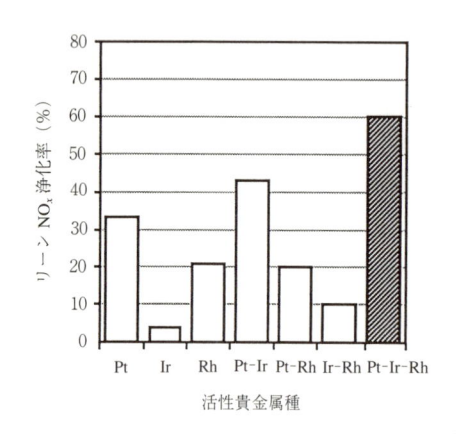

図3.5.23　活性貴金属種とリーンNO_x浄化率（触媒エージング条件：800℃×6h in Air)

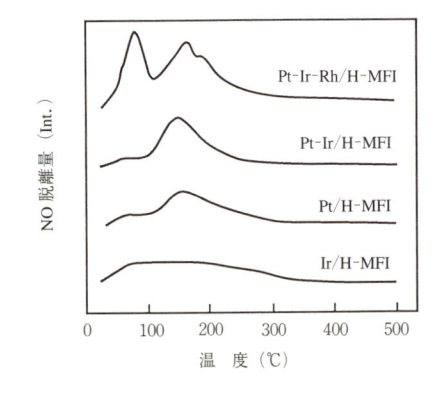

図3.5.24　活性貴金属種によるTPD NO脱離プロファイル（触媒エージング条件：800℃×6h in Air)

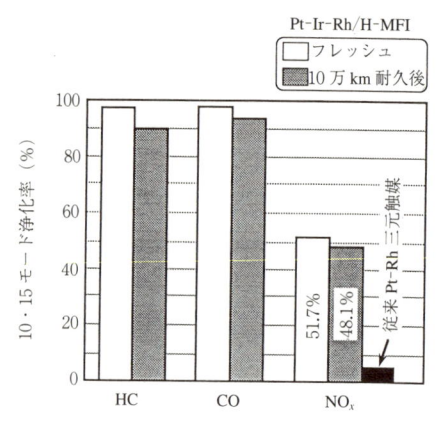

図3.5.25　Pt-Ir-Rh/H-MFI触媒三元特性（評価車両：1994年式ファミリア，1.5l，Z5-DEL型，1 250 kg，触媒：1.7l床下）

本触媒採用により，厳しい国内エミッション規制に適合しながら，10・15モードのアイドルと発進初期を除いた全域をリーン走行することが可能となり，従来エンジン（λ＝1）車に対して約16％，定常のみリーン走行を行うリーンバーン車に対しても約8％のモード燃費改善を実現できたと報告されている（図3.5.26）．

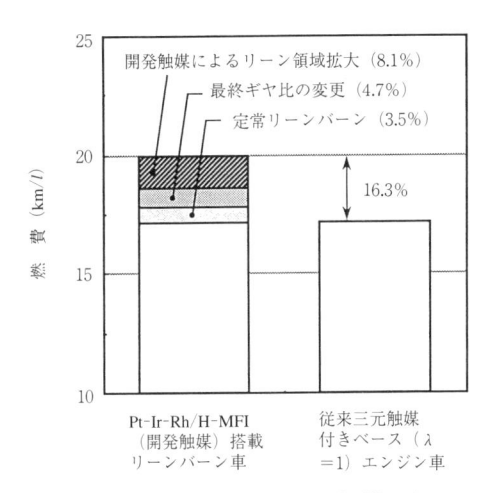

b. NO_x吸蔵還元型触媒[34〜36]

リーン時に排出されるNO_xを吸蔵し,リッチまたは理論空燃比時に,吸蔵したNO_xを還元浄化するシステムである.

触媒は,アルミナにPt系貴金属とBa,Laなどのアルカリ,アルカリ土類および希土類の塩が高分散担持されたものである.

NO_x吸蔵成分としては,適度の塩基性を有する元素がNO_x,HC両方に高い浄化率を示すことが見出されており,Baが最も優れるとの報告が行われている(図3.5.27).

図3.5.28は,NO_xの吸蔵還元メカニズムを示している.リーン時に排出されるNOがPt表面上でNO_2に酸化され,吸蔵成分に硝酸塩(NO_3^-)として吸蔵される.次に,理論空燃比からリッチに制御し,HC,CO,H_2などのガスにより吸蔵NO_xを還元浄化する.

吸蔵したNO_xを還元する際には,短時間リッチ空燃比に制御する必要があり,切換え時にトルク段差が生じるが,空燃比や点火時期などの制御法の工夫により,この課題を解決している.

図3.5.29は,国内試験法(10・15モード)走行時の空燃比制御とNO_x浄化の様子を示したものである.NO_x還元のための空燃比リッチのタイミングは,アイドル時に設定されている.この理由は,アイドル付近は空間速度が小さく,高いNO_x還元率が得られ,また,リッチにするための燃料量が少なくてすむため,燃費損失が小さいからである.

空燃比のリッチ化や点火時期の遅角は燃費悪化を伴うが,これらは瞬時に完了するため,燃費損失は1%以下に抑えられると報告されている.

NO_x吸蔵還元型三元触媒の10・15モードトータルにおけるNO_x浄化率は,新品触媒時で約90%,耐久

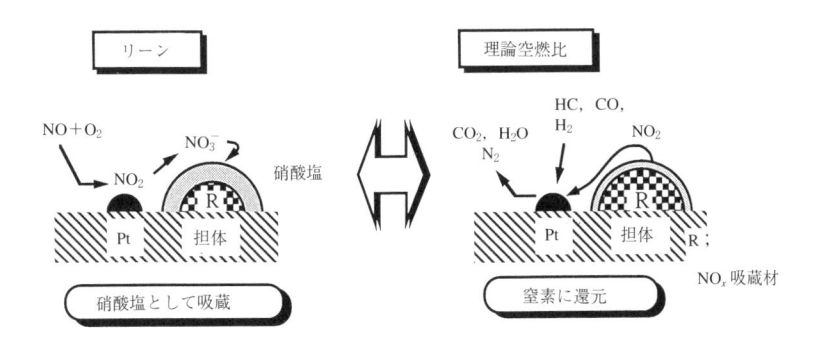

図3.5.26 新型ファミリア・リーンバーン車の燃費改善効果

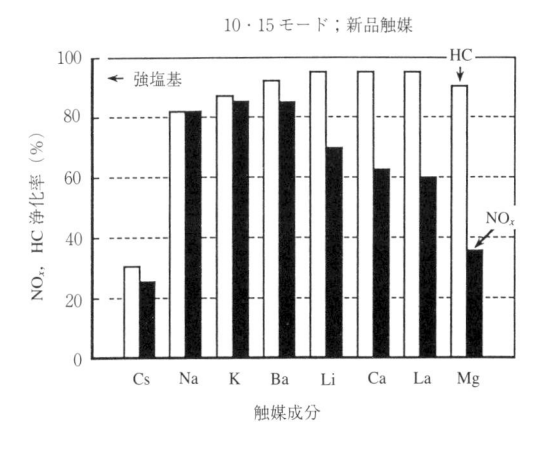

図3.5.27 NO_x吸蔵材とNO_x,HC浄化性能の関係

図3.5.28 NO_x吸蔵還元メカニズム

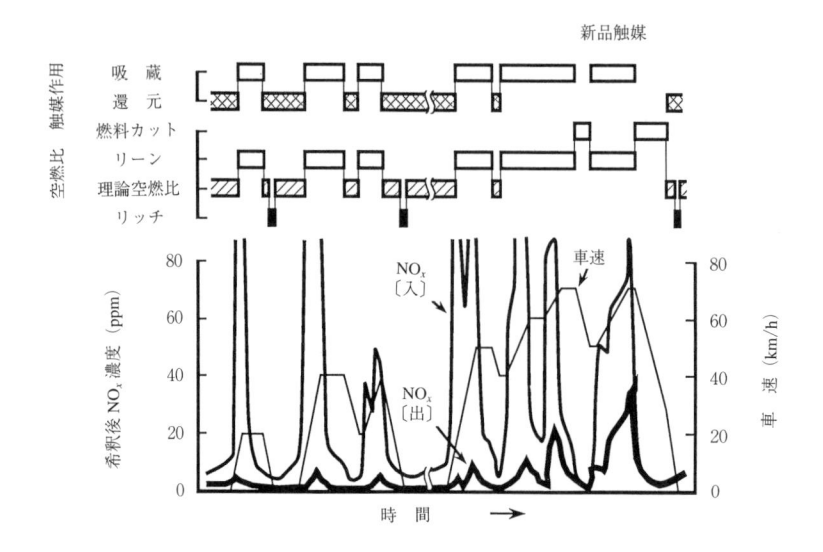

図 3.5.29 NO_x 吸蔵還元型触媒搭載車のモード走行時の空燃比制御と NO_x 浄化

後で約 60％である．耐久後の劣化の主原因は，硫黄被毒であり，当触媒の使用においては，燃料中の硫黄濃度が低いほうが望ましいとしている．

NO_x 吸蔵還元型三元触媒は，1994 年にリーンバーン車に搭載され，国内市場に導入された．

一部の触媒は，実用に供するレベルにあるものの，リーンバーンの適用範囲拡大のためには，いずれの触媒もリーン NO_x 浄化率，耐熱性向上および被毒劣化抑制などの課題を解決することが必要である．

3.5.4　エバポエミッション対策技術

自動車から蒸発により大気に放出される汚染物質としては，燃料系からの燃料の蒸発と微量ではあるが車体の塗料などからの蒸発成分とがある．

燃料の蒸気が大気に放出されるのを防止するための方法としては，活性炭方式が多く採用されている．一般的な活性炭方式の構成を下に示す．

燃料タンクは密閉型で傾斜時や高温時の膨張による燃料流出漏れを防ぎ，停止中にタンクから蒸発する燃料は，活性炭に吸着され貯蔵（トラップ）される．エ

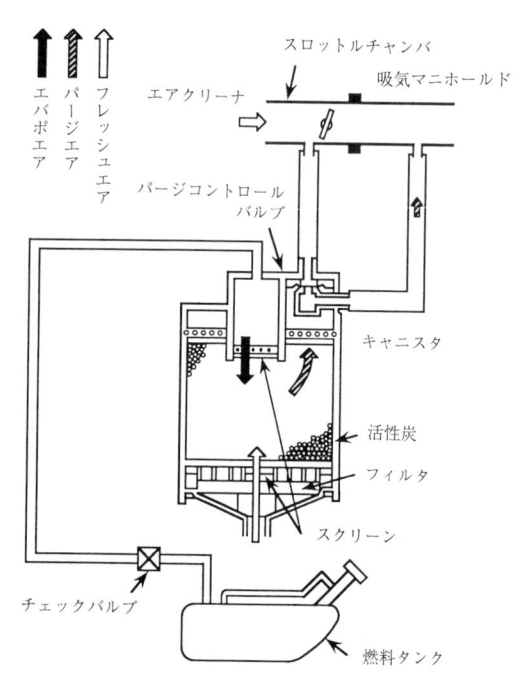

図 3.5.30　パージコントロールバルブ機能[38]

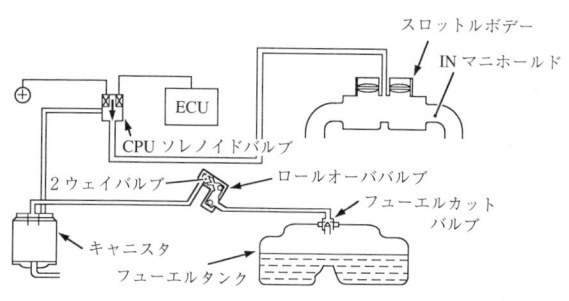

図 3.5.31　燃料蒸発ガス排出抑止装置[39]

エンジンが運転状態に入ると,活性炭に吸着された燃料は吸気系に吸入(パージ)され,大気に放出されないシステムとなっている.

トラップ能力を向上させるためには,活性炭容量を増量させる方法もあるが,容器(キャニスタ)が大型化するため,活性炭の改良も進められている[37].

パージの方法としては,図3.5.30[38]に示すように,エンジン運転中にスロットルがある開度以上になったとき,パージコントロールバルブのダイヤフラムが開弁し,活性炭に吸着した蒸発ガスを吸気マニホールドから燃焼室に導き燃焼させる.また,図3.5.31に示したように,パージ通路内にソレノイドバルブを設け,コンピュータでコントロールすることにより,パージ領域やパージ流量を可変にする方法もある[39].

最近では,ガソリン給油中の蒸発ガス放散防止のための研究も進められている[40].　　　　［小松一也］

参 考 文 献

1) 小澤正邦ほか:高耐熱性三元触媒,豊田中央研究所R&Dレビュー,Vol.27,No.3,pp.43-53(1992)
2) 二浦義則ほか:自動車用触媒の現状と将来,自動車技術,Vol.35,No.3,pp.241-246(1981)
3) 樋口 昇ほか:ハニカムセラミックス,工業材料,31巻,12号,pp.107-112(1983)
4) M. Machida, et al.:Study of Ceramic Catalyst Optimization for Emission Purification Efficiency, SAE Paper 940784(1994)
5) H. Yamamoto, et al.:Reduction of Wall Thickness of Ceramic Substrates for Automotive Catalysts, SAE Paper 900614(1990)
6) T. Takada, et al.:Development of a Highly Heat-Resistant Metal Supported Catalyst, SAE Paper 910615(1991)
7) 増田剛司ほか:メタルハニカム触媒の開発,日産技報,24号,pp.62-69(1988)
8) S. Pelters, et al.:The Development and Application of a Metal Supported Catalyst for Porsche's 911 Carrera 4, SAE Paper 890488(1989)
9) 川崎龍夫ほか:触媒担体用耐酸化性ステンレス鋼箔の開発,自動車技術,Vol.45,No.6,pp.92-97(1991)
10) J. F. Roth, et al.:Control of Automotive Emission Particulate Catalysts, SAE Paper 730277(1973)
11) L. C. Doelp, et al.:Advances in Chemistry Series-114, Am. Chem. Soc.(1975)
12) 船曳正起ほか:自動車排ガス触媒,触媒,Vol.31,No.8,pp.566-571(1989)
13) H. Muraki:Performance of Palladium Automotive Catalysts, SAE Paper 910842(1991)
14) T. Yamada, et al.:The Effectiveness of Pb for Converting Hydrocarbons in TWC Catalysts, SAE Paper 930253(1993)
15) S. Hepburn, et al.:Development of Pd-only Three Way Catalyst Technology, SAE Paper 941058(1994)
16) 平田敏之ほか:パラジウムのみを利用した三元触媒の開発,TOYOTA Technical Review, Vol.44, No.2, pp.36-41(1994)
17) J. C. Summers, et al.:Use of Light-Off Catalysts to Meet the California LEV/ULEV Standards, SAE Paper 930386(1993)
18) 山田貞二ほか:自動車用三元系触媒における劣化機構とその対策,実用触媒の学理的基礎研究会第9回セミナー要旨集,pp.28-32(1993)
19) M. Härkönen, et al.:Performance and Durability of Palladium Only Metallic Three-Way Catalyst, SAE Paper 940935(1994)
20) H. Mizuno, et al.:A Structurally Durable EHC for the Exhaust Manifold, SAE Paper 940466(1994)
21) F. W. Kaiser, et al.:Optimization of an Electrically-Heated Catalytic Converter System Calculations and Application, SAE Paper 930384(1993)
22) P. M. Laing:Development of an Alternator-Powered Electrically-Heated Catalyst System, SAE Paper 941042(1994)
23) T. Yaegashi, et al.:New technology for Reducing the Power Consumption of Electrically Heated Catalysts, SAE Paper 940464(1994)
24) K. P. Reddy, et al.:High Temperature Durability of Electrically Heated Extruded Metal Support, SAE Paper 940782(1994)
25) P. Langen, et al.:Heated Catalytic Converter Competing Technologies to Meet LEV Emission Standards, SAE Paper 940470(1994)
26) J. K. Hochmuth, et al.:Hydrocarbon Traps for Controlling Cold Start Emissions, SAE Paper 930739(1993)
27) M. Iwamoto, et al.:Copper (Ⅱ) Ion-exchanged ZSM-5 Zeolites as Highly Active Catalysts for Direct and Continuous Decomposition of Nitrogen Monoxide, Chem. Commun, pp.1272-1273(1986)
28) 金野 満ほか:銅イオン交換ゼオライト触媒によるディーゼル排気中のNO_x低減に関する研究,第9回内燃機関合同シンポジューム講演論文集, pp.147-152(1991)
29) 岩本伸司ほか:メタロシリケート触媒による酸素過剰・炭化水素共存下でのNOの除去,触媒,Vol.36, No.2, pp.96-99(1994)
30) 古城真一ほか:金属含有ゼオライトを用いたNO接触分解における共存炭化水素の影響,第66回触媒討論会講演予稿集,pp.138-139(1990)
31) 高見明秀ほか:リーンバーンエンジン用新三元触媒,自動車技術論文集, Vol.26, No.1, pp.11-16(1995)
32) A. Takami, et al.:Development of Lean Burn Catalyst, SAE Paper 950746(1995)
33) 小松一也:リーンバーンエンジン用触媒,自動車技術 No.9506シンポジューム講演会論文, pp.14-19(1995)
34) 加藤健治ほか:NO_x吸蔵還元型三元触媒システムの開発(1),自動車技術学術講演会前刷集,9437368, pp.41-44(1994)
35) 三好直人ほか:希薄燃焼エンジン用NO_x吸蔵還元型三元触媒の開発,TOYOTA Technical Review, Vol.44, No.2, pp.24-29(1994)
36) 加藤健治ほか:NO_x吸蔵還元型三元触媒付リーンバーンシステム,自動車技術 No.9506シンポジューム講演論文集,pp.20-26(1995)
37) H. R. Johnson, et al.:Performance of Activated Carbon in Evaporative Loss Control Systems, SAE Paper 902119(1990)
38) 日産自動車サービス技術部:ニッサンサニー整備要領書(1987)
39) 富士重工業㈱国内サービス部:スバルアルシオーネSVX新型車解説書(1991)
40) 土屋博志ほか:給油中ガソリン蒸発量について,自動車技術,Vol.45, No.10(1991)

3.6 燃　料

3.6.1 オクタン価[1,2]

環境対応のうちのCO_2対策，すなわち省エネルギーに最も関係が深いガソリン性状はオクタン価である．ガソリン車の燃費向上技術の一つにエンジンの高圧縮比化があげられるが，これによってオクタン価要求値が高くなり，ガソリンのオクタン価を高くすることが必要となってくる．

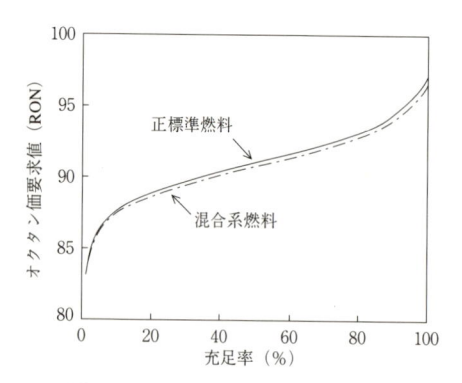

図 3.6.1 国産車オクタン価要求値分布
(低速法，1993年型車全車)

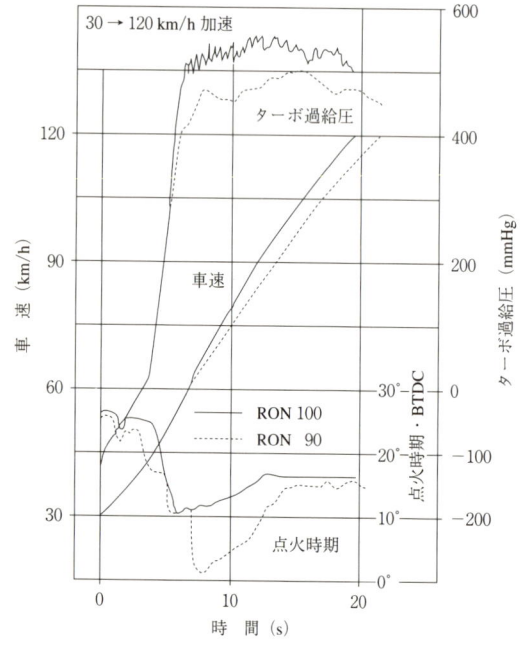

図 3.6.2 オクタン価が加速時の車両性能に及ぼす影響

図 3.6.1 に，石油学会が毎年実施している国産車についてのオクタン価要求値分布の調査結果の一例を示す．もっともノックコントローラ装着車が年々増加している現在，オクタン価やオクタン価要求値のもつ意義が変化しつつある．すなわち，たとえば図 3.6.2 に示すように，ノックコントローラ装着車の場合，使用されるガソリンのオクタン価に応じてノッキングが起こらないように点火時期やターボ過給圧が制御されている．

図からわかるように 90 オクタン(RON)のガソリンを使用した場合には，100 オクタンのガソリンに比べて加速時の点火時期の進め方およびターボ過給圧の上昇が小さくなっており，その結果として加速性，ひいては加速時の燃費も劣ることになる．

わが国の場合，ガソリンを製造する際の基材としては，現在のところ主として接触改質ガソリン，接触分解ガソリンおよび直留ガソリンが使われている．これらを組み合わせてオクタン価を調整するわけであるが，図 3.6.3 に示すように，一口に接触改質ガソリン，接触分解ガソリンといってもその留分範囲(沸点範囲)でオクタン価は大きく異なる．したがって，オクタン価を調整すると同時に，後述する揮発性(蒸留性状など)も加味してガソリン性状が設計される．また，上述のようにエンジンの高圧縮比化によって燃費は改善されるが，一方でオクタン価の高いガソリンの製造が必要となり，これにより多くのエネルギーが消費されるという相反する面が出てくる．すなわち，エンジン

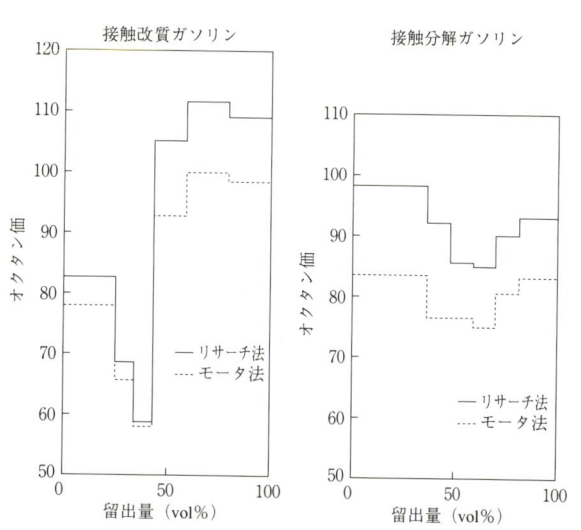

図 3.6.3 接触改質および接触分解ガソリンの留分別オクタン価の例

の圧縮比を上げることによるエネルギーの節約と，ガソリンのオクタン価を高くするのに要するエネルギーの損失とを総合的に考える必要があるわけである．

3.6.2 揮 発 性[3)]

オクタン価と並ぶ重要なガソリン性状として，揮発性があげられる．ガソリンの揮発性は蒸気圧や50％留出温度，90％留出温度などによって表される．

ガソリンの揮発性はエンジンの冷機始動時や加減速時の空燃比制御に影響する．揮発性の高いガソリンを用いた場合，吸気管や吸気弁へのガソリン付着を少なく抑えられ，冷機始動時や加減速時の空燃比の制御性が向上する．排出ガス対策として国内の車両には三元触媒が装着されている．排出ガス低減のためにはこの三元触媒の浄化率を高く保つことが重要であり，空燃比の制御性を向上させることは有効な方法の一つである．

図3.6.4および表3.6.1に50％留出温度および90％留出温度が排出ガスに及ぼす影響についての一例を示す．この試験では50％留出温度を，87.0℃，95.5℃，110.0℃，一方，90％留出温度を147.5℃，162.0℃にそれぞれ独立に変えた燃料を用いた．試験は4台の車両を用いて行った．この結果90％留出温度一定で50％留出温度を高くしたときも，90％留出温度を一定とし50％留出温度だけを高くしたときのどちらもHC排出量は増加している．すなわち50％留出温度，90％留出温度は独立で排出ガスに影響を与えることがわかる．

燃費については，一般にオクタン価や密度が最も影響する．たとえば密度の高いガソリンを用いた場合燃費は向上する．しかしガソリンの密度と揮発性は相関

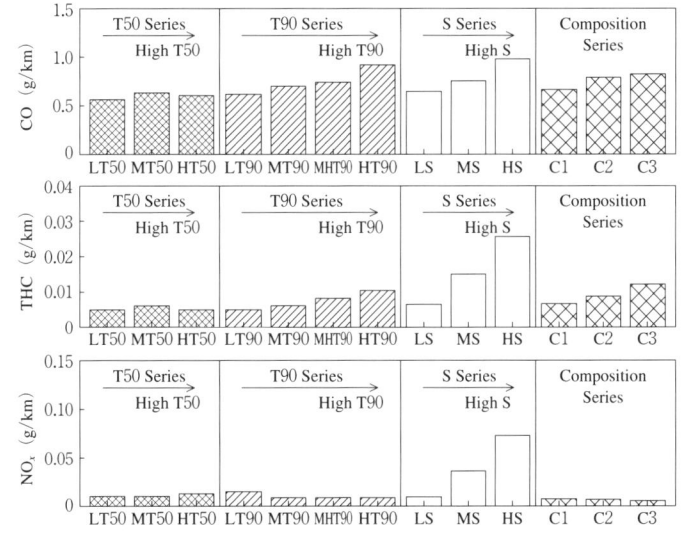

図3.6.4 ガソリン性状が排出ガスに及ぼす影響

表3.6.1 供試燃料の性状

			T50 Series			T90 Series				S Series			Composition Series		
			LT50	MT50	HT50	LT90	MT90	MHT90	HT90	LS(MT50)	MS	HS	C1(MT50)	C2	C3
dist.															
T50	(℃)		87.0	97.5	104.0	97.5	104.5	106.0	106.5	97.5	←	←	97.5	96.5	86.0
T90	(℃)		142.0	142.0	142.0	130.0	141.0	154.0	163.0	142.0	←	←	142.0	146.5	146.5
FIA															
paraffin	(vol%)		54.3	54.7	53.5	48.9	49.4	50.7	49.8	54.7	←	←	54.7	46.2	64.0
olefin	(vol%)		7.1	7.6	7.8	7.5	7.5	8.4	8.0	7.6	←	←	7.6	15.9	12.2
aromatic	(vol%)		38.6	37.7	38.7	43.5	43.1	40.9	42.2	37.7	←	←	37.7	37.9	23.8
sulfur	(ppm)		8	8	8	8	8	6	8	8	73	140	8	9	11
RON			92.5	94.9	96.8	95.8	95.0	95.9	95.9	94.9	←	←	94.9	98.7	96.6
MON			83.6	85.6	86.6	85.6	85.1	85.8	85.6	85.4	←	←	85.4	86.3	84.0

関係があり，一般に密度の高いガソリンは揮発性が悪い．揮発性の悪いガソリンを用いた場合，空燃比の制御性が悪く加減速時の運転性が低下する．その結果として燃費の悪化につながる場合がある．

ガソリンの設計を行う場合，ガソリンの揮発性をオクタン価やほかのガソリン性状とバランスさせることで，運転性，排出ガス，燃費を向上させることが重要である．

3.6.3 組　　成[2,6)]

ガソリンの組成はもちろん原油系にも左右されるが，製品にとって重要な種々の性状に関係して変化するケースも多い．図3.6.5に，ガソリン基材である接触改質ガソリンと接触分解ガソリンについての留分範囲と組成との関係を示す．たとえば，接触改質ガソリンのうちの比較的重質な部分，接触分解ガソリンのうちの比較的軽質な部分は，前述の図3.6.3に示したように，オクタン価が高い．したがって，高オクタン価基材として前者を多く使用すれば芳香族分が，後者を多く使用すればオレフィン分が多くなる．

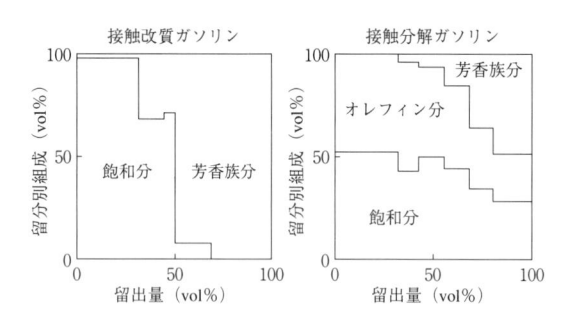

図 3.6.5　接触改質および接触分解ガソリンの留分別組成の例

アメリカでは，現在大気汚染防止対策として，ガソリン組成そのものにまで規制が及ぶいわゆるリフォーミュレイテッドガソリンが導入されつつある．この導入に先立って，ガソリン性状と組成が排出ガスに及ぼす影響を究明するために，自動車会社 3 社と石油会社 14 社の共同で Auto/Oil 大気浄化プログラムによる検討が行われた．この検討では，試験車両として1989 年車 10 台と 1983～1985 年車 7 台が選ばれ，組成を変えた 16 種類の試験燃料が使用された．

図 3.6.6 に，1989 年車（新車）についての検討結果を示す．芳香族を減らすこと，MTBE を添加すること，90％留出温度を下げることは HC 減少につなが

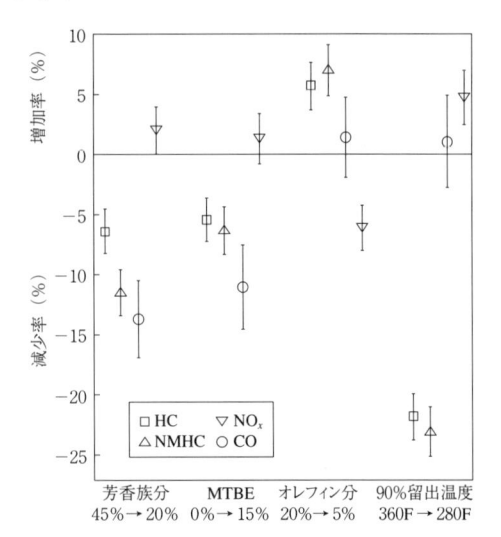

図 3.6.6　ガソリン組成が排出ガスに及ぼす影響（1989 年型車）

っているが，オレフィンを減らした場合には，HC は逆に増加している．非メタン HC の挙動については HC とほとんど同じ傾向であるが，芳香族についてはこの低減が非メタン HC の減少により大きな影響を与えている．CO については，芳香族を減らすことと MTBE 添加が CO の減少につながる結果となっている．オレフィンの減少と 90％留出温度の低下は，CO を減少させることにあまり関係していない．NO_x については，オレフィンを減少させると NO_x は減少し，90％留出温度の低下は NO_x を増加させる．MTBE の添加は NO_x にあまり影響しない結果となっている．

図 3.6.7 は，1983～1989 年車（少なくとも 40 000

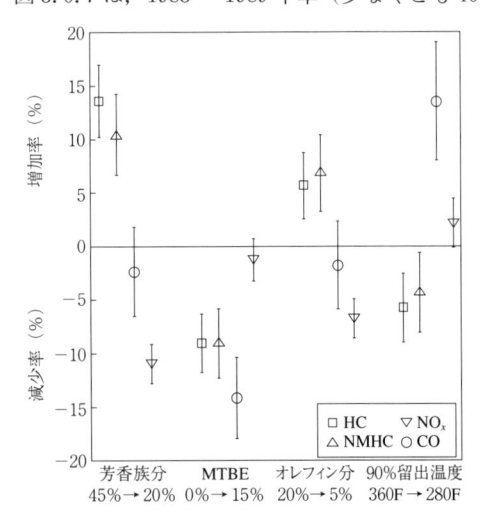

図 3.6.7　ガソリン組成が排出ガスに及ぼす影響（旧型車）

マイル走行後のもの)についての結果である．HCについては，MTBE 添加と 90％留出温度の低下が HC 低減に効果を示すが，芳香族とオレフィンの減少は逆に HC の増加につながる結果となっている．CO については，90％留出温度の低下によって増加し，芳香族やオレフィンは大きな影響を及ぼさない．NO_x については，芳香族とオレフィンの減少が NO_x 低減に効果をもち，MTBE 添加と 90％留出温度の低下は影響を与えないとの結果である．これらの結果を総合してみると，ガソリン組成が排出ガスに及ぼす影響は新車と長距離走行後の車で一律ではなく，また変化させたガソリン性状の相互間の影響もみられる複雑な状況を示しており，さらなる検討が必要とされるところである．

わが国においてはまだこれらの点についての本格的な検討結果はないが，ガソリンの組成を変化させるには製造上膨大なコストが必要なため，排出ガス改善効果をはっきりと確認したうえで最も効果的な取組みをすることが大切であろう．

3.6.4 硫 黄 分[3,7～9]

図 3.6.4 に，硫黄含有量の異なるガソリンについて，三元触媒装着車を用いて 10・15 モードにより排出ガスを評価した結果の一例を示す．図からわかるように，暖機された条件では，CO，HC，NO_x のいずれに対しても硫黄分の影響がきわめて大きい．これは，硫黄分によって三元触媒が被毒されたためと考えられる．図 3.6.8 に，走行距離が異なる触媒に対する硫黄分の影響を示す．新品触媒，50 000 マイル走行後触媒とも，硫黄分の増加に伴って HC，CO，NO_x ともに増加する．50 000 マイル走行した触媒でも，新しい触媒と同様に硫黄分の影響を受けることがわかる．

図 3.6.9 に硫黄分が排出ガスの炭化水素タイプに及ぼす影響を FTP モードで検討した結果を示す．触媒が十分に暖まっていない Bag 1 に比べ，触媒が十分に暖まった Bag 2，Bag 3 に硫黄分の影響が大きく現れた．この Bag 2，Bag 3 の炭化水素タイプを調べると，硫黄分により増加した成分はオレフィン分，芳香族分に比べてパラフィン分が多かった．この結果よりガソリン中の硫黄分は三元触媒の浄化率に影響し，その影響度はオレフィン分や，芳香族分に比べてパラフィン分に大きく現れることがわかる．

このようにガソリン中の硫黄分を低下させることは三元触媒の浄化率を維持するという意味できわめて効果が大きく，燃料による環境対応の中でもとりわけ有効な方法の一つであるといえる．

3.6.5 鉛 分[2,10,11]

加鉛ガソリン中に含まれるアルキル鉛は排出ガス中に無機鉛化合物として排出され，これが人体および排出ガス浄化触媒に及ぼす影響が環境上問題となる．人体に及ぼす影響については，ガソリン中の鉛に由来する人体中の鉛濃度の増加はほとんど認められないことが，数多くの調査結果からわかっている．一方，排出ガス浄化触媒への影響については，鉛被毒による触媒

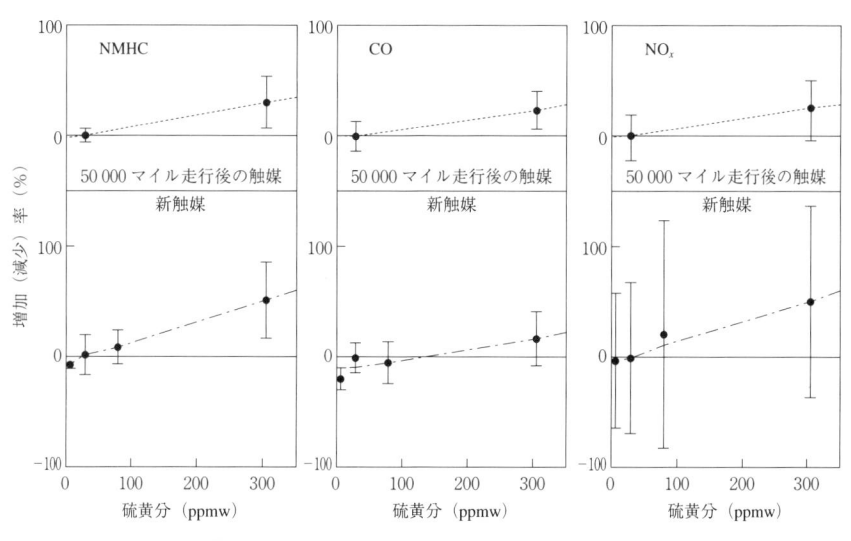

図 3.6.8 ガソリン中の硫黄分が排出ガスに及ぼす影響

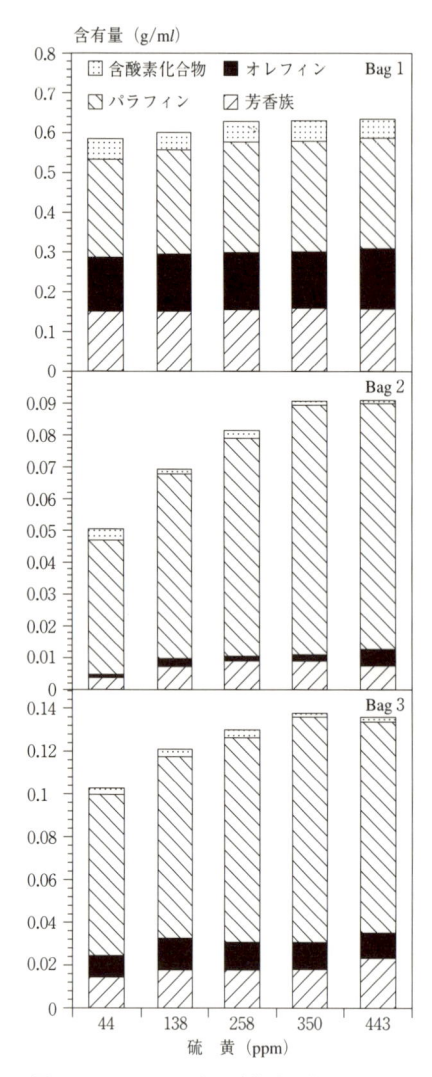

図 3.6.9 ガソリン中の硫黄分が排出ガス中の炭化水素タイプに及ぼす影響

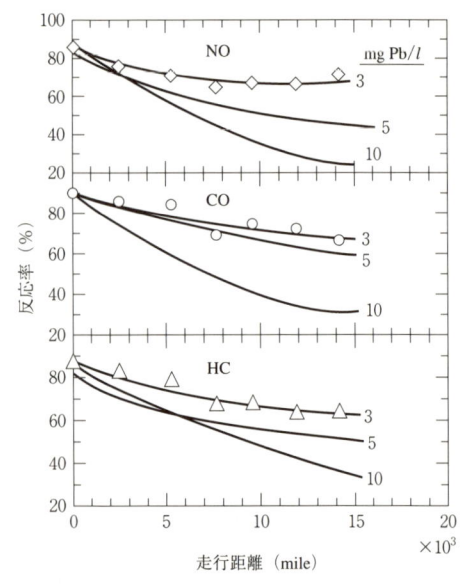

図 3.6.10 燃料中の鉛分が排出ガスに及ぼす影響

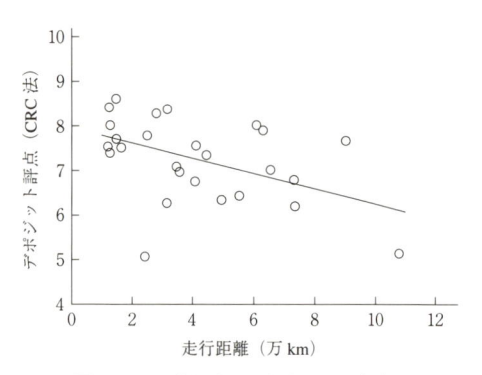

図 3.6.11 市場車の吸気弁汚れ調査結果

寿命の低下が大きいことが知られており，この点からガソリン無鉛化が大きな意義をもつ．

図 3.6.10 に，イソオクタンへの加鉛量を変えた模擬的な実験手法により，ガソリン中の鉛濃度の触媒被毒に及ぼす影響を検討した結果の一例を示す．ヨーロッパにおけるアウトバーンでの高速走行パターンを含めたモードを想定しているため，触媒の最高温度も1 000℃と高く，加鉛量も高いレベルの模擬実験となっているが，加鉛レベルの高い燃料の場合に三元触媒の活性低下がきわめて大きくなる傾向が図からはっきりとわかる．

アメリカでは，1974 年から排出ガス浄化触媒装着車用として無鉛レギュラガソリンが発売され，1979 年には全ガソリンの約 40 ％が無鉛化された．わが国においても，ガソリンの無鉛化は当初，排出ガス浄化触媒の活性低下防止の見地から検討されていた．しかしながら，1970 年の東京牛込柳町の鉛公害問題をきっかけにガソリンの低鉛化が一気に図られ，1975 年にはレギュラガソリンの無鉛化が実施された．そして1983 年からは無鉛プレミアムガソリンが販売され，世界では最も早く事実上の完全無鉛化が達成された．このようにわが国においては，いまではガソリン中の鉛分による環境上の問題は存在しないが，世界的にみればまだ多くの地域で有鉛ガソリンが使用されており，

3.6.6 添加剤（清浄剤）[12]

ガソリン清浄剤の役割は，エンジンの吸気系の汚れを防ぐことにある．図3.6.11は，わが国における市場車の吸気弁の汚れの実態調査結果の一例である．この図において縦軸はCRC法によるデポジット評点を示すが，この評点の10は汚れの全くない状態を表し，数字が小さくなるほど汚れ具合が激しくなる．吸気弁の汚れには車の種類や運転条件，さらにはガソリン性状なども影響を及ぼすために結果にばらつきがみられるが，概略の傾向として，走行距離が長くなるほど汚れが増加することがわかる．

図3.6.12に，吸気弁にデポジットが堆積している場合（CRC評点で7～8）と，堆積していない場合について，10・15モードで運転したときのCO, THC, NO_xの排出量を比較した一例を示す．試験を行った車両によって差はあるが，添加剤を使用して吸気弁の汚れを除去することにより，CO, THC, NO_xの排出量が低減することがわかる．

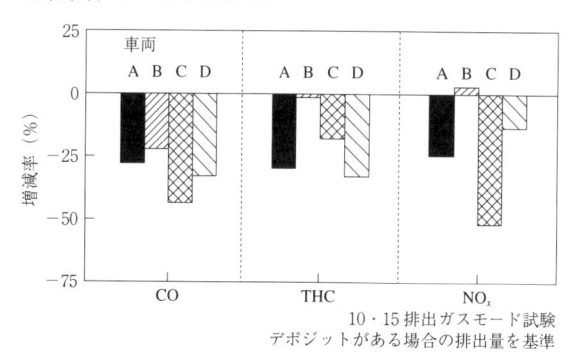

図3.6.12 デポジット除去による排出ガスの変化

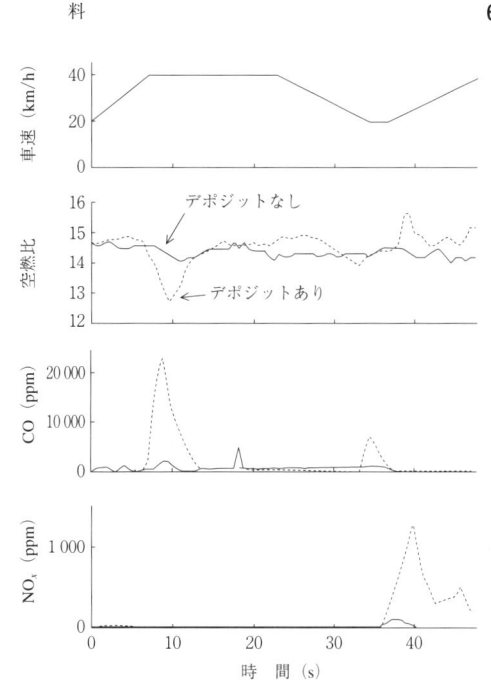

図3.6.13 モード試験中の空燃比と排出ガス

このように，添加剤の使用により吸気弁のデポジットを除去することによって排出ガス中のCO, THC, NO_xが減少する理由について考えてみる．図3.6.13に，モード運転中の空燃比と排出ガスの挙動を示す．吸気弁にデポジットが堆積している場合には，加速終了直後に空燃比がリッチ（燃料が濃い）側にずれており，これに呼応してCOの排出量が増加している．加速開始直後には，逆に空燃比がリーン（燃料が薄い）側にずれており，このときはNO_xの排出量が増加している．

ガソリン車は通常三元触媒によって排出ガス中のCO, THC, NO_xを同時に浄化しているが，三元触媒がこれらの3成分のいずれについても高い浄化率を有するのは理論空燃比近くのウィンドウと呼ばれる狭い領域である．空燃比がこの領域よりもリーン側にずれるとNO_xの浄化率が低下し，リッチ側にずれるとCOおよびTHCの浄化率が低下する．このために，実際の車両では，適切な空燃比が得られるように燃料噴射量を加減するフィードバック制御システムが備えられている．吸気弁にデポジットが堆積すると排出ガスが悪化するのは，このデポジットへのガソリンの吸着あるいは脱着などの影響によって実際に燃焼室内に供給される混合気の空燃比制御に遅れが生じ，触媒の浄化率が低下するためと考えられる．

以上述べたように，ガソリン清浄剤を添加することによってエンジンの吸気系を清浄に保つことができ，これによって排出ガスの悪化を防止することができる．とくにわが国においては，ガソリン車の大半は三元触媒と空燃比の制御システムの組合せによって排出ガスの浄化が行われており，清浄剤による吸気系の汚れ防止は環境対応上大きな効果をもつ． ［野村宏次］

参 考 文 献

1) 石油学会製品部会ガソリン分科会オクタン価要求値専門委員会：1993年度国産乗用車のオクタン価要求値調査結果，石油学会誌，Vol.38, No.1, pp.62-69 (1995)

2) 斉藤 孟（監修）：自動車工学全書 7 自動車の燃料，潤滑油，東京，山海堂（1980）
3) 秋本 淳ほか：ガソリン性状が排出ガスに及ぼす影響，1995年自動車技術会春季大会学術講演前刷集，No.952, pp.183-186（1995）
4) W. J. Koehl, et al.：Effects of Gasoline Composition and Properties on Vehicles Emissions—A Review of Prior Studies, SAE Paper 912321（1991）
5) A. A. Quader, et al.：Why Gasoline 90% Distillation Temperature Affects Emissions with Port Fuel Injection and Premixed Charge, SAE Paper 912430（1991）
6) A. M. Hochhauser, et al.：The Effect of Aromatics, MTBE, Olefins and T90 on Mass Exhaust Emissions from Current and Older Vehicles — The Auto/Oil air Quality Improvement Research Program, SAE Paper 912322（1991）
7) Y. Takei, et al.：Effect of Gasoline Components on Exhaust Hydrocarbon Components, SAE Paper 932670（1993）
8) 武井ほか：ガソリン性状のエンジン性能への影響，自動車技術会シンポジウム 環境問題に対応する燃料とエンジン技術動向
9) W. J. Koehl, et al.：Effects of Gasoline Sulfur Level on Exhaust Mass and Speciated Emission—The Question of Linearity—Auto/Oil Air Quality Improvement Research Program, SAE Paper 932727（1993）
10) 松原三千郎：石油・潤滑油・石油化学製品シリーズ I 燃料油（第2回）自動車ガソリン，ペトロテック，Vol.17, No.10, pp.38-44（1994）
11) W. B. Williamson, et al.：Durability of Automotive Catalysts for European Applications, SAE Paper 852097（1985）
12) 金子タカシほか：新ダッシュガソリンの性能，日石レビュー，Vol.36, No.2, pp.5-9（1994）

3.7 エンジン・駆動系の制御

エンジンと変速機は，動力性能，燃費，快適性，排気ガスエミッションなどと密接な関係にあり，互いに協調した制御が行われてきている．本節ではガソリンエンジンの排気ガス浄化と低燃費化に関するエンジン制御および変速機の制御について述べる．

3.7.1 エンジン制御の歴史

現在のエンジン制御系は，排気ガス規制対象成分である炭化水素（HC），一酸化炭素（CO），窒素酸化物（NO_x）に対する触媒浄化能力を最大限発揮させるように発達してきたといっても過言ではない．

排気ガス規制の当初，リッチ空燃比設定と点火時期の遅角によってNO_xの発生量を抑えると同時に排気ガス温度を高め触媒を用いないでHC，COを浄化するリアクタなどのシステムが開発された．これらのシステムではエアポンプやエアサクションバルブによって，不足する酸素を排気ポートに供給する方法が併用された．このような触媒を用いないシステムに対し，1970年代後半から1980年代前半にかけて排気ガスエミッション規制の制約下で燃費を最小とする点火時期，空燃比，EGR（排気ガス再循環）率の設定および変速機の変速スケジュールなどを最適化する問題が盛んに研究された[1~4]．また，排気ガス中の有害成分を低減する燃焼研究も盛んに行われた．しかし，触媒を用いないシステムでは動力性能低下と燃費悪化が避けられず，HC，CO浄化に大幅な点火時期遅角を必要としない酸化触媒を用いたシステムに変わっていった．

酸化触媒システムでは，NO_x低減のために大量のEGRや点火時期の遅角を用いることから，ドライバビリティの要求レベルを維持しながらNO_xを低減するには限界があり，HC，CO，NO_xを同時に浄化できる三元触媒を用いたシステムが主流となっていった．

三元触媒システムでは図3.7.1に示すように，高いHC，CO，NO_x浄化率を得るためには触媒入りガス空燃比*を理論空燃比に精度よく制御しなければならない[*触媒入りガスの空燃比：触媒入口での排気ガス中のC（炭素），H（水素）とO（酸素）の質量比を燃料と空気の質量比に換算したもの][1,5]．このため，排気ガス酸素センサによって理論空燃比を検出しフィードバックを行うようになった[6]．初期の三元触媒

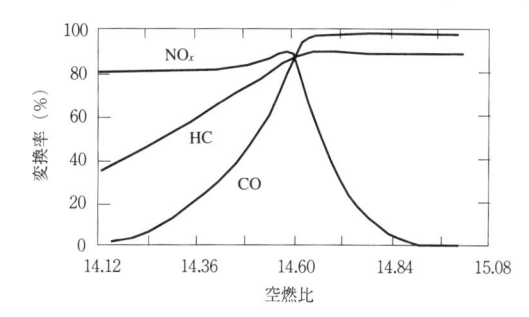

図 3.7.1 三元触媒の HC, CO, NO$_x$ 浄化率特性

システムでは，気化器を用いたシステムも開発されたが，高精度な空燃比制御が要求されるにつれ，また，電子燃料噴射が安価になるにつれ，三元触媒と電子燃料噴射を組み合わせたシステムが主流になっていった[7]．

1970 年代後半にマイクロコンピュータが搭載されると，空燃比制御ばかりでなく点火時期制御，EGR率制御，アイドル速度制御なども電子制御化し，いっそうの低排気ガスエミッション化，低燃費化，ドライバビリティ向上など広範な目的に電子制御が使われるようになった．1970 年代～1980 年代にかけて排気ガス規制を満足するよう必死で行われた燃焼研究やエンジン制御技術が今日の高性能エンジンを支えているということができる．

低排気エミッション化システムの到達点が三元触媒と排気ガス酸素センサフィードバックを行うマイクロコンピュータ電子燃料噴射の組合せであるが，アメリカ，ヨーロッパなど排気ガスエミッション規制はいっそう強化される傾向にあり，今日なお，低エミッション化に向けて研究開発が進展している．

3.7.2 エンジン制御の現状

図 3.7.2 は低エミッション化および低燃費化のための制御システムであり，表 3.7.1 はそのおもな制御内容と目的を示している．ここで，最も重要，かつ，高い制御精度を必要とするのは空燃比制御である．

空燃比制御は，図 3.7.3 に示すようフィードフォワードとフィードバックからなる制御理論でいう 2 自由度系となっている．さらに，エンジンの経時変化や使用燃料に適応するため学習による補正が追加される．フィードフォワードは，定常状態で望ましいエンジン状態とする「基本制御」と称する燃料噴射量，点火時期，EGR 量に，「過渡補正」と称する過渡時の制御誤差を補償する追加項を加えて求める．フィードバックはあらゆる運転状態で望ましいエンジン状態を実現しようとする目的あるいはより精密な制御を実現する目的で用いられる．学習補正は制御定数の修正をゆっくり行うフィードバックとなっている．

空燃比制御ばかりでなくエンジン制御全体に対しても，筒内吸入空気量はきわめて重要なパラメータであり高い検出精度が要求される．しかしながら，筒内吸入空気量を直接計測することはできず計測量から推定を行う必要がある．とくに，過渡状態では制御と計測のタイミング，吸気の過渡特性，センサの遅れなどを十分配慮して制御ロジックを構築する必要がある．

a. 基本制御

基本燃料噴射量は推定筒内吸入空気量/目標空燃比で求めるが，「吸気密度法」と「吸気流量法」に大別される．「吸気密度法」は吸気行程終了時の筒内混合

表 3.7.1 低排気ガスエミッション化と低燃費化に寄与するエンジン制御

制御名		機能
燃料噴射制御	空燃比制御	触媒入りガスを最適空燃比に制御し，触媒浄化率を向上
	減速時燃料カット	減速時の燃料カットによる燃費向上および燃料カットからのなめらかな復帰
点火時期制御	触媒早期暖機制御	点火時期遅角により排気ガス温度を上げ，触媒の活性化を早める
	ノック判定制御	高圧縮比化による燃焼効率向上
	変速時遅角制御	パワーオン変速時にエンジントルクを下げる
EGR 制御		触媒入りガスの NO$_x$ を低減，ポンプ損失の低減
アイドル速度制御		アイドル速度低減による燃費の向上
蒸発燃料排出防止制御		キャニスタ最適パージによる蒸発燃料排出防止

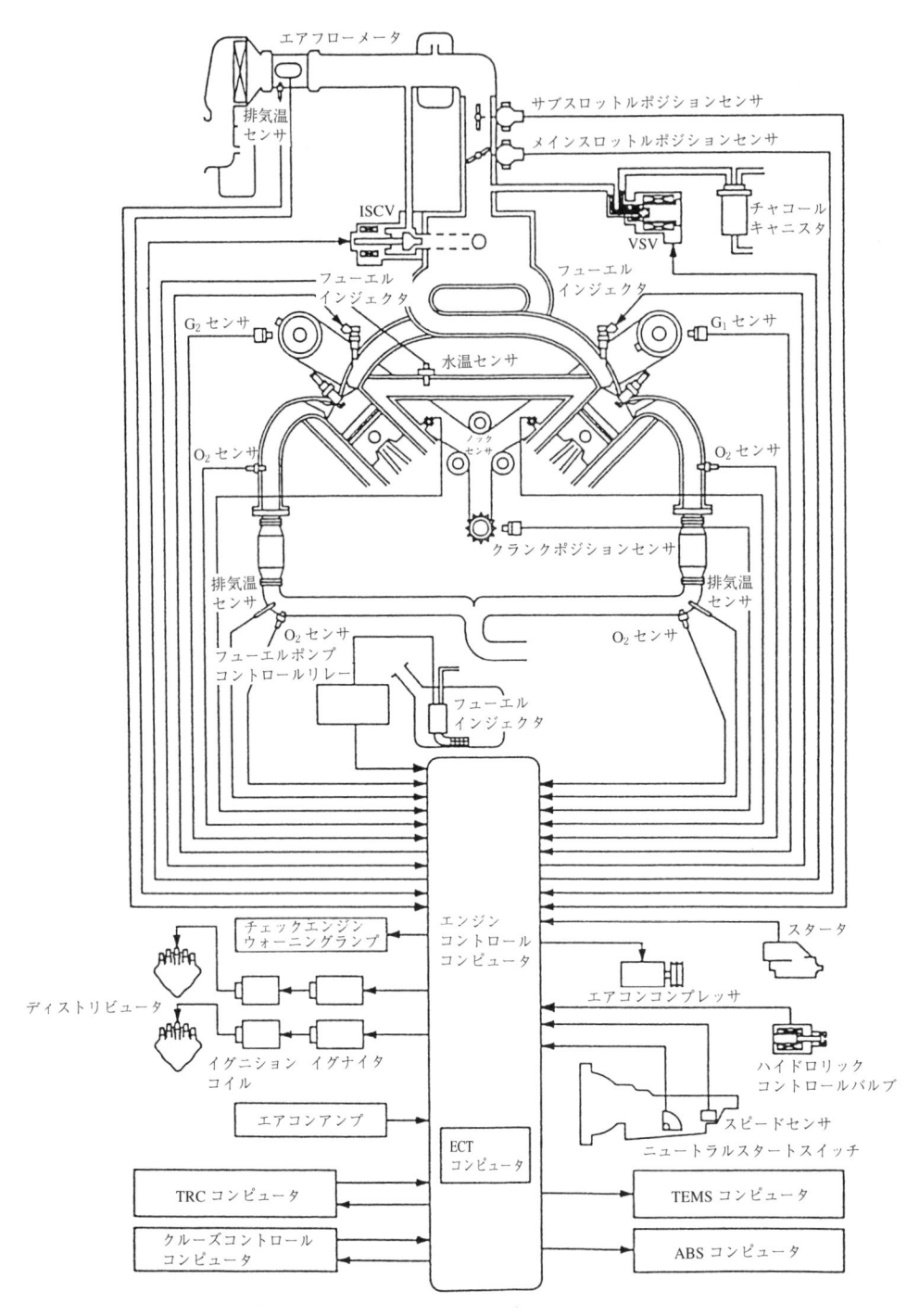

図 3.7.2 エンジン制御システムの例

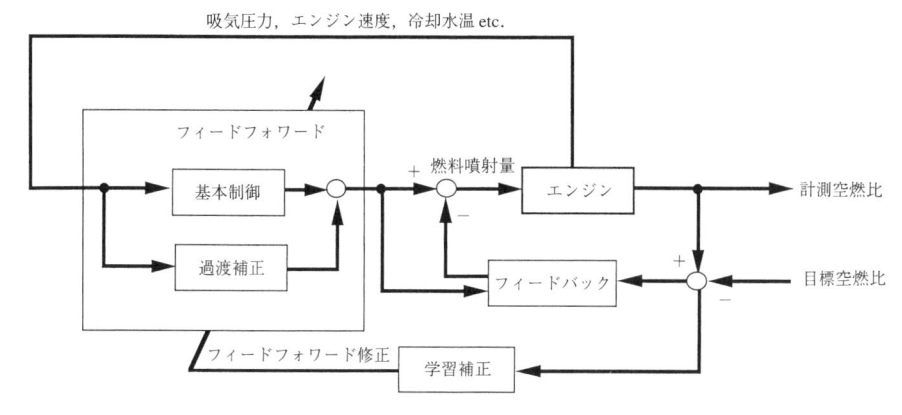

図 3.7.3 空燃比制御系の構成

気密度と吸気圧力が強い相関をもつことを利用し筒内吸入空気量を推定するものであり，実際には定常運転でのエンジン速度と吸気圧力に対する吸入空気量の実験値を2次元テーブル化し2次元補間によって筒内吸入空気量を求める．直接燃料噴射量のテーブルを参照する方法も使われることが多い．「吸気密度法」は，その原理から明らかなように温度変化，背圧の変化の影響を受けやすく絶対値の精度は高くない．しかし，排気酸素センサフィードバックを用いることで十分な空燃比制御精度を得ることができる．

「吸気流量法」はスロットル弁上流に取り付けられた空気流量計で測定した吸入空気流量 Q，気筒数 N，エンジン速度 ω，燃料噴射サイクル k から式（3.7.1）のとおり筒内吸入空気量を求める方法である．

$$M_c(k) = \frac{4\pi Q(k)}{N\omega(k)} \quad (3.7.1)$$

スロットル弁開度が大きい場合は吸気脈動の影響を受け推定精度が低下しやすい．また，後述のように過渡時の筒内吸入空気量を推定するには遅れ要素による補正が必要である．

点火時期は触媒の早期活性化のため暖機運転中で遅角することやノックやプレイグニションを防止するため遅角することがあるが，基本的には各エンジン条件（エンジン速度と筒内吸入空気量または吸気圧力の格子点）に対し燃費が最良となるよう設定される[8]．

EGR 制御方式には機械式や電子制御式があるが，エンジン速度と負荷に対する目標 EGR 率に概略一致するよう EGR 弁リフトなどが調整される[9]．「吸気密度法」では吸気圧に対して EGR 分を減量した燃料噴射量テーブルを用いる．

b. 過渡補正

過渡補正は吸気の動特性と燃料の動特性に関する補正に大別される．

「吸気密度法」は筒内吸入空気量を加速で小さく，減速で大きく見積もり，加速リーンスパイク，減速リッチスパイクの原因となる．この推定誤差の主因は，図 3.7.4 に示す計測と筒内吸入空気量が決定するタイミングのずれであり，正しく筒内吸入空気量を推定するためには吸気下死点の吸気圧力を計測時点の吸気圧力から予測する必要がある[10〜12]．

一方，「吸気流量法」は吸気絞り弁の上流で吸入空気流量を測定するため，吸気室と吸気管圧力を増圧，または，減圧させる流量も計測することになり，加速で過大に，減速で過小に見積もる．このような過渡特性を考慮して計測値を補正する．

図 3.7.5 にスロットル開度変化に対する計測吸入空気量と推定筒内吸入空気量の関係および補正効果を示す[13]（詳細は本シリーズ2巻「自動車の制御技術」を参照）．「吸気密度法」は，吸気温度，EGR などの影響を受け推定値の信頼性は乏しいが，過渡時の筒内吸入吸気量変化をよく反映している．一方，「吸気流量法」は定常状態での信頼性が高いが，過渡時は筒内吸入空気量変化とはかなり違った波形となる．しかしながら，後述する燃料挙動に起因する空燃比制御誤差を補償する方向に働いているので空燃比制御精度は一見「吸気流量法」のほうがよくみえる．

正確な筒内吸入空気量の推定値に基づき式（3.7.

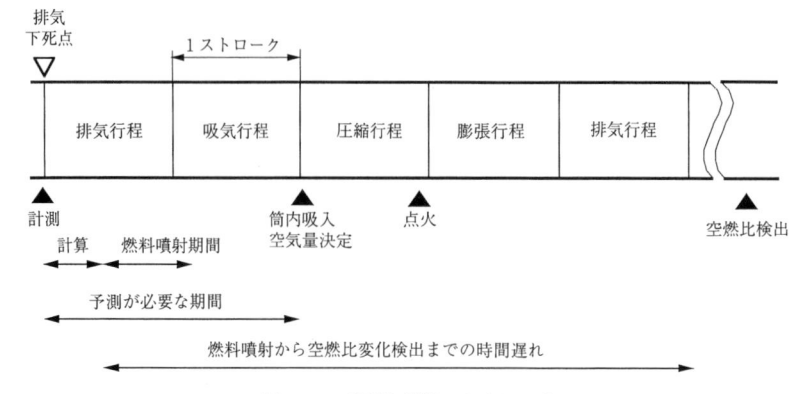

図3.7.4 計測と制御のタイミング

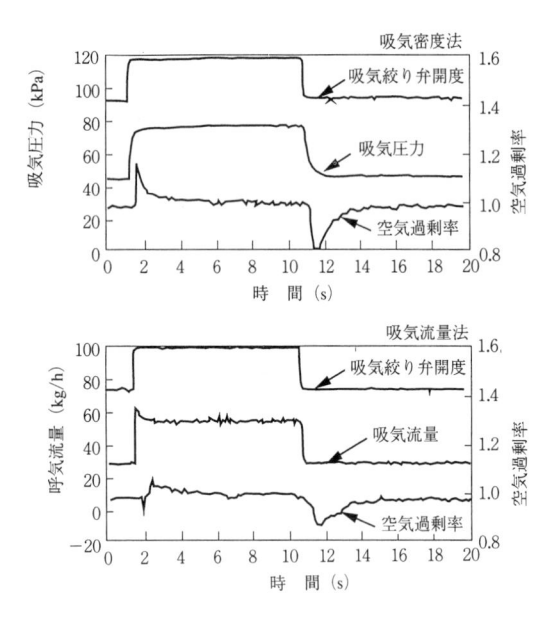

図3.7.5 「吸気流量法」と「吸気密度法」の比較

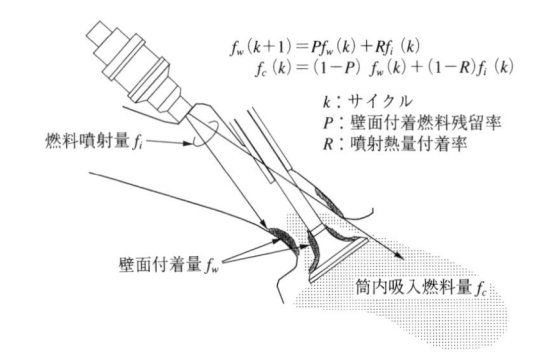

図3.7.6 燃料挙動のモデル化

2) のように燃料噴射量を決定しても，図3.7.6のように噴射燃料の一部は吸気ポートや吸気弁表面に付着するため遅れを伴い，加速時はリーン，減速時はリッチスパイクが発生する[10〜16]．

$$f_i(k) = \frac{M_c(k)}{\alpha_r(k)} \quad (3.7.2)$$

ここに，α_r は理論空燃比，f_i は燃料噴射量である．

このため過渡時は増減量補正が必要となる．この遅れは吸気ポートや吸気弁表面温度が低いほど，また，蒸発しにくい燃料ほど大きくなり，過渡時補正量を大きくしなければならない[17]．

c. フィードバック

筒内吸入空気量の推定にはセンサの誤差や過渡補正時の誤差が伴い，また，燃料噴射弁などの部品ばらつきもあるので，筒内吸入空気量の推定値のみで燃料噴射量を決定するだけでは三元触媒が要求する空燃比精度は得られない．三元触媒の浄化性能を最大限利用するためには排気ガス酸素センサによるフィードバック制御が不可欠である[18]．現在多く用いられている排気ガス酸素センサは一種の濃度差電池であり，大気側の酸素濃度と排気ガス側の酸素濃度差に基づく式（3.7.3）で表される起電力を発生する[6,19]．

$$E = \frac{RT}{4F} \log \left[\frac{P_{O_2, \text{atm}}}{P_{O_2, \text{exh}}} \right] \quad (3.7.3)$$

ここに，E は起電力，R はガス定数，T は温度，F はファラデー数である．

空燃比に対する起電力は理論空燃比付近で急激に立ち上がる特性をもち，図3.7.7のようにリッチを検出

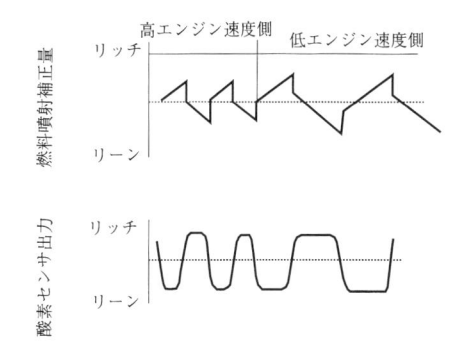

図 3.7.7 酸素センサ出力に基づく燃料噴射量補正スケジュール

した場合は一度大きく減量した後に燃料噴射量を徐々に減量し，リーンを検出した場合は同様な方法で増量する[18]．理論空燃比をクロスした直後の大きな増減量は燃料噴射から空燃比検出までの時間遅れを補正するためであり，理論空燃比検出時点では過剰に補正しているためである．このような燃料噴射量補正は周期的な空燃比変動を招くが，適切に適合することでドライバビリティの悪化を招くことなく排気エミッションレベルを大きく低減することができる．

排気ガス酸素センサは，検出遅れを小さくするため触媒上流に置かれるが，非平衡ガスが存在するため正確な理論空燃比は検出することができない．この影響は排気ガス酸素センサごとに異なり，排気ガスエミッションばらつきを大きくする．このため触媒下流にほかの排気ガス酸素センサを配し，二重にフィードバック制御を行うことで，図3.7.8に示すように排気ガスエミッションのばらつきを低減している．しかしながら，触媒後流では理論空燃比検出遅れが大きく長い周期のリッチ，リーン変動を生じることになる．小容量触媒後流に排気ガス酸素センサを置くことで，理論空燃比検出精度が向上し排気ガスエミッションを低減できるという報告もある[20]．

d．学習補正

排気ガス酸素センサが活性化するためには350℃程度以上のセンサ温度が必要であり，フィードバック制御できない期間がエンジン始動後数十秒間存在する．このため，代表的燃料挙動遅れを想定して増減量をスケジューリングせざるをえず，燃料性状や吸気弁でのデポジット付着による燃料挙動の違いでドライバビリティが悪化することを防止するため，エンジン失火限界空燃比よりもリッチ側に余裕をもって適合される[21]．このことは，HC，CO排出量の増大をもたらすことになる．制御結果を排気ガス酸素センサで評価し，フィードフォワードを修正する学習制御により空燃比制御精度を向上し，暖機時の燃料増量を低減する努力がなされている[10]．また，吸気流量計や「吸気密度法」での吸入空気量テーブルを修正する吸気量学習なども行われている．

3.7.3 エンジン制御の動向

排気ガス規制が厳しくなるにつれ，過渡状態でいっそうの精密制御が要求されるようになってきた．その手段として，過渡現象を数学モデルで表現し，その数学モデルから制御ロジックを導く，「モデルベース制御」が検討されている[22,23]．従来は「基本制御」と「過渡補正」という考え方で構成されていたフィードフォワードを逆モデルなどを用い，フィードバックにはLQ最適制御（Linear Quadratic optimum control），H無限大最適制御，適応制御などが適用される．こうした制御法に対しては，過渡時の制御精度向上，開発期間の短縮，経時変化や製品ばらつきに対するロバスト性（制御の頑強性）の向上などが期待されている．

これらの制御法の特徴は閉ループ系のシミュレーションをしながら制御ロジックを開発することにあるが，DSP（Degital Signal Processor）などの高速演算CPUを用いたリアルタイムシミュレーションやプログラム生成ツールが開発されており，シミュレーションを利用しやすい環境が整ってきている．

制御法の変化や制御ロジック開発環境の変化は制御プログラムだけではなく，コントロールやセンサ，エンジン制御システムの開発方法にも影響を与えるかも

■ □ 1酸素センサシステム　● ■ 最大リーンずれセンサ
● ○ 2酸素センサシステム　○ □ 最大リッチずれセンサ

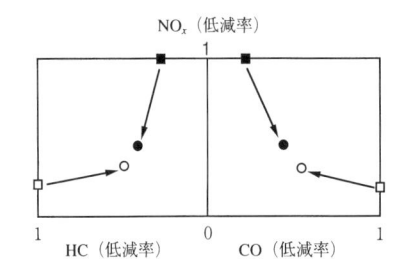

図 3.7.8 二重酸素センサフィードバックの効果

しれない．最近，空燃比がリッチやリーンかのみを判定する排気ガス酸素センサに代わって，空燃比センサを使った制御法の報告が増えている．これはモデルベース制御の影響を受けているのかもしれない．

ここでは制御ロジックの中まで立ち入らず，低排気エミッション化については三元触媒を用いたシステム，低燃費化に関してはリーンバーンシステムをとりあげ最近のエンジン制御の動向について述べる．

a. 低排気エミッション化

カリフォルニア州の LEV（Low Emission Vehicle）プログラムは HC を現状の 30％，NO_x を 50％のレベルに，ULEV ではさらに HC をほぼ半減することを要求している．図 3.7.9 に代表的な三元触媒システムのアメリカ排気ガス規制における試験法（LA4 走行モード）での HC の累積排出量割合を示す[24]．表 3.7.2 中に LEV 規制に対応できたものではないが，アメリカ FTP（Federal Test Procedure）の 3 バッグそれぞれのエミッション値への概略の寄与割合を示す．この割合はシステムによって大きく代わると考えられるが，1 バッグ目の寄与がかなり大きいことがわかる[12]．とくに HC の規制値を満足することはむずかしいといわれており，コストの上昇要因と考えられている．HC 80％程度は始動後 70 秒以内に排出される．これは始動，エンジン暖機時のリッチ空燃比で HC が多量に排出されるが，このときに触媒が活性化していないためである．したがって，触媒を早期活性化すべく，EHC（Electrically Heated Catalyst）が開発されている[20]．EHC では，点火時期制御による排気加熱を併用し消費電力を低減する．また，始動，エンジン暖機時のリッチ空燃比を補償するため，簡易なエアポンプの使用が検討されている．しかしながら，暖機時空燃比 15 程度のリーン運転を可能とする燃焼改善，暖機性の優れた小容量触媒，精密空燃比制御などにより，車両によっては EHC やエアポンプを使わず，ULEV

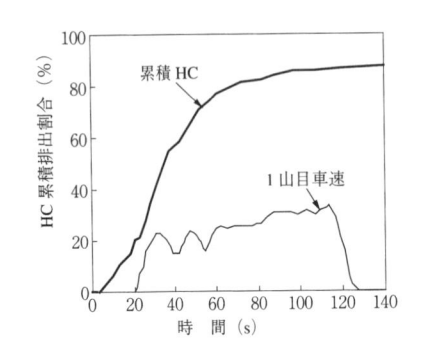

図 3.7.9 排気ガスエミッション測定時の走行モード（LA#4）中の HC 累積排出割合[24]

表 3.7.2 FTP 排気ガスエミッションのおよその排出割合

	冷間始動後 0～505 s (％)	冷間始動後 505～1372 s (％)	温間始動後 0～505 s (％)
HC	80	5	15
CO	45	15	40
NO_x	60	25	15

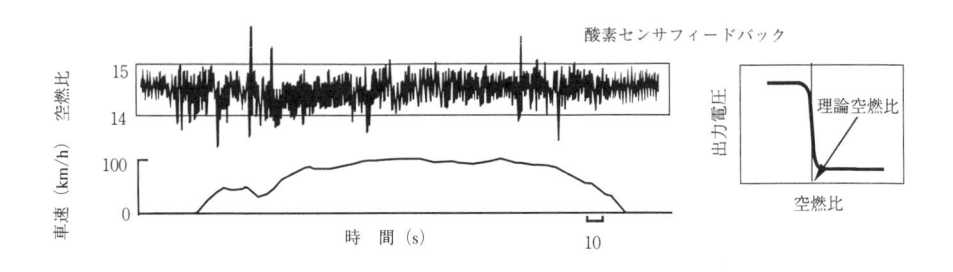

図 3.7.10 酸素センサと広帯域空燃比センサフィードバックとの空燃比挙動比較

規制を満足できる可能性も出てきた[26]．

広帯域空燃比センサを用いたフィードバックによって図3.7.10のように空燃比制御精度を向上させ，大きな排気ガスエミッション低減効果を得ることが報告されている[12,20]．これはおもに触媒暖機後のNO$_x$低減効果と，早期フィードバック開始によってエンジン暖機時の空燃比荒れに伴うHC，CO排出量を低減する効果による．

吸気ポート壁などへの付着燃料が多い，エンジン暖機時は，とくに空燃比が荒れやすく制御がむずかしい．さらに，エンジンの暖機に応じて刻々と燃料挙動は変化し，使用燃料の違い，吸気バルブへのデポジット付着状況でも大きく変化することがさらに制御をむずかしくしている．そこで，空燃比情報に基づき使用燃料の変化や吸気弁のデポジット付着などに適応する制御法[10,27~29]や気筒ごとの空燃比ばらつきを補償する制御法なども提案されている[30]．

b．リーンバーンエンジンの制御

リーンバーンシステムの開発は低燃費性能に対する期待から地道に続けられてきたが，ドライバビリティの悪化やNO$_x$低減限界などから大きな市場を得るには至らなかった．最近NO$_x$吸蔵還元型三元触媒[31]を用いたリーンバーンシステムが開発され，リーン運転時に排出されるNO$_x$を還元することができるようになってきた．

この応用システムは図3.7.11のような空燃比変化に対する触媒浄化率挙動に着目したものでリーン運転でNO$_x$を吸着し，理論空燃比やリッチ運転でNO$_x$を還元する[32]．図3.7.12は，リーン運転中にリッチスパイクを瞬間的に挿入するよう制御された触媒入口ガスの空燃比挙動と触媒入出口でのNO$_x$の濃度を示している．リーン運転でも大幅にNO$_x$が低減できることがわかる．

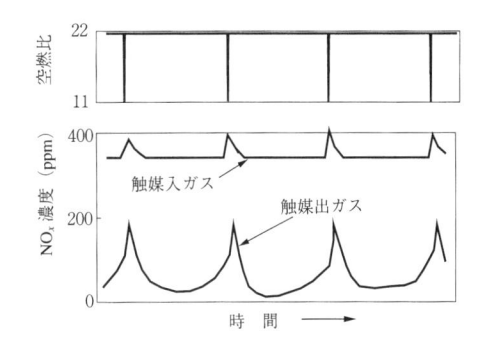

図3.7.12 クルージングにおける空燃比制御とNO$_x$浄化特性

排気ガス中の特定成分に着目し，その動的挙動に着目した空燃比制御法および制御側から触媒のあり方を検討することが重要になってきているように思える．

3.7.4 変速機の制御

低燃費化は，資源の枯渇や地球温暖化などに対する大きな課題である．空燃比制御精度の向上は低排気エミッション化には有効な手段であった．しかし，低燃費化に対してはそれほど大きな効果は期待できず，EGRや点火時期の精密制御は1~2%以下の効果の積上げに貢献する程度である．より大きな効果を得るためには，ポンプ損失や機械損失を大幅に低減するエンジン本体の変更に関連して制御系を考えていかなければならない．

一方，変速機は車速に対するエンジン速度を変化させるため，燃費への影響が大きい．これは，車速に対するエンジン速度の変化がエンジンの機械損失に影響を与え，さらに，エンジン速度の変化がスロットル開度に対する吸気圧力を変化させるためポンプ損失が変化するためである．低燃費化のための変速スケジュールは，可能な限り燃料消費率のよいエンジン運転条件を使うことが基本である．これは，スロットル全開付近のリッチ空燃比，点火時期遅角領域の使用を制限したうえで，可能な限り低いエンジン速度，高負荷を使うことを意味する．しかし，低速側はエンジン・駆動系でのトルク変動伝達特性などから限界があり，低い

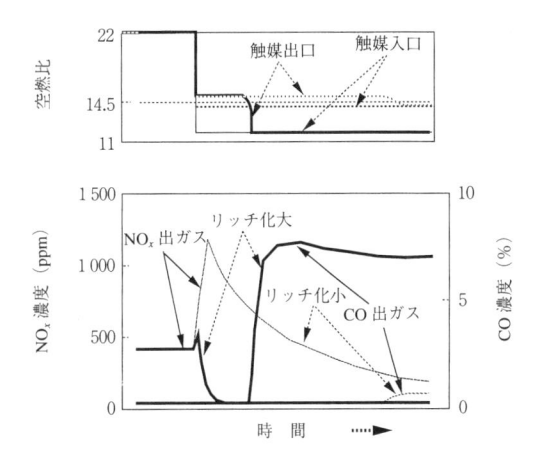

図3.7.11 空燃比変化に対するNO$_x$浄化率変化

変速比の多用は動力性能の要求から制約される．変速の速さには，変速機自体の応答速度のほかに，車両とエンジン間の力学的拘束に起因する制約がある．すなわち，変速に伴いエンジン速度が増速する場合は，車両の運動エネルギーの一部がエンジンの回転エネルギーに転化するため車両は減速され，エンジン速度が減速する場合は，エンジンの回転エネルギーによって車両は加速される．このため，燃費最良とする変速スケジュールは，要求動力性能やドライバの感性とは整合せず，動力性能と燃費要求が妥協する変速スケジュールが選択される．通常の自動変速機では，車速とスロットル開度によって変速が決められ，一般に，小スロットル開度では燃費を優先し，大スロットル開度では動力性能が優先される．図 3.7.13 に変速スケジュールの例を示す．

連続可変速（CVT）方式や変速段数を増やすことで適合の自由度を上げることは燃費低減にも有効である[33,34]．また，減速時の燃料カット領域を拡大するため，変速比を大きくして減速時のエンジン速度を高く保つことも無視できない燃費低減効果がある．

トルクコンバータは伝達効率の悪さが弱点であるが，トルクコンバータのインプットシャフトとアウトプットシャフトをロックアップする自動変速機が多くなっている．ロックアップは急制動などでの車輪ロックでエンジンストールを起こすこと，変速ショックの増大を招くことなどから，木目の細かい係合・解除制御が

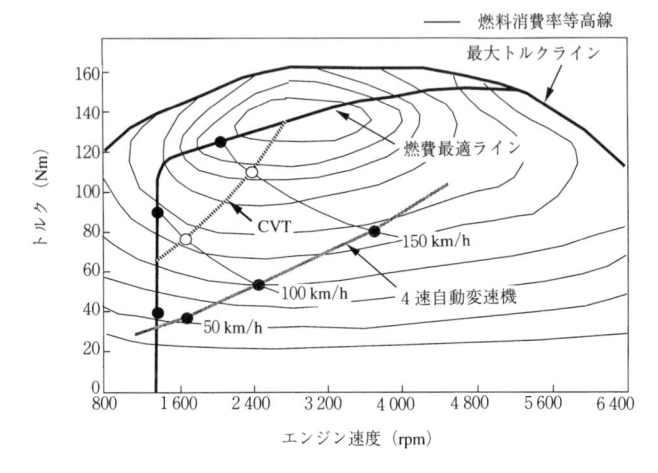

図 3.7.13 変速スケジュールの例

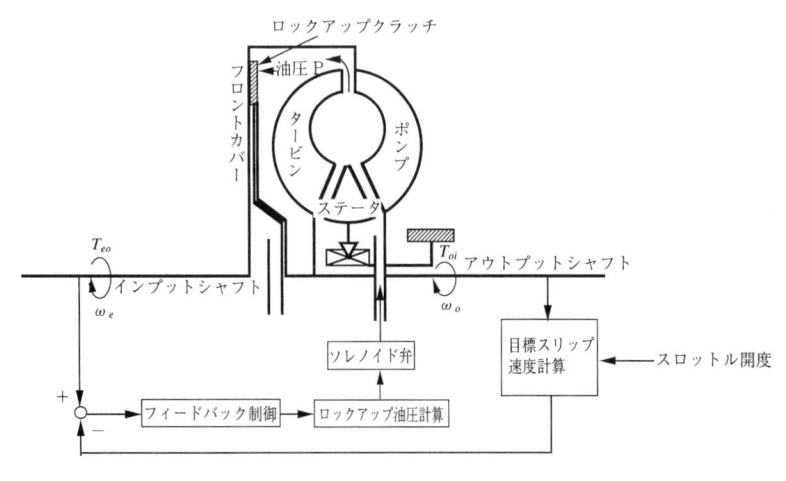

図 3.7.14 ロックアップクラッチのスリップ制御モデル

行われる．低速では，エンジン・駆動系のトルク変動のためロックアップはむずかしいので，インプットシャフトとアウトプットシャフトが所定の速度差となるようクラッチ係合油圧を調整する図 3.7.14 に示すスリップ制御で，さらに 5〜7% の燃費を改善することができる[35]．　　　　　　　　　　　　[大畠　明]

参考文献

1) R. Prabhakar, et al.：Optimization of Automotive Engine Fuel Economy and Emissions, ASME Publication, 75WA/Aut-19, Dec. 2 (1975)
2) E. A. Rishary, et al.：Engine, Control Optimization for Best Fuel Economy with Emission Constraints, SAE Paper 770075 (1977)
3) J. E. Auiler, et al.：Optimization of Automotive Engine Calibration for Better Fuel Economy − Methods and Application, SAE Paper 770076 (1977)
4) A. R. Dohner：Transient System Optimization of an Experimental Engine Control System Over the FEDERAL Emissions Driving Schedule, SAE Paper 780286 (1978)
5) R. H. Hammerle, et al.：Three-Way Catalyst Performance Characterization, SAE Paper 810275 (1981)
6) C. O. Probst：Bosch Fuel Injection & Engine Management, SAE Paper
7) J. Isii, et al.：An Automatic Parameter Matching for Engine Fuel Injection Control, SAE Paper 920239 など (1992)
8) U. Kiencke：The Role of Automatic Control in Automatic System など
9) 自動車技術ハンドブック 2 設計編，3.13.3 節など
10) H. Inagaki, et al.：An Adaptive Fuel Injection Control with Internal Model in Automotive Engine, IECON '90
11) N. F. Benninger, et al.：Requirement and Performance of Engine Management Systems under Transient Conditions, SAE Paper 910083 (1991)
12) A. Ohata, et al.：Model Based Air-Fuel Ratio Control for Reducing Exhaust Gas Emissions, SAE Paper 950075 (1995)
13) T. Sekozawa, et al.：Development of a Highly Accurate Air-Fuel Ratio Control Method Based on Internal State Estimation, SAE Paper 920290 (1992)
14) 糸山ほか：制御系 CAD の適用によるエンジン電子制御の研究，自動車技術会学術講演会前刷集 924, pp.141-144 (1992)
15) H. Iwano, et al.：An Analysis of Induction Port Fuel Behavior, SAE Paper 912348 (1991)
16) C. H. Onder, et al.：Measurement of the Wall-Wetting Dynamics of a Sequential Spark Ignition Engine, SAE Paper 940447 (1994)
17) R. Nishiyama, et al.：An Analysis of Contorolled Factors Improving Transient A/F Control Characteristics, SAE Paper 890761 (1989)
18) J. Camo, et al.：Closed-Loop Electronic Fuel and Air Control of Internal Combustion Engines, SAE Paper 75036 (1975)
19) Y. Chujo：Development of On-board Fast Response Air-Fuel Ratio Meter Using Lean Mixture Sensor, ISATA '89, Italy, No.89038
20) M. J. Anderson：A Feedback A/F Low System for Low Emission Vehicles, SAE Paper 930388 (1993)
21) SAE ISBN-89883-509-7, Bosch Automotive Electrics/Electronics
22) E. Hendrics, et al.：Mean Value Modelling of Spark Ignition Engines, SAE Paper 900616 (1990)
23) E. Hendrics, et al.：Nonlinear, Closed Loop, SI Engine Control Obsevers, SAE Paper 920237 (1992)
24) M. Ohashi, et al.：Catalysts and Exhaust Emission Control Sysytem Interdependence, Toyota Technical Review, Vol.44, No.2 (1995)
25) T. Yaegashi, et al.：New Technology for Reducing the Power Consumption of Electrically Heated Catalysts, SAE Paper 940464 (1994)
26) LA Auto Show, Honda ULEV Technolgy (1995)
27) A. J. Beaumont, et al.：Adaptive Transient Air-Fuel Ratio Control to Minimize Gasoline Engine, FISITA Congress, London
28) A. J. Beaumont：Adaptive Control of Transient Air-Fuel Ratio using Neural Networks, 94EN001, International Symposium on Transportation Application
29) H. Maki, et al.：Real Time Control Using STR in Feedback System, SAE Paper 950007 (1995)
30) 長谷川佑介：オブザーバを用いた気筒別空燃比フィードバック制御，自動車技術，Vol.48, No.20 (1994)
31) N. Miyoshi, et al.：Development of NO_x Storage-reduction 3-way Catalyst System for Lean-burn Engines, Toyota Techical Review, Vol.44, No.2, pp.21-26 (1995)
32) K. Kato, et al.：Development of NO_x Storage-Reduction 3-way Catalyst System for Lean-burn Engines, Toyota Techical Review, Vol. 44, No.2, pp.27-32 (1995)
33) Z. Y. Guo, et al.：On Obtaining the Best Fuel Economy and Performance for Vehicles with Engine-CVT Transmissions, SAE Paper 881735 (1988)
34) 片岡龍次：省燃費に向けての AT の将来，自動車技術，Vol..45, No.8, pp.31-34 (1991)
35) K. Kono, et al.：Torque Converter Clutch Slip Control System, SAE Paper 950672 (1995)

4

圧縮着火エンジン

4.1 はじめに

熱効率は燃料経済上および CO_2 低減問題としての環境上のほか，有限である化石燃料の有効利用すなわち資源上の観点からもエンジン性能を評価する重要な値であることはいうまでもない．現在，日米欧の大型トラック用ディーゼルの最低燃料消費率は 180 g/kWh (130 g/PSh) ぐらいで熱効率にして約 43% に達している．環境上の観点から将来の自動車用原動機としてさまざまな研究が進められているが，いまのところ熱効率と実用上の両観点でディーゼルエンジンをしのぐものは示されていない．

熱効率上の有利さにもかかわらず，ディーゼルエンジンは有害排出ガス成分の観点から，現在存亡の危機に面しているといって過言でない．自動車用エンジンに対する排気ガス規制以前（1975 年以前）の状態では，NO_x についてディーゼルエンジンはガソリンエンジンに比べ必ずしも排出濃度は高くなく，CO および HC についてはより低い原動機であった．1976 年から 1978 年に至る三段階のガソリンエンジンに対する排出ガス規制で未規制時の 1/10 の排出レベルに制限されたが，それをクリヤできたのは種々の低減技術の中でもとくに三元触媒の出現であったことは周知のとおりである．ディーゼルエンジンは総括的には理論空気量に対して空気過剰の状態で燃焼するのが特徴であるから，理論空燃比で有効に働く三元触媒を利用することができない．現在ディーゼルエンジンはガソリンエンジンに比べ排出ガスの汚いエンジンであると一般的にはいわれているが，それは燃焼方法の違いによるものではなく，排出ガス対策技術を含めたエンジンシステムとしての現時点の差である．

ディーゼル排気対策の中心課題は窒素酸化物 NO_x および粒子状物質（PAM：Particulate Matter）低減策である．本章ではまずそれらの発生機構について基礎的に述べ，次に現在の低減対策技術と今後の技術開発動向に関して解説する．低減対策技術は，燃焼そのものの改善，燃料性状の改善および燃焼室を出た後の処理すなわち後処理の三つに分類される．後処理法のみによって排気ガス低減を実現できれば，理想的ともいえるが，運転条件の範囲が広く，かつ実用上の耐久性や維持管理の簡便さも要求される自動車用ディーゼルでは容易ではなく，これら三つの対策法による総合技術の方向にあると思われる．

［西脇一宇］

4.2 燃焼と排出物の発生機構

4.2.1 ディーゼル燃焼と排出ガス

燃料噴射によって可燃混合気を形成しつつ燃焼過程が進むディーゼル燃焼においては、量論混合比に対して希薄から過濃までの燃料濃度分布、および未燃ガス温度から断熱火炎温度までの温度分布が存在し、それらが乱流混合によって時々刻々変化しつつ、均一状態に向かう。この様子を説明するため、ディーゼル燃焼過程を確率過程論モデルで表現した池上ら[1,2]による計算結果を引用する。このモデルでは、初めに空気流体塊と燃料流体塊が与えられ、その後ランダムに選ばれた二つの流体塊が衝突完全混合し同じ濃度をもった二つの等しい質量の流体塊となる過程を適切な衝突頻度で繰り返すとする。図4.2.1[2]は流体塊当量比および流体塊温度の確率密度の時間推移を示し、分散の大きい状態から総括当量比および平均温度に集中していく過程が表されている。ここで当量比は未燃および既燃燃料の和についての値である。

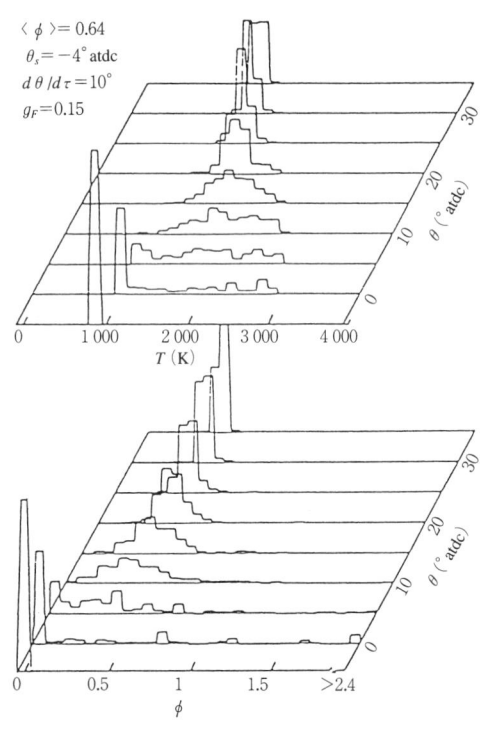

図4.2.1 確率過程論モデルによるディーゼル燃焼過程の当量比 ϕ および温度 T の分布（$\langle \phi \rangle$ は総括当量比）[2]

NOおよびすすの発生は局所的な混合気濃度と温度の組合せ条件に支配される。図4.2.2はKamimotoら[3]によってまとめられた温度と当量比に関するNOとすすの発生領域を示す。図に示されるようにNO濃度はおよそ温度2000K以上、当量比0.1以下、すなわち量論混合比からやや希薄の条件で高く、すす発生はおよそ当量比2.2以上、温度2200K以上の領域で高い。

燃焼中の局所燃料濃度および温度は図4.2.1に示されたように広い範囲にわたっているから、図4.2.2のNO発生領域やすす発生領域に一部のガスが時間的にあるいは場所的に存在することはディーゼル燃焼では通常避けることは困難である。NOについてのこのことを具体的に説明するため塩路らの実験結果を引用する。図4.2.3[4]は天然ガスを燃料としたグロープラグ補助着火直接噴射式ディーゼルエンジンと火花点火エンジン（均一予混合気）の NO_x 排出濃度と総括当量比との関係を示す。火花点火エンジンでは総括当量比が1より減少するにつれ、NO_x 濃度は急激に低下し当量比0.7でおよそ1/30になる。これに対し直接噴射エンジンでは総括当量比減少による NO_x 濃度低下は穏やかで当量比0.4においても半分程度にしかならない。すなわち、拡散燃焼では総括当量比が小さくても局所当量比については、NO_x 発生領域にある混合気がかなり存在することを示しており、均一混合気燃焼で希薄化する場合との大きな違いがこの点にある。

このような基本的性質を考えれば、低公害ディーゼル燃焼の燃焼制御とは、NO_x およびすすの発生条件にある混合気量をできるだけ少なくするよう温度制御および混合気濃度制御を行うことであり、そのためにはディーゼル燃焼の物理的、化学的現象のより深い理解が求められている。

NO_x 対策技術開発は温度制御から始まっており、しばしば採用される遅延噴射はその例である。遅延噴射では燃焼室平均最高温度を下げることによってNO発生の多い高温域をできるだけ避ける。これに伴って着火遅れの長くなるのを抑えるために噴射圧を高めて混合気形成を促進するとともに、リエントラント型燃焼室を採用して強い逆スキッシュによって乱流混合促進を図り燃焼後半の局所高濃度をできるだけ避け、すす発生を抑制するとともに燃費の低下を防ぐ。

燃焼過程は単純化あるいは理想化してみれば次のような側面も有している。すなわち、着火後の高温の場で化学平衡論的に考えれば、いいかえれば反応速度が

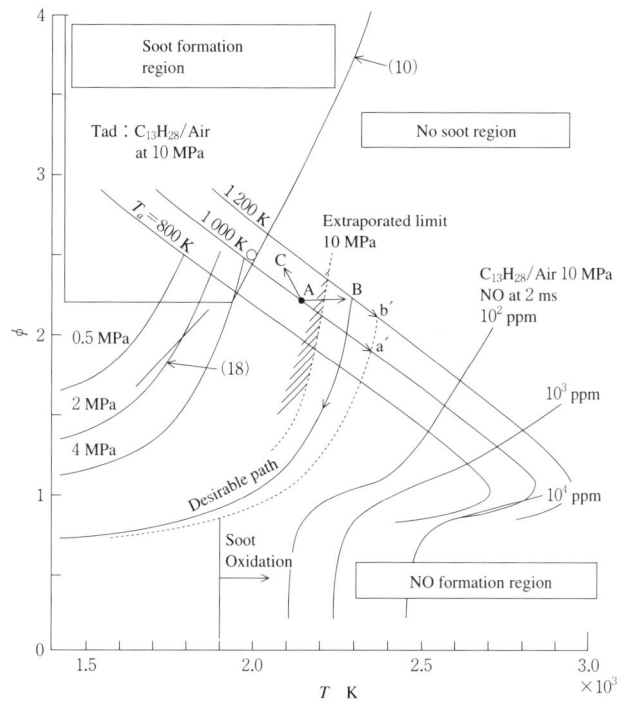

図 4.2.2 当量比および温度についての窒素酸化物およびすすの生成領域[3]

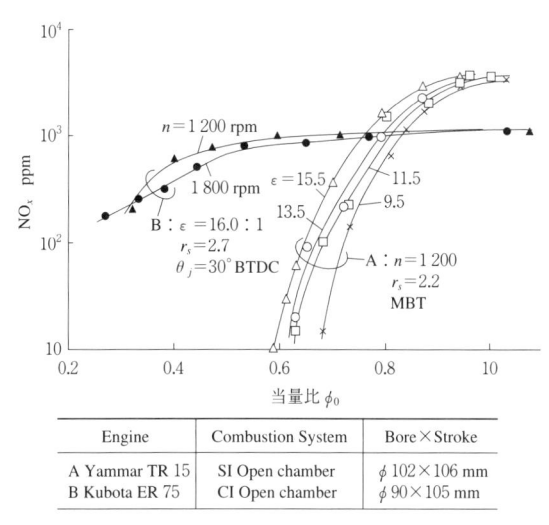

図 4.2.3 均一予混合気吸気天然ガス機関と直接噴射式天然ガスディーゼル機関における NO_x 排出濃度[4]

Engine	Combustion System	Bore × Stroke
A Yammar TR 15	SI Open chamber	ϕ 102×106 mm
B Kubota ER 75	CI Open chamber	ϕ 90×105 mm

乱流混合速度に比べてきわめて早ければ，時々刻々の局所燃料濃度および温度に対応してそのときの局所ガス成分が決まる．したがって，燃焼ガスの組成はそれまでの過程のいかんにかかわらず，そのときの燃料濃度（既燃燃料濃度）と温度の状態で一義的に決まる．

いいかえれば，一時的，局所的に NO 発生領域あるいはすす発生領域に存在しても燃焼終了時にそれらの領域になければよいことを意味する．炭化水素燃料成分の燃焼はほぼこのように考えられる．NO に関しては反応の進行が乱流混合燃焼の進行に対して遅いため，燃料濃度分布と温度分布の時間履歴によって最終 NO 濃度は異なることはよく知られているが，比較的高温では反応が早く，上に述べた準定常的な変化に近い場合もある．

このような燃焼反応の側面を利用して低 NO_x および低微粒子化するには時間的空間的な濃度制御が実現のかなめとなる．濃度制御による低公害燃焼コンセプトとして二段燃焼法があげられる．この方法では，まず燃焼室の一部に過濃混合気を速やかに形成して着火，燃焼を開始する．このときできるだけ過濃均一混合気に近づければ NO の発生は少ない．引き続いて高攪乱により残りの空気と急速乱流に混合させ未燃燃料，CO ならびにすすを燃焼させる．

二段燃焼法は定常燃焼器（炉，ガスタービン，ジェットエンジンなど）において実際に採用されているが，これは空間的濃度制御のみ行えばよいため，ディー

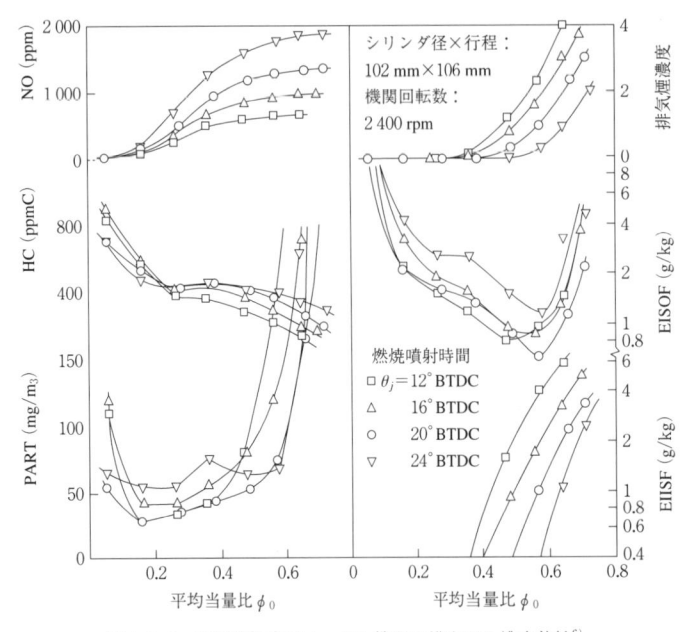

図 4.2.4　直接噴射式ディーゼル機関の排出ガス濃度特性[6]

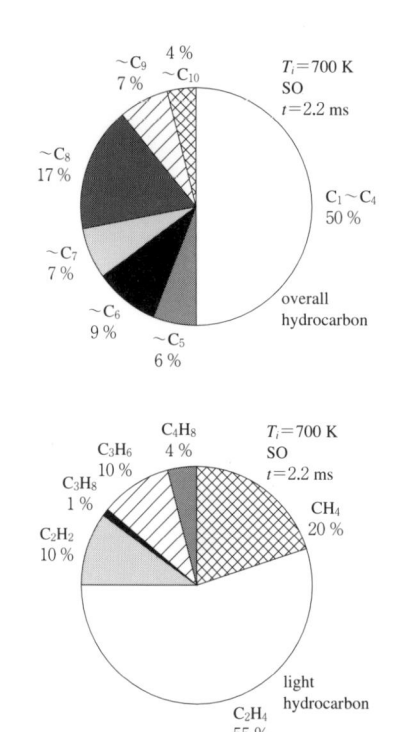

図 4.2.5　急速圧縮装置による，燃料噴射後着火直前の炭化水素成分；直鎖飽和炭化水素燃料（$C_{12}H_{26}$, $C_{13}H_{28}$, $C_{14}H_{30}$）[7]

ゼル燃焼では空間的かつ時間的濃度制御のむずかしさのため実用までには至っていない．副室式ディーゼルの NO_x 排出量が少ないのは，このような燃焼に近いためではないかと考えられている．村山らによる CCD 方式ディーゼル燃焼法[5]は噴射を 2 回に分け，主噴射のあと全燃料噴射量の 10％ の燃料を全空隙体積の5.5％ の小副室を経て燃焼室に噴出させることによって燃焼後期に高攪乱を与え，低すす，低 NO_x を実現しており，とくに，すす濃度低下が顕著である．この燃焼方式は二段燃焼とみられている．

粒子状物質には黒煙の原因であるすす（炭素粒子）のほか，青白煙に関係する可溶有機成分 SOF (Soluble Organic Fraction) があり，これはノズルの sack volume や壁に衝突し付着した燃料によるものおよび潤滑油に起因するものがある．粒子状物質にはさらに燃料中の硫黄による硫黄酸化物が含まれる．

図 4.2.4 に李ら[6]による直噴ディーゼルの排気特性測定結果を示す．図によれば粒子状物質の排出濃度（図の PART）は高負荷と低負荷で多い．この理由は，すす（図の EIISF）は中負荷から高負荷に向けて増加し，可溶有機成分（図の EISOF）は中負荷から低負荷に向けて増加するためである．

ディーゼル燃焼過程において反応の立場からみた NO とすすの生成過程はおおよそ次のように考えられている．高温雰囲気中に噴射された燃料はまず熱分解過程を経て低級炭化水素に変化する．図 4.2.5 は Ishiyama ら[7]が急速圧縮装置を用いてディーゼル燃焼を模擬し，着火直前の燃焼室内ガスを分析した結果を示す．燃料は直鎖飽和炭化水素で $C_{12}H_{26}$，$C_{13}H_{28}$ お

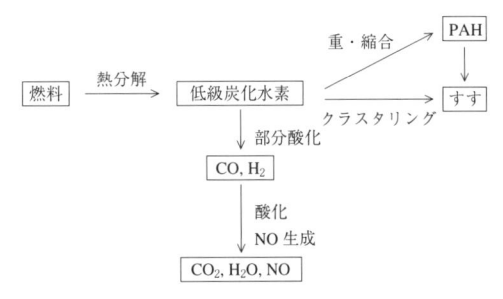

図 4.2.6　ディーゼル燃焼における排気成分生成の反応経路概要

よび $C_{14}H_{30}$ からなる．図に示されるように着火直前で $C_1 \sim C_4$ の成分が50%を越えており，そのうちの55%が C_2H_4 であることがわかる．軽油を用いた同様の実験結果[8]においても着火前および燃焼過程のガス成分に多くの低級炭化水素成分が認められている．

図4.2.6に示すように，これらの熱分解成分は空気と出会えば部分酸化してCOと H_2 となった後，さらに酸化し CO_2 と H_2O に至る．その過程でNOが生成される．一方，空気と出会わない熱分解成分は，重・縮合によるPAH生成を経てすすに至るか，あるいは炭素蒸気のクラスタリングによって直接すすに至る．これらの化学反応過程の詳細について最近かなり研究が進んでおり，動力学を含んだ数値計算によって解析を行った結果をもとに生成機構について次に解説する．

4.2.2 窒素酸化物NOの生成機構

予混合火花点火燃焼過程では成分についてはほぼ量論比に近い燃料-空気均一混合気とその燃焼生成物からなり，温度についてはおおよそ未燃ガス温度と既燃ガス温度の二つからなる．このような燃焼場におけるNOの発生機構は3.2.2項a.で述べられたように拡大Zel'dovich機構でよく説明される．ディーゼル燃焼においては温度，濃度が広い範囲にわたるためにNOの発生機構が拡大Zel'dovich機構のみでは十分に表現できないことを反応動力学計算によって示す．

a. 均一系でのNOの生成・分解過程

反応過程が比較的詳細に知られているメタン-空気混合気の均一系で検討された結果[9]について述べる．計算は，次のⅠ，ⅡおよびⅢの3種類の反応モデルによる．

モデルⅠはMiller-Bowmanの詳細モデル[10]で，メタンの燃焼，Zel'dovich機構，prompt NOの生成機構およびCOや NH_2 によるNOの分解を含む234の素反応式と51成分からなる．

モデルⅡはreduced modelで，着火前はディーゼル燃焼の条件下で最適化した108式からなる反応動力学を用い，着火後はモデルⅠをもとにNOの生成に関してディーゼル燃焼の条件下で縮小した32素反応式，8成分による動力学計算と炭化水素燃焼に関する37成分の平衡計算を併用している．

モデルⅢは前者のNOに関する32素反応式8成分の代わりに3素反応式2成分の拡大Zel'dovich機構を用い，ほかは同じとしたものである．

これらのモデルを用い，温度を2500 K，圧力を4.05 MPaで一定とし，空気過剰率 $\lambda=1.4$, 1.0, 0.768のそれぞれ過濃，量論比，希薄の3条件について計算を行った．メタン-空気の均一混合気を上の圧

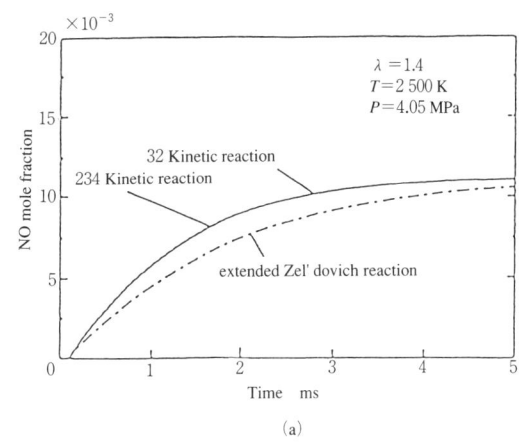

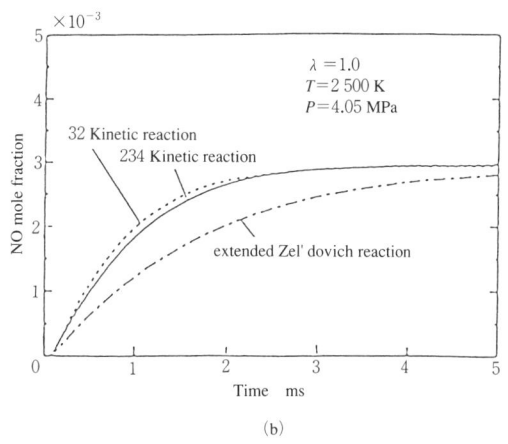

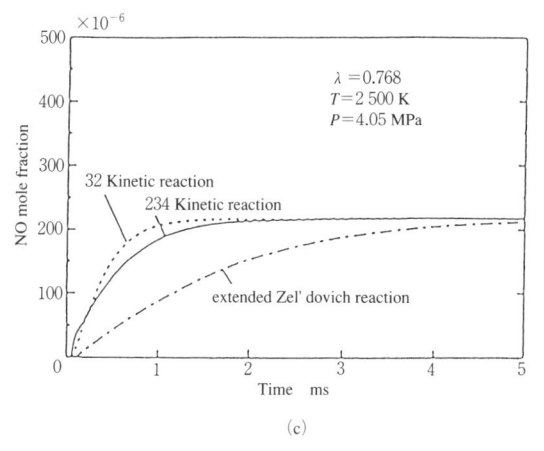

図4.2.7 均一系における3種の計算モデルによるNO生成過程計算結果（λ：空気過剰率）[9]

力温度条件においた時点からの NO 生成過程を時間に対してそれぞれの空気過剰率について図 4.2.7 (a), (b) および (c) に示す[9]. この温度条件では着火はきわめて早く，図において NO 濃度の立上りがほぼ着火時期を示す．

モデル I によって NO の生成過程をみれば，$\lambda=1.4$ では 10 000 ppm，$\lambda=1.0$ では約 3 000 ppm の平均濃度となるのに対し，$\lambda=0.768$ では平衡濃度が約 200 ppm にすぎず前 2 者よりはるかに低いことがわかる．ディーゼル排気 NO はよく知られているように，主として thermal NO であり高温ほど多く発生するが，これらの計算結果からわかるように同じ高温条件でも過濃混合気では NO 生成のかなり少ないことは注目すべきであり，低 NO 燃焼の一つの方向を示している．

モデル II は詳細なモデル I をかなりよく近似しており，計算時間を大幅に短縮できる．

モデル III (拡大 Zel'dovich 機構) による NO 生成経過はモデル I および II に比べ初期が緩やかである．この差はモデル I および II に含まれる prompt NO 生成機構が一原因である．混合気が薄く (λ が大きく) なるほど相対的にその差は小さくなるのは拡大 Zel'dovich 機構による thermal NO が支配的になるためである．

図 4.2.8 は $\lambda=0.768$ の過濃混合気について，温度 2 500 K，圧力 4.05 MPa で一定の条件のもとに，NO の初期濃度を 1 000 ppm としたときの NO 濃度変化を示す．この初期濃度は上記の条件における平衡濃度より高く，したがって，平衡に向かって NO 濃度はしだいに低下する，いいかえれば NO は分解される．図によればモデル I および II に比べモデル III の分解過程は

かなり緩慢であり，拡大 Zel'dovich 機構がこのような状況を十分表現できないことがわかる．NO の分解は拡大 Zel'dovich 機構に含まれる分解過程のほか，CO および NH_2 ラジカルとの反応によって促進されるためであり，モデル I および II にはこれらの過程も含まれている．

以上の計算結果からわかるように，ディーゼル燃焼でも拡大 Zel'dovich 機構は大きな役割を果たすが，とくに過濃混合気での NO 生成および分解過程に関しては上に述べた詳細な反応モデルが必要である．拡大 Zel'dovich 機構も reduced model であり，thermal NO の発生が高いやや希薄な条件では，詳細モデルとの差が少ないが，ディーゼル燃焼のように希薄から過濃まで広く混合気が分布する条件ではモデル II に示す程度の reduced model が最小限必要である．Skeletal モデル[10] は NO 生成に関して 39 反応式からなる reduced model であり，さらに広い範囲の濃度，温度で近似できるが，ディーゼル燃焼条件ではモデル II と結果に大差はない．なお，図 4.2.7 において，時間が経過すれば I，II，III いずれのモデルもほぼ同じ NO 濃度に収束する．しかしながら，エンジン燃焼過程の変化の早さに比べ平衡に達するのがきわめて緩慢で，その間の詳細モデルと Zel'dovich 機構との差が問題であることが理解できる．

b. 確率過程論モデルと反応動力学を組み合わせた NO の生成過程の解析

計算は天然ガスを燃料とするグロープラグ補助着火式小型高速直噴ディーゼルを対象とした．確率過程論モデルによりディーゼル燃焼の乱流混合過程を表現し，個々の流体塊に対し反応動力学を適用し NO の生成・分解過程を解析した結果について述べる．

反応式について，燃料の酸化に関しては天然ガスの主成分メタンに関して full kinetics[11] をもとに，ディーゼル燃焼条件で最小限必要な数に縮小最適化したうえ，他の成分エタン，プロパン，ブタンを考慮した 74 式[12] を用いた．これらを着火までは動力学，着火後は平衡計算とし計算時間の長大化を防いだ．NO に関しては先に触れた Skeletal モデル (39 反応式) の動力学計算によった．

図 4.2.9[13] に，総括当量比 $\langle\phi\rangle=0.65$，噴射期間を 15°，噴射時期を 40°，30° および 20° BTDC としたときの燃焼室平均 NO 濃度の時間経過を示す．燃焼終了時の計算値は矢印の実測値に対してやや高いが，噴射

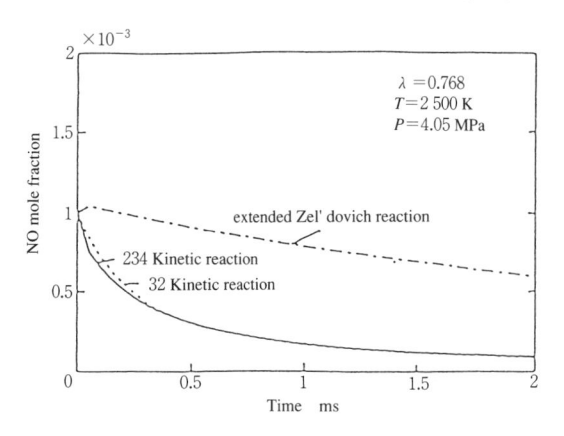

図 4.2.8 均一系における過濃混合気での NO の分解過程計算結果 (λ：空気過剰率)[9]

時期を遅らせた場合の NO 濃度低減割合は比較的よく予測されている．NO 濃度の時間経過をみれば，いずれの噴射時期においても燃焼開始とともに増加し15° ATDC 付近からほぼ一定となる．この傾向を検討するために，噴射時期 30° における各流体塊温度の平均を図 4.2.10 に示す．平均温度の上昇する時期と NO 濃度（図 4.2.9）の増加する時期がほぼ同じであるが，この時期の平均温度をみればまだ比較的低く，この観点からは NO の発生は少ないはずであり，また平均温度や最高温度約 1 600 K に達した後変化が緩やかになるのと呼応して NO 生成率はほぼ一定となるべきと思えるのに対し，ほぼゼロとなる（NO 濃度がほぼ一定となる）のも一見不合理にみえる．図 4.2.10 に示した各流体塊温度の標準偏差 σ をみれば，着火後まもなくきわめて大きくなり，-10° ATDC から 10° ATDC にかけておよそ 500 K から 600 K に達する．この時期は図 4.2.9 で NO 濃度の増加する時期に一致する．この

ことは温度が 2 000 K を越える流体塊がかなり存在するために NO 生成速度が大きいことを示す．その後温度標準偏差は急速に減少するとともに NO 濃度変化もわずかとなるのは高温流体塊がわずかであることおよび 1 600 K 付近の温度条件では NO の反応がほとんど凍結状態となるためである．

上の計算結果について，噴射時期 30° BTDC の条件で NO 生成の盛んな 1.6 ATDC における各流体塊の NO 濃度と温度および NO 濃度と当量比の関係をそれぞれ図 4.2.11[13] および図 4.2.12[13] に示す．図中の点は各流体塊の状態を表している．この時期の平均 NO 濃度は図 4.2.9 から約 1 000 ppm であり，図 4.2.11 あるいは図 4.2.12 において 1 000 ppm を超える流体塊数は約 25 である．計算では 200 個の同質量の流体塊を扱ったので 12.5% に当たる．また，図 4.2.11 で NO 濃度が 10 000 ppm を超える流体塊が 4 個みられ，これらは温度が約 2 700 K 以上である．これら 4 個の流体塊は図 4.2.12 で当量比が 0.7 から 0.95 の間にある 4 個と対応する．このように平均 NO 濃度に対して全体のわずかの高 NO 濃度流体塊が大きな寄与をして

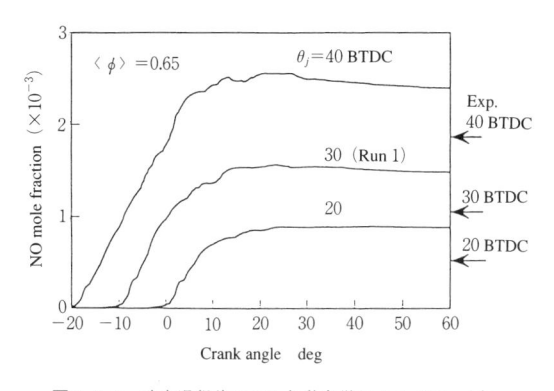

図 4.2.9 確率過程論モデルと動力学によるグロープラグ補助着火天然ガス直噴ディーゼルの燃焼室平均 NO 濃度時間経過（θ_j：噴射時期，$\langle\phi\rangle$：総括当量比）[13]

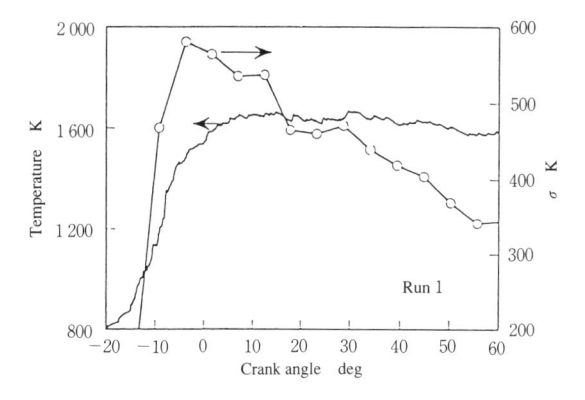

図 4.2.10 燃焼室平均温度および温度の標準偏差 σ 計算結果（図 4.2.9 の計算）[13]

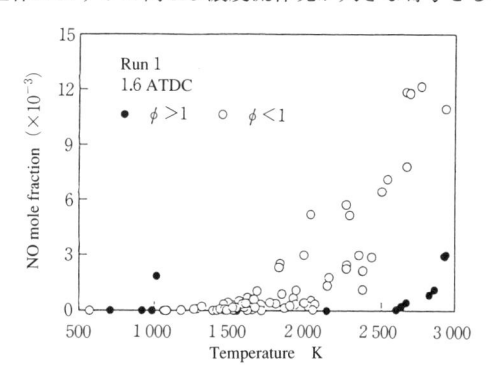

図 4.2.11 流体魂 NO 濃度と温度の相関（図 4.2.9 の計算）（ϕ：当量比）[13]

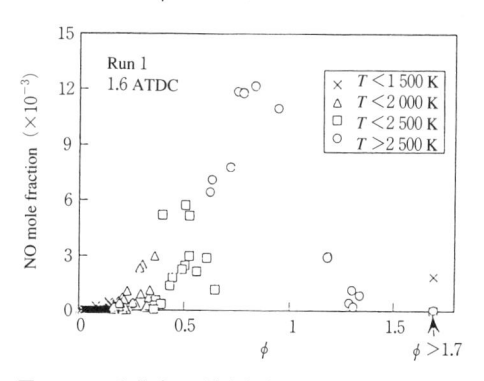

図 4.2.12 流体魂 NO 濃度と当量比 ϕ の相関（図 4.2.9 の計算）[13]

いることがわかる.

補助着火を用いない通常のディーゼル燃焼について上と同様の計算を行った結果[14]を次に示す. 軽油の燃焼反応を扱うのは現時点ではむずかしいのでセタンで代表させ, 炭化水素燃料が熱分解, 部分酸化を経てCOとH_2に至るまでを総括一段反応で扱うEdelmanら[15]のモデルを適用し, COとH_2の酸化過程は21成分18素反応式からなるreduced model[12]を採用した. NOについては先に触れたSkeletalモデル(39反応式)によった.

図4.2.13[14]に平均NO濃度の時間推移を示す. 凍結状態となった時点でのNO濃度は実測排出NO濃度をほぼ予測している. 時間推移は補助着火天然ガスディーゼルと傾向が同じであることがわかる.

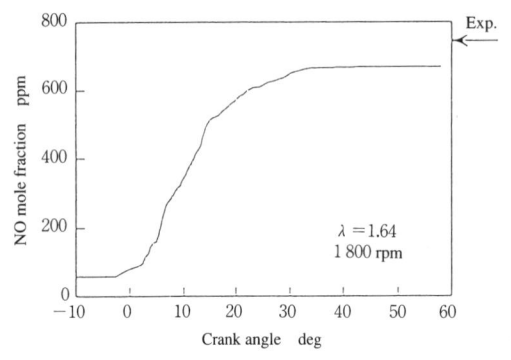

図4.2.13 セタンを燃料とするディーゼル燃焼の確率過程論モデルおよび動力学計算によるNO生成過程[14]

c. 過濃混合気におけるNOの分解

ディーゼル燃焼では上述したように燃焼の初期から中期にかけて高温かつやや希薄混合気でNOは生成し, その後膨張過程で温度が下がれば低減する方向に向かおうとするが, 同時に反応はきわめて緩慢となり, いわゆる凍結状態となってほとんど低減しない. しかし一方, 図4.2.8で示したように過濃混合気で比較的高温ではその条件での平衡濃度以上のNOは分解される. したがって, いったん高濃度NOを生じてもそれを分解できれば低NO燃焼が実現できる. このような考えから, ディーゼル燃焼におけるNO生成・消滅機構のより広い理解のために, ハード的に可能かどうかは別問題として二段燃焼のコンセプトについて前述のグロープラグ補助着火式天然ガスディーゼルの計算と同じモデルによって検討した結果[9]を述べる.

1段目の燃焼ではある割合の空気塊を燃焼に関与しない, いいかえれば乱れ混合させないとし, 2段目の燃焼でその空気塊も乱れ混合させる, とする. すなわちはじめに燃焼室の一部で過濃混合気で燃焼させ, その後残りの未利用であった空気と混合し燃焼させる.

総括当量比を前述の計算と同様に$\langle\phi\rangle=0.65$とし, 1段目燃焼の噴射時期を30°BTDC, 噴射期間を15°および当量比$\langle\phi_i\rangle$を1.48あるいは1.25に設定して計算を開始し, 20°ATDCにおいて2段目の燃焼を行った. 図4.2.14に圧力経過を示す. 図中のNormalは通常のディーゼル燃焼過程で前述の計算結果による. 標準(Normal)と比較して二段燃焼のほうが圧力上昇率も最高圧力も高い. 図4.2.15に示す平均温度も標準より最高温度で200K程度高い. これは流体塊の衝突頻度を標準条件と同じとしているので, 1段目燃焼に与える空気塊の数が少ないため一つの流体塊が次に衝突するまでの時間が短くなることによって混合が促進され乱流混合燃焼がより早く進行していることを示す. 図4.2.16に燃焼室平均NO濃度の時間推移を示す. 標準に比べ初期のNO濃度は高くなる. とくに$\langle\phi_i\rangle=1.48$では著しい. しかし二段燃焼では2段目

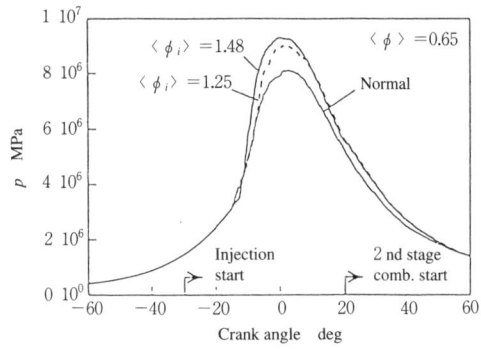

図4.2.14 二段燃焼を想定したグロープラグ補助着火天然ガス直噴ディーゼル燃焼の圧力計算結果(確率過程論モデルと動力学計算による)($\langle\phi\rangle$:総括当量比, $\langle\phi_i\rangle$:1段目燃焼当量比)[9]

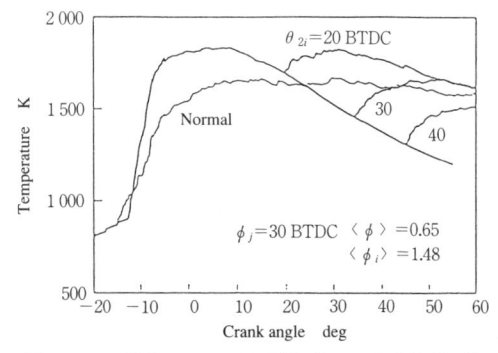

図4.2.15 通常のディーゼル燃焼(Normal)および二段燃焼を想定した燃焼室平均温度計算結果(図4.2.14の計算)[9]

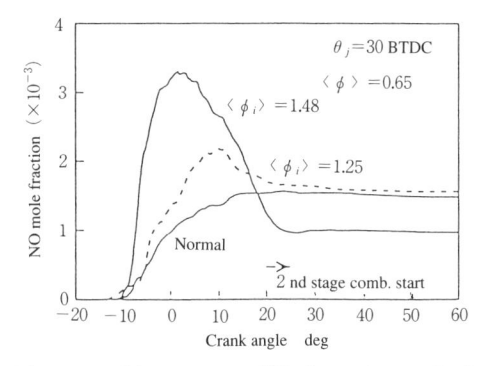

図4.2.16 通常のディーゼル燃焼(Normal)および二段燃焼を想定した燃焼室NO濃度計算結果(図4.2.14の計算)[9]

の燃焼が始まる前にNOが低減し,2段目燃焼が始まった後はほとんど変化せず,燃焼終了時のNO濃度は$\langle \phi_i \rangle =1.25$で標準とほぼ同じ,$\langle \phi_i \rangle =1.48$で標準の2/3程度になる.

混合が早ければその過程でNO生成の盛んなやや希薄域の燃料濃度をもつ流体塊も早く生成され,またより高温であることと相まってNO濃度が高くなる.引き続いて燃料濃度分散が小さくなりつつ過濃の均一状態に向かうのでNOの分解が支配的となり急速にNO濃度が低減する.2段目の燃焼による圧力上昇は図4.2.14にみられるようにわずかであり,熱発生はほとんど1段目で終了している.2段目燃焼時期を遅らせれば過濃混合気中でのNO分解がさらに進んでNO濃度は低減するが,熱効率の点では不利の方向に働く.$\langle \phi_i \rangle$をさらに高く設定すればより低NO化が図れるかもしれないが,すすの発生が促進されるため限界があると思われる.

図4.2.17は噴射時期を30° BTDCで,噴射期間を上の計算条件の半分である7.5°とした場合のNO濃度を示す.噴射期間の短縮は燃料-空気混合気のより速やかな均一化を図ることであり,これによって燃焼終了時のNO濃度は噴射期間15°の場合の約1/2となることがわかる.

上の計算機実験で示したように,速やかな過濃均一混合気形成が,一時的に生成されたNOを分解できる可能性は見逃せない点であろう.

4.2.3 すすの発生機構

粒状物質はすでに述べたように可溶性有機成分(SOF)と不可溶成分であるすすに分類されるが,ここでは反応過程について最近比較的詳細に研究が行われているすすについて解説する.

高温雰囲気で熱分解により生じた低級炭化水素のうち,空気と出会わなかった部分がすすとなる.その生成機構あるいは反応経路については諸説があり,その解明は進展中であるが,反応経路の可能性についてBroomら[16]がまとめた概念図を図4.2.18に示す.これによればすす形成経路は温度に大きく依存することがわかる.比較的低温では低級炭化水素は粗大化して多環芳香族炭化水素(PAH)を形成し,これがすす前物質の役割を果たし巨大化して平均50 nm程度の大きさのすす粒子に至る.高温では炭化水素は脱水素反応によって炭素蒸気となる速度のほうが前者より早くなり,クラスタリングによって速やかなすす形成に至る.これらの中間の温度領域では図に示されるようにさまざまな反応経路の可能性が示されているが,確証されているわけではなく,とくに不飽和HCラジカルから炭素粒子に至る経路はあまり支持されていない.

このような温度依存性についてYoshiharaらによる説明[17]を引用する.図4.2.19[17]はすす生成の中間体と考えられる多環芳香族,ポリアセチレン類,および炭素蒸気の物質のギブス自由エネルギーを温度に対して示したものである.固形炭素粒子が最もエネルギーレベルが低いが,燃焼過程に生じた生成物が直接すす粒子に変換されるのではなく,化学動力学的に支配される過程で中間体の凝集と成長の段階を経てすす粒子になる.温度が1700 K以下では多環芳香族がエネルギーレベルが低く安定で,それ以上の高温ではポリアセチレンや炭素蒸気のほうがエネルギーレベルが低くなり,より安定であることがわかる.たとえば,過濃均一予混合気における層流火炎面で1700 K以下の予熱帯では多環芳香族が中間帯として生成し,核となっ

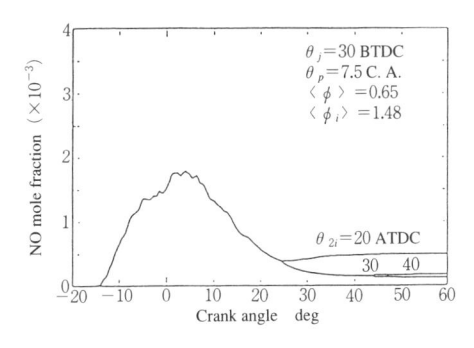

図4.2.17 噴射期間を1/2とした場合の二段燃焼における燃焼室平均NO濃度(他の条件は図4.2.14と同じ)[9]

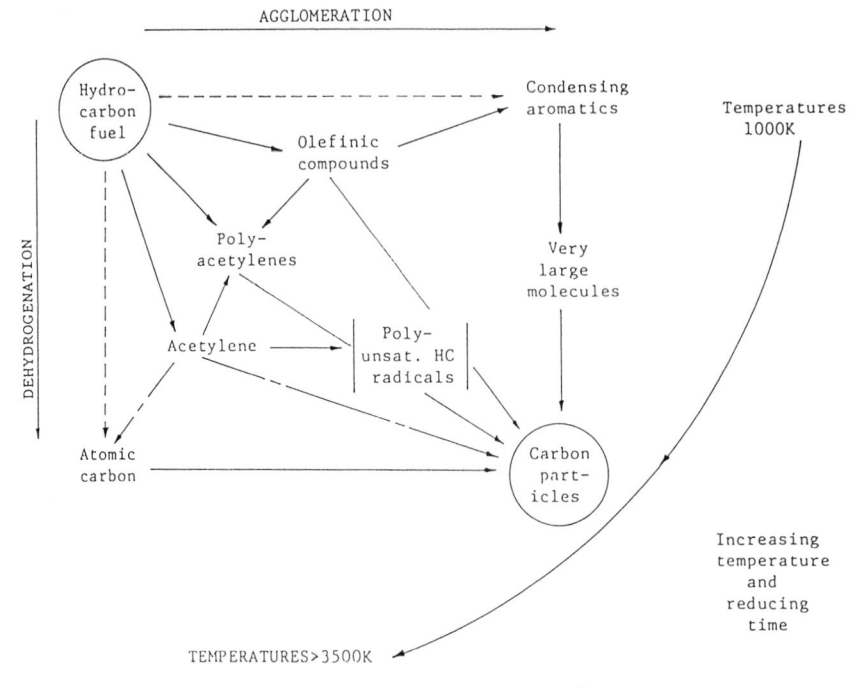

図 4.2.18　すす生成反応経路の概念[16]

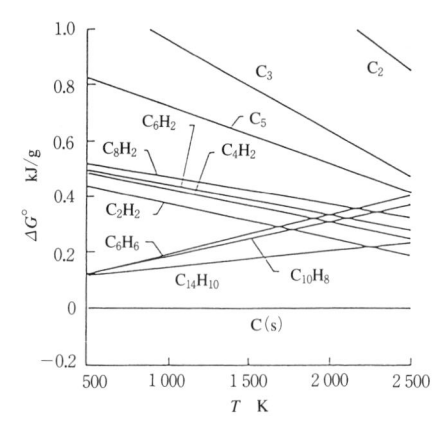

図 4.2.19　すす生成中間体のギブス自由エネルギー[17]

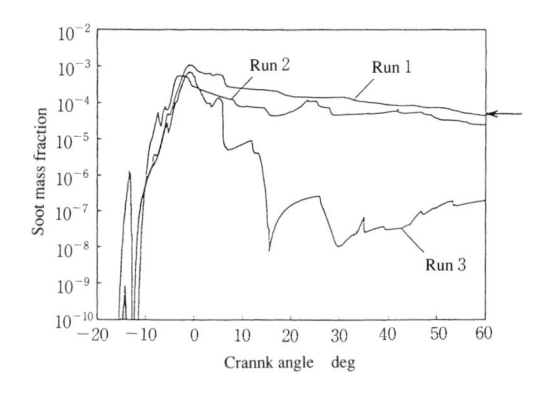

図 4.2.20　確率過程論モデルと多環芳香族重・縮合モデルによるすす形成計算結果[19]

てその後の高温領域での凝集，成長の過程を経る，と考えることができる．また，衝撃波管実験のように急激に1700 K以上に加熱されれば，ポリアセチレンや炭素蒸気が中間体となってすすを生成し，多環芳香族はその役割を果たせない，とみることができる．ディーゼル燃焼では種々の温度，濃度の分布があるとともにそれらが高速で変化しつつ燃焼が進行するので，どのような過程を経てすす形成に至るかは複雑であり，解明の容易でないことは十分想像されよう．

すす粒子形成経路について種々の説が提案されてきた過程においてつねに論争の中心となったのは，msオーダで$10^6 \sim 10^{12}$もの炭素原子を含むすす粒子が形成される迅速さを説明できる機構の解明であった．この点で一つの有力な指針を与えたのがFrenklachらによる多環芳香族を経る経路の解析と反応動力学計算の研究であった[18]．この計算は約600素反応式と180成分からなる．

最近，吉原がFrenklachらとともにこの経路のreduced modelを確率過程論モデルに組み込むとともに改良を加え，グロープラグ補助着火天然ガス直噴デ

ィーゼルに適用し比較的良い結果を得ている[19]．この reduced model は，メタンおよびプロパンの燃焼反応，ベンゼンの形成，多環芳香族の成長，すす粒子の核形成，成長および酸化のモデルから成り立っている．図 4.2.20 にすす質量割合の時間経過をクランク角に対して示す．Run 1 と Run 2 は同じ条件で流体塊のランダム経路が異なるだけであり，いずれも矢印で示された排気ガス中の測定結果をよく予測している．図 4.2.21 は Run 1 についてすす粒子の質量分布をクランク角に対して示した結果であり，TDC 付近からまず質量の大きいすす粒子が多く出現し，時間とともに質量の小さい粒子のほうが多くなる．これは流体塊混

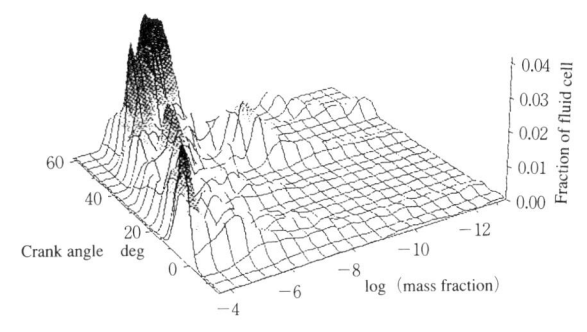

図 4.2.21 すす質量濃度分布の時間経過（図 4.2.20 の計算）[19]

合とともに進む OH によるすす粒子表面酸化反応による．計算結果の検討により，すす粒子の生成は，温度 2100〜2400 K および当量比 2.6〜2.8 の比較的狭い範囲で主として起こっていることが述べられている．

前出の図 4.2.18 に示された経路のうち，比較的高温度で起こるとされる炭素蒸気とポリアセチレン類のクラスタリングを吉原らが反応動力学計算によって確証している[20,21]．計算モデルにおいては次の二つの形態のクラスタリングが設定されている．

$$C_n + C_i + M = C_{n+i} + M$$
$$(i = 1, \cdots, 5) \quad (4.2.1)$$
$$C_n + C_2H = C_{n+2} + H \quad (4.2.2)$$

式 (4.2.1) で M は第 3 体を表し，炭素クラスタ C_n と C_i の衝突に際してエネルギーを吸収しギブス自由エネルギーがより低い C_{n+i} に変遷させる役割を果たす．式 (4.2.2) はポリアセチレン類によるクラスタリングを表し，すす生成の高速性を考えて，実際の火炎中に比較的高い濃度で確認されているアセチレンラジカル C_2H によるクラスタ反応を考えたものである．

この反応で生じた H は

$$C_2H_2 + H = C_2H + H_2$$
$$C_4H_2 + H = C_2H_2 + C_2H$$

の反応によって C_2H をさらに生じアセチレンラジカルによるクラスタリングを加速する．計算結果の検討から，アセチレンラジカルによるクラスタリングは比較的小さな炭素クラスタ（C_{100} 程度）の生成に寄与し，炭素蒸気のクラスタリングはより大きい炭素クラスタの生成に寄与することが示されている．図 4.2.22 に示される 2100 K における計算結果では，炭素粒子（soot）の急速な生成が再現されていることがわかる．また図 4.2.23 に示される 2300 K での計算結果では，すす形成が緩慢になるとともに生成量も少なくなる結果が表されており，これは高温で炭素蒸気のギブス自由エネルギーが低下するためクラスタ反応の平衡定数

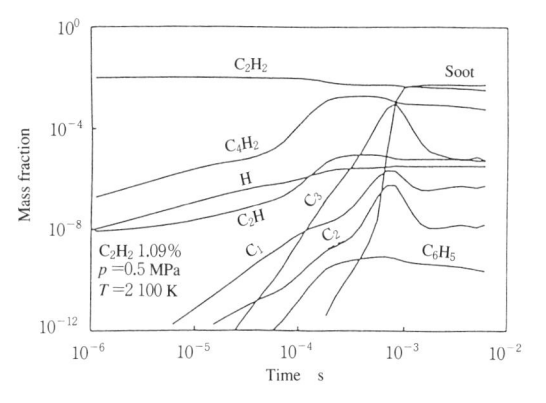

図 4.2.22 炭素蒸気とポリアセチレン類のクラスタリングによるすす生成モデルの計算結果（均一系）；2110 K[21]

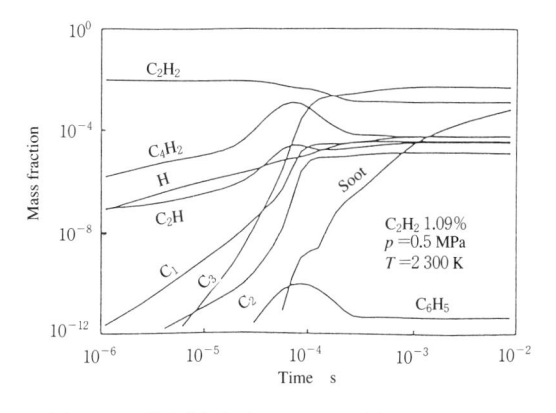

図 4.2.23 炭素蒸気とポリアセチレン類のクラスタリングによるすす生成モデルの計算結果（均一系）；2300 K[21]

が低くなるためと説明されている．このモデルはFrenklachらによる衝撃波管実験におけるすす形成について，とくに生成温度が2 000 Kでピークを示すいわゆるベル形特性をよく再現している．　［西脇一宇］

参 考 文 献

1) 池上ほか：容器内の乱流非定常拡散炎に関する確率過程論モデル（第1報），日本機械学会論文集（B編），Vol. 46, No. 404, p. 754 (1980)
2) 池上ほか：容器内の乱流非定常拡散炎に関する確率過程論モデル（第2報），日本機械学会論文集（B編），Vol. 46, No. 404, p. 762 (1980)
3) T. Kamimoto, et al.: High Combustion Temperature for the Reduction of Particulates on Diesel Engines, SAE Paper 880423 (1988)
4) 塩路ほか：希薄燃焼ガス機関の窒素酸化物生成に及ぼす混合気濃度不均一の影響，日本機械学会論文集（B編），Vol. 61, No. 588, p. 3092 (1995)
5) 村山ほか：ディーゼル機関の後期かく乱による黒煙およびNO_xの同時低減に関する研究（第1報）および（第2報），日本機械学会論文集（B編），Vol. 55, No. 517, p. 2919 (1989)，および，Vol. 57, No. 534, p. 773 (1991)；後期かく乱ディーゼル機関における最適化と黒煙低減過程，日本機械学会論文集（B編），Vol.59, No.567, p.3657 (1993)；SAE Paper 920467 (1992)
6) 李ほか：自動車技術会論文集，No. 35, pp. 44-51 (1987)
7) T. Ishiyama, et al.: A Study on Ignition Process of Diesel Sprays, JSME International Journal, Series B, Vol. 38, No. 3, p. 483 (1995)
8) 三輪ほか：ディーゼル燃焼における混合気形成と着火過程に関する実験的研究，日本機械学会論文集（B編），Vol. 57, No. 544, p. 304 (1991)
9) 吉原ほか：二段燃焼法によるディーゼル機関の低NO_x化に関する確率過程論モデルによる検討，日本機械学会第72期全国大会講演会講演論文集No. 940-30, p. 209 (1994)
10) A. M. Miller, et al.: Mechanism and Modeling of Nitrogen Chemistry in Combustion, Prog. Energy Combst. Sci., No. 15, p. 287 (1989)
11) N. I. Lilleheie, et al.: Modeling and Chemical Reactions, Nordic Gas Technology Center, p. 28 (1992)
12) M. Frenklach, et al.: Optimization and Analysis of Large Chemical Kinetic Mechanisms Using the Solution Mapping Method-Combustion of Methane, Prog. Energy Combust. Sci., No.18, p. 47 (1992)
13) Y. Yoshihara, et al.: Modeling of NO_x Formation in Natural Gas Fueled Diesel Combustion, Proc. COMODIA 94, p. 577 (1994)
14) Y. Yoshihara, et al.: Modeling of NO Formation and Emission through Turbulent Mixing and Chemical Processes in Diesel Combustion, Proc. The Eighth International Pacific Conference on Automotive Engineering (1995)
15) R. B. Edelman, et al.: Laminar and Turbulent Gas Dynamics in Combustors-Current Status, Prog. Energy Combust. Sci., Vol. 4, p. 1 (1978)
16) B. Broom, et al.: The Mechanism of Soot Release from Combustion of Hydrocarbon Fuels with Particular Reference to the Diesel Engine, Instn. Mech. Engrs., C140/71, pp. 185-197 (1971)
17) Y. Yoshihara, et al.: Reduced Mechanism of Soot Formation-Application to Natural Gas-Fueled Diesel Combustion, Twenty-Fifth Symposium on Combustion, pp.941-948 (1994)
18) M. Frenklach, et al.: Detailed Kinetic Modeling of Soot Formation in Shock-Tube Pyrolysis of Acetylene, Twentieth Symposium on Combustion, pp. 887-901 (1984)
19) Y. Yoshihara, et al.: Reduced Mechanism of Soot Formation － Application to Natural Gas-Fueled Diesel Combustion, Twenty-Fifth Symposium of Combustion, p. 941 (1994)
20) 吉原ほか：高温におけるすすクラスタ生成の化学動力学，日本機械学会論文集（B編），Vol. 58, No. 549, p. 1557 (1992)
21) Y. Yoshihara, et al.: Homogeneous Nucleation Theory for Soot Formation, JSME International Journal, Series II, Vol. 32, No. 2, p. 273 (1989)

4.3 燃焼改善

4.3.1 燃料噴射系

ディーゼルエンジンはその熱効率の良さ,優れた経済性と耐久信頼性により,世界の物流の主力を担ってきた.この傾向は,ディーゼルエンジンへの環境保全に対する大きな変革を迫りつつも,今後も続くものと考えられる.また,地球温暖化防止の観点から,世界的な CO_2 排出抑制の要求に対しても,低燃費特性の優れたディーゼルエンジンは今後とも熱い眼差しを受けるものと思われる.と同時に,排出ガスの観点からは,NO_x とパティキュレートの低減が非常に重要な社会的責務となっており,さらに,騒音の低減についても要求が高まりつつある.

燃料噴射系は,以上のようなエンジン性能や排出ガス値を直接左右する燃焼現象の支配的なキーテクノロジの一つである.最近の画期的な噴射系の動向の一つは燃料噴射圧の高圧化であり,さらには,燃料噴射率の制御である.これらの特性が必要で,従来のジャーク式の列型・分配型噴射系の改良だけでなく,各種のユニットインジェクタを含めて,新噴射系が検討されている.それらの技術,開発動向を紹介する.

a. 従来型噴射系

多気筒ディーゼルエンジンの生産数量は1 000 万台に近く,なかでもトラック・バス用の伸びが大きく,また1974年を起点に乗用車に搭載された小型高速ディーゼルが急増してきた.小型高速ディーゼルは乗用車のみならず小型のトラックにも応用されている.これらの歴史の中で大型エンジンにはジャーク式の列型ポンプがおもに搭載され,小型高速用には分配型ポンプが年産500万台の規模で搭載されている.

アメリカのユニットインジェクタの歴史はある地位を占めているが,ディーゼルの歴史はロバートボッシュの開発によるジャーク式ポンプの発明とともに発展を始め,さらに,分配型の発明によって飛躍的な発展をもたらしたとの見方ができる.現状のディーゼルエンジンの噴射系はすべてジャーク式のメカ駆動式である.なかでも噴射ポンプが独立できるポンプ-パイプ-ノズル方式が圧倒的多数を占めている[1].

車両用として生産,使用されている噴射ポンプは各種[2]あるが,分配型ポンプは,主として乗用車や小型商用車に使われている.一方,列型噴射ポンプであるA,ADは小型から中型ディーゼルエンジンに使用され,P型はおもに大型車両用として使用されてきた.最近の排出ガス規制および燃費向上をねらった高圧化の要求にはAD-SやP-S3S型ポンプで対応を図ってきたが,さらなる耐圧と能力向上が要求されている.P-S7Sはそれらの一つであるが,後述するTICSポンプがそれらの主対応ポンプである.一方,分配型ポンプにおいても高圧化の要求が強く求められており,ポンプメーカはカムプロフィル形状の見直し,などの対応をとっている.

（i）列型噴射系について さて,近年は低公害化,高出力化,低燃費化,低騒音化などの要求がますます強くなってきており,噴射系に対する要求も,単に高圧噴射だけでなく,エンジンの回転速度や負荷に応じて,最適の噴射特性を実現し,過渡的にも最適制御を得るといった複雑で,高度なものに変化しつつあるが,以下の3点,① 噴射量,噴射時期の自在制御,② 高圧噴射化,③ 噴射率の最適制御（rate-shaping）にまとめられる.

(1) 電子制御式ガバナ,タイマ: このうち,①の噴射量,噴射時期の自在制御では,従来のフライウェート型機械化ガバナ,遠心式機械タイマに代わって,電子制御ガバナ[3],同タイマ[3]が完成した.

電子制御ガバナでは回転速度に無関係に噴射量特性が変えられ,任意のエンジントルク特性が得られる.さらに,従来の高低速ガバナやオールスピードガバナよりは,より自由度の高いガバナ制御特性が得られる.これによってエンジンの最適制御が可能になり,アイドル回転速度の低下,それによるアイドル騒音低下,アイドル燃費の向上,カーノックの改善ができ,さらに,発進時・加速時・ギヤシフト時などにブースト圧に応じた噴射量制御[4,5]などが可能になり,黒煙の瞬間的な排出防止などに威力を発揮した.

一方,電子制御タイマはその名のとおり,エンジン回転速度と負荷に応じて最適の燃焼を得るために,油圧式アクチュエータによって燃料噴射時期を変えるものである[3].

(2) 可変噴射率型高圧噴射ポンプ: 次に,②の高圧噴射はパティキュレート（以下PM）,とくにすすの低減のために非常に有効な技術であり,今後とも噴射系技術開発の主要なテーマである.高圧噴射がエンジン性能,とくに,スモークやPM排出量に及ぼす影響についての資料,研究はたくさんある.その中の

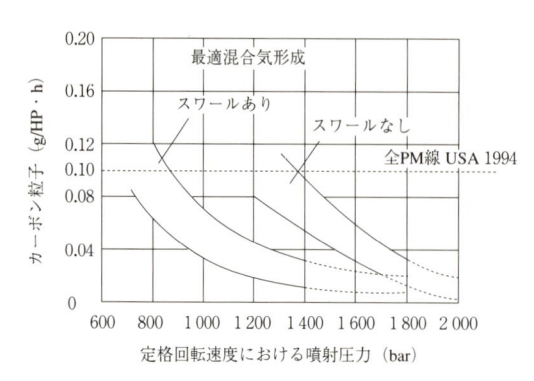

図 4.3.1 噴射圧力がパティキュレート排出値に及ぼす効果[6]

表 4.3.1 TICS ポンプの開発経緯[9]

Generation	吐出し弁	凹カム	長円ポート	パイロット噴射	噴射圧
I	吸戻し弁	—	—	—	70 MPa
II	等圧弁	✓	—	—	120 MPa
III	等圧弁	✓	✓	✓	140 MPa

✓: 採用, —: 該当せず

代表的な例を図 4.3.1[6] に示す．横軸に定格点におけるピーク噴射圧を，縦軸にはカーボンパティキュレートを示しているが，噴射圧力を高くすると PM は減少することがわかる．ただし，スワールの有無によって，その効果が異なり，スワールが存在すると，同一の PM 値を得るには，噴射圧は相対的に低くなる．しかし，スワールが存在しないと，逆に，要求噴射圧は高くなる傾向にある．たとえば，スワールシステムでは，最高噴射圧が 90 MPa でよいのに対し，スワールなしシステムでは，140 MPa の噴射圧力が要求されることになる．さらに，噴射圧力と性能との関連では，高圧にすると日本の 13 モード比較で，NO_x は増加し HC は減少，PM が大きく減少するという結果[7] が得られている．このように燃料の高噴射化は，とくに，スモークや PM の低減に大きな効果を発揮している．つまり，高圧噴射が大きなキーテクノロジであり，従来のジャーク式噴射ポンプを強化し，同時に，プリストローク量を電子制御する噴射方式の発展につながった．いわゆる，TICS ポンプ（Timing and Injection rate Control System）の展開[8] である．この TICS ポンプは第 1 世代から第 3 世代にわたっており，詳細はこの後で記述するが，まとめを表 4.3.1[9] に示した．TICS は 1987 年に市場に投入されたがこれが第 1 世代で，通常の吸戻し弁との組合せにより，噴射圧力 70 MPa 程度が得られた．等圧弁（CPV）と小噴孔径との組合せで，TICS の能力をさらに引き出し，噴射圧力 120 MPa 前後を実現したのが第 2 世代である．第 3 世代 TICS はコンケーブカム，長円ポートなどによる噴射率制御技術やパイロット噴射を付加したものをいうが噴射圧力としては 140 MPa が得られる．

TICS はプリストローク可変噴射ポンプとも呼ばれる．従来のプランジャバレルを可動スリーブとバレルの 2 ピースに分割し，スリーブをエンジン運転条件に応じて電気的アクチュエータでプランジャ運動方向に動かして，プランジャが給油孔をふさいで圧縮を開始する時期，プリストロークを任意に変えるものである．圧送を開始する時期を変えられることは，結局は，燃料噴射圧力を変えることになり，噴射率が変わる．具体的な TICS ポンプの構造を図 4.3.2[8] に示す．P-TICS ポンプは重量車用で，14 mm リフト，最大プ

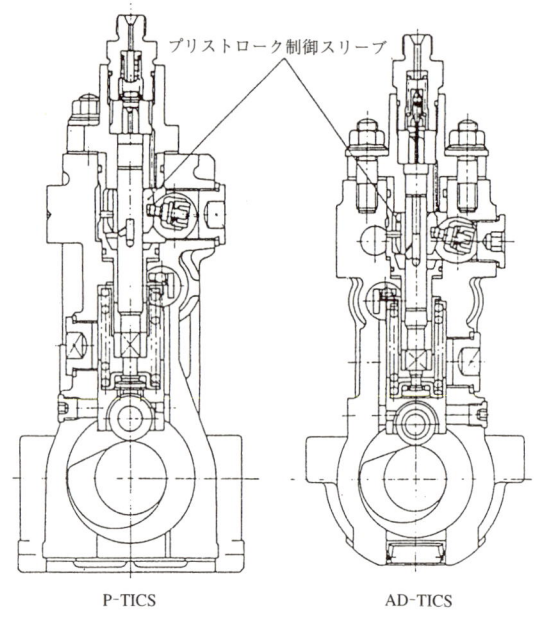

ポンプ型	A	AD	PS3000	PS7S	AD-TICS	P-TICS
カムリフト(mm)	8	10	11	12	12	14
最大プランジャ径(mm)	9.5	10.5	13	13	11	12
カムベース円径(mm)	24	28	32	34	30	34
フランジ構成	2枚	2枚	2枚	1枚	1枚	1枚
可変プリストローク範囲(mm)	—	—	—	—	2.2~5.4	3.3~6.3
可変噴射時期範囲(カム角)	—	—	—	—	10	8

図 4.3.2 TICS ポンプの構造と仕様[8]

4.3 燃焼改善

ランジャ径 12 mmφ, カムベースサークル 34φ で, 最大のポンプ送油率は 55 mm³/deg である. 一方, AD-TICS は中量車用で, 12 mm リフト, 最大プランジャ径 11 mmφ, カムベースサークル 30φ で, ポンプ送油率 38 mm³/deg であり, 両方の TICS とも従来ポンプの送油率を十分にカバーしている. これらの TICS ポンプはプリストローク, 送油率は変わるが, 残念ながら, その構造上から噴射時期は送油率に影響され, 噴射時期が遅れるほど, ポンプ送油率が高くなり, 噴射圧力も高くなるのに対し, 噴射時期が進むほど, 噴射圧力は低くなることが理解できる. 次に TICS ポンプの噴射性能をユニットインジェクタとの比較で図 4.3.3[8] に示した. P-TICS のエンジン回転速度に対するピーク噴射圧力は, その傾きがユニットインジェクタよりも緩やかで, 低速回転ではユニットインジェクタより噴射圧が高い. つまり相対的に低速では高圧噴射が, 高速では適度の噴射圧が得られ, エンジン側から要求される特性に近い.

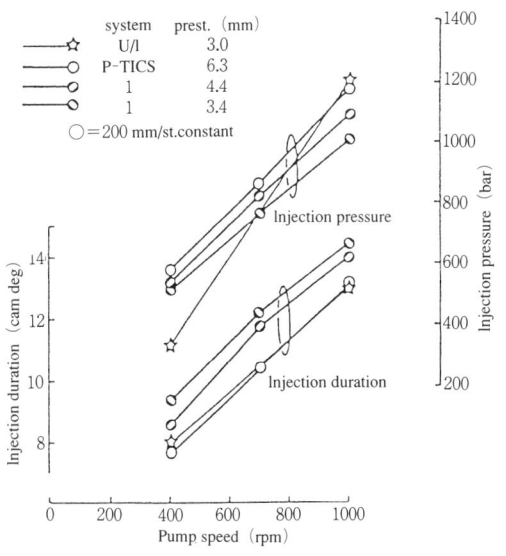

図 4.3.3 HD-TICS ポンプの噴射性能[8]

(3) 等圧弁 (CPV): 通常のポンプ-パイプ-ノズルで構成される噴射系では, 小噴孔径の使用は系内のキャビテーションエロージョンや 2 次噴射のために制御を受けていた. この問題を解決し, さらに TICS の能力を引き出すために通常の吸戻し弁に代わって等圧弁 (CPV) が開発された[8]. これにより, 小噴孔径ノズルの使用域の拡大ができ, 0.2 mm² 程度の面積を有するノズル噴孔径が使用でき, ユニットインジェクタ並みの噴孔径に匹敵する. これらによって, 一段と高圧噴射化が可能となり, 概略で 120 MPa 前後の噴射圧力が得られた.

(4) ラピッドスピルポート: 一般に噴射切れを素早くすればするほど, 噴射圧力降下期間中の噴霧の微粒化が改善され, 噴射期間もその分だけ短縮されるので, スモークや HC などの改善と燃焼期間短縮による燃費の改善が期待できる. 図 4.3.4[9,10] に示すが, スピルポートの形状を長円にして, 圧送終了直後の開口面積を大きくすることで, プランジャ室内圧力を短時間に下げることができ, ラピッドスピルが得られる. 従来の円形ポートと長円ポートと比較しているが, 長円ポートのほうがスピル率が大きくなっておりまた結果として投入される圧送の有効ストロークが増えて, ピーク時の噴射圧力, 噴射率が高くなっている. ラピッドスピルの排出ガスに与える効果を同図に示した. 燃料 SOF 分の低減に効果があるが, スートに関してはスピル率が低い状態では改善可能だが, あるスピル率以上では効果なしという結果で, さらに, 燃費率の改善は得られなかった.

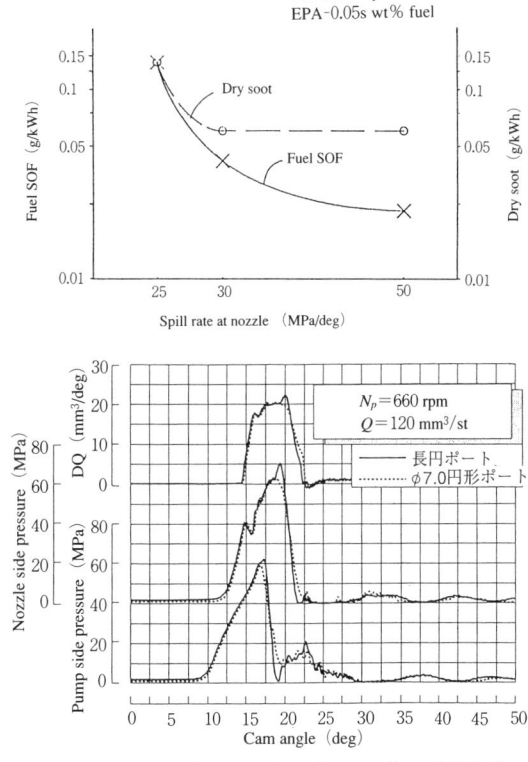

図 4.3.4 長円スピルポートとラピッドスピルの効果[9,10]

(5) **噴射率制御**（コンケーブカム）: 一般に噴射率パターンは三つの部分，噴射初期，中期，後期に分けられるが，それぞれで要求特性が異なる．中期では高噴射率・高圧噴射が，後期ではラピッドスピルが要求される．初期の噴射率は予混合燃焼を支配する重要因子で，NO_x や燃焼騒音の低減には低いことが望ましいと考えられる．初期噴射率制御にはコンケーブカムプロフィルによる方法とパイロット噴射法がある．

コンケーブカムは噴射率制御の有効な手段で，図 4.3.5[11,12] にそのプロフィルと送油率線図を示す．このカムは，従来の接線カムと異なり凹面円弧状カムであり，その特徴として，① 同一リフトの接線カムに対して，最大送油率が高くできる，② 送油率の可変範囲が拡大する，③ 単位カム角度当たりの送油率変化を大きくとれる，の三つがあげられる．噴射中の噴射圧力の平均と噴射期間との関連をみると，コンケーブカムを使うことによってプリストローク変化による平均噴射圧，噴射期間の可変範囲が従来の接線カムに比べて拡大していることがわかる．同じ図に回転速度を定格の 60% に一定として，コンケーブカムによる初期噴射率の低減効果と，燃焼特性および排気ガス・燃費性能を示した[12]．エンジン負荷を 95，60，40% と変化させたが，コンケーブカムは初期噴射率がいずれの負荷でも低減し，後半では噴射率が高くなって，予混合燃焼時の NO_x 低減と，拡散燃焼時のスモーク抑制に効果が期待された．熱発生率線図でみると，確かに予混合燃焼は少なくなった．排出ガスと燃費性能を比較すると，NO_x はいずれの負荷でも低減している．40，60% 負荷では燃費がわずかに悪化するが，PM が低減して，NO_x と PM の二者の同時低減が実現している．それに対して 95% 負荷では，NO_x がわずかに低減するが，PM は大きく悪化している．高負荷条件では，空燃比が小さいので，予混合燃焼を制限することは，燃焼初期にスートの生成を引き起こすので，スモークの悪化を生じたものと考えられた．燃焼後半の乱れ強さはスートの酸化に大きな効果があるといわれるが，初期燃焼の制限は，爆発的燃焼による乱れ生成を抑制していることも，スートの悪化につながったものとも考えられる．

(6) **パイロット噴射**: パイロット噴射の技術は，ディーゼル燃焼騒音低減の観点から興味深い技術の一つであった．近年では騒音のみならず，NO_x 低減の手段として注目されてきている．パイロット噴射は噴射期間中に一度短い噴射休止期間を設けるもので軽負荷では着火遅れ期間中に噴射が終了し，予混合燃焼のみで燃焼が終了してしまう領域がある．この場合は燃焼期間も短く，NO_x や騒音が増大しやすくなる．この対策としてパイロット噴射は有効な技術である．さらに中，高負荷時においても，パイロット噴射によって燃焼室内に着火しやすい条件をつくりだし，着火遅れ期間の短縮が可能な条件だと，NO_x，騒音の低減に寄与できる．

図 4.3.6[11] に TICS のパイロット噴射のメカニズムを示す．パイロットスリットがプランジャメインリード下端に設けられ，コントロールスリーブの下端がこのスリットをふさいだときに，パイロット噴射の圧送が始まりコントロールスリーブ上のパイロットスピルポートがこのスリットに出会うと，パイロットストロークが終了する．パイロットスピルポートがスリットから離れると主噴射の圧送が始まる．このようにパイロットストロークはパイロットスリットとパイロッ

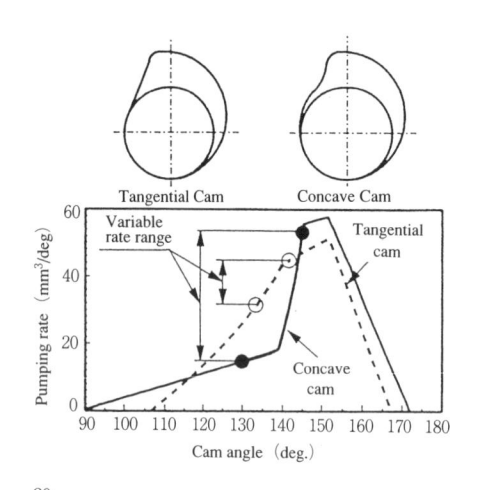

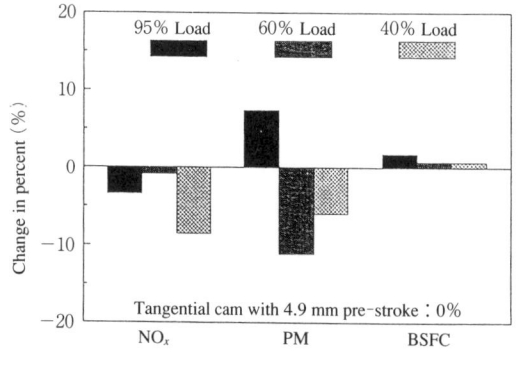

図 4.3.5 コンケーブカムによる初期噴射率低減と燃焼特性および排気性能[11,12]

4.3 燃 焼 改 善

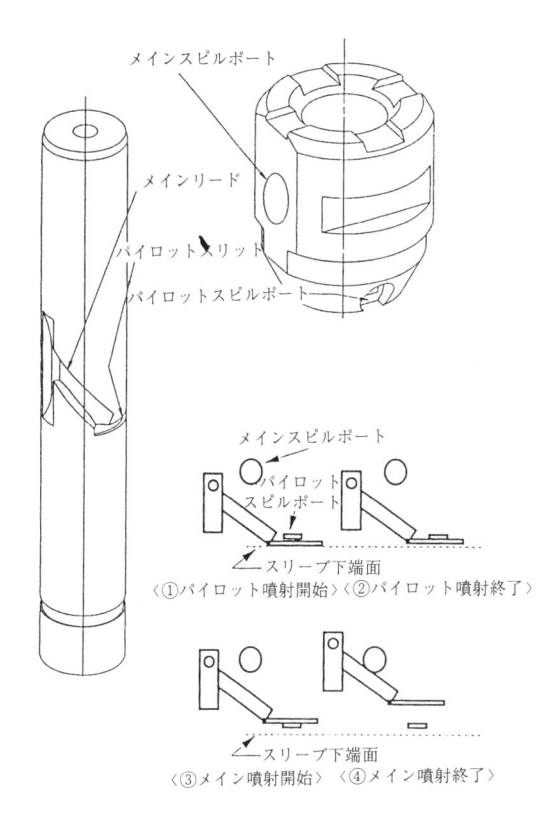

図4.3.6 TICSパイロットのメカニズム[11]

図4.3.7 パイロット噴射量の効果と燃焼特性[13]

トスピルポートの寸法によって決められ，プリストロークによらず一定である．

図4.3.7[13]は，パイロット噴射量を変えたときの排出ガス性能であり，パイロット噴射量を増やしていくと，NO_xは下がっていくが，ある噴射量を越えると再びNO_xが増加し，最適のパイロット噴射量が存在する．スモーク，燃費の変化はあまりない．燃焼解析によると，パイロット噴射によって，予混合燃焼量が急激に減少して，NO_xが減ったことを裏付ける．図4.3.8[9]は，パイロット噴射時のNO_xとPM（スモーク）とのトレードオフの改善能力をみたものである．パイロットでHC，燃費が改善されており，タイミングリタード時の低NO_x域において顕著である．スモークはわずかに悪化しているが，低NO_x域での燃費，HCの巻上がりを防止している．スモークの悪化はパイロット火炎が主噴霧に再導入されるので，燃焼が緩慢になるため，という報告[13]もある．騒音の低

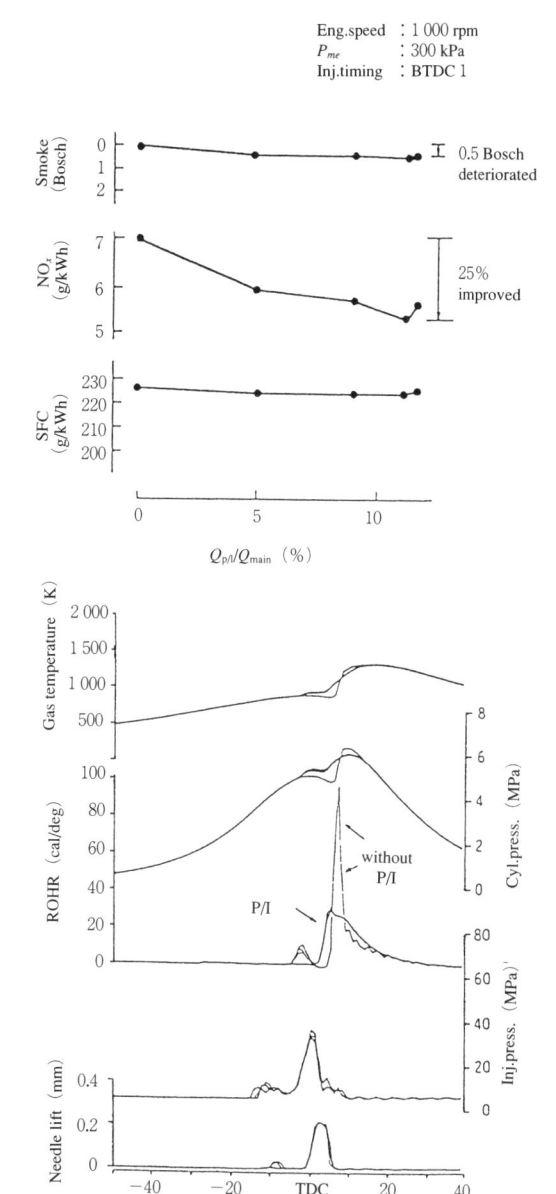

減効果をみると，図4.3.7の燃焼解析からは圧力上昇率が小さく，燃焼騒音も低くなることが予想されるが，1～2 kHzの振動エネルギーが低減し，振動レベルとして5 dBA低減した，という報告[9]がある．

少量のパイロット噴射量を精度よく制御することがエンジン側から要求されるが，加工精度やノズル開弁

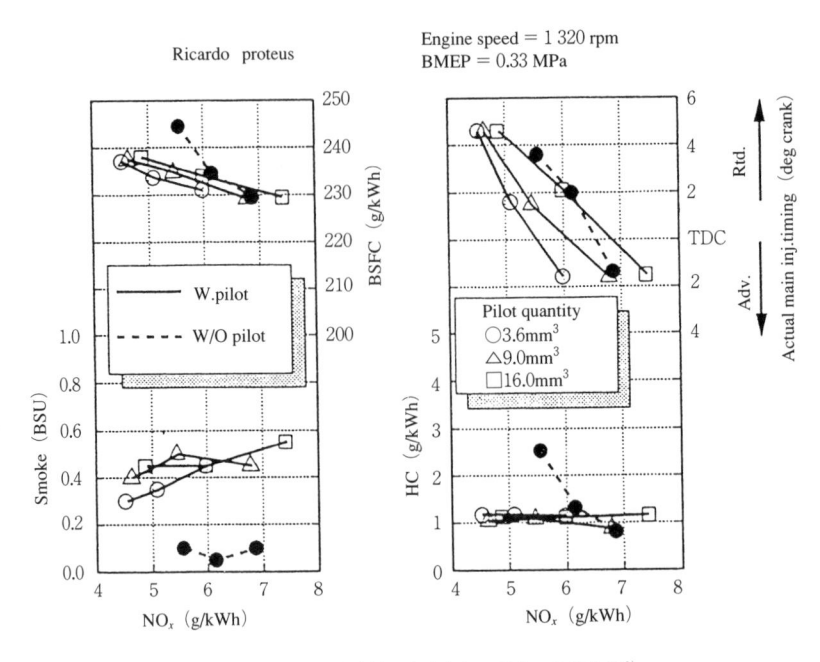

図 4.3.8 パイロット噴射によるトレードオフ改善効果[9]

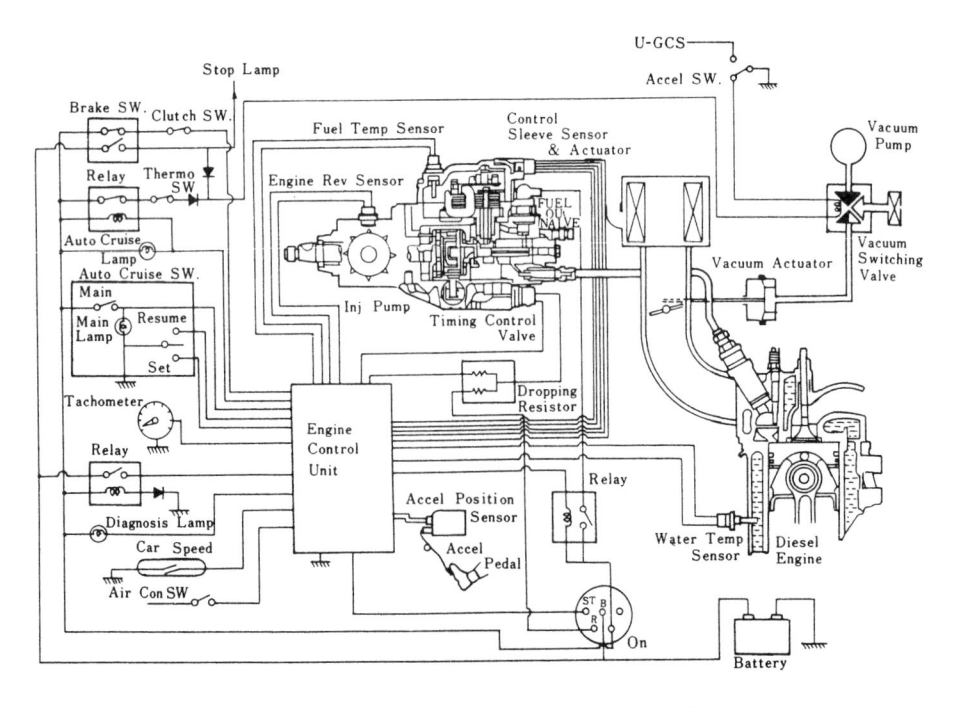

図 4.3.9 COVEC システムのブロックダイヤグラム[14]

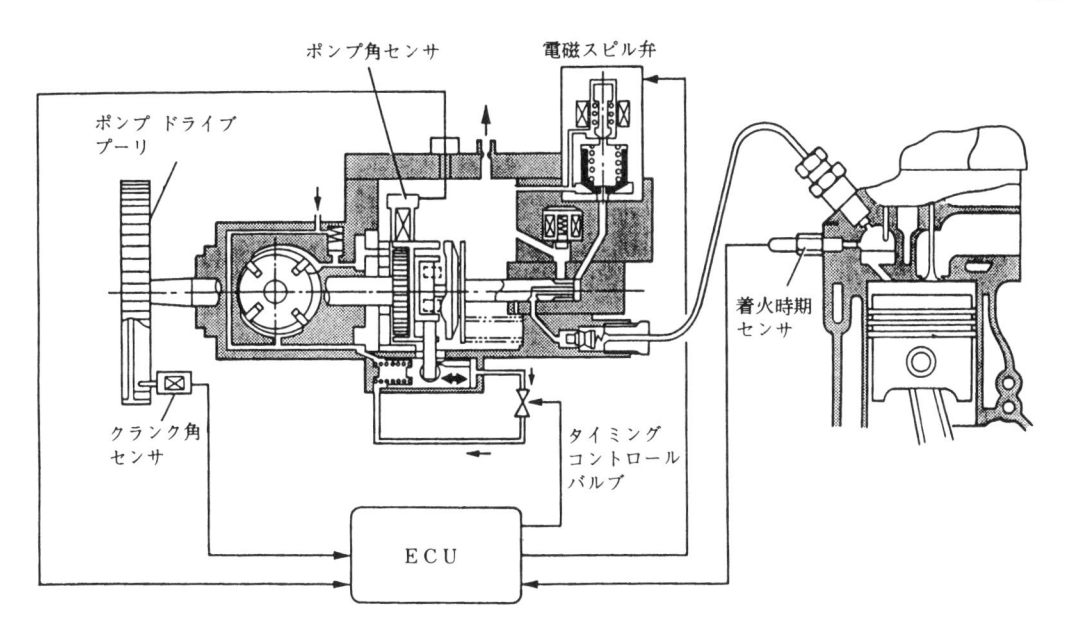

図 4.3.10 着火時期センサなどによる噴射時期制御の一例[15]

圧のばらつきの影響が無視できないほど大きく，量産に向けては各方面からの技術開発が必要である．

(ii) **分配型噴射ポンプについて** 分配型噴射ポンプの代表格は VE ポンプで，主として乗用車や小型商用車に使われている．分配型は 1965 年に VM 型が市場に投入され，約 10 年後に VE 型が出現した．80 年代の後半になって，排出ガス規制対応や商品性の向上などをねらって，電子制御式 VE 型が市場に投入され，現在に至っている．このクラスのエンジンでも低公害化，低燃費化，高出力化などには高圧噴射化による噴霧の微粒化が必要になる．VE の現状噴射圧力は 70 MPa であるが，さらなる高圧化の研究が行われている．低コスト化が要求されるこの分野では高価な高圧噴射装置は使えず，この分配型噴射ポンプの枠組みの中で対処する必要があり，そのため負荷および回転速度に応じた，ますますきめ細かい電子制御式 VE 型噴射ポンプが要求される．これについて最近の動向について触れる．

(1) **電子制御式分配型噴射ポンプ**： ディーゼルエンジンの電子制御の基本は燃料噴射量と噴射時期の制御であり，いろいろなシステムが発表されているが，システムの概要はほぼ同じである．図 4.3.9[14] は，VE 型を基本にした電子制御式分配型ポンプ COVEC システムを示す．噴射量を制御するガバナアクチュエータとして，図ではロータリソレノイドを使用しているが，リニア型を使用している例もある．噴射時期の制御は高速電磁弁を用いて，高圧室の燃料を低圧室に逃がすことで，タイマピストン位置を制御している．回転速度，負荷に応じた任意の噴射時期特性をデューティ比制御をすることで得ている．

同じような電子制御システムを図 4.3.10[15] に示す．基本的機能は図 4.3.9 に同じであるが，噴射量は回転速度・負荷で決められ，冷却水温度・吸気温度・吸気圧力・過渡条件でも補正される．噴射時期も回転速度・負荷で決められるが，冷却水温度や吸気圧力で補正される．さらに，着火時期センサで実際の燃焼開始を検出することによって噴射時期を補正できる．したがって，噴射時期特性の個体差を排除し，燃料のセタン価や大気条件の変化に対して最適の噴射時期を与えることができる．今後ますますディーゼル車に要求される低燃費性，ガソリン車並みのドライバビリティ，低騒音，低振動という快適性の向上といったユーザからの要求への対応などから，電子制御化は今後とも必要不可欠となる技術である．ごく最近では，さらにアイドルスピードコントロールとか，気筒間の回転変動差をなくすよう気筒ごとの噴射量を学習制御してアイ

ドル振動低減制御を行ったり,吸気絞り,EGR 制御やグロープラグ制御などが行われている.

(2) **CPV**: 列型ポンプで開発された等圧弁 (CPV) は基本的機能は分配型ポンプでも発揮する.両者の組合せで噴射系騒音の低減を図った事例を図 4.3.11[16]に示した.この図から,CPV によって噴射管内の残圧が一定に保たれるため,噴射管内のキャビテーションの発生が防止されるので,噴射管から放射される騒音が低減できる.2 kHz 以上の周波数域で 7~8 dB 前後の音圧レベルの改善が得られた.これには,噴射管内の圧力降下速度が遅くなることによるノズル,吐出弁の着座音の低減も含まれる.

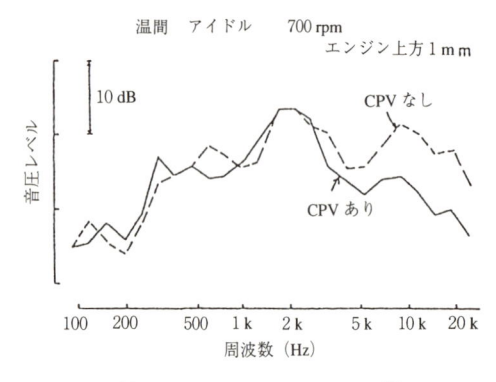

図 4.3.11 CPV の騒音低減効果 [16]

(3) **2ステージカム**: このカムを用いて可変噴射率制御噴射ポンプとして,部分負荷時の噴射率を維持しつつ,高負荷時の噴射率を増加させることで,高出力と低騒音・低エミッションの両立を果たしている例があり,図 4.3.12[17]に示す.噴射ポンプの送油率線図でわかるように高負荷側の送油率が高くなり,管内圧波形でも確認されるが,その結果出力が改善された.送油率の増加,すなわち,噴射率の増加で,渦流室内での熱発生分担が増加し,燃焼の等容度の向上による熱効率の改善によるものであると考えられる.同様な例[18]が報告されており,VE 型噴射ポンプのプランジャ径が 12φ,2ステージカムとの併用で初期噴射率を抑制すると同時に,軽負荷域での噴射期間増加,高負荷領域での噴射期間の短縮を実現している.その結果として,NO_x とのトレードオフの改善ができ,あわせて,高出力化と低燃焼騒音を達成した.初期噴射率を下げて予混合燃焼の抑制を図って NO_x を低減し,後期噴射率の確保で再燃を促進して PM の低減を図る

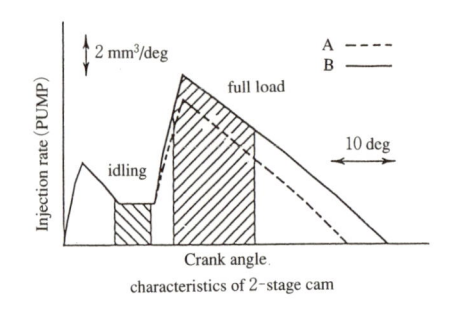

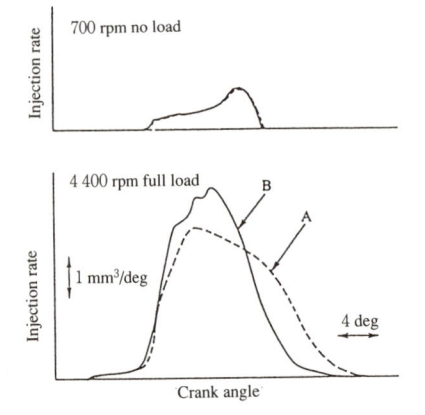

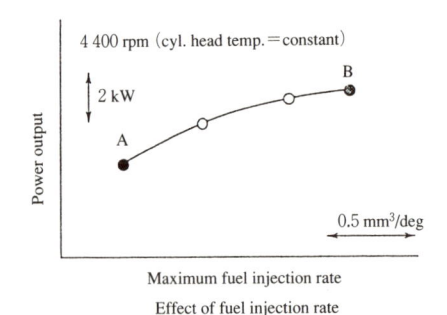

図 4.3.12 2ステージカムの性能 [17]

というコンセプトどおりになった[18].

(4) **パイロット噴射**: 走行性能や走行中の車内騒音についてはガソリン車とほぼ肩を並べるレベルに近づいたものの,アイドリング時の騒音,とくに冷間時騒音に関しては依然としてガソリンとの差が大きく,技術開発が急務である.この対応として,パイロット噴射があり,いろいろな種類が考えられる[19].その一つとして,VE 分配型噴射ポンプをベースにアキュムレータ式パイロット噴射装置が開発された.図 4.3.13[20]に概要を示した.アキュムレータ式では,燃料噴射ポンプのプランジャ室圧が設定値に達したと

4.3 燃焼改善

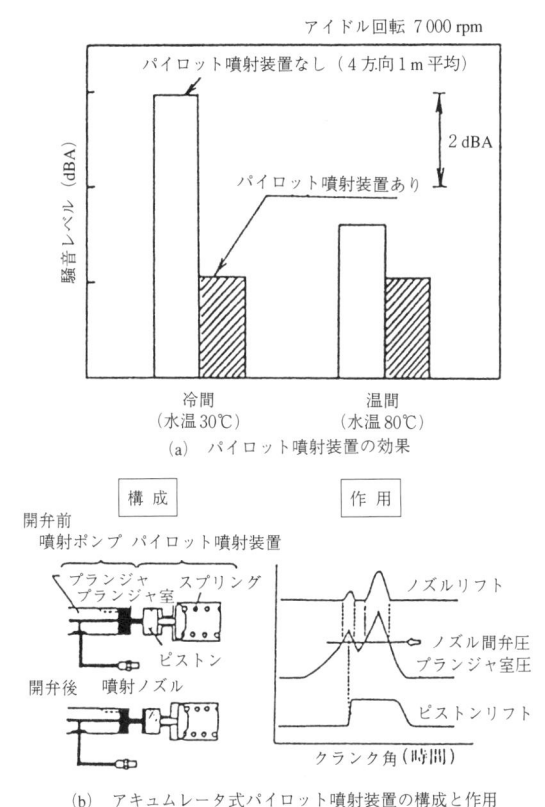

図 4.3.13 アキュムレータ式パイロット機構による効果[20]

(a) パイロット噴射装置の効果
(b) アキュムレータ式パイロット噴射装置の構成と作用

きに，開弁し移動するピストンを備えている．これによって初期噴射量を少量に制御できるために，燃焼解析結果に現れているように，着火遅れ後の急激な圧力上昇が低くなった．ディーゼルノックの周波数帯といわれる 2 kHz 付近で，大幅な騒音低減効果が得られた．パイロット噴射の最大の効果は，冷間時のアイドル騒音低減で，約 4 dBA の効果が得られ，ほぼ温間時並みのレベルとなった．

ピエゾアクチュエータによるパイロット噴射制御システムの研究も行われた[21]．ピエゾアクチュエータをピストンを介して VE ポンプの高圧室に取り付ける．ポンプ圧送中のオープン状態では高圧室圧力がピストンに作用し，ピエゾアクチュエータは電圧を発生する．噴射途中で発生電圧をショートさせるとピエゾアクチュエータは瞬間的に収縮し，噴射が中断し，パイロット噴射が可能となる．

b. 新噴射系

ディーゼルエンジンにおいて，NO_x 低減および PM 低減には高圧噴射が適切であり，この実現に向けて，前節で述べたようなジャーク式列型，分配型噴射ポンプによる高圧化をはじめ，ユニットインジェクタやコモンレール式ユニットインジェクタ，ユニットポンプ，スプール式噴射システムなどの新しい噴射系の開発が行われているので，その状況を紹介する．

（i）**ジャーク式ユニットインジェクタ** この噴射系はデトロイトディーゼル社が長年使っており，実績も高いし，機械的なシステムであるが，最近では電子制御方式が多くなった．機械的システムでは厳しい PM，NO_x の排出ガスに対応するには，制御の自由度が少ないので，対応すること自体がむずかしくなりつつある．これを打破するには燃料噴射圧だけでなく，噴射量をはじめ噴射時期を任意に制御できる電子制御式ユニットインジェクタが望まれた．図 4.3.14[22]に電子制御式ユニットインジェクタの量産代表例を示すが，高圧噴射機能と電子的な噴射時期制御システムを有している．プランジャは直接，エンジンカムシャフトで駆動され，高圧部の容積もジャーク式に比較して小さく，これは PM 低減にとっては非常に有利な特徴である．スピル弁も電子制御され，噴射量や噴射時期の最適な制御を行っており，これらを総称して EUI と呼んでいる．エンジン性能の一例を図 4.3.15[22]に示

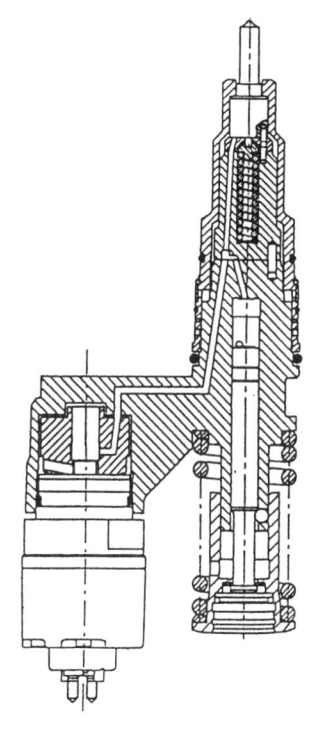

図 4.3.14 電子制御式ユニットインジェクタ[22]

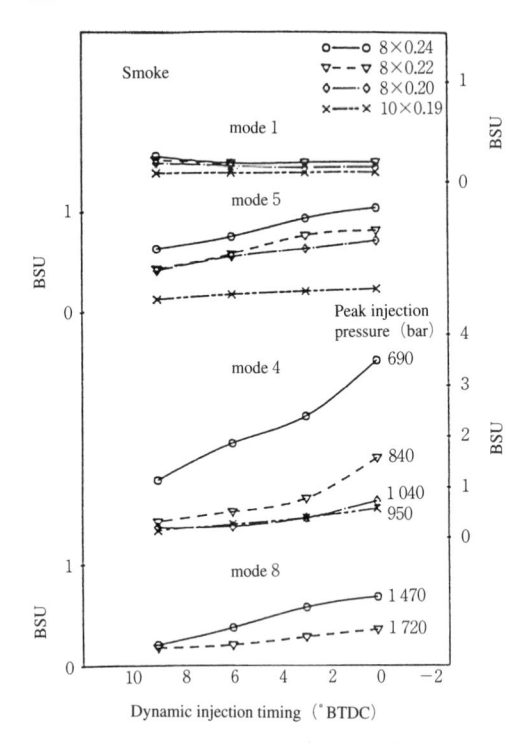

図 4.3.15 EUI の排出ガス性能[22]

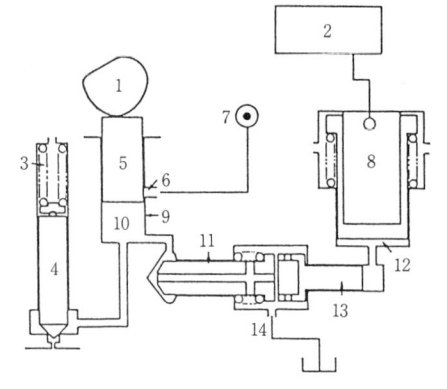

(a) 試作したユニットインジェクタの構造
1：cam, 2：PZT controller, 3：nozzle spring, 4：needle, 5：plunger, 6：fuel supply port, 7：fuel source, 8：PZT, 9：cylinder, 10：high pressure chamber, 11：spill valve, 12：actuating chamber, 13：rod, 14：drain port

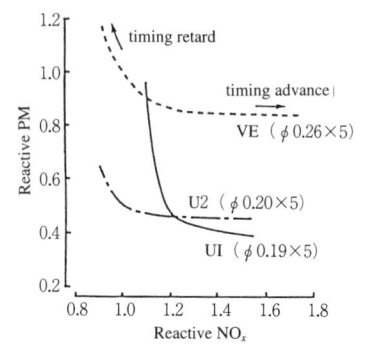

(b) 各噴射系での NO_x-PM トレードオフ特性の比較

図 4.3.16 積層型 PZT ユニットインジェクタ[23]

すが，噴射ノズルの噴孔径を変えて，噴射圧力を変えたときの結果で，どのモードにおいても噴孔径を絞り，噴射圧力を高めてやるとスモーク濃度が大きく改善できることがわかる．モード 8 では相当な高圧噴射にすると，BOSCH 濃度は 0.5 以下になり，モード 4 でも大幅にスモークはよくなるが，ある圧以上で改善効果が急減する．US・FTP モードをシミュレーションすると，噴射圧が 1 800 bar 以上で，94 年の NO_x，PM 規制をクリヤできるといえる．以上のように小噴孔径との組合せによる高圧噴射と長噴射期間は PM，NO_x のトレードオフを改善するには効果的である．

(ii) 積層型 PZT アクチュエータ式ユニットインジェクタ 高速アクチュエータとして注目されている積層型 PZT を利用し噴射制御の高速・高精度化を目指したユニットインジェクタが試作され，鋸波状の噴射率波形が得られたうえ，噴射のピーク圧力は 170 MPa と高圧で，さらに，パイロット噴射ができるものが研究され，これを用いた排出ガス性能試験結果を図 4.3.16[23]に示す．積層型 UI とコモンレール型 (U2) と VE ポンプとの 3 者の比較である．UI は NO_x の高い領域では良好だが，低 NO_x 側では噴霧の中心部に噴霧濃度の濃い領域が残り，混合の不良度が増すために，急激に PM が増加する．噴霧形成上の課題が残る．

(iii) コモンレール式ユニットインジェクタ 蓄圧式ユニットインジェクタとも呼ばれる．研究用としてのコモンレール噴射系は，新燃焼システム研究所が 2 種類の噴射系を用いて，300 MPa 弱の噴射圧力で高圧噴射による燃焼改善と排出物低減について研究を行ってきており，燃焼観察も行って筒内での燃焼過程との関連を明らかにした[24]．高圧噴射による燃焼改善は，燃料噴霧内への空気導入が促進されて噴霧内の当量比が薄くなることと，微粒化が促進されて平均粒径が小さくなり蒸発と燃焼が促進されたこと，高圧噴霧自身は大きな運動量をもっており，これが空気にシフトするときに強い空気乱れを生じさせ，燃焼の促進に有効であること，などが要因と考えられる[24,25]．さらに，ノズル噴孔出口に座ぐりを設けて，その形状

4.3 燃焼改善

を変化させて，噴霧特性や排出物特性に及ぼす影響などを調査する試験が行われた．

量産を目指したコモンレール噴射システムの開発は盛んで，その一例が図4.3.17[26]である．このシステムでは高圧供給ポンプ，コモンレール，インジェクタ，コントロール部と各種センサからなっている．コモンレール圧は高圧ポンプの排出量を制御することでコントロールされる．噴射量や噴射時期は三方弁でノズルの背圧を制御することで変えるが，噴射量は三方弁へのパルス幅で決められ噴射時期は三方弁へのパルス時期を変えることで決定される．噴射率形状は，とくに立上り形状はワンウェーオリフィスの形状でほぼ決まってしまう．図の下に噴射過程を示したが，三方弁が開いて噴射が開始すると，ワンウェーオリフィスで油の逃げを抑えてやることで，ノズルリフトの立上り方が抑制されるので，ゆっくりとした噴射率カーブを描くことになり，初期噴射率が制御され，デルタ形の噴射率形状となる．NO_xレベルは初期噴射率形状

の影響が大きいこと，コモンレールではその制御特性上，矩形的な噴射率形状が基本になってしまうこと，などを考慮すると，噴射率形状の制御はコモンレールでは非常に重要である．コモンレール型噴射システムの高噴射圧力のポテンシャルとそのときの駆動トルク値をジャーク式列型噴射ポンプと比較して，図4.3.18[26]に示す．最大の特徴はエンジン回転速度に関係なく，ほぼ運転領域の全域で，一定の噴射圧力，今回は120 MPaの噴射圧力が得られ，低速回転になるほど噴射圧力が小さくなる列型ポンプとの大きな違いで，これがコモンレール噴射系の最大の特徴である．さらに，同一圧力で両者の駆動トルクを比較してみると，コモンレールは列型ポンプに比較して少ないのも特徴で，これは燃費的な面から有利である．

コモンレール噴射系は高噴射圧力の能力とその高い制御の自由度から，各所で研究開発が行われており，それらの一端を示す．まず図4.3.19[27]はリカルド社の結果を示す．スモーク濃度は高コモンレール圧が最

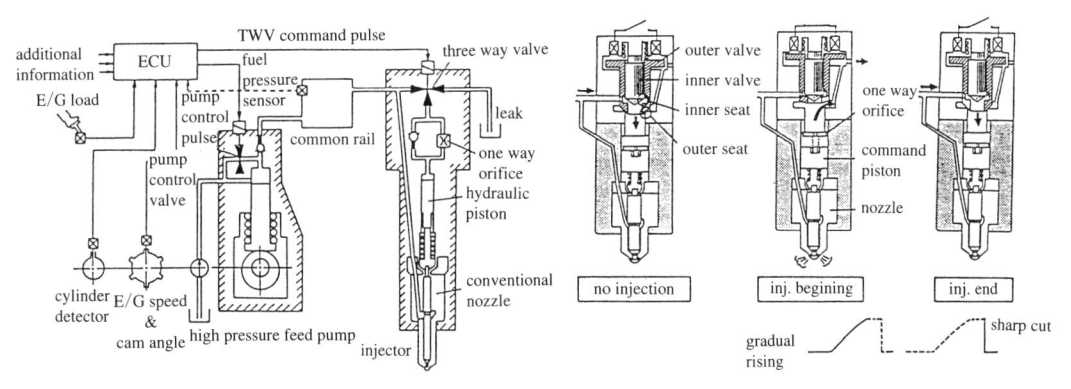

図4.3.17 ECD-U2 コモンレール噴射システム[26]

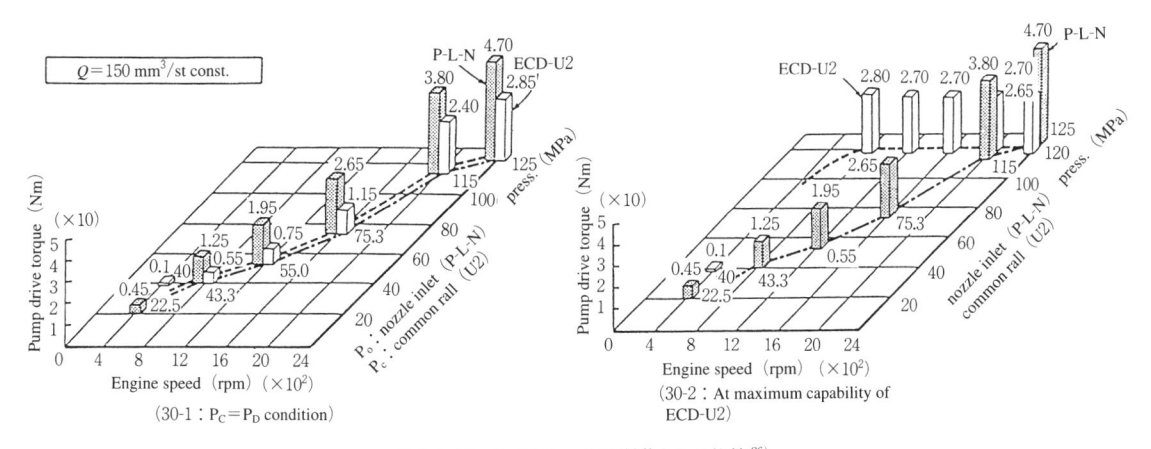

図4.3.18 コモンレールの駆動トルク比較[26]

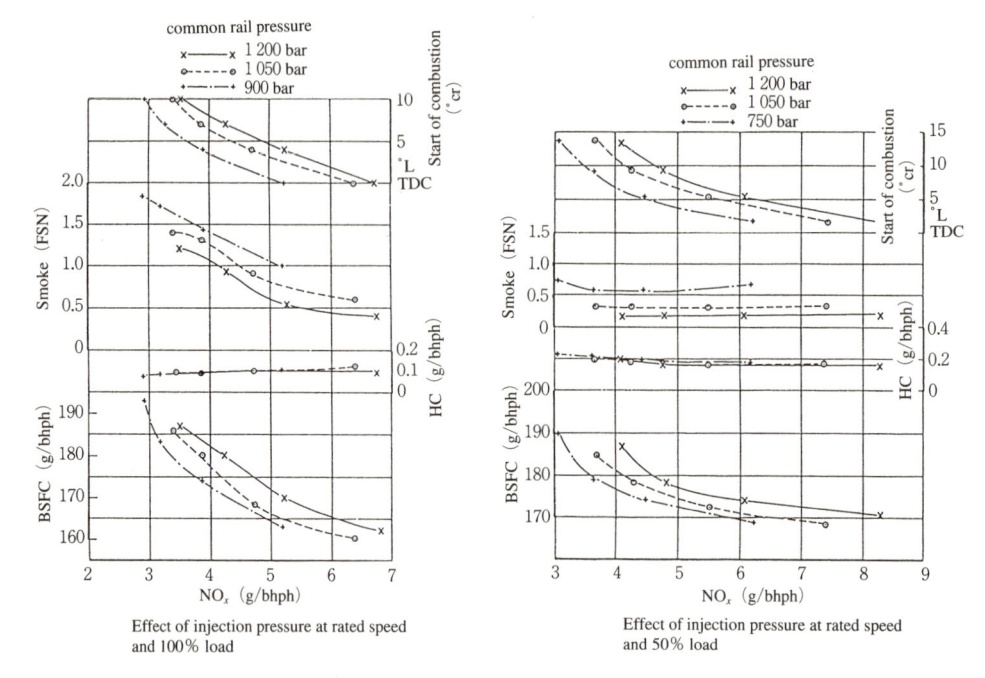

図 4.3.19 コモンレール噴射圧力の効果[27]

良の結果を示し，US/FTP 対応には定格点で 120 MPa の噴射圧があれば，カーボン PM はクリヤできる．いずれの負荷でも同一 NO_x でみると，噴射圧が高いほど燃費は悪化する．ただし，スモークは逆の傾向である．NO_x を 4.5 g/hp・h に固定し，最良のスモーク/HC/燃費のトレードオフをみると，定格的全負荷で 105 MPa が，中負荷では 100 MPa が，低負荷では図示しないが，73 MPa の噴射圧が適切で，120 MPa は不要である．このように，回転や負荷に応じたフレキシブルな噴射圧制御が必要である[27]としている．さらに，ラピッドスピルも要求され，これによって平均噴射圧が高くなるとともに，噴射終了時の微粒化が改善されスモークの低減につながるとしている．ほかの例を図 4.3.20[28]に，噴射圧の効果として示した．定格点の全負荷では，NO_x レベルを無視すると，コモンレール圧を高めるほど，スモークと燃費はよくなる．一方，中速の部分負荷では，前の事例と同じく，高圧噴射化ほどスモークはよくなるが，燃費率は最適の噴射圧が存在し，高すぎると燃費は悪化する．したがって，噴射圧は HC，スモークなどの関連を考慮して適切にコントロールする必要がある．

さて，コモンレール噴射系はパイロット噴射が必須の技術であるが，この結果の一例を図 4.3.21[27]に示す．低負荷で 5 mm^3/st のパイロット量を行うと，スモーク，HC，燃費の悪化を生じずに約 20% の NO_x 低減効果が得られ，燃焼騒音も 10 dBA 減少させることができた．全負荷でパイロット量を増やした効果を同時に示すが，一定 NO_x レベルで，燃費の悪化なしでスモークと CO が低減した．

コモンレールを用いた燃焼系の研究は多く，たとえば，ジャーク式ポンプとコモンレールシステムによる噴霧の構造を調べて燃焼研究を行っている例で，コモンレールは噴霧の貫徹力が強く，短時間に噴霧が燃焼室全体に広がり，その後燃料は速やかに蒸発し，噴霧は消失するのに対し，ジャーク式では，噴霧がなかなか広がらず，噴射終了後も噴霧が明確に観察できる，という報告[29]がある．

高圧噴射時の NO_x の増加は最高火炎温度の上昇によるのではなく，ある温度以上の高温火炎領域の拡大によるもので，さらに，高圧噴射は生成したすすの酸化が速やかであり，リタード時はすすの生成自体が少ないとの報告[30]もある．

コモンレール噴射系は結局は電磁弁の性能によるところが大きく，高速応答性が高ければ，スプリット噴射も可能だし，始動性も改良できる[31]．主噴射の 15° 前にスプリット噴射し，噴射量分割比を 1:2 とした

4.3 燃焼改善

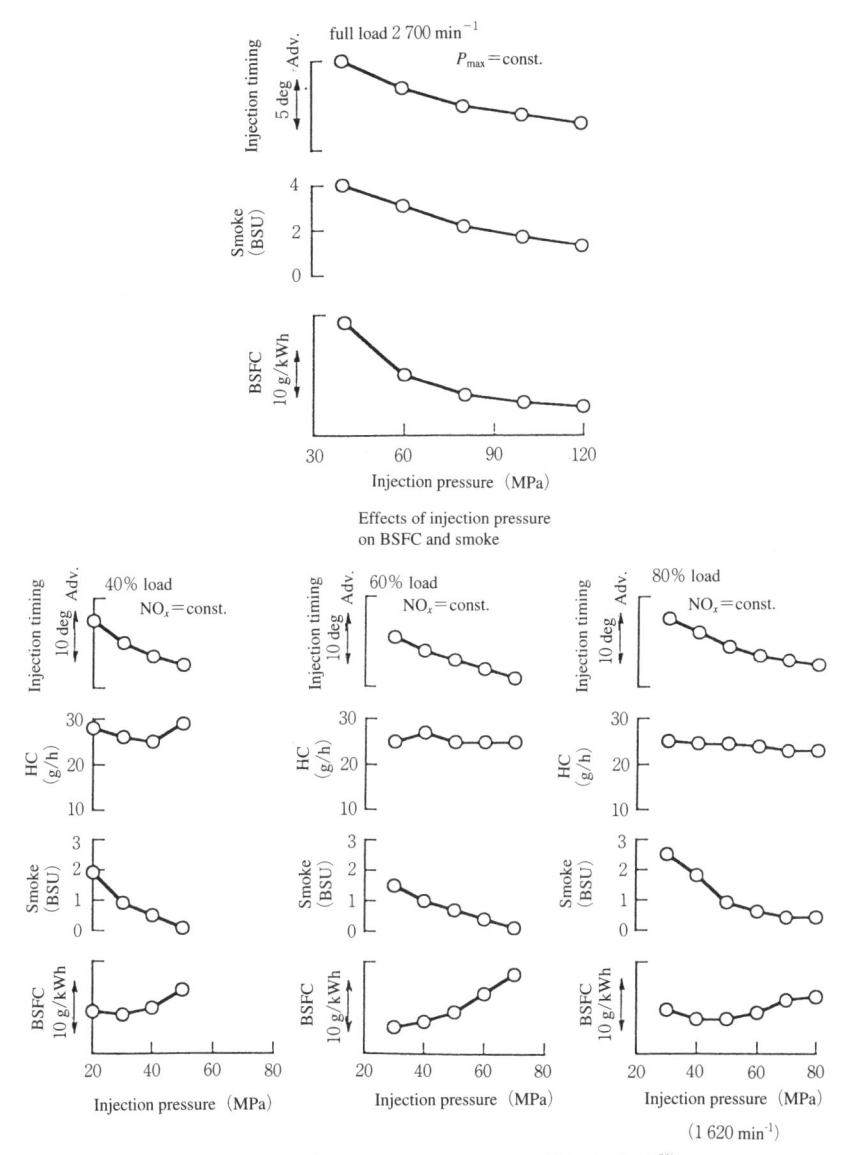

図 4.3.20 部分負荷でのコモンレールによる排出ガス性能 [28]

例で着火遅れの大幅な短縮が可能となり，低温始動時間も半減以下に短縮できた．

（iv）増圧式コモンレール型ユニットインジェクタ HEUI と呼ばれるもので量産 [32] されている唯一のコモンレールである．HEUI システムは，制御弁，増圧プランジャ部とバレル，ノズルから構成されるが，それを図 4.3.22 [33] に示した．同時に，システムのブロックを図示する．ほかのコモンレールとの大きな違いは増圧タイプである点，その増圧をエンジンオイルで実施している点である．増圧プランジャへの高圧オイルは高圧オイルポンプで 4～23 MPa に増幅される．噴射圧力は 120 MPa が得られるが，系の応答性としても，30 ms で 30 MPa から 120 MPa にまで立ち上がる能力を有している．本システムでもパイロット噴射は可能である．スピルコントロールデバイス（PRIME） [33] で行った結果では NO_x とスモークのトレードオフは改善されている．

（v）ユニットポンプ PLD システムともいわれるが，エンジンのカムシャフトによって，エンジン内に設置されたポンププランジャ部が駆動され，短い

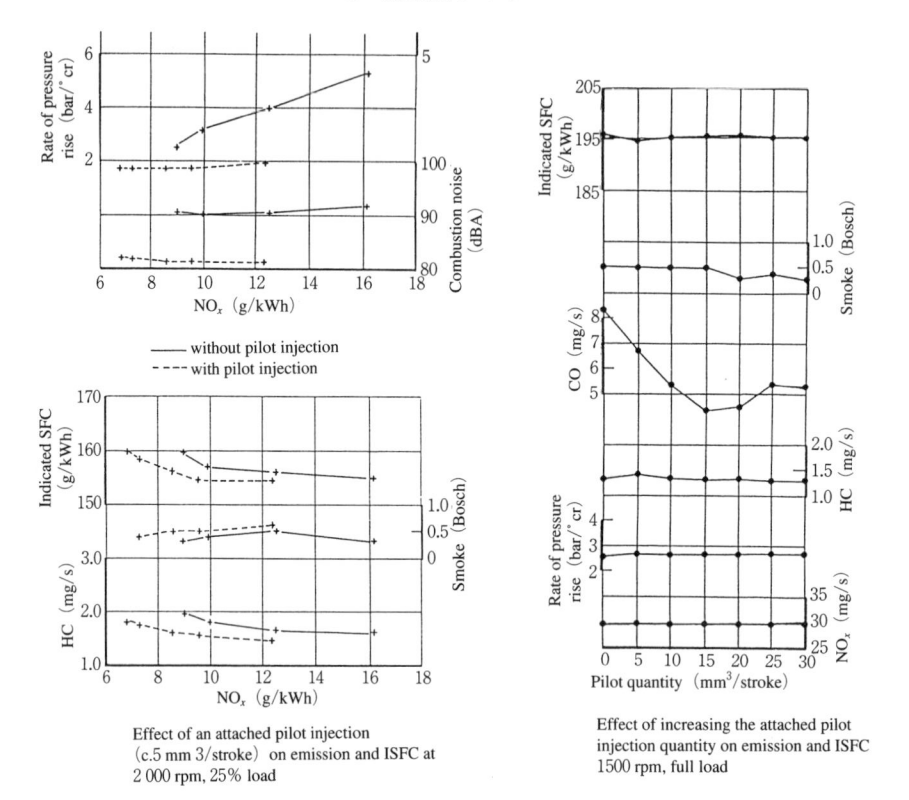

図 4.3.21 コモンレールパイロット噴射の効果[27]

噴射パイプを介して，噴射ノズルに燃料が送出される噴射系である．この噴射系でも，当然のことながら高圧化の要求が高く，現在は 160 MPa まで噴射できるように改良されつつある．かつ，噴射量，噴射時期の制御に対しても電子化の要求が強い．つまり，高速作動弁がそれらの制御に適しており，開発が行われている．噴射ポンプメーカはこのユニットポンプはボアが小さい 4 弁の中央配置ノズルのエンジンに適しているとしている．

（vi） スプール加速式高圧燃料噴射系 スプールの加速による油圧パルスの発生により高圧を得る方法である．スプールとプランジャからなる可動部を油圧で強く加速して，管路内へ高い送入速度で流体を送り込み急激な圧力波を発生させればよい．この方式の模式図を図 4.3.23[34] に示す．油圧源圧力を一定にして噴射量変化に対応するシャトル弁制限揚程に対する噴射特性をみたものである．この図から，噴射圧力は回転速度が低下しても低くならず，PM が多い低速高負荷運転でも 120 MPa を越える噴射圧力が可能であり，PM の発生を抑えることができる．軽負荷運転で

は，逆に噴射圧力が下がるので低温の燃焼室壁面に燃料が付着するのが避けられ，SOF を低減できるし，燃費の観点からも望ましい噴射特性である．噴孔径を変えつつ当量比を変えたときの性能を図 4.3.24 に示す[35]．スモーク濃度は噴孔径が 0.2ϕ 以上になると，当量比 $\phi=0.5$ 付近から増加し始めるがその差は小さい．NO_x 濃度は噴孔径が小さいほどいずれの ϕ でも低く，とくに，$\phi=0.4\sim0.6$ 付近で噴孔径による差が大きい．噴孔径が大きいと，高負荷で噴霧の貫徹力が過剰になるため，壁面で燃料が冷却され，HC が多く排出されやすい．

c. 燃料噴射ノズル

噴射ノズルが排出ガス低減に果たす役割には大きいものがある．噴孔径の大きさ，数はもちろんであるが，開弁圧力や 2 段開弁圧ノズル（あるいは 2 スプリングインジェクタともいわれる）のリフトと開弁圧の設定値などが大きく排出ガスに影響し，それらについては，噴射ポンプの項で記述されている．2 段開弁圧ノズルは，本来カーノック対策が主であったが，そのブーツ型噴射率波形を利用して，NO_x 低減や燃焼騒音の低

4.3 燃 焼 改 善

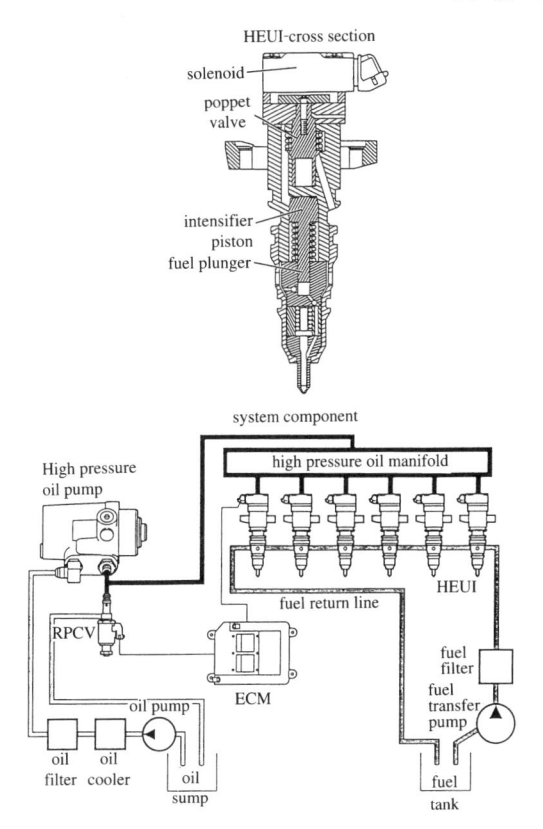

図 4.3.22 HEUI のシステムブロック図[33]

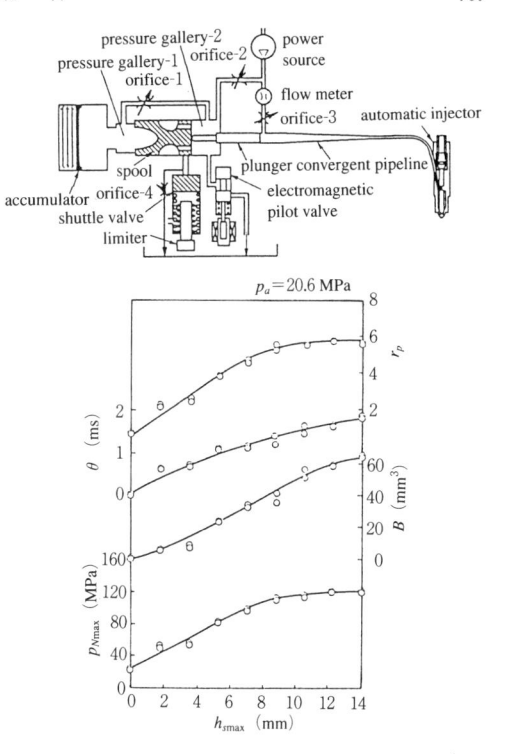

図 4.3.23 スプール加速式噴射システムの特性[34]

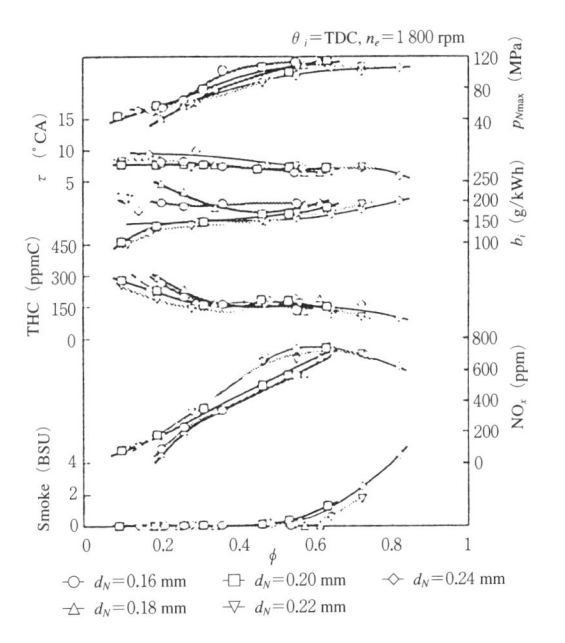

図 4.3.24 スプール式噴射システムにおける排出ガス性能[35]

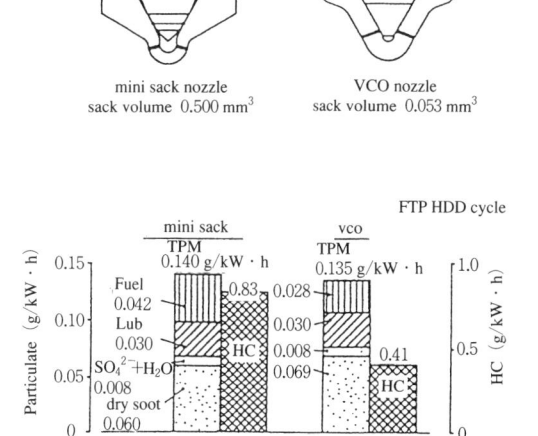

図 4.3.25 VCO ノズルが排出ガスに与える影響[10]

減に活用されている．ここでは HC やパティキュレート中の SOF 低減に効果のある 0 サックノズル，通称 VCO ノズルについて紹介する．HC の低減にはノズルのサックボリュームを減らしたミニサックノズルとか，サックレスの VCO ノズル（Valve-Covered-Orifice）が有効である．多くの研究例[36,37]があるが，代表的な排ガスへの影響例を図 4.3.25[10]に示した．VCO 化で確実に HC が低減でき，PM としても低減できたが，残念ながらスート分は増加してしまった．これは，VCO 化で噴霧パターンに悪影響がでたか，噴孔部の流れの影響で結果的に噴孔絞りが行われて，噴射期間が長くなって黒煙が悪化したものと推定された．VCO ノズルの噴孔ごとに噴霧形態が異なり，ばらつきが大きいので，この現象を調査した研究[37]があるが，噴霧の噴孔間噴出遅れと噴孔に到達する圧力波との間に相関があること，などがわかったとしている．

[横田克彦]

参 考 文 献

1) 西沢：ディーゼル噴射系の将来像について，機械学会講演会資料集，No.920-17，Vol.D，p.105（1992）
2) 桜中：低公害化のためのディーゼルエンジン用噴射ポンプの将来動向，日本機械学会講演論文集，No.930-9，p.660（1993）
3) K. Nishizawa, et al.：Electronic Control of Diesel in Line Injection Pump, SAE Paper 860144（1986）
4) K. Yokota, et al.：A High BMEP Diesel Engine with Variable Geometry Turbocharger, I Mech E,C119/86（1986）
5) 中平ほか：いすゞ新型過給，低燃費 6 SD 1-TC エンジン（最適電子制御システムについて），第 6 回内燃機関合同シンポジウム講演論文集，p.391（1987）
6) P. Zelenka, et al.：Ways Toward the Clean Heavy-Duty Diesel, SAE Paper 900602（1990）
7) P. L. Herzog, et al.：Will the Naturally Aspirated Truck Diesel Engine Survive the Turn of the Century, Fisita-Congress（1994）
8) H. Ishiwata, et al.：A New Series of Timing and Injection Rate Control System-AD-TICS and P-TICS, SAE Paper 880491（1988）
9) 石渡ほか：ディーゼル列型ポンプの噴射率制御における近年の進展，ゼクセルテックレビュー，8号，p.12（1994）
10) 小泉ほか：直噴式ディーゼルエンジンの噴射系改善による燃料分 SOF の低減，自動車技術会学術講演会 924，924115（1992）
11) 石渡ほか：ディーゼル噴射率制御技術における近年の進展，自動車技術，Vol.47，No.10，p.40（1993）
12) 李ほか：カム形状変更による噴射の最適化とその効果，第 11 回内燃機関シンポジウム講演論文集，p.487（1993）
13) T. Minami, et al.：Reduction of Diesel Engine NO$_x$ Using Pilot Injection, SAE Paper 950611（1995）
14) 景山ほか：ディーゼルエンジンの電子制御用アクチュエータ及びセンサの現状と動向，自動車技術，Vol.38，No.2，p.172（1984）
15) 小林ほか：新ディーゼル電子制御システムの開発，トヨタ技術，Vol.36，No.1（1986）
16) 小林ほか：乗用車用電子制御ディーゼルエンジンの新技術開発，自動車技術，Vol.44，No.8，p.123（1990）
17) 中島ほか：CD 20 型過給器付ディーゼルエンジンの開発，自動車技術会学術講演会前刷集 912，No.912184（1991）
18) 吉田ほか：低公害・高性能ターボディーゼルエンジンの開発，自動車技術，Vol.47，No.10，p.10（1993）
19) 吉津ほか：低公害エンジンのための新しいパイロット噴射概念に関する研究，第 10 回内燃機関合同シンポジウム講演論文集，p.211（1992）
20) 吉田ほか：パイロット噴射装置付 2 L・T II エンジンの開発，自動車技術，Vol.43，No.8，p.20（1989）
21) 阿部ほか：ピエゾアクチュエータによるディーゼル用パイロット噴射制御システム，自動車技術会学術講演会前刷集 934，No.9305391，p.41（1993）
22) G. Greeves, et al.：Contribution of EUI-2000 and Quiescent Combustion System Towards US 94 Emissions, SAE Paper 930274（1993）
23) 高橋ほか：小型直噴ディーゼル機関用高圧噴射装置の開発とその燃焼改善効果，自動車技術会論文集，Vol.25，No.2，p.59（1994）
24) S. Shunndoh, et al.：The Effect of Injection Parameters and Swirl on Diesel Combustion with High Pressure Injection, SAE Paper 910489（1991）
25) 小森ほか：高圧燃料噴射による直噴ディーゼル機関の燃焼改善，第 9 回内燃機関合同シンポジウム，p.103（1991）
26) M. Miyaki, et al.：Development of New Electronically Controlled Fuel Injection System ECD-U2 for Diesel Engines, SAE Paper 910252（1991）
27) J. R. Needham, et al.：Competitive Fuel Economy and Low Emissions Achieved Through Flexible Injection Control, SAE Paper 931020（1993）
28) Y. Yamaki, et al.：Application of Common Rail Fuel Injection System to a Heavy Duty Diesel Engine, SAE Paper 942294（1994）
29) 柳原ほか：蓄圧式噴射弁を用いた直噴ディーゼル燃焼の研究，自動車技術会学術講演会前刷集 912，No.912237（1991）
30) 仲北ほか：高圧噴射時の NO$_x$ 生成とすす低減メカニズムの解析，自動車技術会論文集，Vol.24，No.2，p.5（1993）
31) 藤沢ほか：高圧コモンレール方式燃料噴射装置の開発，日本機械学会講演論文集 930-63-D，p.284（1993）
32) M. J. Hower, et al.：The New Navistar T 444 E Direct-Injection Turbocharged Diesel Engine, SAE Paper 930269（1993）
33) S. F. Glassey, et al.：HEUI-A New Direction for Diesel Engine Fuel Systems, SAE Paper 930270（1993）
34) 山根ほか：スプール加速方式による高圧燃料噴射，第 10 回内燃機関合同シンポジウム講演論文集，p.343（1992）
35) 山根ほか：スプール加速式高圧燃料噴射のディーゼル燃焼特性，日本機械学会講演論文集 No.940-30-III，p.186（1994）
36) 武田ほか：高圧燃料噴射によるディーゼル機関の燃焼改善及び排出物の低減―VCO ノズルの効果，第 11 回内燃機関シンポジウム講演論文集，p.7（1993）
37) 大西ほか：多噴孔 VCO ノズルの噴射初期における噴霧挙動―非蒸発噴霧，第 10 回内燃機関合同シンポジウム講演論文集，p.355（1992）

4.3.2 燃 焼 室 系

ディーゼルエンジンの排気ガスを浄化するために，

4.3 燃焼改善

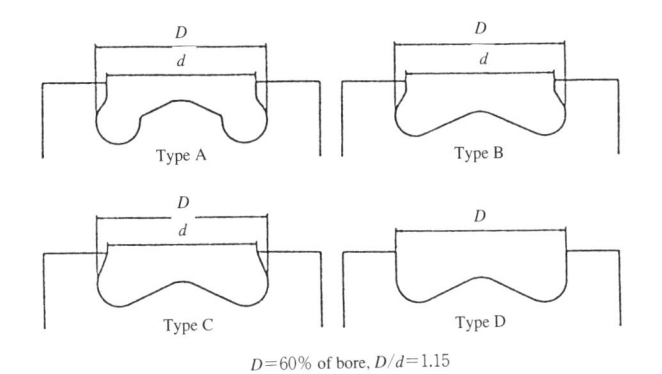

Cavity shape	Type A, B, C, D,
Cavity diameter	70%, 60%, 50%
Reentrant ratio	20%, 15%, 10%, 0%
Cavity offset	10%, 5%, 0%

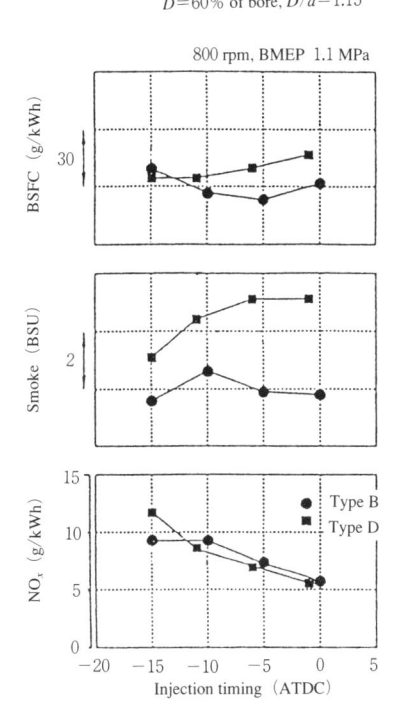

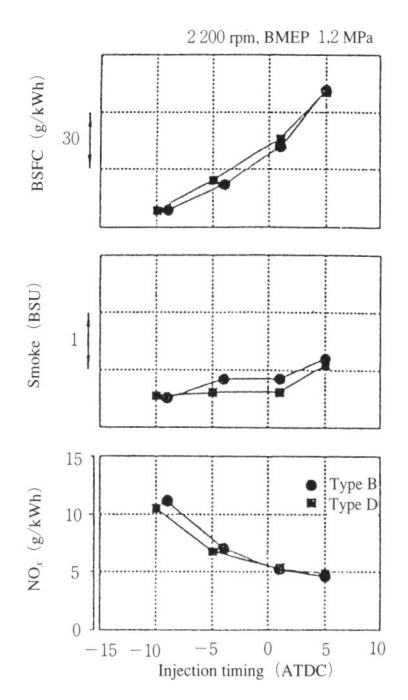

$D=60\%$ of bore, $D/d=1.15$

図 4.3.26 燃焼室形状が性能, 排出ガスに及ぼす影響[1]

前項でも述べたように燃料噴射系の改良をはじめとする種々の技術が研究されている．その中で, 燃焼室形状の工夫により空気流動を促進する方法は, たとえば, 燃料噴射時期の遅延による燃焼悪化を改善するのに有効であり, 比較的実施が容易な技術でもある. 直接噴射式エンジンでは, 従来より多用されてきたトロイダル燃焼室に代わって, 空気流動の活発化をねらったリエントラント燃焼室の採用が一般的になりつつある. この燃焼室においても燃料噴霧との衝突位置が非常に重要であるといわれる. 一方, 副室式ディーゼルエンジンの主室, 副室, その連絡孔形状なども排出ガス低減や燃費改善に大きく影響する. 本項ではこのあたりについて詳細に最近の成果を記述する.

a. 直接噴射式燃焼室

燃焼室形状に関する要因としては, 形状, 口径, 圧縮比, オフセット, 棚突き出し量などがあり, これらは燃料と空気との混合気形成, 燃焼に大きく影響を与え, 排出ガス濃度を左右するので, これらに関する技術について紹介する.

(i) 燃焼室形状 排出ガスの規制強化に伴って, 悪化する黒煙や燃費の改善には, 室内の空気流動を促進し, 乱れやスキッシュ流を効果的に利用することが大切である. 侯[1]は, 従来から使用されてきた, いわゆる, トロイダル型燃焼室と各種のリエントラント型燃焼室を用いて, 性能と排出ガスへの影響を調べ, その結果を図 4.3.26 に示した. 定格点ではトロイダル

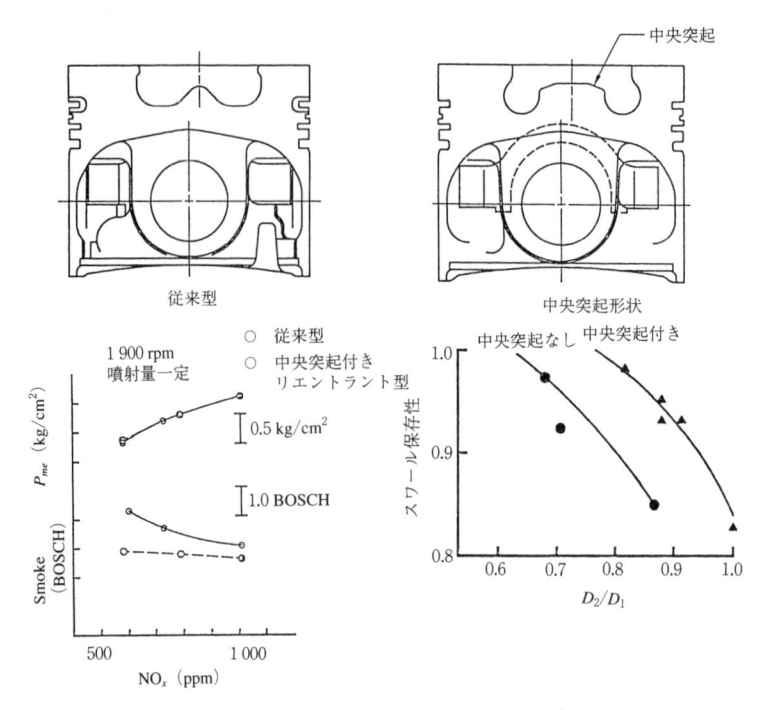

図 4.3.27 中央突起付きリエントラント燃焼室の排出ガス性能[2]

型とリエントラント型との差はほとんどないが，低速回転でははっきりと差が認められる．噴射時期の遅延に対して，トロイダル型ではスモーク値および燃費率が著しく悪化しているが，リエントラント型においてはその悪化がほとんどなく，燃料噴射時期が10° BTDCより遅れた領域では，スモーク値，燃費率とも改善の傾向があり，噴射時期の遅延化に対して優れた性能特性をもっている．トロイダル燃焼室では上死点以降の燃焼室内実スワールが急速に減衰するのに対し，リエントラント型燃焼室では上死点後も高い室内スワールが維持されているためと考えられる．また，スキッシュ流がトロイダル型では低いことも影響していると思われる．

高月[2]もリエントラント燃焼室では，拡散燃焼時の燃焼室内スワール比が比較的高いことが燃焼の活発化を引き起こし，黒煙排出量が低減できると指摘したが，そこではスワールの保存性を以下のように定義して，この値に注目して，より高くすることを検討の基本としている．

スワール保存性
$$= \left(\int_{TDC}^{\theta} SR(\theta) \cdot d\theta \bigg/ \int SR(TDC) \times 50 \right)$$

ただし SR は燃焼室内スワール比である．

リエントラント燃焼室のスワール保存性についての計算結果例を，口元径 (D_2) と燃焼室最大径 (D_1) に対して，中央突起の有無で図4.3.27[2]に示した．スワール保存性は D_2/D_1 と相関があることがわかる．さらに，スワール保存性を高くするには口元径を小さくすればよいが，燃焼室内ガスの慣性モーメントを大きくする中央突起付きでも可能であることがわかった．図4.3.27にエンジン性能結果を示したが，中央突起付きリエントラント燃焼室が従来型燃焼室に対し，出力・NO_x・黒煙のトレードオフが改善されている．これはリエントラント型の燃焼室内のスワール保存性がよいため，予混合燃焼での NO_x 発生量を同一とした際の拡散燃焼が活発となり，燃焼時間が短くなったためと考えられる．

燃焼初期の混合気形成に注目し，燃料噴霧の壁面衝突と局所渦流の制御を利用して黒煙を低減した TRB 燃焼室を阪田[3]が発表した．排出ガス低減に大きな効果をあげることができた．この燃焼室形状をベースに，燃焼後期の乱れによる燃焼促進に注目して，スキッシュリップ部に数個の凹みを付けて，さらなる黒煙の低減をねらった燃焼室を三浦[4]が発表した．その燃焼室形状とエミッション性能を図4.3.28に示した．まず，負荷に対する影響であるが，凹み燃焼室では高負荷に

4.3 燃焼改善

凹み付燃焼室   従来型

エミッションに対する負荷の影響

エミッションに対する噴射時期の影響

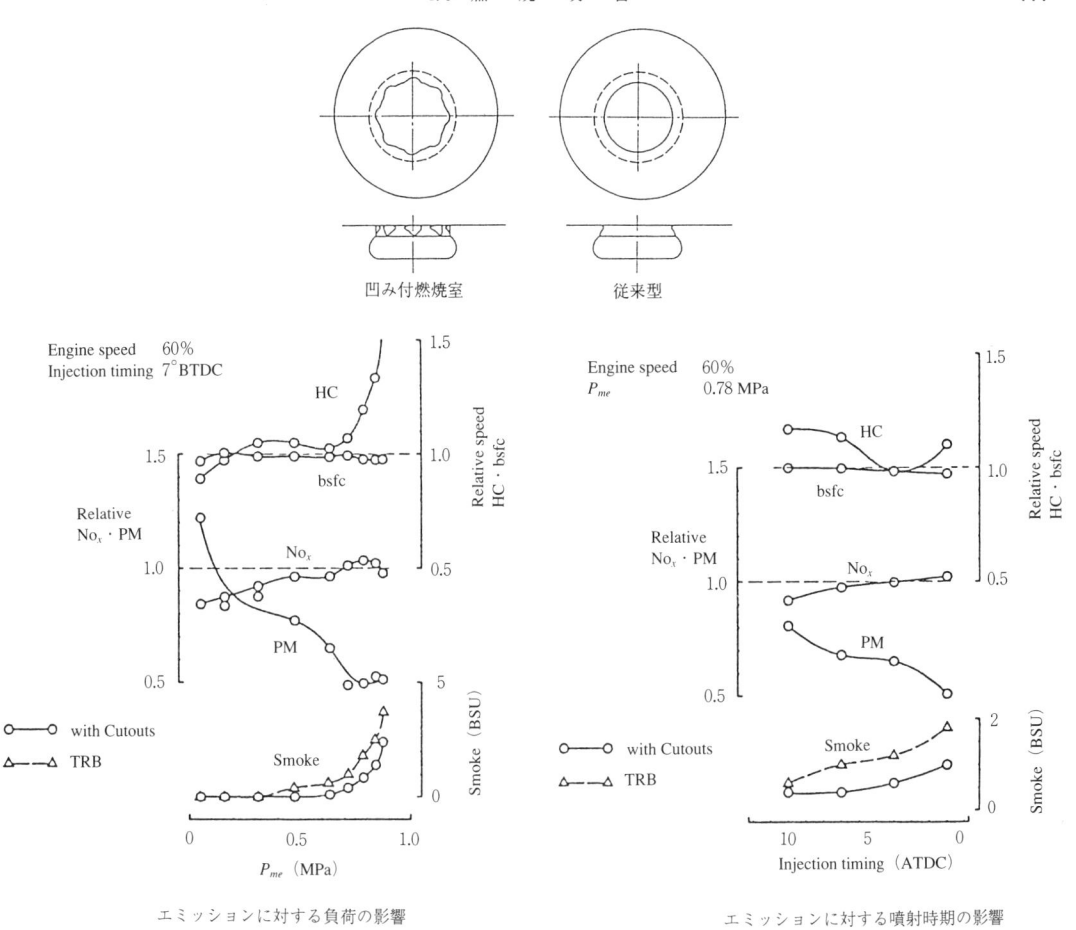

図 4.3.28 従来型 TRB 燃焼室[3]と凹み付き TRB 型燃焼室との排出ガス性能[4]

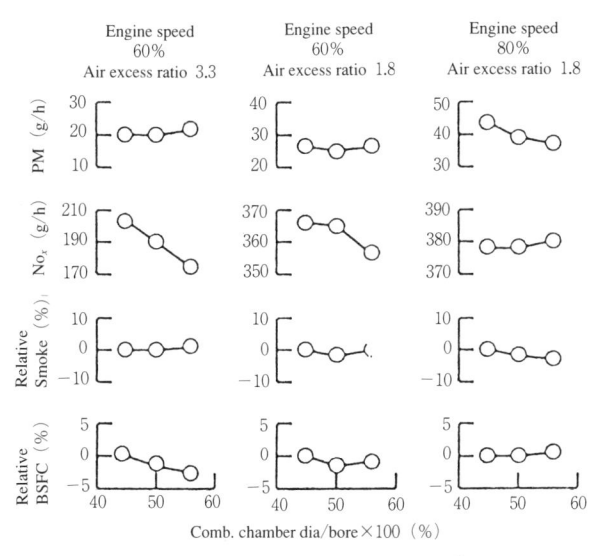

図 4.3.29 燃焼室口径の排出ガスへの影響[5]

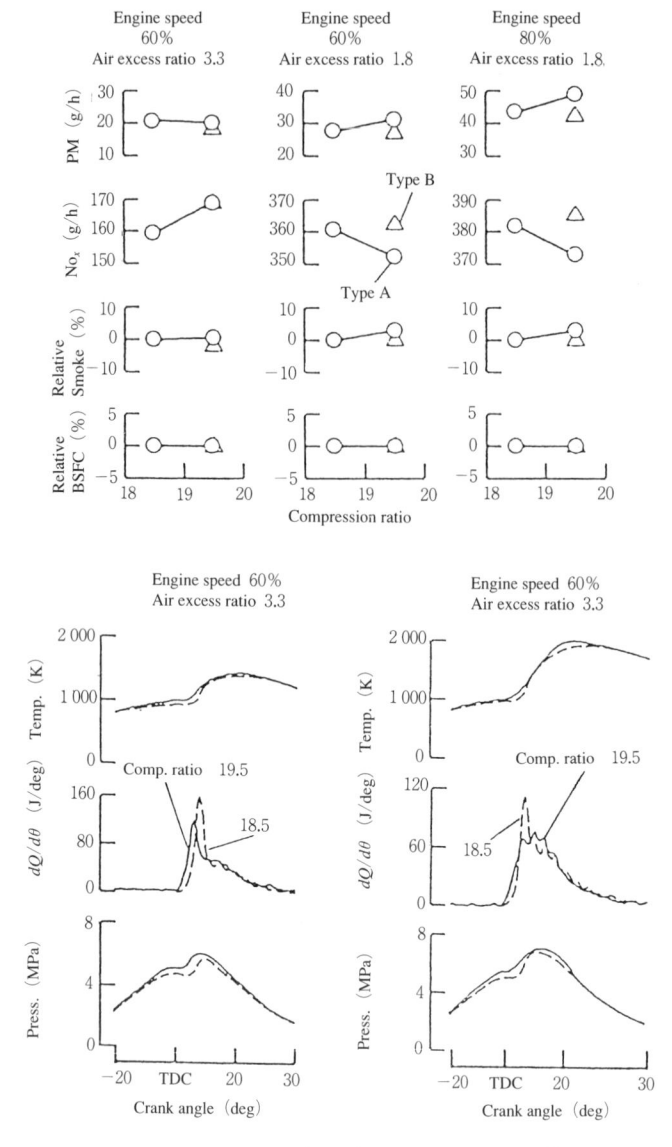

図 4.3.30 圧縮比を変えたときの排出ガスと燃焼解析[5]

おいて，黒煙が大幅に減少しており，この結果，粒子状物質も半減している．高負荷領域ではすすが粒子状物質の大半を占めていること，および，すす排出量が黒煙濃度に対し指数関数的に増加することがこのように大きな効果をもたらしていると考えられる．このように大幅な黒煙の低減にもかかわらず，高負荷域でのNO_xの増加はわずかで，そのうえ，低・中負荷域では減少している．燃焼が大幅に改善される領域は別として，凹みがNO_xを減少する作用をもっているものと考えられる．次に図の右側は噴射時期の影響をみている．噴射時期を遅らせるほど，凹み燃焼室の黒煙・粒子状物質の低減効果が大きくなっている．このことは，燃焼期間に占める膨張行程の割合が大きいほど，凹みの効果が大きく現れているものと考えられる．この燃焼室では，拡散燃焼期での熱発生率が増加し，このため，後燃え燃焼が早期に完了し，黒煙が少ないことを裏付ける．拡散燃焼期に燃焼が活発な凹み燃焼室のほうが筒内温度が高く，NO_xの発生が多いことと符合

4.3 燃焼改善

する．ただし，初期熱発生率は低下しており，燃焼前期の混合期形成はむしろ抑制されていることがわかる．

(ii) 燃焼室口径 図4.3.29に口径を変化させた場合の排出ガスへの影響を示す[5]．口径を広げるとNO$_x$が低下するが，高λで黒煙，PMが増大し，低λでは黒煙，PMが低減する傾向がみられる．燃焼室口径を広げると燃焼室内の空気流動が低下し，これによって高λでNO$_x$の低下とPMの増大が生じたと考えられる．低λにおいては，噴射量が多く，噴射圧が高くなるために，噴射される噴霧の容積が大きくなり，燃焼室口径が大きいほうが空気の利用率が増大し，黒煙，PMが低減したものと考える．

(iii) 圧縮比 この値はエンジンの重要な，基本仕様の一つである．圧縮端温度に直接影響するので，エンジン性能や排出ガス濃度だけでなく，冷間時のエンジン始動性や青・白煙，臭い，あるいは筒内最高圧力，温度などを左右する．図4.3.30[5]に圧縮比を変えたときの排出ガスと熱発生率などを示す．圧縮比を増加させると，高λではNO$_x$が増加し，PMは低下するのに対し，低λではNO$_x$が低下し，スモークは増加する．高圧縮比化すると，筒内圧力・温度が高くなり，着火遅れが短縮されて予混合燃焼量が減少している．低λでNO$_x$が低下したのは，筒内平均温度の上昇よりも，この予混合燃焼量低下に伴う局所的な温度低下が効いたためと考えられる．一方高λでのNO$_x$

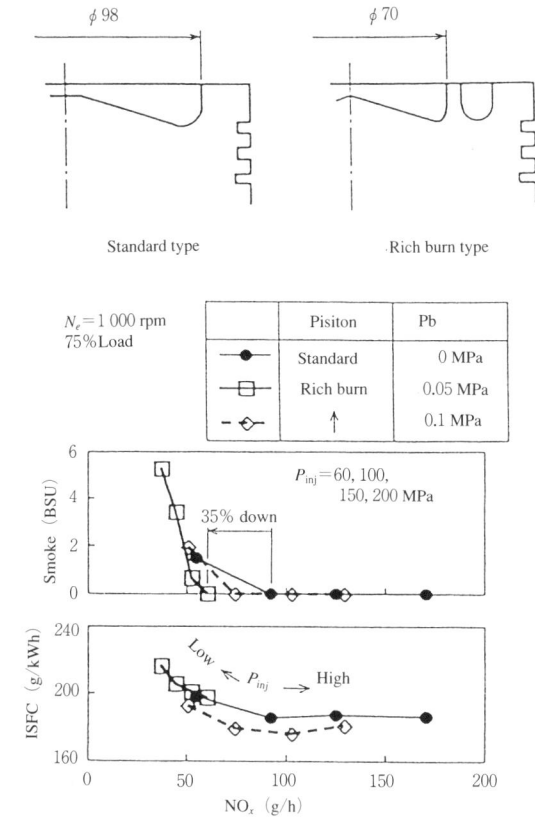

図4.3.31 分離型燃焼室形状による過濃燃焼の試み[6]

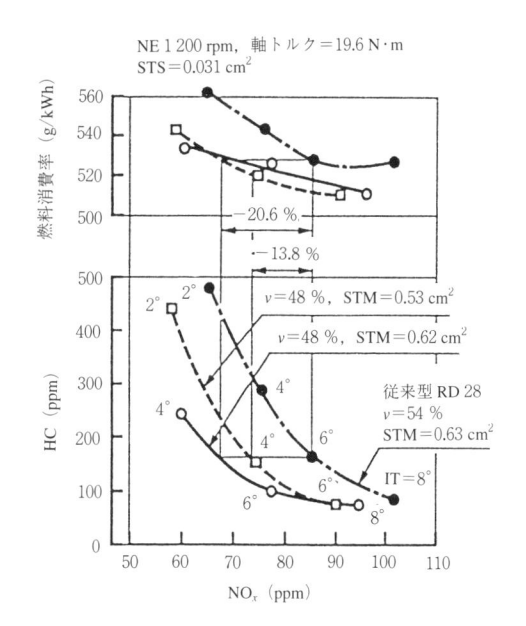

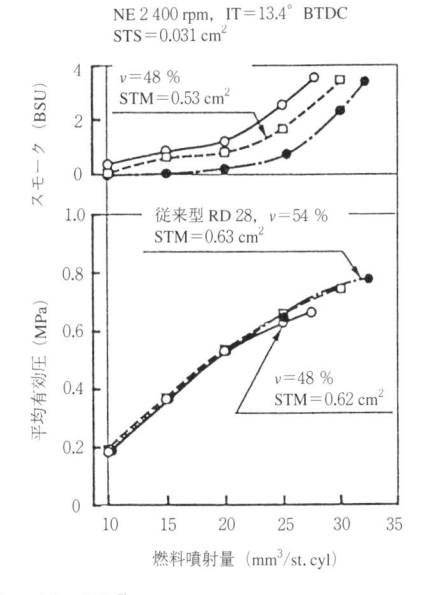

図4.3.32 渦室容積比と主噴口面積の影響[7]

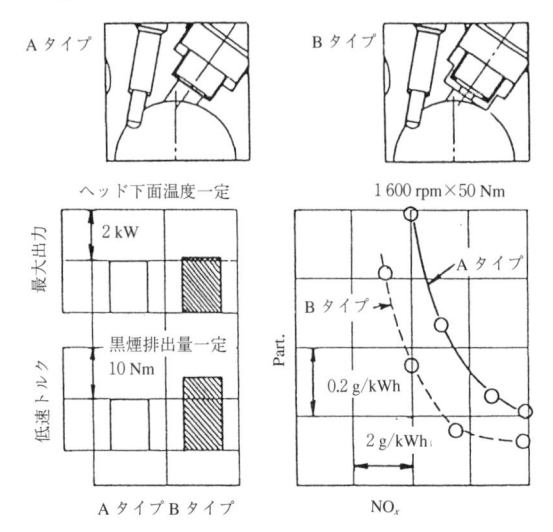

図 4.3.33 副室のノズルシート部改良による排出ガス改善[9]

増加は筒内平均温度の増加が顕著に効いたものと予想される．

(iv) その他 燃焼室形状の項のほうが適切かもしれないが，ディーゼル NO_x が燃焼しているときの当量比に強く依存していることを考えて，過濃または希薄状態で燃焼させれば，NO_x 低減が可能であると考えられる．燃焼室を二つに分けて，燃焼初期は小容積燃焼室で過濃燃焼させ，後半は全容積を用いて希薄燃焼をねらった試みが発表された[6]．図 4.3.31 にその燃焼室形状を示すが，主燃焼室は口径が $\phi70$，容積は標準ピストン $\phi98$ の 50% であり，ピストン頂面に設けた環状溝の容積が残りの 50% である．結果の一例を同図に示す．噴射圧は 60 MPa から 200 MPa まで変更した．過濃ピストンで高圧噴射を行う場合，過給圧を上げるとスモークは改善されるが NO_x が増加し，そのトレードオフは改善されない．無煙運転を維持して，過給圧を 0.05 MPa とすると，NO_x の低減が大幅で，標準ピストンに対し NO_x を 35% 下げることができる．このように，過濃ピストンと高圧噴射，過給を組み合わせる場合，エンジン負荷に対して噴射圧や過給圧を最適に制御すれば，広い運転範囲で NO_x とスモークを同時に低減することが可能になる．

b. 副室式燃焼室

排ガス規制の当初においては，副室式には予燃焼室と渦流室の二つが存在していた．規制が強化されてくると中・大型トラック，バスに使われてきた予燃焼室式は対応が困難となり，耐久的な問題もあり，現在では残念ながら使われていない．そこで，本項では渦流室式についてのみ触れることにする．

新沢[7]は渦室機関の NO_x 低減の考え方として，燃焼最高温度を下げて NO_x を低減し，さらに，主室に

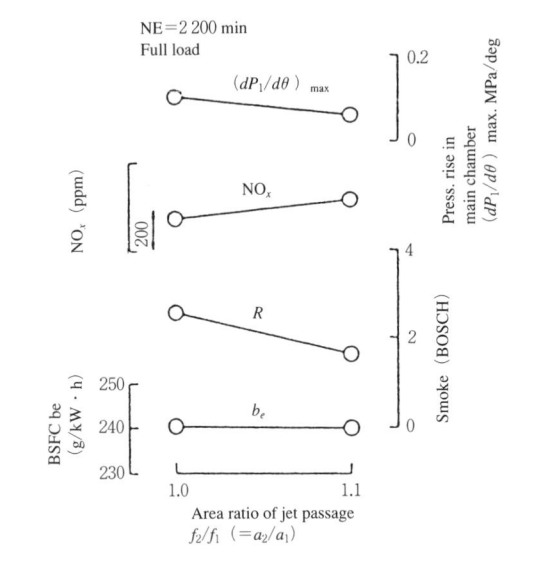

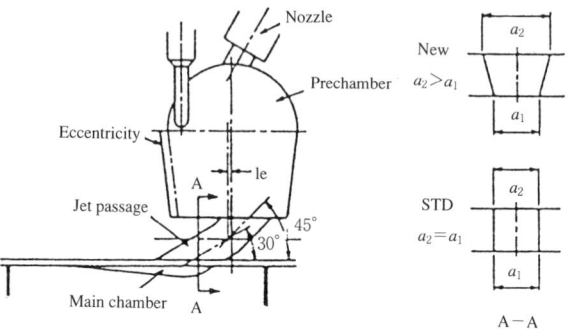

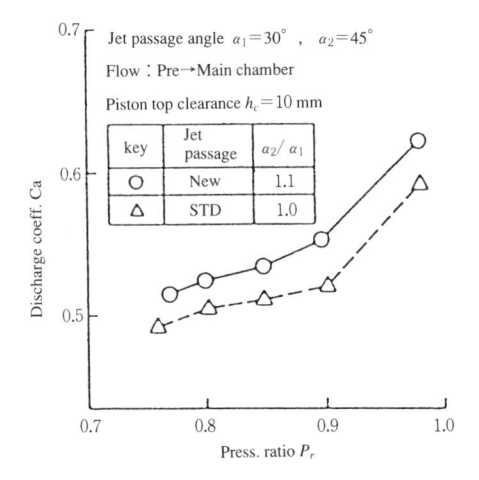

図 4.3.34 テーパー型湾曲噴口形状の効果[8]

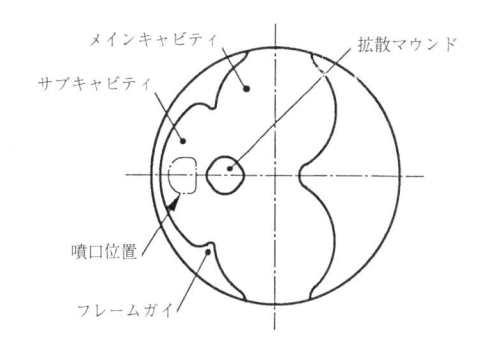

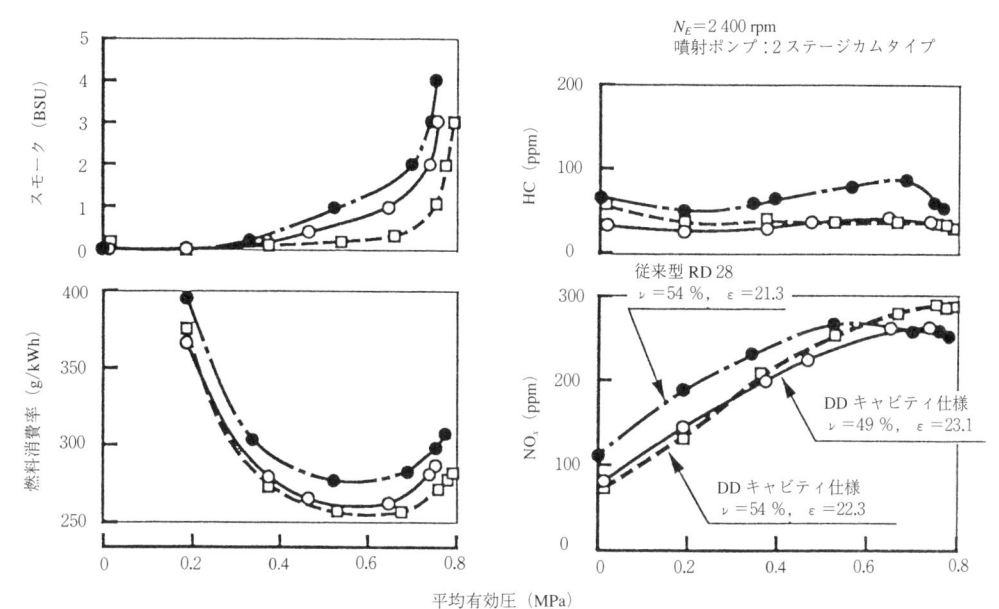

図 4.3.35 新型主室形状キャビティの効果[7]

おける火炎の拡散と流動を強化して，主室の燃焼を改善し，NOxとPMのトレードオフの関係を脱することを目指した．こういう状態では渦室容積比，連絡孔面積比などが重要な役割を果たす．

(i) 渦室容積比と形状　副室の容積比を小さくすると，当量比が大きな燃焼になるので図4.3.32[7]に示すように，NOxが低減しつつ同一のHC排出レベルでのNOx低減のポテンシャルは向上する．しかし，スモーク排出特性は悪化し，機関の負荷が高くなるに従って，出力低下も大きくなる．これらは，渦室容積比の縮小によって，渦室と主室の間を移動するガス量が減少したために，ガス流動が弱くなり燃焼が緩慢になったと考えられる．以上のことを考えると，これらの改善には，主室内の混合，燃焼を促進することがポイントになる[7]と思うが，後述する．

副室の下部を偏心させると，副室から主室流れ時の副室噴口流量係数は大きくなり，さらに，副室内渦流速度，乱れ制御による副室内燃焼制御，主室内へのガス流出促進が図られると考えられた．しかし，結果は偏心量が大きすぎると燃費率，スモークが悪くなるが最適の偏心量が存在する[8]．

ノズルシート部の形状を変更し，むだ容積を減らして空気利用率を高めた改善例[9]もあるが，出力性能が大幅に改善でき，さらに図4.3.33に示すように，NOxとPMとのトレードオフが大幅に改善されている．

(ii) 副室噴口面積と噴口形状　主室内のガス流動を強くして排出ガスと出力特性の悪化を小さくするには，連絡孔，つまり，噴口面積の縮小が有効である．図4.3.32[7]に示した．排気性能ではHCは低減するもののNOxが増加し，同一HCレベルでのNOx低減ポテンシャルはやや悪化する．スモーク排出特性と出力はある程度は改善される．

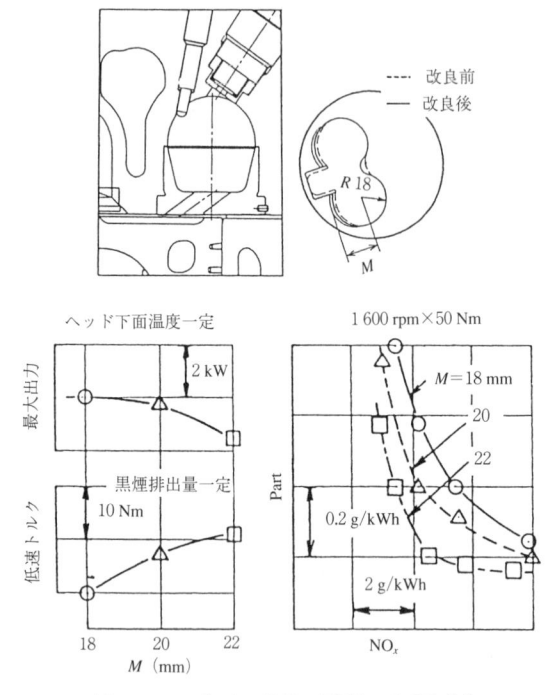

図 4.3.36 ピストン双葉の長円化による改善[9]

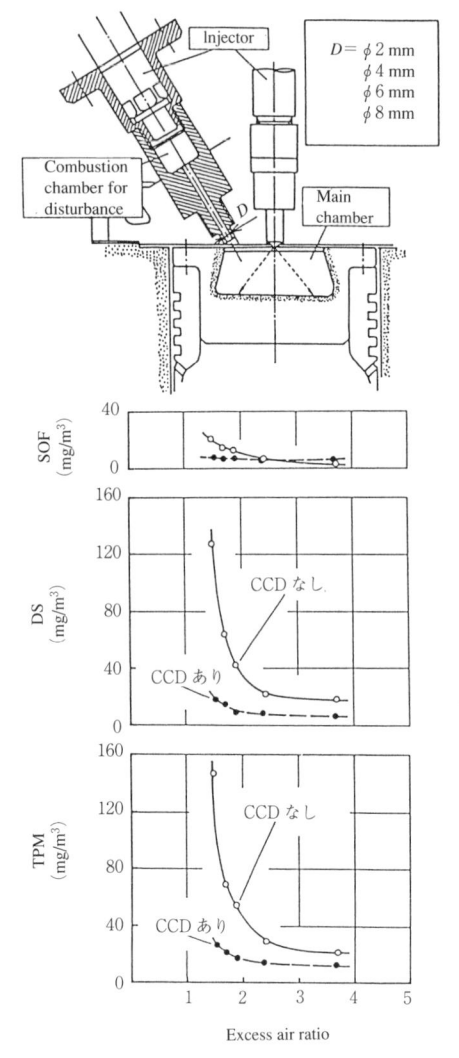

図 4.3.37 攪乱方式（CCD）による排出ガス低減効果[11, 12]

噴口形状の一環として，井元[8]はテーパ型湾曲噴口を試作し，主室へのガス流出促進と主室内噴流ペネトレーションの向上をねらった．その結果を図 4.3.34[8]に示す．スモーク，燃焼騒音は改善され，NO_x は増加した．

（iii）主室の改善 主室内の燃焼を観察すると，副室容積比を小さくするに従って主室への火炎の噴出時期は変わらないが，火炎の消失時期が遅れて，熱発生期間も長くなっている．主室での熱発生分担も増加している．以上から，主室の燃焼改善の余地としては，初期の拡散火炎の促進と，初期から後期にかけての全般的な流動の強化が必要であることが予測される．新沢は図 4.3.35[7]に示すような新型主室を提案し，燃焼写真と性能試験でその効果を確認した．□印の新型主室は高負荷で NO_x が若干高いが，スモークは低く，燃費も良好である．王[10]は主室内の燃焼を改善するため，主室側にピストンキャビティを設けたが，NO_x や燃費率をほぼ同一に保ちながらスモークの大幅低減に成功した．これから，キャビティの深さ/キャビティ径比の影響は小さいが，深いキャビティ径のほうがスモークの改善効果が大きいことがわかった．

吉田も主室内の空気利用率の改善をねらって，ピストン頂部の燃焼室形状を図 4.3.36[9]に示すように，ピストン双葉の長円化の影響を調べた．図中の M の値が大きいほど NO_x とパティキュレートとのトレードオフの改善に効果がある．ただし，ヘッド下面温度一定でみて，若干の出力低下が観察された．

c. 攪乱燃焼方式

ディーゼル機関から排出される黒煙と NO_x とを同時に低減するには，NO_x 増加につながる急激な初期燃焼を避け，燃焼後半を活性化してすす粒子を積極的に酸化させるのが有効である．これには燃焼後半で強力な攪乱を導入するのが有効で攪乱の生成手法としては，村山[11]は図 4.3.37 に示すような，主燃焼室とは別に設けた小燃焼室内に，少量の燃料を噴射し，そこ

4.3 燃焼改善

で形成された燃焼ガスを主室内に噴出させる方式を提案した（CCD方式）．燃焼攪乱室をベース機関のシリンダヘッドに設け，ここに主燃焼開始後の適当な時期にスロットル型の燃料噴射ノズルから少量の燃料を噴射した．連絡孔を通って主室内に勢いよく噴出する燃焼ガスによって，燃焼場を攪乱・活性化する仕組みとなっている．金野[12]はミニダイリューショントンネルを用いて，排気微粒子に対する効果を調べた．結果を図4.3.37に示した．CCDにより，排気微粒子が大幅に低減されており，微粒子の低減に非常に効果があることがわかる．ドライスート（DS）も大幅に低減しており，黒煙が減っている．SOFに関しては高負荷域で低減するものの，比較的低減効果が小さく，微粒子の低減はおもにドライスートの減少によるものであることがわかる．このCCDから噴出する燃焼ガスの温度の酸化促進効果は比較的小さく，黒煙の大幅な低減は主として攪乱によるものであると考えられる．

過濃混合気燃焼でNO_xを下げ，ここで生成された黒煙をCCDによって低減すると，NO_xと黒煙の同時低減が実現した，という報告[13]がある．確かに，小容積燃焼室ではNO_xは下がるが，黒煙は大幅に悪化した．つまり，CCDと併用した場合はNO_xを抑制したまま，黒煙はベース性能近くまで改善されている．これは過濃状態で初期燃焼が行われ，それに伴って多量に生成された黒煙，および未燃燃料を燃焼後半にCCD噴射を利用して空気室の余剰空気と混合することにより，急速に酸化できたものと考えられる．各種の過濃ピストンを試験したが，室タイプで挙動が異なる．いずれも噴射時期が遅い場合には，過濃ピストンによるNO_xの低減効果が少なくなる傾向が認められる．

燃焼後期に筒内を再攪乱させる別の方法として，筒内の圧縮空気を別室に導き，燃焼後期に噴射するカム駆動型空気噴射装置を試作して，直列6気筒機関でのエミッション低減効果を調べた例[14]がある．負荷を変えたときの空気噴射の効果では，高負荷ほどスモーク低減効果がある．NO_xは中速の高負荷域で若干増加するが，CO・HCについては，高負荷域での増加がほとんどない．燃費については，中・低負荷域での悪化が大きいものの，高負荷域では悪化が小さくなる傾向がある．高負荷域では，燃焼ガスの圧力や温度が高く，粘性が大きくなり，通常筒内の混合が悪化するのに対し，空気噴射すると混合が促進されて高負荷域の

燃焼が良好に保たれているためと推定される．過給圧の高い中速の高負荷域ではこの現象の影響が強く，著しく燃焼が改善されてNO_xが増加していると考えられる．このような空気噴射により，D13モード全体で等NO_xでパティキュレートが約4割弱低減できた．小堀[15]も空気室を設けて高温燃焼と組み合わせ，高温2段燃焼をねらった．圧縮行程中に空気室に未燃の空気が流入するので，主室内は高温過濃燃焼が実現でき，NO_xの生成が抑制される．ピストンの下降に伴い空気室内の未燃空気が火炎中に供給されて，すすの再燃焼が促進されることをねらい，実験でもほぼ再現されたが，熱効率が大幅に悪化した．　　［横田克彦］

参考文献

1) 侯ほか：直噴式ディーゼルエンジンの燃焼室形状が筒内流れおよび排気特性に及ぼす影響，第10回内燃機関シンポジウム講演論文集，p.13（1992）
2) 高月ほか：低公害，高出力新型燃焼室の開発，自動車技術，Vol.48，No.10，p.36（1994）
3) 阪田ほか：噴霧衝突と局所渦流の壁面制御による直噴ディーゼル混合気形成法の開発，自動車技術会講演会前刷集882，p.319（1988）
4) 三浦ほか：燃焼室リップの凹みによる直噴ディーゼルの燃焼改善，自動車技術会論文集，Vol.24，No.3，p.40（1993）
5) 加藤ほか：ディーゼルエンジンの排出ガス低減手法について，自動車技術会講演会前刷集936，p.45（1993）
6) 武田ほか：高圧燃料噴射によるディーゼル機関の排出物低減（濃混合燃焼室の効果），機械学会講演論文集，930-63，Vol.-D，p.234（1993）
7) 新沢ほか：新開発燃焼室によるIDIディーゼル機関のNO_x低減，自動車技術会論文集，Vol.25，No.4，p.29（1994）
8) 井元ほか：副室式ディーゼル機関の低公害燃焼システムの研究，機械学会講演論文集，930-63，Vol.-D，p.258（1993）
9) 吉田ほか：低公害・高性能ターボディーゼルエンジンの開発，自動車技術，Vol.47，No.10，p.10（1993）
10) 王ほか：副室式ディーゼル機関の主室内燃焼改善によるNO_x，微粒子，燃費率の同時低減効果，自動車技術会講演前刷集994，p.17（1994）
11) 村山ほか：日本機械学会論文集，41-381，p.1706（1972）
12) 金野ほか：ディーゼル機関の燃焼後期攪乱による黒煙およびNO_xの同時低減，第8回内燃機関合同シンポジウム講演論文集，p.117（1990）
13) 金野ほか：過濃燃焼室による低NO_xの燃焼の試み，機械学会講演論文集，940-30，p.206（1994）
14) 坂本ほか：空気噴射による直噴ディーゼル機関のエミッション低減，自動車技術会講演会前刷集932，p.171（1993）
15) 小堀ほか：空気室付ディーゼル機関における高温2段燃焼に関する研究，自動車技術会講演前刷集945，p.33（1994）

4.3.3 吸排気系

ディーゼルエンジンの燃焼は燃料噴射系および燃焼室形状に加えてシリンダ内に吸入された空気の量とさ

らに直噴ディーゼルエンジンではスワールが重要な要素である．

a. 吸排気ポート

(i) **吸気ポート**　直噴ディーゼルエンジンはスワールの強さにより燃焼が大きく左右される．圧縮行程時に若干減衰があるものの燃焼室内に空気の運動量としてスワールは保存され，燃料噴霧と空気の混合を促進させ良好な燃焼に導く．スワールの強さは機関速度に比例するので，広くは機関速度当たりのシリンダ内の空気の旋回数をスワール比としている（詳細はたとえば文献1)）．

スワール比が低いと燃料と空気の混合が促進されず黒煙が多く生成される．また，スワール比が高いと噴霧の干渉（重なり）やサーマルピンチ（低密度の燃焼ガスが燃焼室中央部に閉じ込められる）を起こし，混合がかえって悪化する．したがって，エンジンに合った最適なスワールを見出すことが重要である．

スワールを生成させるポート形状は，ヘリカルポート（スパイラルポート）とダイレクショナルポート（タンジェンシャルポート）とがある[2]．

ヘリカルポートはバルブステムを中心に巻き込むような渦巻状の空気通路を有することを特徴とし，スワール比は 1.5～3.5 と広い値を得ることができる．

ダイレクショナルポートは吸気ポートがシリンダに接合する部分をシリンダに対し接線方向となるように配置されている．ダイレクショナルポートからシリンダに吸入された空気はシリンダ壁に沿って流れ，これがスワールを形成するようにつくられている．

燃焼に最適なスワール比は燃料の噴射圧力によって異なるが，160 MPa の高い噴射圧力とそれに適合するスワールの強さを図 4.3.38[3] (a) に，通常の列型噴射ポンプの 50～90 MPa の噴射圧力レベルの結果を図 4.3.38 (b) に示す．この噴射圧力ではスワール比が 1.3 よりも 1.9 のほうが図示燃費が良い[4]が，噴射圧力が 160 MPa では最適なスワール比が小さく 0.4 以下のレベルであることがわかる．また，ユニットインジェクタのような 120～160 MPa という高い噴射圧を発生できる噴射系では，浅い燃焼室にするとともにスワールをつけない例が一般的である．

(ii) **吸気2弁のポート**　吸入空気量を多くするため，吸気弁の開口面積が大きくとれる吸気弁の2弁化（複数化）が行われている．吸気2弁化はバルブの開口面積の増加による吸気抵抗の低減が第一の理由

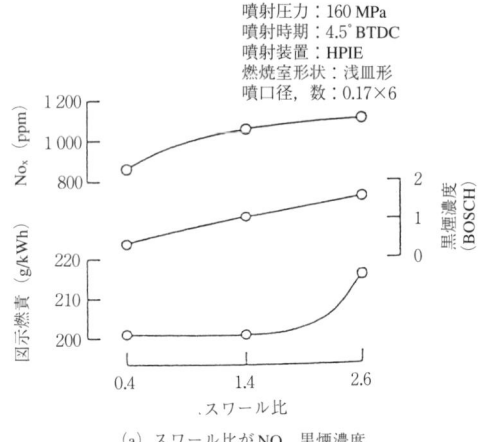

(a) スワール比が NO, 黒煙濃度，燃料消費率に及ぼす影響

(b) 噴射圧力が図示燃費，排煙濃度に及ぼす影響

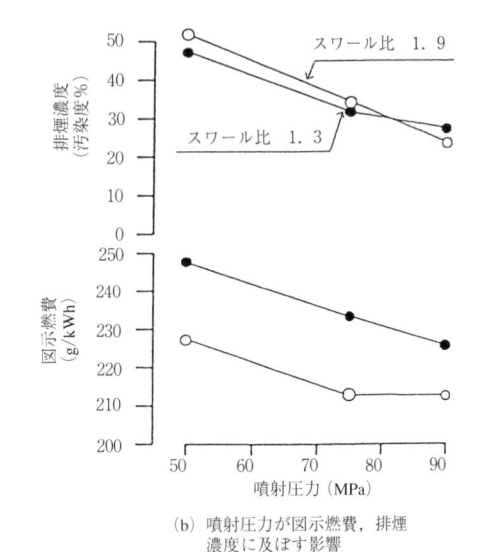

図 4.3.38　スワール比が NO, 黒煙濃度，燃料消費率に及ぼす影響[3]

であるが，噴射ノズルがシリンダ中央に配置でき，これは燃焼の改善には有効なことであり，排ガス低減の目的に合致して急速に進められている．

吸気2弁のエンジンでは吸気ポートが2個となり，ポートをどう配置するかが重要である．吸気2弁のバルブ配置の典型として図 4.3.39 に示す配置がある[5]．動弁機構の制約を考慮しながらスワールの生成の容易性も考慮して，バルブ配置を回転させた場合である．それぞれのポートについてヘリカルポートかダイレクショナルポートのいずれにするのか，またどのように

b. 吸排気システム

エンジンの出力とトルクは，シリンダ内に吸入される空気量により大きく左右される．したがって，吸入空気量を増加させることは，エンジンの出力を向上させ，ひいては重量当たりの出力が高まって省資源にもつながり重要なことである．

自然吸気エンジンのシリンダ内に吸入される空気量（体積効率）を増やす方策は，おもに吸排気の通路抵抗を低減させることおよび慣性過給のような非定常効果を使うことがあげられる．

吸排気システムは吸入ダクトからエアクリーナ，エンジンを経て排気マフラに至るまでの長い経路をもつので，この間の圧力損失につながる通路の極端に小さな曲がりや絞りなどを避けなければならない．また，エアクリーナ，マフラなどはより圧力損失の少ないものが望まれる．

排出ガスについては，NO_xを低減するために燃料噴射タイミングを遅らせ，排気煙が悪化する分をおもに噴射圧力の増加と吸入空気量の向上などで補ってきた．排出ガス規制と同時に吸入空気量が向上してきた様子を横軸に年次をとり，図4.3.41に示す[7]．

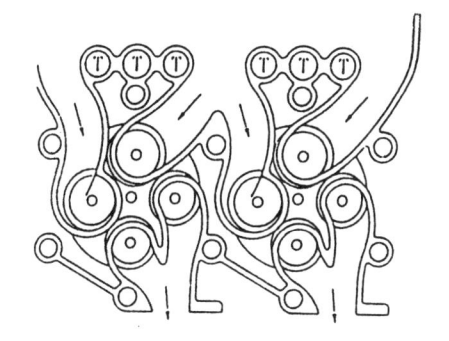

図4.3.39 吸気2弁シリンダヘッドレイアウト（回転）[5]

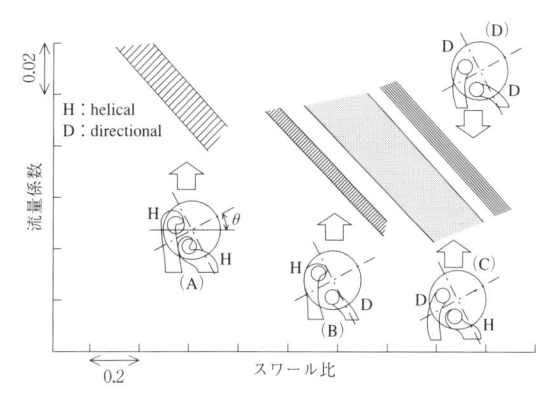

図4.3.40 吸気2弁のスワールと流量係数[6]

組み合わせるのが好ましいかが大きな課題である．この組合せを変えた場合を横軸がスワール比，縦軸を流量係数にとって図4.3.40に示す[6]．目標のスワール比に対し可能な限り高い流量係数が得られるポートの組合せを得ることが望ましい．

（iii）排気ポート 排気ポートはシリンダ内の燃焼ガスを速やかにシリンダの外へ排出する機能が重要である．形状は，バルブシートのスロート部から曲がり部の終りまでは断面積がやや縮小し，曲がり部の終りからストレート部で漸次拡大するのが一般的である[5]．過給エンジンでは，ブローダウンエネルギーを保存させるので曲がり部の終りからストレート部にかけて断面積が一定のものが多い．

排気抵抗を低減するために排気弁も2弁化が採用されているが，その排気ポートは途中で合流したサイヤミーズタイプのものが多い．これは，バルブ機構のスペースの確保もあるが，排気ポートの表面積をできるだけ小さくし，排気の熱が冷却水に逃げる分を少なく抑えるためである．

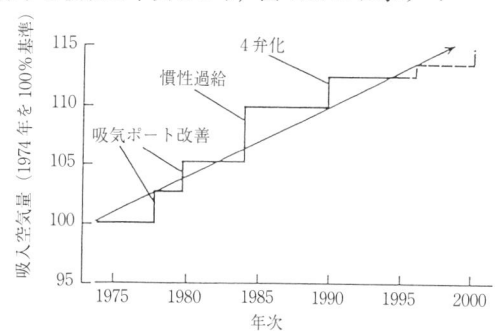

図4.3.41 排ガス規制強化に対応した吸入空気量の増加[7]

（i）バルブタイミング エンジンのバルブタイミングの一般的な効果を述べる．

（1）吸気弁開時期（Intake Valve Open：IVO）：車両用ディーゼルエンジンでは，機関速度が高速であることと燃費重視のためバルブリセス量を少なくとることから，IVOはBTDC 5～35°の範囲で開ける．自然吸気エンジンではIVOは小さい値であるが，過給エンジンでは吸気弁と排気弁のバルブオーバラップ期間を冷却のため長くとるので，一般に自然吸気エンジンよりもIVOを大きくとる．

（2）吸気弁閉時期（Intake Valve Close：IVC）：

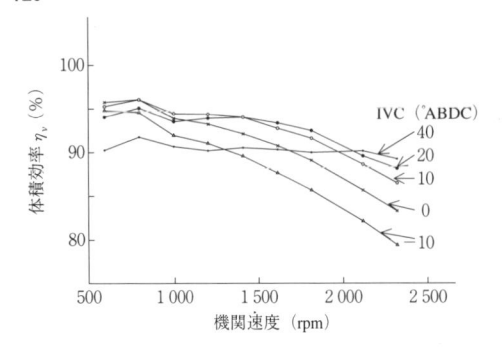

図 4.3.42 吸気弁閉時期（IVC）と体積効率

吸気行程においてできるだけ多くの空気をシリンダ内にとどめるためにこの時期を選定する．IVC は一般に ABDC 20～50°の範囲である．高速の性能を重視する場合は高速側の空気量を確保するため遅く閉じる．低速の性能を重視する場合は低速側の空気量を確保するため下死点に近い早い時期に閉じる．図4.3.42 にシミュレーション計算による IVC を変えたときの体積効率の変化を示す．また，過給エンジンでは機関速度の低速側の空気量を確保するため早めに閉じる場合もある．

(3) **排気弁開時期**（Exhaust Valve Open：EVO）：EVO は燃焼ガスの排出の開始であると同時に膨張行程の終了の意味をもつ．有効仕事を可能な限り増やすためには理想的には下死点で排気弁を開くことが望ましい．しかし，実際には燃焼ガスを速やかに排出するため下死点前に開く必要があり，EVO は一般に BBDC 40～70°の範囲である．これは，高速機関であるほど EVO は早い．また，最近の大型過給エンジンは EVO を早い時期の BBDC 70°で開き，ブローダウンエネルギーを積極的に活用するものもある．

(4) **排気弁閉時期**（Exhaust Valve Close：EVC）：EVC はピストン上面のバルブリセス量を少なくしたいので上死点後早く閉じることが望ましいが，排気ガスの排出を完全に行うため遅く閉じてバルブオーバラップ期間を長くとる場合もある．EVC は一般に ATDC 5～35°の範囲である．過給エンジンではピストン，シリンダヘッド，排気弁などの熱負荷部品の信頼性を確保するためバルブオーバラップ期間を長くとって排気側へ吹き抜ける空気による冷却を積極的に行う場合もある．

(ⅱ) **慣性過給**　ピストンエンジンでは吸排気が間欠的に行われており，このとき吸排気系に圧力振動が生じる．この圧力振動を利用して吸入空気量を増加させる方策に脈動効果と慣性効果がある．脈動効果とは，吸気行程で発生した圧力波が次のサイクルの吸気行程に作用する場合をいう．慣性効果とは，吸気行程で発生した圧力波がその行程に直接作用する場合をいう．脈動効果を利用する場合は吸気管長が非常に長くなるので，通常，多くの場合は慣性効果を利用している．排気量 13 l の大型ディーゼルエンジンに慣性過給を適用した場合の体積効率の変化を示す[8]．吸気

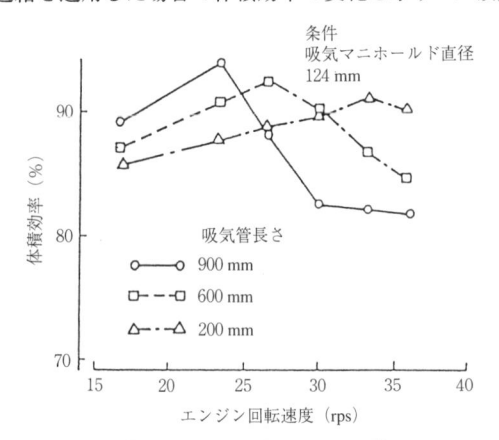

図 4.3.43 吸気管長さの影響[8]

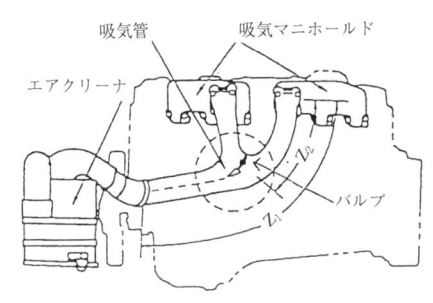

図 4.3.44 エンジン吸気系レイアウト（新吸気系）[8]

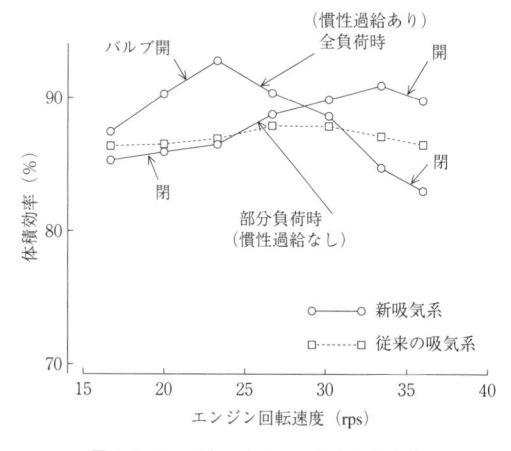

図 4.3.45 吸気コントロールシステムと旧タイプの体積効率の比較[8]

マニホールドの径が一定で吸気管長を変化させた場合のシミュレーション計算の結果を図4.3.43に示す. 慣性効果を十分に利用するため, 図4.3.44に示す吸気コントロールシステムを新しく装着し, 二つの同調点を有する吸気システムとしている. 新旧の吸気径による体積効率の比較結果を図4.3.45に示す. 最大トルク点で7%の体積効率の向上を得ている.

慣性過給時はガス交換の行程で負の仕事が大きくなるので, 空気量を必要としない部分負荷では慣性過給をしないほうが燃費がよくなる. 図4.3.46に慣性過給の有無の P-V 線図の比較を示す. これは部分負荷で吸気コントロールシステムを適用して慣性過給を効かせないで燃費を向上させている.

本吸気コントロールを採用したエンジンは, 燃料噴射タイミングを遅らせ NO_x を15%低減し, 黒煙の悪化分を体積効率の向上で補い, 吸気コントロール効果などにより, 車両全体で走行燃費を5%向上させている[8].

c. 過　　給

過給することにより同一排気量で出力とトルクの向上が可能である. またターボインタクーラ(以下 TI と記す)エンジンは過給されて約150℃の高温となった圧縮空気をインタクーラで約50℃まで下げ, インタクーラのない過給エンジンよりも燃焼時の火炎温度が低くなり, NO_x の発生を抑えられる可能性が高い. また, TIエンジンは, 空気過剰率が大きくでき, 黒煙の発生も抑えられる可能性もあり, 将来のディーゼルエンジンの低公害化には有望視されている.

(i) ターボ過給エンジン　TIエンジンの中速機関速度で, 過給圧を上げて空気量を増加させた場合に NO_x と煙, また NO_x と燃費の変化を図4.3.47に示す[9]. NO_x, P_{me} を一定として空気過剰率 λ を増した場合, 煙と燃費は低減することがわかる.

このようにTIエンジンにおける高過給化は将来の低公害化に向けて有効な手段である. しかし, 技術的に克服しなければならない課題も多くある.

① エンジン低速時のトルクの向上.
② エンジン低速時の過給機の作動線がサージラインに近い.
③ エンジン高速時のオーバブースト.
④ エンジン高速時の過給機のオーバラン.
⑤ エンジン高速時のポンピングロスの改善.
⑥ エンジンシリンダ内最大圧力の増加および熱負荷の増大.

これらの課題[9]を改善するために, 種々の改良がなされているので, 以下に述べる.

低速トルクを向上させる方策として, ウェストゲート付きターボ過給機と可変ノズルターボ過給機(以下 VGT と記す)があげられる. 当初, 大型商用車のディーゼルエンジンではウェストゲート付きターボ過給機の使用は排気エネルギーを損失することになると考

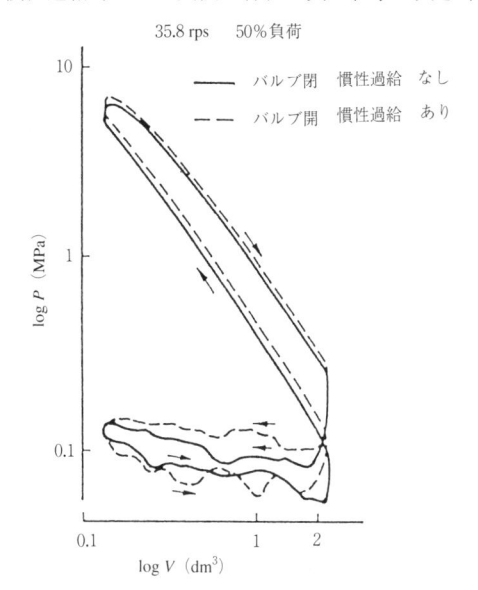

図4.3.46 慣性過給の有無の P-V 線図[8]

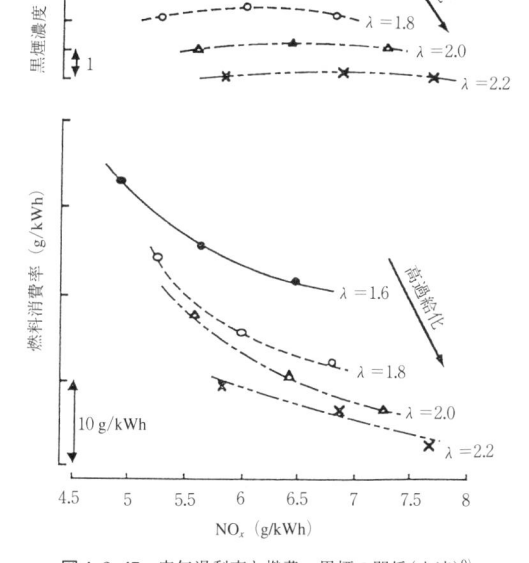

図4.3.47 空気過剰率と燃費, 黒煙の関係(中速)[9]

えられており，ウェストゲート付きターボ過給機を採用していなかった．しかし，高過給化が進むにつれて低速トルクの向上，過渡応答性の向上，ターボ過給機のオーバランの抑制などから高過給の TI エンジンにウェストゲート付きターボ過給機を採用するメリットの大きいことが確認された[10]．また，VGT についても低速トルクの向上のため数は少ないが，現在採用されている．図 4.3.48 に，(a) ウェストゲートのない場合，(b) ウェストゲート付きの場合，(c) VGT の場合の典型的な作動線図の比較を示す[11]．また，ウェストゲート付きターボ過給機と VGT それぞれを装着した TI エンジンのトルクカーブの比較を図 4.3.49 に，燃費の比較を図 4.3.50 に示す[11]．この作動線図の比較から，ウェストゲート付きターボ過給機および VGT の場合は低速の圧力比が高くとれ，低速の空気の不足しているところに空気を入れることができ，低速のトルクを上げることができる．また，高速では，ウェストゲートを開くことおよび，VGT のノズルを

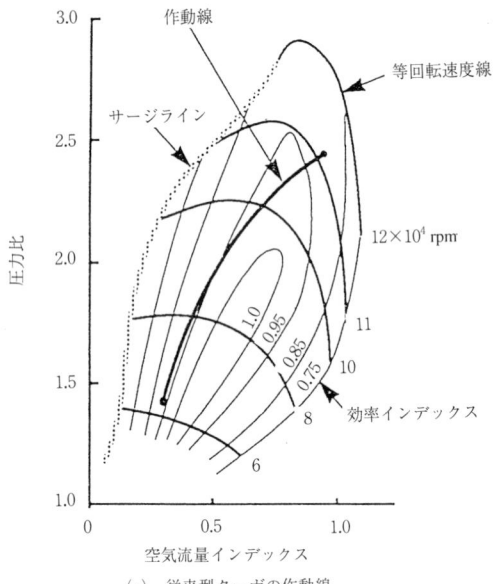

図 4.3.48 過給エンジンの作動線図[11]

(a) 従来型ターボの作動線
(b) ウェストゲート付きターボの作動線 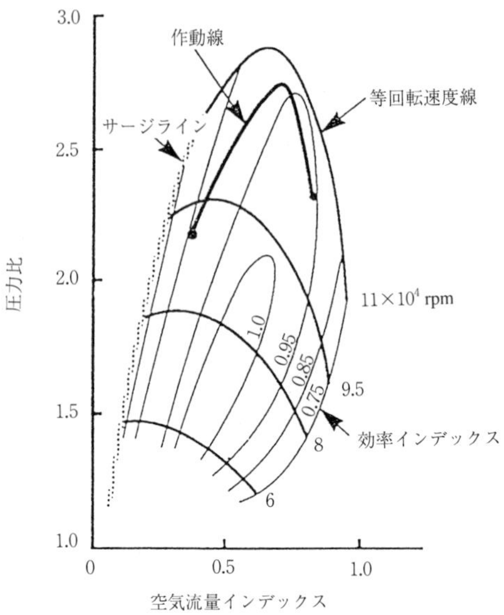
(c) VGT の作動線

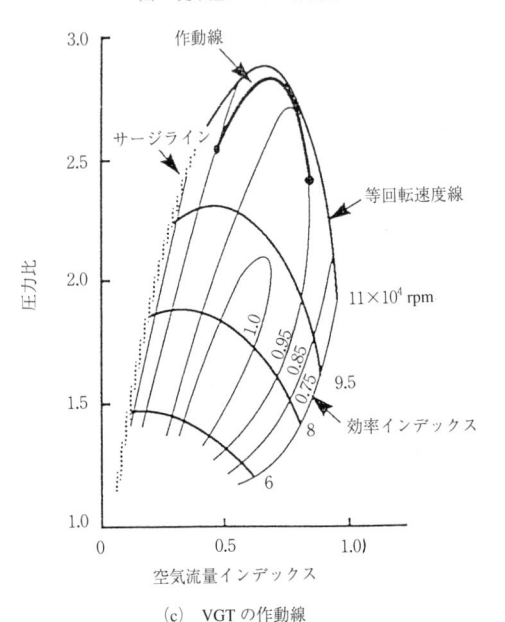

開くことにより過給器のオーバランを防止できる.

従来のウェストゲートのない TI エンジンに対して，ウェストゲート付きターボ過給機および VGT を装着した TI エンジンは図 4.3.49 に示すように定常運転時の低速トルク(P_{me})が約 50% 向上している.

ウェストゲート付きターボ過給機を装着した TI エンジンは，図 4.3.50 に示すように燃費が悪化することもなく，VGT を装着した TI エンジンの燃費と大略同じである.

ウェストゲート付きターボ過給機はタービンを通常のターボ過給機や VGT より一回り小さいものが使用できるので，過渡時のレスポンスは改善される方向にある.

(ii) **ターボ過給機** 過給機本体については，各種の過給機が用意されている. 小型や中型ディーゼルエンジン用の過給機はウェストゲート一体のものが一般的である. 大型ディーゼルエンジン用ではウェストゲートと過給機が別々であることが多い. これは大型ディーゼルエンジンの過給機の生産量が少ないためで，可能な限りの部品を共通化しているからである. したがって，過給機の基本部品は共通品を使い，各エンジンとのマッチングはタービンのサイズ，図 4.3.51 に示す A/R (断面積/代表半径)やトリムの変更で行っている[12].

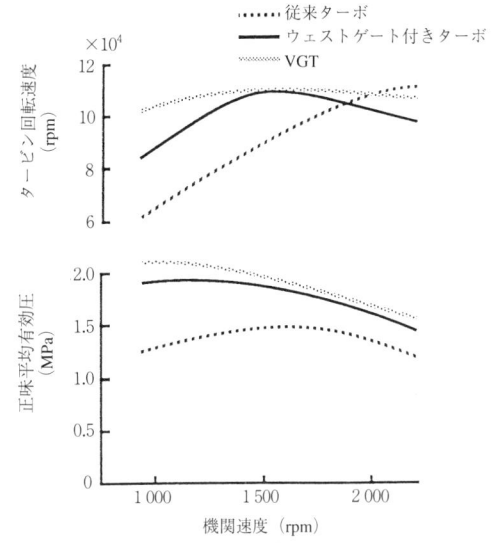

図 4.3.49 ターボ過給機の違いによるエンジントルクの比較[11]

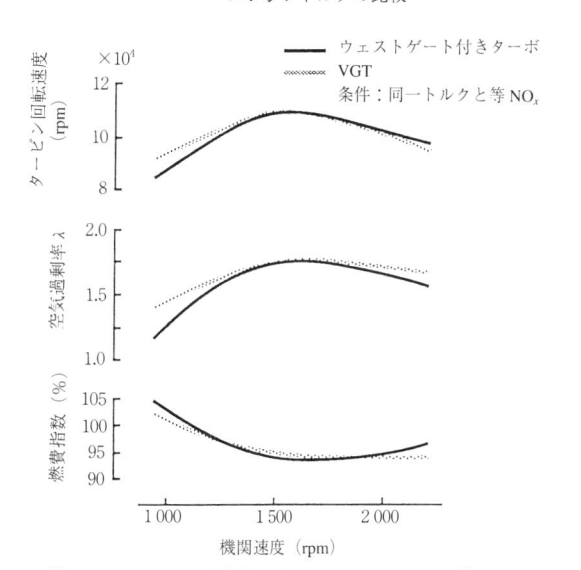

図 4.3.50 ターボ過給機の違いによる燃費の比較[11]

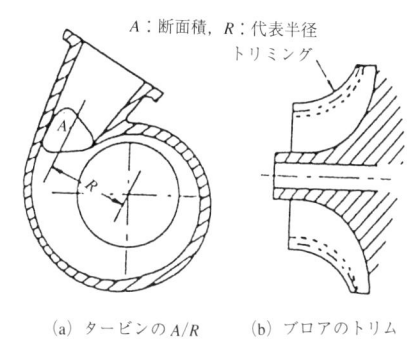

図 4.3.51 斜流ターボ過給機のエンジン特性[13]

過給機に要求される特性は，効率に関してはコンプレッサ効率 η_c とタービン効率の η_t が高く，また，コンプレッサとタービンの回転軸を支えるしゅう動部などのメカニカルフリクションの小さいこと，すなわち機械効率 η_m の高いことがあげられ，これらの積が総

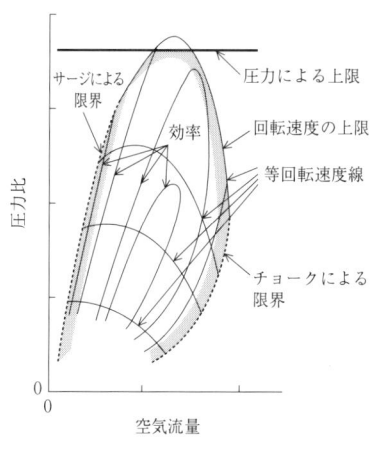

図 4.3.52 コンプレッサ特性と制約

(a) 斜流タービンとラジアルタービンの比較

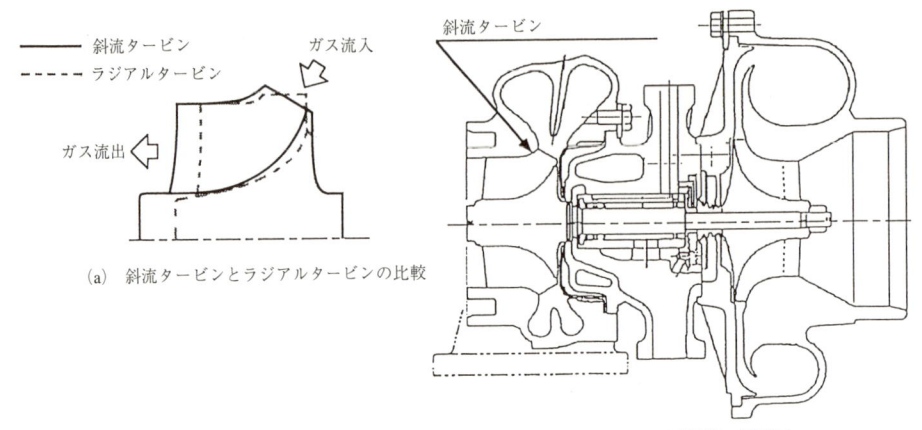

(b) 斜流ターボ過給機の断面図

図 4.3.53 斜流ターボ過給機断面図とタービン形状の比較 [13]

合効率 $\eta_{tot} = \eta_c \times \eta_t \times \eta_m$ として表される．車両用として効率の高いものは $\eta_c = 0.78$, $\eta_t = 0.81$, $\eta_m = 0.95$, $\eta_{tot} = 0.60$ の値に達している．

過給機の風量範囲は，図 4.3.52 に示すように低速時のコンプレッサのサージ，高速時のオーバランとチョークより決められる．この高い効率と幅広い風量範囲のコンプレッサにマッチしたタービンを有する過給機として斜流ターボ過給機が実用化されている．従来のラジアルタービンと斜流タービンの形状比較を図 4.3.53 に示す [13]．図 4.3.54 に従来のラジアルターボ過給機と斜流ターボ過給機をそれぞれ装着したエンジンの特性の比較 [13] を示す．全作動域において効率が高いことと高速側で風量が確保できたことにより燃費が向上している．

(iii) ターボコンパウンドエンジン　TI エンジンによる高過給化が進行する中で，ターボコンパウンドエンジンの研究と実用化が多くなされている．ターボコンパウンドエンジンは，高過給 TI エンジンの膨張仕事を終えた排気ガスからさらに有効仕事を得ようとすることであり，出力向上と燃費向上を目的にしている．

ターボコンパウンドエンジンのターボ過給機とパワータービンの配列の概念図を図 4.3.55 に示す [14]．クランクシャフトの出力軸にパワーを戻すパワータービンの配置により 3 種類の配列が考案されている．また，タービンをラジアルタービンにするか，アキシャルタービンにするかによる組合せがある [14]．ターボ過給機とパワータービンの組合せは，最終的にはトータルの過給効率，ダクト曲がり損失，エンジンレスポ

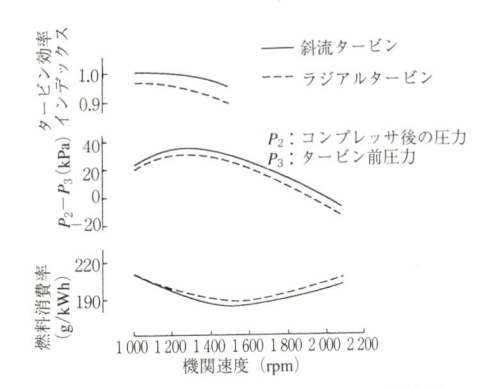

図 4.3.54 斜流ターボ過給機のエンジン特性 [13]

ンス，パッケージサイズとメカニズムの単純さなどからラジアルターボ過給機とアキシャルパワータービンの組合せを採用したものもある．この実験例は，11.3 l の直列 6 気筒の TI エンジンの 192 g/kW・h（286 kW, 1 850 rpm・h）の燃費に対し，ターボコンパウンドエンジンで 182 g/kW・h の燃費となり，燃費は 5.5% 向上している [14]．

ターボコンパウンドにおいてパワータービンから得られた出力をクランク軸に戻す方策も重要である．メカニカルなドライブトレーンを使用すると，50,000～60,000 rpm のパワータービンの回転速度を 1 800～2 000 rpm のクランク軸に戻すため減速比は 1/30 となる．また，エンジンのクランクシャフトのねじり振動をカットするためのクラッチなども必要である．メカニカルなドライブトレーンは機構が複雑になるため，パワータービンで発電しモータでクランク軸に出力を戻すことも試みられている [15]．

スカニア社は限定生産であるが Scania DTC 1101 エ

果は約5%である[16]．今後さらに燃費を向上させるには，エンジンの部分負荷時および低速から中速時の燃費の改善が必要である．

ターボコンパウンドエンジンはコンセプトとしてセラミックエンジンと組み合わせた事例[15]があり，将来の低燃費かつ低排出ガスのエンジンとして望まれている．

(iv) **各種過給エンジン**

(1) **二段過給エンジン**（two stage turbo）: エンジンの高過給化をさらに推進する方策として過給機2個を直列に配列した二段過給があげられる．一部実用例[17]もあり，圧縮した空気をさらに圧縮できるので高過給化の手段として今後も注目される．

(2) **シーケンシャルターボ**: 本システムは大きい過給機と小さい過給機を並列に結合し，機関速度の高速と低速によってそれぞれの過給機を使い分けるアイデアである[18]．これは低速の機関速度においては小さい過給機で吸入空気量を増やし，低速トルクを向上させ，また，高速の機関速度においては大きい過給機で効率のよいところをマッチングさせ燃費を向上させるというものである．ガソリンエンジンで2個の過給機で実用化した例[19,20]があるが，ディーゼルエンジンではいまだ実用化されておらず，今後注目される技術である．

(3) **コンプレックス**（comprex；dynamic pressure exchanger）: コンプレックスとは図4.3.57に示す細い管（セルの集合体のロータ）にエンジンの排気圧力

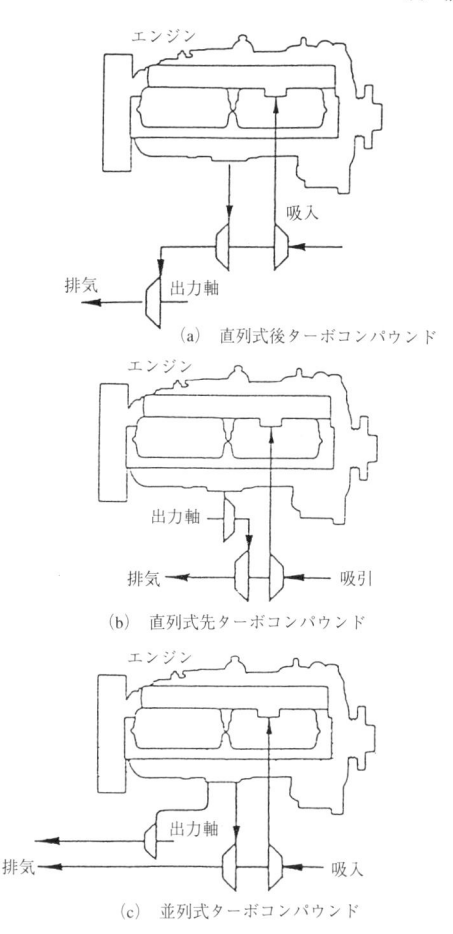

図4.3.55 ターボコンパウンドにおけるパワータービンの配置[14]

(a) 直列式後ターボコンパウンド
(b) 直列式先ターボコンパウンド
(c) 並列式ターボコンパウンド

ンジンでターボコンパウンドエンジンをすでに実用化している[16]．このエンジンのターボ過給機の配置を図4.3.56に示す．本エンジンはラジアルターボ過給機とラジアルパワータービンの組合せを採用し，燃費向上の効果は出力点において約3%，また出力向上効

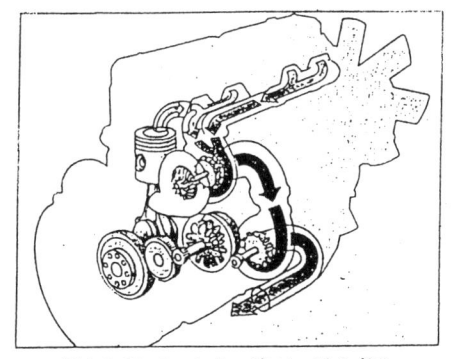

図4.3.56 Scaniaターボコンパウンドのターボ過給機の配置[16]

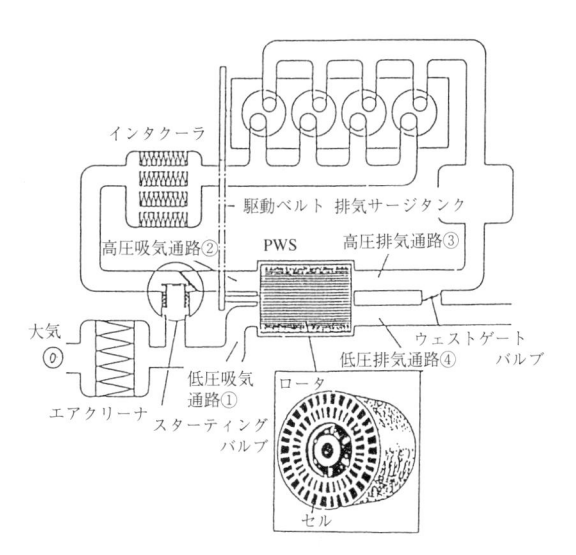

図4.3.57 コンプレックスシステム概略図[22]

を直接導入し，すでに充填されている空気を排気のパルス的圧力で圧縮し，吸気マニホールドに送り込むもので，ロータがエンジン回転と同期して回転し過給を行う．ABB社が長く研究を進めてきた．実用化は乗用車用のディーゼルエンジンではされている[21,22]．過給圧は80 kPa-gに達し，過渡応答性がよいなどのメリットをもつ．

(4) ミラーサイクルエンジン： ターボ過給エンジンの信頼性を確保しつつ，出力を向上させる手段としてミラー（Miller）サイクルがある[23〜25]．ミラーサイクルとは，エンジンの負荷の増大に従って吸気弁を下死点よりも早く閉じ，シリンダ内最大圧力が過大となることを抑える手段である．吸気弁を早く閉めるときは弁開も早まるので，バルブオーバラップ時の排気側へ吹き抜ける空気量が多くなり熱負荷部品の温度を下げ信頼性を向上させることが可能となる．

広い意味でミラーサイクルに属するが，ウォーカー（Walker）サイクルと呼ばれるものもある．これは，目的はミラーサイクルと同じであるが，一度シリンダ内に吸入した空気を一部排気する方策である．具体的には，吸気行程の終りに排気弁を少しリフトさせ空気を排気させる．これによりシリンダ内最大圧力の過大を抑え，熱負荷部品の温度を低減し信頼性の向上が可能である．

排出ガスの低公害化のニーズが強まるにつれてTI化が進行し，いままで舶用エンジンで使われてきたこれらの高過給の手法が注目される．

(v) 容積型過給機 過給機は，ターボ過給機のみならず容積型タイプも提案されている．図4.3.58に各種のタイプを示す[26]．ガソリンエンジンにおいてルーツ式，リショルム式，ベーン式の実用化がすでになされている．ディーゼルエンジンにおいては，まだこれらは実用化されていないが，今後単独での使用またはターボ過給機との組合せによる使用で，低速トル

クやレスポンスの改善に期待がもてる．　［青柳友三］

参 考 文 献

1) 小林昭夫：内燃機関，Vol.10, No.110, p.21 (1971)
2) 斎藤 孟：自動車工学全書 5 ディーゼルエンジン
3) 掛川俊明：ACE技術論文集，No.1, p.11 (1991)
4) 辻村欽司：ACE技術論文集，No.1, p.21 (1991)
5) N. F. Gale：SAE Paper 900013 (1990)
6) Endo Shin, et al.：SAE Paper 912463 (1991)
7) Joko Isao, et al.：Proceeding of a FISITA Seminar FO5，21st Congress of CIMAC (1995)
8) 江口展司ほか：日野技報，No.34, p.62 (1985)
9) Endo Shin, et al.：SAE Paper 931867 (1993)
10) M. Yabe, et al.：I Mech E Paper, No.C484/009/94 (1994)
11) Sugihara Hiroyuki, et al.：SAE Paper 920046 (1992)
12) 新編自動車工学便覧 第4編，pp.1-31 (1993)
13) Tsujita Makoto, et al.：SAE Paper 930272 (1993)
14) D. E. Wilson：SAE Paper 860072 (1986)
15) Kawamura Hideo：SAE Paper 880011 (1988)
16) Lastauto omnibus, p.7 (1994)
17) R. H. Robinson, et al.：SAE Paper 820982 (1982)
18) Yurij G. Borila：SAE Paper 860074 (1986)
19) 大庭保美ほか：TOYOTA Technical Review, Vol.41, No.2, p.143 (1991)
20) S. Tashima, et al.：SAE Paper 910624 (1991)
21) 吉津紘二ほか：マツダ技報，No.6, p.138 (1988)
22) 人見光夫ほか：マツダ技報，No.7, p.81 (1989)
23) R. H. Miller：Trans. ASME 69, p.453 (1947)
24) G. Zappa, et al.：ASME Paper No.80-DGP-23 (1980)
25) Y. Ishizuki, et al.：SAE Paper 851523 (1985)
26) 新編自動車工学便覧 第4編，pp.1-29 (1993)

4.3.4 EGR

EGRとは排気ガス再循環（exhaust gas recirculation）のことであり，エンジン排出ガス中のNO_x低減策として考えられている．ガソリンエンジンでは，EGRはすでに実用化されているが，ディーゼルエンジンでは一部の小型エンジンにおいて実用化されてはいるものの[1〜3]，長寿命，高信頼性が要求される商業車用の中・大型ディーゼルエンジンでは，現時点で採用は少ない．これは信頼性，耐久性がまだ確立されていないこと，およびEGRによって燃費や黒煙などが悪化するためである．したがって，これらの問題を解決することが必要である．

a. EGRの特性

（i）NO_x低減のメカニズム ディーゼルエンジンにおけるEGRとガソリンエンジンにおけるEGRは，NO_x低減のメカニズムが多少異なっている．図4.3.59はその差を把握するための基本概念図である[4]．ガソリンエンジンは負荷をコントロールするため部分負荷では吸気絞り（スロットリング）を行っている．そのためEGRをすればその分だけスロットリングが

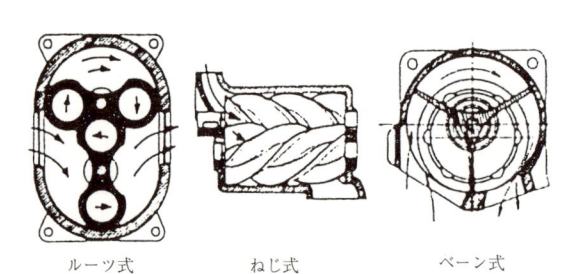

図4.3.58　各種容積型過給機[26]

ルーツ式　　ねじ式　　ベーン式

減少し，図4.3.59 (a)に示すように本来より余分なEGRガスが入る（この場合空燃比は同じ）．ディーゼルエンジンでは吸気絞りがなく，EGRにより本来入るべき空気が入らなくなり，図4.3.59 (c)のように吸入空気は減少する（空燃比は減る）．図4.3.59 (a)の場合EGRガスの分だけ熱容量は増加し，その分だけ平均ガス温度が低下するのに対し，図4.3.59 (c)の場合は熱容量の変化が少なく，空燃比は減ることになる（酸素濃度減）．

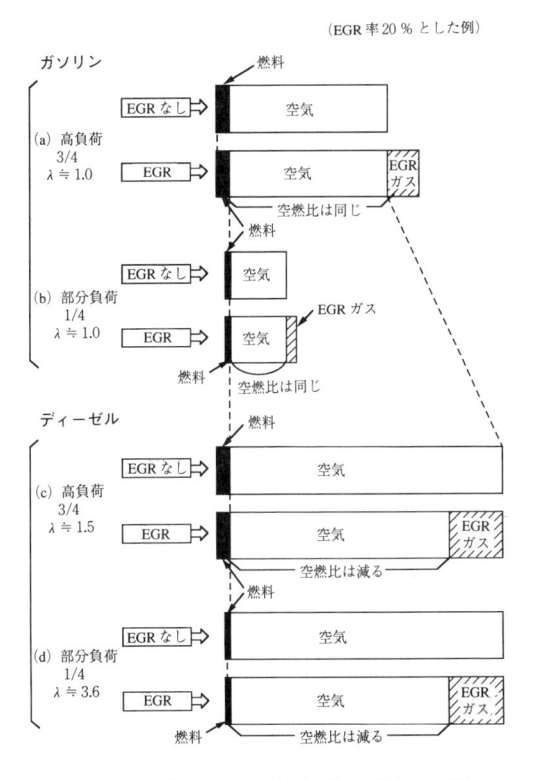

EGR率は各種の定義により値が異なるので明確にしておく．一般的には次の2種類がよく使われる．第一はEGRにより低減する吸入空気量から求めるものであり，これは比較的簡単に得られるため，以前から多い[5〜9]．しかしながら，還流ガスと混合され吸入されるガスは温度が変わるため，厳密な意味でのEGR率にはならない．第二は吸入および排気中のCO_2（またはO_2）濃度から求めるものであり，EGRガス混合後，筒内へ吸入される前のCO_2（またはO_2）ガス濃度変化率から求める[10]．図4.3.60はEGR付きエンジンの模式図と，上述のEGR率の定義式と

を同時に記載した．定義式によるEGR率の違いは，おおまかには定義式1の値は定義式2の値のおよそ2倍である．以後EGR率はとくに断らない限り多く使われている定義式1を用いる．

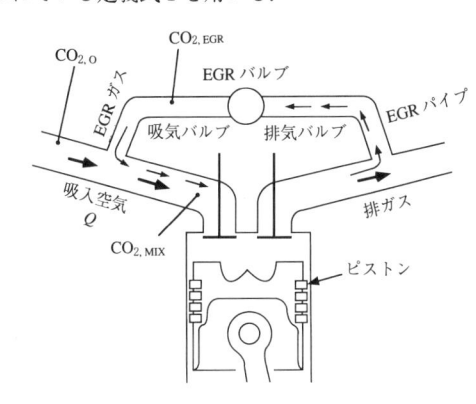

図4.3.59 ガソリンエンジンとディーゼルエンジンのEGRの比較[4]

$$定義式1 = \frac{Q_{W/OEGR} - Q_{EGR}}{Q_{W/OEGR}} \times 100$$

(Q_{EGR}：EGR時の吸入空気量
$Q_{W/OEGR}$：EGRなしのときの吸入空気量)

$$定義式2 = \frac{CO_{2,MIX} - CO_{2,O}}{CO_{2,EGR} - CO_{2,O}} \times 100$$

($CO_{2,MIX}$：EGRガス混合後のCO_2濃度
$CO_{2,EGR}$：EGR管を通るガスのCO_2濃度
$CO_{2,O}$：大気中のCO_2濃度)

図4.3.60 EGRの定義

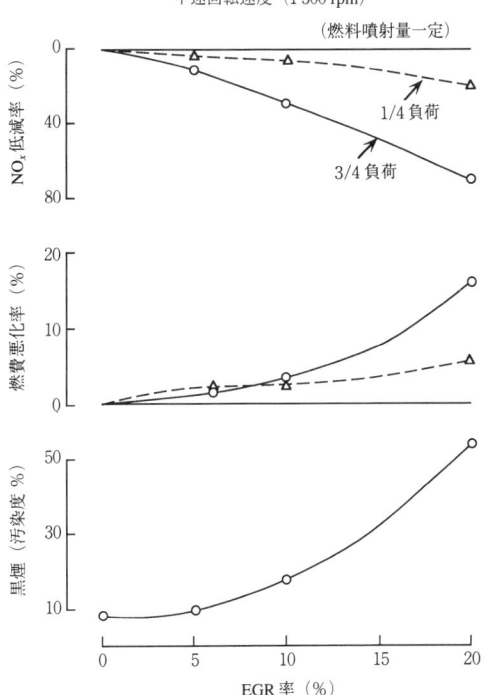

図4.3.61 エンジン性能とNO_xのEGRによる影響[7]

(ii) **EGR による性能・排出ガスへの影響**
EGR を行えば排出ガスがどのように変化するかを調べたのが図 4.3.61 である[7]．中速回転速度，部分負荷での EGR 率の増加による NO_x，黒煙，燃費の変化を示した．3/4 負荷では NO_x 低減率が高いが，燃費，黒煙の増加が著しい．1/4 負荷では NO_x 低減率が低く，燃費増加も少ない．1/4 負荷での黒煙は非常に少ないので，ここでは記載しない．

図 4.3.62 はパティキュレート (PM) とその内容物である SOF の EGR による影響を示したものである[9]．パティキュレートは EGR 率が高くなると増加し，高負荷ではその増加が著しい．SOF は EGR 率が低いときは多少増加気味であるが，EGR 率が高いときは多少減る傾向にある．

(iii) **EGR による燃焼特性の変化** 性能実験と同時に測定した熱発生率は図 4.3.63 のようになる[7]．中速回転速度と高速回転速度において，EGR によって熱発生率の変化する様子がわかる．予混合燃焼ピークが EGR 率の増加によって減少するが，拡散燃焼部分の変化は少ない．予混合燃焼ピークが減少したのは，EGR ガスによって吸気温度が暖められ，着火遅れが短縮されたため，および予混合燃焼期間において EGR ガスが予混合燃焼速度を抑制したためであると考えられる．すなわち，予混合ガス中には EGR 率に対応した CO_2 濃度が存在し，かつ O_2 濃度が減少しており，これが燃焼速度を抑制している．拡散燃焼期間において熱発生率の変化は少ないが，EGR ガスにより実際は拡散燃焼速度も多少抑制されていると考えられる．

(iv) **EGR による燃焼火炎温度の影響** 図 4.3.64 は燃焼火炎温度を二色法で計測，解析したものである．その結果，EGR により火炎温度が低減することがわかる．このことは先に述べたようなディーゼル燃焼における EGR 時の NO_x 低減は大まかには酸素濃度低減[4]と考えられるが，燃焼ガス温度の低下も寄与していることがわかる[11]．

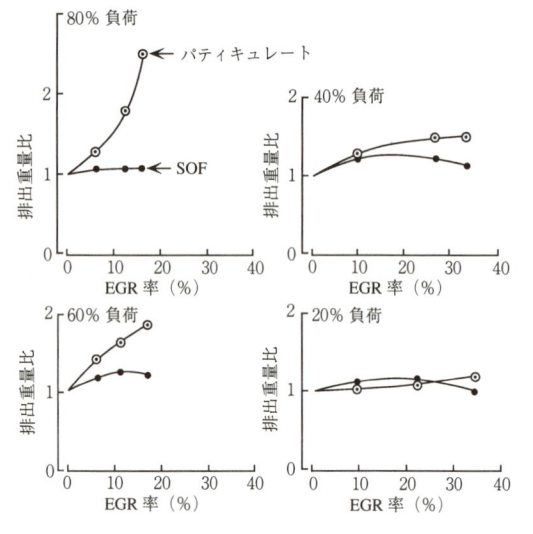

図 4.3.62 EGR 率のパティキュレート排出量への影響[9]

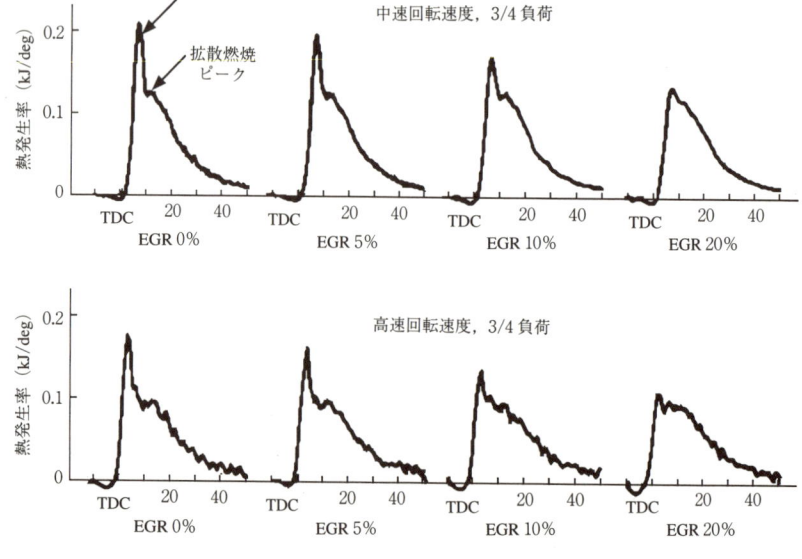

図 4.3.63 熱発生率の EGR による影響[7]

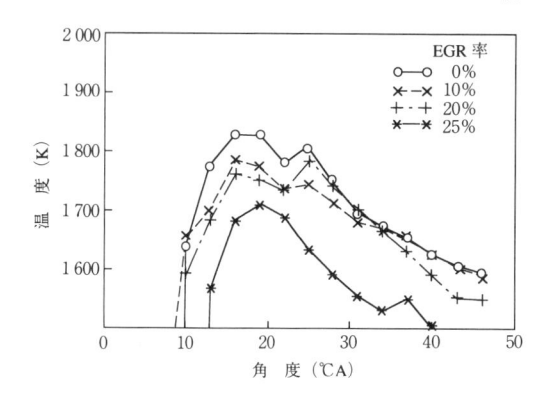

図 4.3.64 火炎温度の EGR による影響[11]

b. EGR の実施上の課題

EGR を実施するにはさらに解決しなければならない課題がある．それらを箇条書きにまとめれば，大略以下のとおりである．
① 性能，燃費の改善（とくに NA エンジン）
② NO_x 以外の排出ガスなどの改善（CO，HC，PM，黒煙など）
③ EGR 率の制御の改善
④ 過給エンジンでの EGR の可能性の拡大
⑤ 信頼性，耐久性の確保

上記課題点のうち，①，②についてはすでに述べてきた．ここでは③，④について述べ，大きな問題の⑤についてはさらに後で述べる．

（ⅰ）**EGR 率の制御性** EGR は排気管の一部から排出ガスを分岐し，吸気管の一部に還流させるのであるが，還流管はガソリンエンジンの場合に比較し，かなり太いものとなる．これは，ディーゼルエンジンの場合は吸気と排気の圧力差が少ないため，必要な EGR ガスを流すためには EGR 管は太くなる．それに従い，EGR バルブも大きいものとなる．図 4.3.65 は実用化になった EGR コントロールシステムの一例である[12]．

過渡時においてエンジンの負荷変化に対応し，EGR バルブの応答遅れにより黒煙が発生する場合がある．この対策として EGR バルブが早く，しかも精度よく応答することが重要である．

（ⅱ）**過給エンジンでの EGR の困難性** 過給エンジンにおいて EGR を実施する場合，排気管内のガス圧と吸気管内の吸気圧の圧力差が重要であり，EGR ガスを還流する位置によっては，EGR ガスが流れない場合も生じる．図 4.3.66 は過給エンジンでの EGR ガス還流方法の概略図である．コンプレッサ出口に EGR ガスを還流する場合（図中の①），軽負荷ではブースト圧が低いため EGR は可能であるが，負荷が増加するとブースト圧が排気圧よりも上昇し，EGR は不可能となる．これを解決するために排気側に絞りを設け，背圧を上げるなどの方策がある．

コンプレッサ入口に EGR ガスを還流する場合（図中の②），上記の問題はなくなるが，別の大きな問題としてコンプレッサの汚れや腐食による効率低下や信頼性の低下がある．さらにインタクーラ前に還流する場合（図中の③），インタクーラの汚れによる効率低

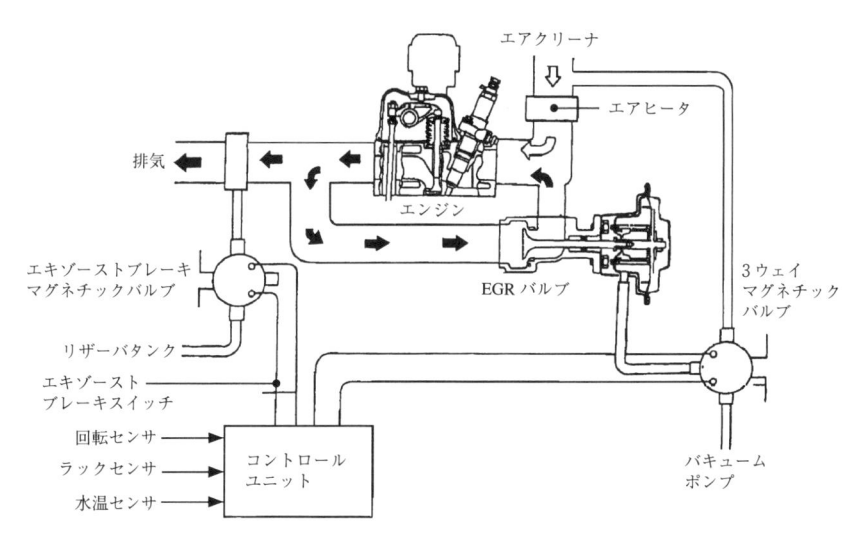

図 4.3.65 EGR のシステム図[12]

下があり，信頼性に悪い影響も考えられる．

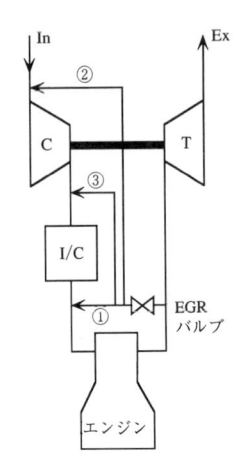

図 4.3.66　過給エンジンの EGR 配管方法例

c．**EGR の耐久性，信頼性**

排気ガスの一部を EGR ガスとして分岐し，EGR バルブ，吸気マニホールドを介して再度シリンダ内に吸入させる場合，次の各部位で問題となる．燃料軽油の中には約 0.2% の硫黄（S；サルファ）分が含まれているため，燃焼後の排出ガス中には SO_2 が含まれている．この SO_2 は酸化されて SO_3 から硫酸（H_2SO_4）になる．温度が低い場合に硫酸は結露し，EGR 管路の部品を腐食させる．シリンダ内に吸引された SO_2 は上記と同じく硫酸となり，温度が低下したとき，すす粒子を核として回りに結露する．結露する温度は 130～150℃ くらいとの報告例があり[13]，比較的高い温度である．耐食性の高い管にする必要がある．

硫酸はオイルが存在すると中和され，オイルのアルカリ価を低下させるが，一部はシリンダ壁やピストン，ピストンリングに付着し，その面を腐食させる．また EGR の有無によらず，燃焼ガス中には NO_x が存在し，それがシリンダ壁やピストンリング溝部分で硝酸（HNO_3）となって硫酸と同様に，摩耗を促進させている[14]．

EGR ガス中のすすは吸気行程中にスワールに乗って旋回し，シリンダ壁やピストンリング付近のオイルに付着する．オイルに混入したすすは潤滑系部品（たとえばカムシャフト，タペット，ロッカアームなど）の摩耗を促進させる．このため，オイル中の不溶解分（すす）を増加させないようにすることが必要である．以下重要項目について述べる．

（i）**ピストンリング，ライナの摩耗**　図 4.3.67 は EGR 20% でパターン運転をしたときのトップリング，シリンダライナの摩耗比率であり，EGR によって 4～5 倍の摩耗増加となっている[4]．なおこのとき使用した燃料の硫黄含有率は 0.5% である．図 4.3.68 はピストンリングおよびライナ部分の酸性度（pH 値）を測ったものであるが，トップリング部が一番 pH 値が少なく，次にセカンドリング部，サードリング部と pH 値が増加する．すなわちトップリング部が一番腐食摩耗が起こりやすい状態にある．これらを耐腐食・耐摩耗性の高い新材料にする必要がある．

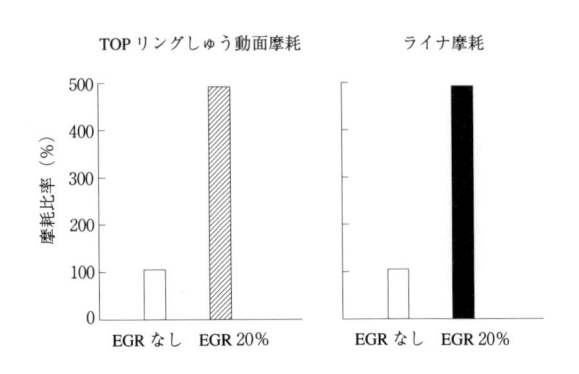

図 4.3.67　EGR が摩耗に及ぼす影響[4]

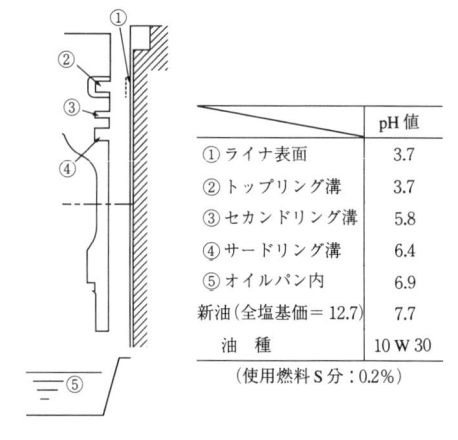

	pH 値
① ライナ表面	3.7
② トップリング溝	3.7
③ セカンドリング溝	5.8
④ サードリング溝	6.4
⑤ オイルパン内	6.9
新油（全塩基価 = 12.7）	7.7
油　種	10 W 30

（使用燃料 S 分：0.2%）

図 4.3.68　ピストンおよびシリンダライナなどに付着した油の pH 値

（ii）**オイル劣化**　EGR を行うとオイル劣化が著しい．アルカリ価の低下が速く，ノルマルヘプタン不溶解分の増加が速くなる[4]．燃料中の硫黄の 97～98% が SO_2 となって排気管から排出されるが，EGR によって SO_2 が再度シリンダ内に吸入されると，燃

焼ガス中の水によって硫酸となり，腐食摩耗を生じさせる．これに対しオイル中に含まれている$Ca(OH)_2$の中和作用で腐食を抑制させており，そのためアルカリ価の低下が速い．オイルに混入する硫酸はおもに吸入，圧縮行程において EGR ガスから混入することが確認されている[15]．オイル中には硝酸イオンも存在し，これは燃焼によりNO_xが生成し，燃焼過程中に混入するものと考えられる[15]．

EGR の場合，酸素濃度低減，燃焼悪化によるすす増加があり，それがノルマルヘプタン不溶解分の増加につながる可能性もあるが，それよりも前述のように EGR ガス中のすすが吸入，圧縮行程中にオイルへ混入する可能性のほうが高い．したがって，エンジンの排ガス中のすすを低減することが重要な対策となる．

（iii）**動弁系摩耗** カム，タペット，ロッカアームなどは面圧が非常に高く，境界潤滑に近い状態であり，そこで摩耗が生じる．極圧添加剤は境界潤滑部分に低融点合金（硫化物，リン化物）の皮膜をつくり，面圧を下げる作用により摩耗増加を抑えている．EGR によりオイル劣化が進み，オイル中にすすが浮遊すると極圧添加剤の皮膜形成を妨げる．レジン分やスラッジ，カーボン（すす）による皮膜破壊によりしゅう動面にひっかききずが生じ，それが境界潤滑，摩耗増加となる．EGR より極圧添加剤が減少，消失している例[16]があり，オイル中に混入していたすすが極圧添加剤を吸着し，その作用を妨害するとの説[17]もあり，EGR によるオイル中のすす混入は摩耗増加の原因となる．

事実 EGR により動弁系の摩耗は増加するとの報告がある[18]．また図 4.3.69 はオイル中のすすを除去した後，摩耗試験をした場合の効果の例[19]であり，EGR ガス中のすすを減少させることで動弁系摩耗が大幅に低減することがわかる．

オイル劣化対策として，オイル中に混入したすすを除去するフィルタの改善が考えられる．オイルフィルタで効率よく捕捉するためには，すすの分散性を多少制限する必要がある[9,20]．この場合すすに吸着した極圧添加剤も同時に除去されるので不都合である．この不都合を改善する研究開発が今後必要である．

［青柳友三］

参考文献

1) 吉田，斉木，藤村：自動車技術，Vol.47, No.10, p.10 (1993)
2) F. Thoma, et al. : SAE Paper 932875 (1993)
3) 北島：Motor Fan, p.246 (1990.9)
4) 塩崎，鈴木，大谷：日野技報，No.38, p.3 (1989)
5) 町田，松岡：内燃機関，Vol.14-1, No.160, p.57 (1975)
6) 関本政則：日石レビュー，Vol.32, No.5, p.26 (1990)
7) 塩崎，鈴木：自動車技術会論文集，No.46, p.18 (1992)
8) 小高，小池，塚本，成沢：自動車技術会前刷集 912, p2.37, Paper No.912189 (1991)
9) 佐藤，赤川：自動車技術，Vol.44, No.8, p.67 (1990)
10) D. A. Pierpont, et al. : SAE Paper 950217 (1995)
11) 塩崎ほか：第 12 回内燃機関シンポジウム講演論文集，論文 No.42 (1995)
12) 日産ディーゼル整備要領書（FE 6 A エンジン）
13) 古浜庄一：日本機械学会講演前刷集，p.109 (1958)
14) 大隅，木島：自動車技術，Vol.46, No.5, p.77 (1992)
15) 村上靖宏：自動車技術会前刷集 934, p.65, Paper No.9305454 (1993)
16) 加納真他：日本潤滑学会第 27 期全国大会前刷集，p.177 (1985)
17) F. C. Rounds : SAE Paper 810499 (1981)
18) 川上，中川：潤滑，Vol.27, No.5, p.327 (1982)
19) 功刀ほか：石油学会製品部会討論会前刷集，p.58 (1984)
20) 太斉，渡辺：日本潤滑学会第 34 期全国大会（富山）予稿集，p.139 (1989)

4.3.5 エンジン本体系

ディーゼルエンジンの排出ガス対策を進めていくと，たとえば，高圧噴射化を行うとエンジン騒音が増大するとか，燃焼騒音も高くなるとかの問題がでてくる．また，一般に排出ガス対策を推進すると燃費率が悪化するので，燃焼の改善で少しでもリカバーすべく各種の努力が進められているが，フリクション低減や補機損失の低減も進め，エンジンの総合的な燃費の改善を進める必要がある．こういった観点で，PM や燃費率の改善につながる対応，騒音低減につながる対応を中心に最近の動きを紹介する．

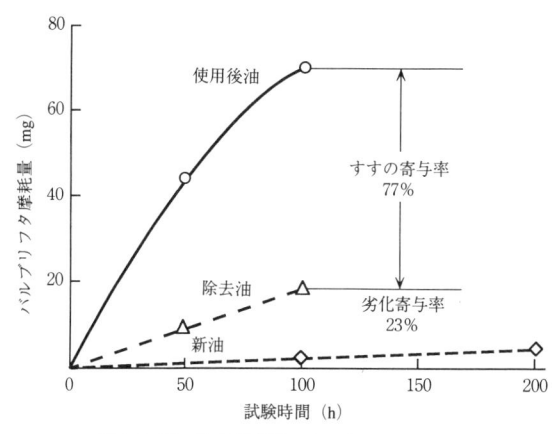

図 4.3.69 動弁系摩耗に及ぼすすすの影響

a. シリンダブロック

ディーゼルエンジンの振動騒音は,通常大部分はシリンダブロックから伝達・放射されており,低騒音エンジンの開発にはシリンダブロックの剛性向上が重要である.近年のコンピュータ環境の飛躍的向上により,モーダル解析やFEM解析が容易に行えるようになってきた.静変形・固有振動数・周波数応答の各解析を行ってラダーフレーム構造を採用し,プロトエンジンを作成して実機での各種解析を行いFEM感度解析を行うと,効果的対策ができる.このようなプロセスで騒音上最適な構造をもち,従来エンジンに対して,大幅に優れた低騒音エンジンを実現できた対策例を図4.3.70[1]に示した.従来エンジンは800 Hzを中心にレベルの高いピークをもっているが改良ブロックは1 kHz以下でも際立ったピークがなく,全体的レベルが低い.このような高剛性・低騒音シリンダブロックは変形も少なく,そのためにフリクションも低くなる傾向にあると考えられる.同じようなブロックのクランクケース主軸受回り構造の改良報告例[2]もある.

従来から使われている耐摩耗性に優れた特殊合金鋳鉄製のライナレス構造に加えて,ボア表面にプラトホーニング加工を施し,初期オイル消費とフリクションの安定化を図った例[3]も報告されている.

IDIエンジンではピストン熱負荷が高くシリンダの摩耗,焼付きの面から高出力化がむずかしかったが,シリンダボア内面に直接,レーザ焼入れする方法を展開した[4].そのためスリーブを必要としないために,シリンダピッチ増大などの問題がない.この方法はしゅう動面を部分的に焼入れ硬化できるため,焼入れ部に適当な間隔をおくことにより焼入れ部がくぼんで油溜まりになって,耐摩耗性,耐スカッフ性に優れる性質をもつことになり,オイル消費低減やPM低減の観点などからも好ましい.この結果,シリンダ摩耗が約29%減少し,さらに,トップリング摩耗も約15%低減した.

b. シリンダヘッド

高出力・軽量化などの要求が強まる中で,シリンダヘッドのアルミ化が期待される.このアルミ化を達成するには,重要機能部品であるので寿命を正確に予測することが必要で,そのための寿命評価法の一環として熱疲労き裂について,まずメカニズムを明確にし,FEMによる応力解析などを加えながら熱応力分布を予測した.こういうことを実施しながら,アルミヘッドを成立させ,排出ガス対応を行いつつ高出力も達成した[5].さらに同じような報告があり[6],ディーゼル本来の低燃費を維持したうえで低NO_x・低PMを早期に達成し,従来以上の動力性能および静粛性の確保を図るために,アルミシリンダヘッドなどを採用した.高延性アルミ合金製シリンダヘッドに加えて高信頼性を確保するために,弁間および弁・チャンバ間にTig再溶融処理を施した.これにより,組織の微細化と微小気孔などの現象により機械的性質が向上し,高信頼性につながった[6].

c. ピストン

ディーゼルエンジンに対する排出ガス低減,燃費の低減,高出力化対応などの種々の要求に応えるために,一体型ダクタイル鋳鉄ピストン(FCDピストン)が開発された[7].図4.3.71にその形状を示す.コンプレッションハイトの大幅な低減と各部の薄肉化を行ってピストン重量の増加を抑えた.さらに,トップリン

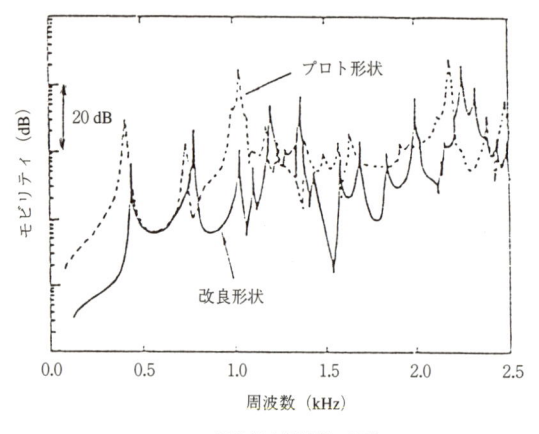

周波数応答関数の比較

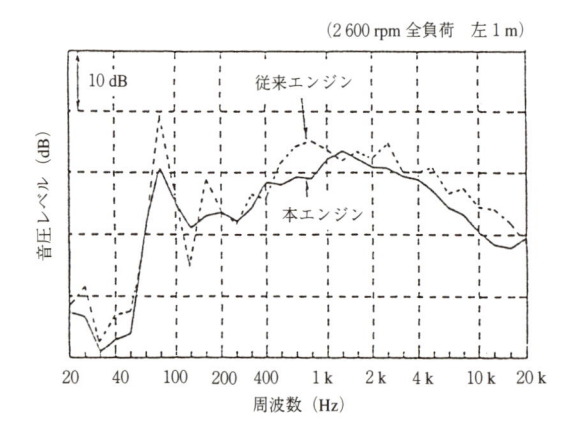

(2600 rpm 全負荷 左1 m)

図4.3.70 シリンダブロック改良による騒音低減[1]

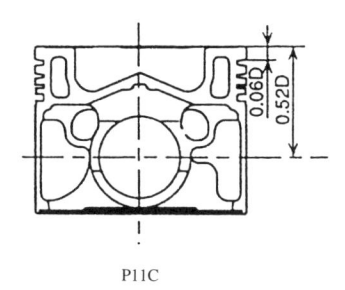

4.3 燃焼改善

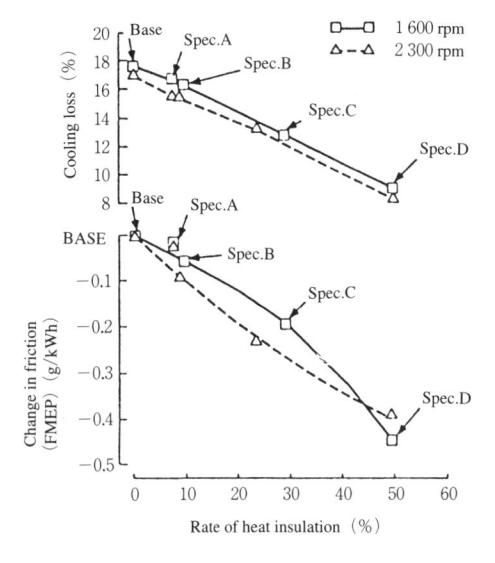

図 4.3.71 FCD ピストンの遮熱効果[7]

グ位置を限界まで上げてハイトップリング化として，トップランド部のむだ容積低減を行い，空気利用率を高めてスモークの改善，燃費の改善を行った．FCD ピストンには遮熱の効果もあるので，これらを含めた燃費改善効果を同図[7]に示した．これから，ある程度まで遮熱率を上げていくと燃費低減が図れる．しかし，それ以上に遮熱率を高めると，むしろ，燃費は悪化する．熱損失の影響以外に燃焼の変化があると思われる．なお，遮熱率に対する冷却熱損失率とエンジンフリクションの変化を示したが，遮熱率を増やしていくと，冷却熱損失率およびフリクションは低減する．ピストン回りの温度が高まり，しゅう動抵抗が低減するためであると考えられる．以上のように遮熱による燃費低減効果は遮熱率 20～30% 近辺で最良となることがわかり，高遮熱率は逆に不利となる．エンジンのオイル消費低減は耐久寿命の観点から非常に重要であり，一方では，パティキュレート中のオイル SOF 分に直接絡んでくるので低減することが大切である．この FCD ピストンで 4 本リング化，ピストン挙動最適化，リング挙動最適化などを施した．これらで燃費改善，オイル消費改善による PM 低減，などの達成ができた．

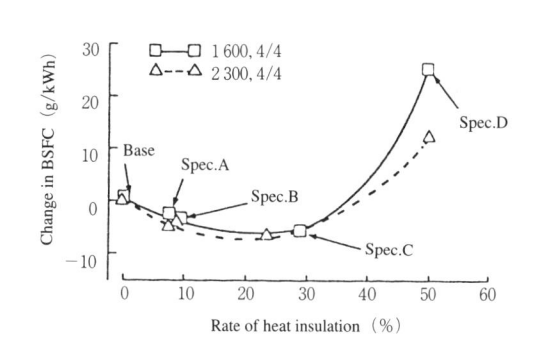

ピストンの耐熱性向上，熱損失低減，高温化による燃焼改善を目的にして，ピストンキャビティ部の鉄系低膨張合金による窒化ケイ素の直接鋳ぐるみを研究した例[8]がある．試作ピストンを実機運転試験にかけたが異常は認められず，さらなる高回転・高負荷運転での耐久性確認が待たれるが，鋳ぐるみ法がピストンへ適用可能であることがわかった．

EGR の採用とか，むだ容積の低減とかでピストンに要求される機能も厳しくなり，ピストンピン穴へのき裂対策やピストン燃焼室き裂対応が進んだ[9]．前者はピンの剛性向上，ピン外径アップ，ボス間距離の短

縮，テーパピン穴の採用，ピン穴ブッシュなどである．ピストン燃焼室き裂対応は硬質アルマイト化，金属基複合材料（MMC），ピストン冷却空洞設置などがあげられる．

d．ピストンリング

前述のレーザ焼入れシリンダと組合せでイオンプレーティングピストンリングが開発された[4]．厚い皮膜が可能な CrN イオンプレーティングが効果的であり，厚さ $50\mu m$ ができ，トップリングの耐久信頼性が大幅に改善できた．トップリング摩耗は90％減少し，シリンダボア摩耗は約15％低減させることができ，この低摩耗化がオイルリングにもよい影響を与え，オイルリング摩耗が約60％低減した．

このほかに，PM低減に関連して，ピストントップリングしゅう動面プロフィールがオイル消費に与える影響[10]への報告もある．

e．その他

排気ガス，騒音，出力燃費などへの要求の対応の中で，吸排気効率向上を目的にした高バルブリフト化やバルブ開閉時期の最適化，多弁化などが進められている．その結果としてカム・カムフォロア間の負荷が増大し，摩耗が増加する傾向にあるので，窒化ケイ素セラミックを用いた低価格，高耐摩耗性カムフォロアを開発した．図4.3.72[11]に耐摩耗性の効果を示した．潤滑条件が厳しいEGR仕様エンジンで，セラミックカムフォロアは焼結合金カムフォロアとほぼ同じ耐摩耗性が得られ，チル鋳物カムフォロアに比べると大幅な耐摩耗性向上を示した．このように，スチール本体にセラミック円盤を直接接合して，加工せずにクラウニングを施す技術を採用して，コストの低減を図った．その結果，低価格で耐摩耗性に優れるカムフォロアとすることができ，セラミックを用いたカムフォロアとしては初めて量産化エンジンに採用されることになった．

〔横田克彦〕

参考文献

1) 宮島ほか：低騒音シリンダブロックの最適設計，いすゞ技報，84号，p.53（1991）
2) 前川ほか：小型トラック用低騒音ディーゼルエンジンに関する研究，自動車技術会講演集 932，9302583，p.191（1993）
3) たとえば，吉田ほか：パイロット噴射装置付2L-T・IIエンジンの開発，自動車技術，Vol.43，No.8，p.20（1989）
4) 山本ほか：レーザ焼入れシリンダーおよびイオンプレーティングピストンリングの開発，自動車技術会講演会前刷集934，p.89（1993）
5) 永吉ほか：シリンダヘッド熱疲労亀裂の解析，自動車技術会講演前刷集 921，921146，p.153（1992）
6) 吉田ほか：低公害・高性能ターボディーゼルエンジンの開発，自動車技術，Vol.47，No.10，9307164，p.10（1993）
7) 遠藤ほか：トラック用過給エンジンの効率向上と性能改善，自動車技術，Vol.47，No.10，9307173，p.17（1993）
8) 宮入ほか：セラミックス鋳ぐるみピストンの開発，自動車技術会講演前刷集 921，p.141（1992）
9) 森田：ピストンの課題と対策方法，日本機械学会講演論文集，No.930-9-II，p.650（1993）
10) 井上ほか：ピストントップリングしゅう動面プロフィールがオイル消費に与える影響について，自動車技術会講演会前刷集 932，9302484，p.133（1993）
11) 松本ほか：窒化ケイ素セラミックを用いた低価格，高耐摩耗性カムフォロワの開発，自動車技術会講演会前刷集 931，9301818，p.93（1993）

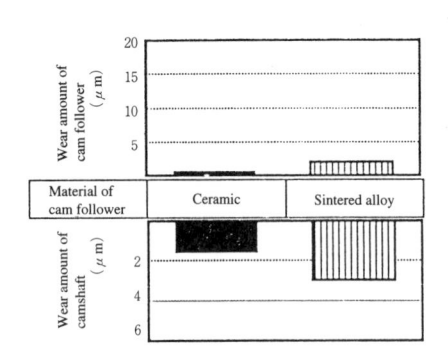

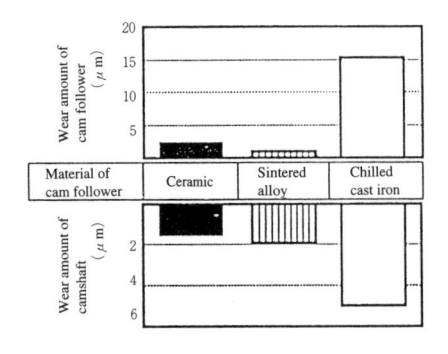

図4.3.72　窒化ケイ素カムフォロアでのEGR時の耐摩耗性[11]

4.4 燃料

4.4.1 燃料性状と排気ガス

a. 噴霧特性と燃料の物性[1,2]

下記の理論式や実験式から密度など燃料物性と噴霧の分散特性は次の傾向を示すように思われる．軽油密度が増すと，噴霧角度は小さくなって燃焼室の壁に衝突しやすくなる．また，軽油密度が増すと噴霧内に空気は入りにくくなり，軽油の密度，動粘度および表面張力が増すとザウター平均粒径は大きくなる．わが国のディーゼル軽油は原油の蒸留と脱硫工程によって製造され，ディーゼル車への適合から，軽油の密度が同じであれば，動粘度と平均沸点はある範囲の値に限られる（図4.4.1）．したがって，軽油の噴霧特性は密度と表面張力によってほとんど決定される．

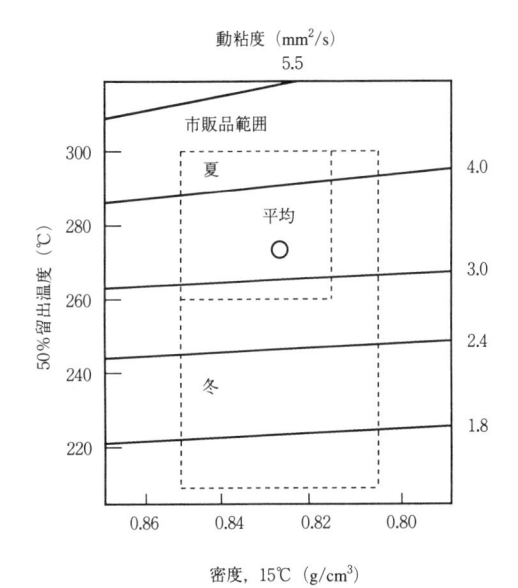

図4.4.1 ディーゼル軽油の50%留出温度，密度および動粘度

到達距離；$f(密度^{0.175})$　　　和栗の式
　　　　　$f(1/密度^{0.5})$　　　広安の式
噴霧角度；$f(1/密度^{0.35})$　　和栗の式
　　　　　$f(1/密度^{0.26})$　　広安の式
噴霧内の空気過剰率；
　　　　　$f(1/密度^{0.85})$　　和栗の式
ザウター平均粒径；
　　　　　$f(表面張力^{0.25} \times (1+3.31 \times Z^{0.5}))$

$Z = 動粘度^2 \times 密度 \times g / (表面張力 \times 噴孔径)$
　　　　　　　　　　　　　　　　棚沢の式
　　　$f(動粘度^{0.54} \times 密度^{0.72} \times 表面張力^{0.75})$
あるいは
　　　$f(動粘度^{0.37}/密度^{0.1} \times 表面張力^{0.32})$
　　　　　　　　　　　　　　　　広安の式

なお，密度および表面張力は燃料温度に比例して減少する．

b. 蒸発特性と燃料の特性

ディーゼル軽油は200種類以上の炭化水素化合物から構成され，純炭化水素のように固有の沸点で液体のすべてが蒸発するとの概念はあてはまらない．加熱エネルギーは気体と同時に液体にも加えられ，軽油が静止している状態であっても，沸点に達した炭化水素とともにより沸点の高い炭化水素蒸気も混在しながら蒸発が起こる．噴霧の状態では軽油粒子周辺から炭化水素蒸気が吹き飛ばされるので，粒子周囲で気化した炭化水素の分圧が下がり，より沸点の高い炭化水素が蒸発しやすくなる．したがって，噴霧の運動量によって，静止状態に比べてより沸点の高い炭化水素がより多く気化し，軽油の蒸発が促進される．液滴の表面温度は液滴径が小さいほど，また，雰囲気圧が高いほど，高くなる[3]．沸点さらには臨界温度[4]に到達した燃料成分は蒸発し，液滴径が小さい場合，着火が起こる前に液滴は完全に蒸発している[3]．このように微粒化技術はディーゼル燃焼での混合気の形成に重要な役割を果たしている．

c. 燃焼速度と燃料の特性

エンジン燃焼室では混合気の燃焼速度は，空気流の乱れと燃焼反応によって加速されている．層流火炎速度を考えると，予混合1次元火炎の理論式から混合気の燃焼速度は発熱量さらに断熱火炎温度に依存し，断熱火炎温度が高いほど予混合気の層流火炎速度は早くなる（図4.4.2）．一方，炭化水素燃料の総発熱量と生成する水蒸気と炭酸ガスを加熱するのに必要な熱量のバランスで断熱火炎温度が決定されるので，炭化水素燃料の総発熱量を水蒸気と炭酸ガスの生成モル数で割った値が大きいほど，断熱火炎温度は高い（図4.4.3）[5]．このことは燃焼速度が炭化水素の構成元素のモル分率に関係することを示している．しかし，ディーゼル軽油では図4.4.3の分子構造パラメータは約20.3とほとんど変わらないので，ディーゼル軽油の製造方法を変えても断熱火炎温度と燃焼速度はほとん

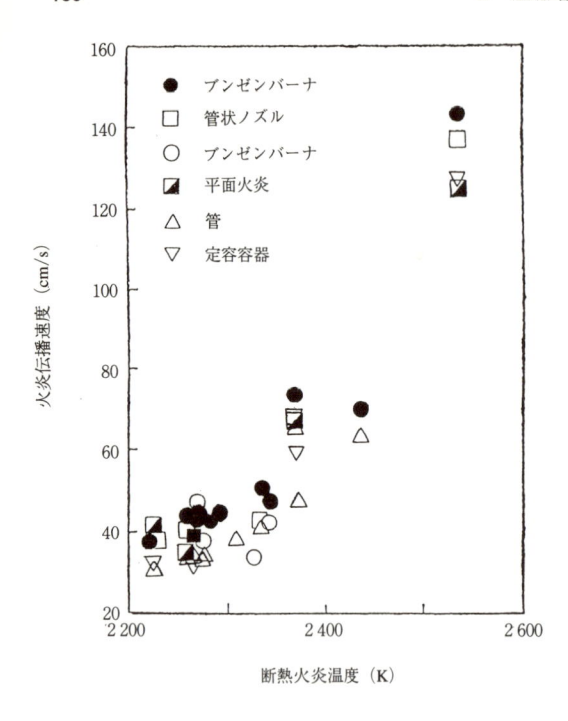

図4.4.2 火炎伝播速度と断熱火炎温度との関係

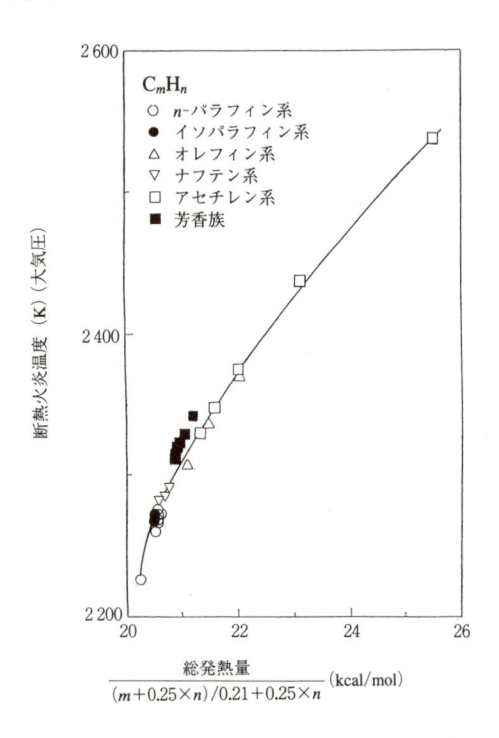

図4.4.3 断熱火炎温度と炭化水素燃料の分子構造パラメータ

d. パティキュレートと燃料の特性

排気ガスの測定法から未燃炭化水素およびすすの生成と排出を燃料特性との関係でみてみる．ガスライタを点火すると，発生したすすが燃えて黄色の光を発している．ここではノズルから噴出したLPガスは空気と混合しながら燃焼し，大部分のすすは炎の先端までの間に燃焼している．ディーゼル燃焼でもこのような過程を経て，すすが発生し，燃焼しきれなかったすすが排気ガスとして排出されることが計測されている[6]．したがって，混合気のすすおよび燃焼中間生成物（すす前駆体，燃料より高分子な未燃炭化水素）の生成と再燃焼の速度が排気ガスの未燃炭化水素とすす濃度に影響している．また，温度の低いピストンとライナとの隙間，ピストン表面で冷却され，燃焼反応が中断して（クエンチング，消炎，反応の凍結），すすが生成することが明らかにされている[7]．この実験からすすの前駆体も反応の中断によって発生していると推定され，ガソリン機関と同様にガス状炭化水素や一酸化炭素もまた生成すると考えられる．燃焼反応が急に中断されても，空気との混合を促進して反応過程での中間生成物を抑制することが必要になる．パティキュレート排出濃度の低減には，密度の低下が効果的である（図4.4.4）．このほか，芳香族分，50％留出温度など燃料の平均的な物性が影響するとのデータもあるが，噴射終りの燃料の重質留分が影響していると推定される．

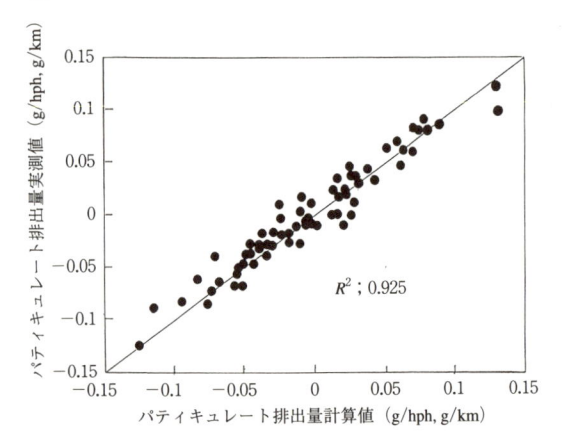

図4.4.4 燃料性状によるパティキュレート排出量の計算値と実測値
パティキュレート排出量＝$K+A\times$硫黄分$+B\times$密度（15℃）
試験エンジン；DDC 60 (CRC, ORTECH, SHELL), NAVISTAR (IDI) (CRC), NAVISTAR DTA (AMOCO) CUMMINS (ORTECH), CATERPILLAR, VOLVO truck

e. NO_x と燃料の特性

NO_x 生成は温度依存性が非常に強く，燃焼温度が高いほど NO_x は生成しやすい．燃料噴射量は容量で制御されるので，図 4.4.5 に示すように炭素/水素比が極端に低い燃料ほど，容量当たりの発熱量は小さく，燃焼温度が低いので，NO_x 生成濃度を低減できる可能性がある[9]．しかし，ディーゼル軽油の炭素/水素比は 0.53～0.55 の範囲にすぎないので，平均的な燃料組成が大幅に変わらない軽油では NO_x 生成濃度の違いを説明できない．むしろ，ディーゼル燃焼後期で燃焼に関係する燃料の物理化学的な性質が NO_x 生成濃度に影響していると推測される．なお，メタン（圧縮天然ガス）の炭素/水素比は 0.25 で，自動車ガソリンでは約 0.48 となる．

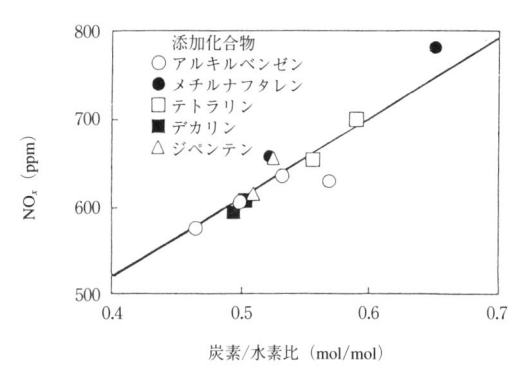

図 4.4.5 炭素/水素比と NO_x 濃度

f. 排気ガス低減対策と軽油の低硫黄化

軽油の低硫黄化により，ディーゼル車のパティキュレートは低減する．排気ガス再循環（EGR）による NO_x 低減と動弁系摩耗防止を推進するため，1992年10月以降，硫黄分 0.2 質量％以下に規制された．現在，硫黄分は実勢で約 0.15 質量％で製造されている．さらに酸化触媒マフラの性能劣化を防ぐため 1997 年10月までに軽油の硫黄分は 0.05 質量％以下に低減される．

4.4.2 燃料添加剤

a. セタン価向上剤

次の反応により硝酸アルキルに燃焼初期の反応促進効果が認められる．危険物第 5 類から第 4 類へ法改正され，硝酸アルキルが商品として使用可能となった．硝酸アルキル $RONO_2$ はアルコールと硝酸のエステル化によって製造され，アルコールの供給量から硝酸アミル，硝酸ヘキシル，硝酸 2-エチルヘキシルへと商品の入手性が変化した．

$RONO_2 \longrightarrow RO^\bullet + NO_2$
$RH + NO_2 \longrightarrow R^\bullet + HNO_2$
$HNO_2 + O_2 \longrightarrow HO_2^\bullet + NO_2$
$HNO_2 \longrightarrow OH^\bullet + NO$

始動時の排気白煙への効果の例を図 4.4.6[10] に示す．

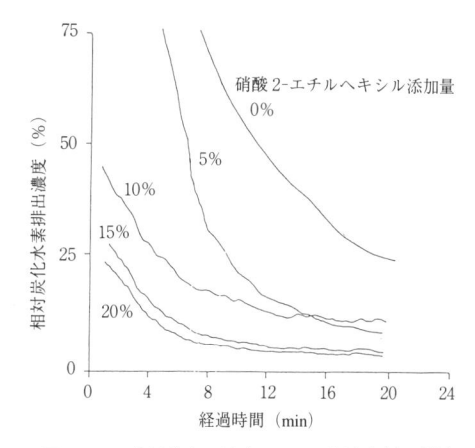

図 4.4.6 白煙濃度に対するセタン価向上剤の効果 ($-18°C$，直接噴射式エンジン)[10]

b. 燃料噴射ノズル清浄剤

海外の軽油には長期間貯蔵すると劣化し，発生したスラッジで噴射ノズルが汚れ，排気ガスが悪化するものもある．この対策としてアミン系あるいはイミド系界面活性剤が添加される．清浄剤によって噴射ノズルの汚れが防止され，パティキュレートが低減した例を図 4.4.7 に示す[11]．

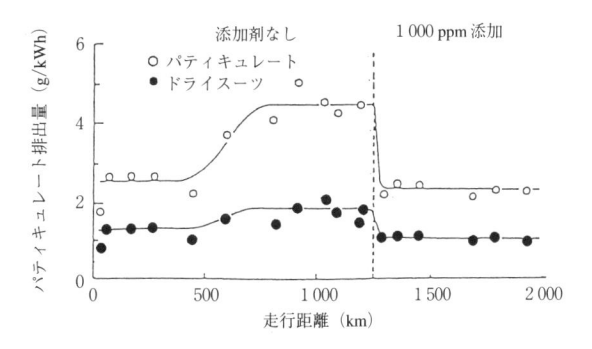

図 4.4.7 ノズル清浄剤による排気ガスの悪化防止（車速 50 km/h）[11]

4.4.3 その他

自動車ガソリンと同様にディーゼル軽油についても排気改善の面からグリコール類,エーテル類,炭酸ジメチルなど含酸素化合物の効果が検討されている.図4.4.8の例では酸素濃度基準で添加量が増すほどパティキュレートが減少すると報告されている[12].これらの化合物は圧縮着火性に劣るので,混合割合に応じたセタン価向上剤の添加が必要である.実用化にはディーゼル軽油に比べて価格の高いことが問題となろう.

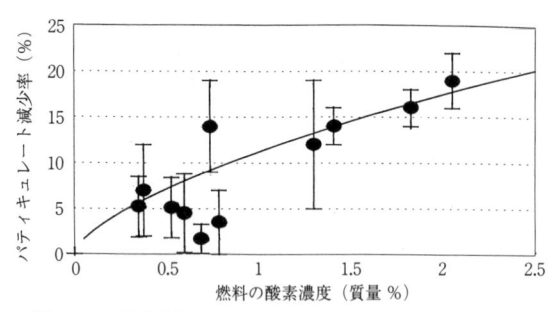

図4.4.8 含酸素化合物混合燃料のパティキュレート低減効果
混合割合 1〜5質量%
セタン価向上剤 800 ppm 以下,セタン価 42〜45

エンジン油消費量を減らすことができれば,パティキュレート排出量を低減可能と考えられる.しかし,エンジン油消費量は燃料に比べてすでに1/1000〜1/1500まで改善されているので,さらに消費量を減らし,しかも燃焼室回りの潤滑を確保するため合成基油の利用が必要となる[13].

スウェーデンでは,硫黄分0.01質量%以下の軽油で分配型燃料噴射ポンプの異常摩耗が発生した.この場合,空ぶかし後のアイドリングで排気煙が濃くなるといわれている.軽油の超硫黄化は世界的な動向であり,早急に異常摩耗の原因を解明する必要がある.

ディーゼル軽油の硫黄分は原油の硫黄分に,低温流動性はその国の気温に,密度と沸点範囲は自動車ガソリン,ジェット燃料油,灯油など石油製品の需要構成に依存しており,分析性状は世界の各国で大幅に異なっている.

[伊勢 一]

参考文献

1) H. Hiroyasu: Experimental and Theoretical Studies on the Structure of Fuel Sprays in Diesel Engines, 自動車技術会ディーゼル部門委員会資料(1992.7.29)
2) 和栗雄太郎:高圧噴射と燃焼排気,三菱石油技術資料,No.73, p.66(1989)
3) 塚本達郎ほか:第28回燃焼シンポジウム講演論文集, p.173(1990);第29回燃焼シンポジウム講演論文集, p.385(1991)
4) J. B. Maxwell: Data Book on Hydrocarbons, D. Van Nostrand Co., Tronto, N. Y., London
5) 伊勢 一:石油学会誌, Vol.12, No.7, p.519 (1969)
6) 廣安博之ほか:自動車技術会学術講演会前刷集 912, p.3.29 (1991)
7) 塩路昌宏ほか:同誌 924, p.41(1992)
8) W. W. Lange: SAE Paper 912425(1991)
9) N. Miyamoto, et al.: SAE Paper 940676(1994)
10) M. M. Kamel: SAE Paper840109(1984)
11) H. Nomura, et al. : 13th World Petroleum Congress, Proceeding, TOPICS 16, FORUM Fuels-Gas Oil (1991)
12) F. J. Liotta, Jr., et al.: SAE Paper 932767(1993)
13) 岸ほか:自動車技術, Vol.48, No.5, p.13(1994)

4.5 後処理技術

4.5.1 酸化触媒

1994年の北アメリカの非常に厳しいパティキュレート規制に対応するため，トラック用エンジンメーカは高圧噴射やオイル消費抑制技術の開発など懸命の努力を続けてきた．しかし，大型エンジンを除き，エンジン本体の改良だけでは限界があり，何らかの後処理技術が必要となった．当初，後述のパティキュレートフィルタがその有力候補と思われていたが，実用化の見込みが立たず，酸化触媒が採用されることとなった．この酸化触媒は，ディーゼルエンジンより排出されるパティキュレート中に含まれるSOF分を酸化することによりパティキュレートの排出量を低減させるものである．

図4.5.1に北アメリカのHDDE（Heavy-Duty Diesel Engine）の排気ガス規制値を満足するエンジンの酸化触媒装着前のパティキュレートの構成を示す．この図のように高圧噴射などによりスモークを徹底的に低減し，SOFの構成比を約半分程度に低減しておかないと酸化触媒を用いる効果は少なくなる．

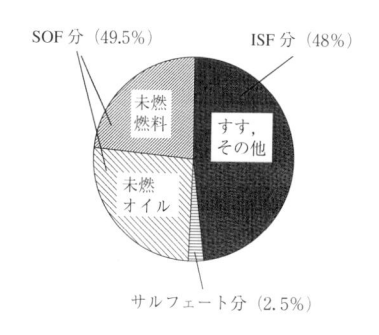

図4.5.1 パティキュレート成分割合（触媒なし）

ドイツではディーゼル乗用車において，酸化触媒の装着が進んでいる．これは一時，ディーゼルエンジンが公害源であるとされ，販売が落ち込んだ対策として，乗用車メーカがこぞって酸化触媒を装着し，「環境に優しい車」として購入者の購買意欲を回復させようと図った結果である．

一方，日本においては商用車，乗用車のいずれの分野においても，輸入乗用車を除いて，ディーゼルエンジンに酸化触媒を装着した例はまだない．しかし，日本の準定常13モードの排気ガス測定法では，低負荷時に生成されるSOF分の寄与度が比較的高いため，酸化触媒の効果をある程度期待できる[1]．そこで，厳しい長期規制目標値を満足させるために，無過給エンジンの一部に，将来，採用されることもありうると考えられる．

ヨーロッパのHDDE 13モードでは高負荷の寄与度が高く，後述のサルフェートの問題が無視できなくなり，商用車用ディーゼルエンジンへ酸化触媒が採用されることはないとされている．

図4.5.2に酸化触媒の実用化に影響する要因を示す．多くの要因があるが，おもなものについて以下に記す．

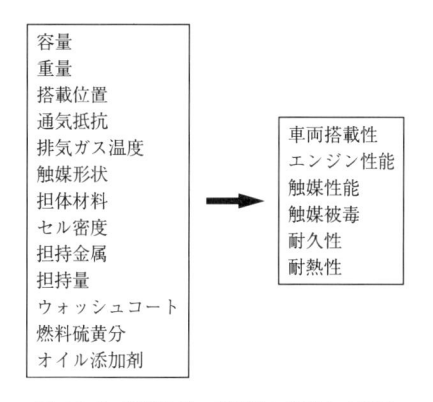

図4.5.2 酸化触媒の実用化に影響する要因

a．技術課題

ディーゼルエンジン用酸化触媒の基本構成はガソリン用の触媒と同様に，ハニカム状セラミック担体，またはメタル担体に触媒基材と触媒活性成分を担持したものである．しかし，北アメリカ仕様トラックエンジンの場合，エンジン自体が乗用車用ガソリンエンジンに比して大きいため，触媒も大きくなる．担体メーカによる大型ハニカムの開発なしにディーゼルエンジン用酸化触媒の開発はなかったといえる[2]．

EPAのトランジェントモードでエンジンを運転したときの排気ガス温度は，TCAエンジンでは100～450℃くらいである[3]．ガソリンエンジン用触媒にとってはこの450℃という温度は低いが，ディーゼルエンジン用酸化触媒にとっては厄介である．軽油に含まれる微量の硫黄分が燃焼によりSO_2/SO_3の形で排出される．酸化触媒を通すとSO_2が酸化され，SO_3となり排気ガス中に含まれる水分と反応し，サルフェートと呼ばれる成分が生成され，パティキュレートを増加させてしまう．北アメリカでは1993年10月より燃料の硫黄分は0.05 wt％以下に低減されているが，酸

化活性の高い白金系の触媒ではサルフェートが8～9倍に増加し，SOF分の低減効果を相殺し，結果的にパティキュレートを触媒なしの場合より増加させてしまう．そのため，高いSOF分解能を有し，かつ450～500℃までサルフェート生成を抑制する選択酸化活性を有する触媒が求められる．

ディーゼルエンジンの排気ガス中に含まれる高沸点のHCやサルフェートが，アイドル時など排気温度が低く触媒が不活性のときに触媒表面に付着/吸着される．そして，温度の上昇とともに，一部は触媒により分解されるが，脱離して白煙として排出される．使用するウォッシュコートがこの排気ガス中のHCミストなどの吸着/排出挙動にかかわっており，ウォッシュコートの選定に十分な注意が必要である．

b．触媒設計

北アメリカのパティキュレート規制対応のための触媒には次の機能が求められる．

① 高いSOF分解酸化活性
② 500℃までサルフェート生成を抑制
③ HCなどの低温吸着の抑制

北アメリカ向けに採用された酸化触媒の一例[3]では，酸化活性は白金より劣るがサルフェートの排出の少ないパラジウムが，触媒活性成分として選ばれている．担体としてコーディエライト製造ハニカムが用いられ，吸/脱着性に優れたウォッシュコートをコーティングしている．また，酸化選択性の向上のためにIB族，ⅢA族を助触媒として添加している[2]．

触媒性能を上げるためには触媒の流れを最適化することも必要であり，内部流れのCFDシミュレーションを実施した例もある[4]．図4.5.3の計算結果に示されているように，オリジナル形状では触媒前部の外周にガスの渦流による逆流が発生しており，コーン角を変更して流れを改良している．

c．実用性

触媒の実用化のための要件としては次の項目があげられる．

① 耐久性
② メンテナンスフリー性
③ 耐被毒性
④ 耐熱性

1994年HDDE規制では29万マイル(46.4万km)の耐久性が求められている．また，エンジンのサービスライフで，メンテナンスフリーの耐久性が必要である．

エンジンオイルの添加剤や燃料中に含まれている硫黄分の燃焼により生じたリン，カルシウム，硫黄化合物，すすなどは触媒の活性に悪影響を及ぼすとされているが，それほどの害はなさそうである[2]．またガソリンエンジンに比して，排気温度が低いので，耐熱性も問題にならない．

触媒自体の耐久性のほかに担体の耐久性も問題になる．一般に担体としてセラミック（コーディエライト）が使われるが，ケーシングとの間に耐熱性のある緩衝材を入れるなど，注意が必要である．一方，メタルハニカムでは緩衝材が不要で直接ケーシングにろう付けすることができる．その分，形状を小さくでき，耐久性も高いとの報告もある[5]．

d．車両搭載性

触媒性能を上げるためには，流速を下げることが望

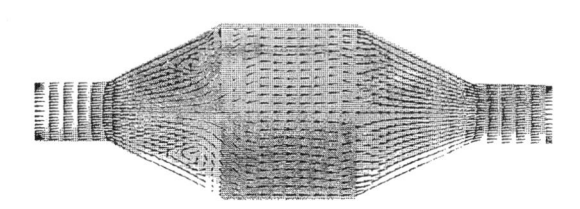

オリジナル仕様

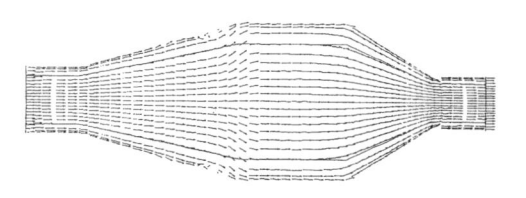

対策仕様

図4.5.3 触媒内ガス流れの比較（シミュレーション結果）[4]

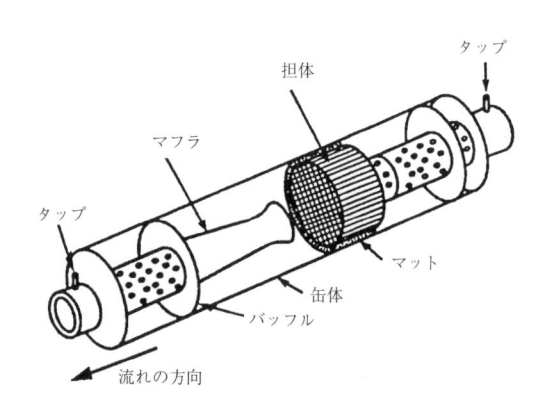

図4.5.4 マフラー体型触媒[6]

ましいが，重量や，容積が大きくなり，車両搭載性が悪化する．よりコンパクトなものが求められるが，通気抵抗が増加するとエンジン性能にも悪影響を与えることとなり，妥協が必要である．そこで，図4.5.4のように車両搭載性をよくするためにマフラと一体にした構造のものも見受けられる[6]．〔渡邉慶人〕

参 考 文 献

1) 茂木浩伸ほか：ディーゼルエンジン用酸化触媒のパティキュレート低減に関する研究，自動車技術会学術講演会前刷集，9306363, pp. 77-80 (1993)
2) 高橋洋次郎：ディーゼルエンジン用 SOF 触媒の開発，自動車技術，Vol.48, No.5, pp.24-28(1994)
3) 原山直也：パティキュレート低減用の酸化触媒について，日産ディーゼル技報，No.54, pp.108-113(1992)
4) 吉岡正憲：'94年米国排ガス規制適合エンジンの開発——中型 (MHD) トラック用 6 HE 1-X エンジン，自動車技術会「新開発エンジン」シンポジウム，No.9533271, pp.47-52(1995)
5) M. G. Campbell, et al.：Substrate Selection for a Diesel Catalyst, SAE Paper 950372, SP-1073, pp.127-133(1995)
6) R. K. Miller, et al.：System Design for Ceramic LFA Substrates for Diesel/Natural Gas Flow-Through Catalysts, SAE Paper 950150, SP-1073, pp.17-27(1995)

4.5.2 DPF（ディーゼルパティキュレートフィルタ）

1982年に開始されその後強化されていった北アメリカのディーゼル乗用車用排ガス規制に対応するため，ダイムラーベンツ社（現在はメルツェデスベンツ社）は1985年にカリフォルニア州向け，1986年以降全米で押出しコーディエライトハニカム型触媒付き DPF システムを乗用車に搭載した[1]．しかし，石油危機が去り燃料の価格が下がるとともに，アメリカにおけるディーゼル乗用車の市場が事実上消滅し，DPF もいったん市場から消えることとなった．

1994年の大中型ディーゼル商用車の北アメリカ排ガス規制を満足させるには，当初 DPF の採用が必須とされ，種々のシステムの開発が行われた．しかし，低価格，高耐久性・信頼性のシステムを実用化できず，規制対策技術としての採用はなされなかった．

一方，大都市における環境対策の見地から DPF が注目され，路線バスや塵芥車などに装着され，アメリカ，ヨーロッパでフリートテストが行われている[2,3]．1995年3月より日本においても東京および横浜で路線バスによるフリートテストが開始されている．また地下鉱山やトンネル内の作業車，屋内フォークリフトなどに，閉空間の環境対策として，DPF が一部採用されている．

アメリカではすでに1994年より，都市バスのパティキュレート規制値はトラックの70％の値の0.07 g/bhp-h であり，1996年よりさらに0.05 bhp-h となる．現技術では DPF を除き対応不可能である．DPF システム開発のメーカの中には実用化開発を断念したものもあるが，さらなる規制強化，あるいは都市の環境対策などに対処すべく，種々のシステムの実用化開発が引き続き実施されている．

DPF のことをドイツ語では Rußfilter（すすフィルタ）というように，DPF はパティキュレート中のすす分を主として捕集するフィルタであるが，すすに付着した SOF なども併せて捕集できる．この捕集されたパティキュレートがフィルタ内に堆積することにより，排気系の背圧が経時的に増加する．排気系の背圧の増加はエンジンの燃費劣化を招くので，堆積したパティキュレートを燃焼などにより定期的に除去し，フィルタを再生しなくてはならない．

DPF には次の特性が要求される．
① 十分な捕集性能をもち，かつエンジン性能の悪化を許容限度内にとどめるレベルの圧力損失であること．
② 排気系への装着に対し十分な機械強度と運転中の振動などに対する耐久性を有すること．
③ 車両への搭載可能な大きさと重量であること．
④ 排気ガスや燃焼再生時の温度変化に対して十分な耐久性を有すること．
⑤ 車両のサービスライフに対応して，十分高いシステムの耐久性・信頼性を有し，かつ低価格であること．

現在 DPF 技術はまだ成熟段階に至っておらず，上記すべてを満足するものはなく，システム面，材料，構造，再生方法などについてさまざまな改良や新しい試みが行われている．以下に現在までに試みられている各種の DPF の構造や材料面の特徴と各種再生方法について記述する．

a. フィルタの材料と構造

（i） モノリスハニカム型コーディエライトフィルタ[4]

多孔質のコーディエライトの押出しハニカムのチャネルの入口と出口を交互に目封じしたウォールフロー型のフィルタで，日本ガイシと米国のコーニング社より製造され，現在最も実際の使用実績がある．図4.5.5 にフィルタの構造を示す．

このフィルタは多孔質材料であることから高捕集効

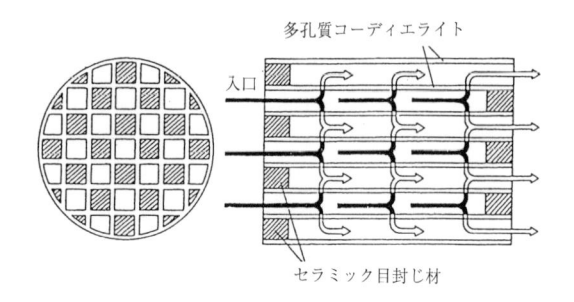

図 4.5.5　ウォールフローハニカム型 DPF の構造

率と低圧力損失性を両立させている．押出し一体構造であることからコンパクトで機械強度が高く，各種システム開発に一番利用されてきた．ただし，大型のものの一体構造の押出しは困難で，分割した形状のものを作成し，それを接着で貼り合わせ，最終形状にしている．押出しコーディエライト材料は熱膨張率が低く，高い熱衝撃性を有するが，熱伝導率が低く熱応力が発生しやすく燃焼再生時に課題が多い．このコーディエライトのさらなる圧損低減を目指して，気孔径分布の改良[5]や耐熱衝撃性，捕集効率，圧損特性の改良[6]が続けられている．

（ⅱ）モノリスハニカム型 SiC フィルタ[7,8]　構造は図 4.5.5 のものとほとんど同じウォールフロー型フィルタである．SiC 焼結体の結晶粒子の大きさの範囲を制御する技術をイビデンが新開発したことで，図 4.5.6 に示すように，コーディエライトに比べ気孔径分布をはるかに狭い範囲にすることができる．その結果，高い捕集効率を保ちながら，同一サイズのコーディエライトのフィルタと比較し，圧損を約半分にできている．

SiC は 2 200 ℃以上の高い耐熱性を有し，熱伝導率がコーディエライトの数十倍もあり，熱応力に対しては有利な材料であるが，熱膨張率が高く再生時にクラックを発生しやすい．その対策として辺が約 33 mm の正方形断面で長さが 150 mm の直方体をつくり，それを数十本組み合わせる構造でクラック問題を解決している．

また，従来の目封じに代わるものとして，図 4.5.7 に示すように，フィルタ入口，出口にキャップを被せたように成形する工法を開発し，フィルタ面積を増加させる新しい試みもみられる[9]．

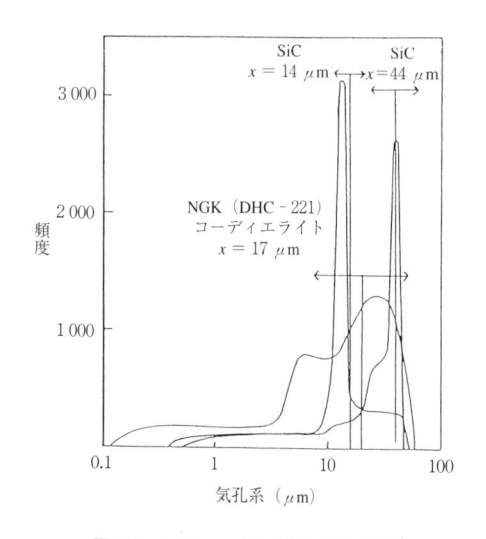

図 4.5.6　SiC フィルタの気孔径分布[7]

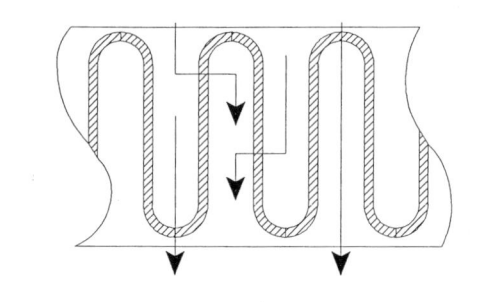

図 4.5.7　SiC フィルタ目封じの新技術[9]

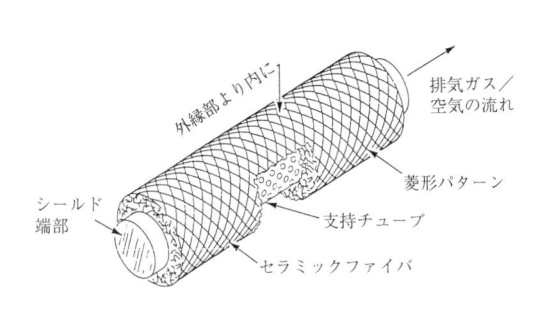

図 4.5.8　キャンドルタイプのフィルタ[11]

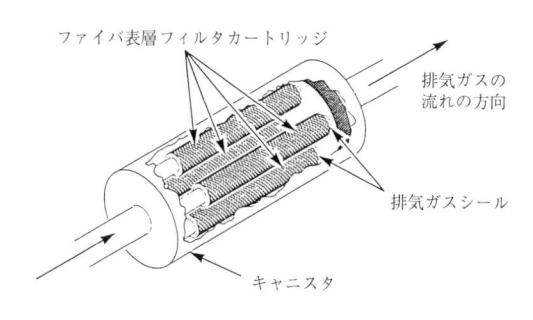

図 4.5.9　キャンドルタイプフィルタ組立図[11]

4.5 後処理技術

(iii) セラミックファイバ積層フィルタ[10,11]

ステンレス多孔管の外周にセラミックファイバを何層も巻き付けたキャンドルタイプのフィルタ(図 4.5.8)で複数個を一組にして使用する(図 4.5.9).3M社が製造し,現在,モノリスハニカム型コーディエライトフィルタについで次に実際に使用実績のあるフィルタである.セラミックファイバの熱耐久性向上と車両搭載性向上のためのコンパクト化などが課題である.

(iv) セラミックファイバ編物フィルタ[12,13]

これは3M社製のセラミックファイバを,円筒に直接巻き付ける代わりにいったん布状に編み(図 4.5.10),ステンレス多孔管に巻き付けているものである.コンパクト化のために排気マニホールドに組み込んだものも提案されている.まだ開発段階であり,これからの発展が望まれる.

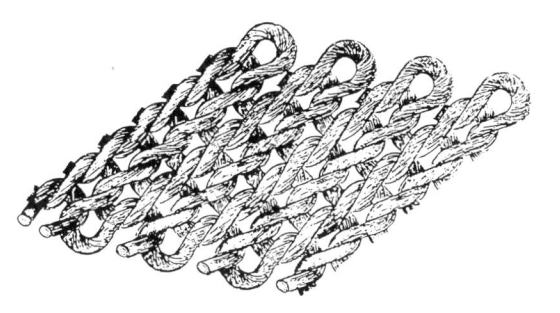

図 4.5.10 セラミックファイバを編んだもの[12]

(v) セラミックフォームフィルタ[14]

コーディエライトなどのセラミックフォームをブロック状にして使用する(ブリヂストン製).初期の捕集効率が低いこと,堆積したパティキュレートが吹き抜けることがあること,機械強度が低いなどの問題で現在は使用されていない.

(vi) ムライトファイバコルゲートフィルタ[15]

ムライトファイバをコルゲート状のハニカムに成形し,チャネルの入口と出口を交互に目封じしたウォールフロー型のフィルタである(松下製).低圧損で捕集効率も高く,かつ軽量であるが,圧縮強度が低い,溶損しやすい,接合材として使用される粘土の耐熱性が低いことが難点である.

(vii) クロスフロー型積層フィルタ[16]

ポーラスコーディエライトの押出し板を積層したウォールフロー型のフィルタである(旭ガラス製).各積層板は楕円の小孔を有し,この孔から入った排気ガスが積層してある板と板の間の隙間から排出される構造である(図 4.5.11).このフィルタは再生方法に特徴があり後述する.

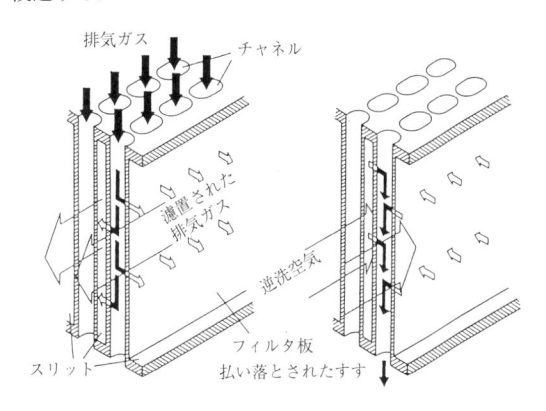

図 4.5.11 クロスフロー型積層フィルタ[16]

(viii) グラスファイバパッドフィルタ[17]

これはパルフレックス(Pallflex)社が開発中のもので,

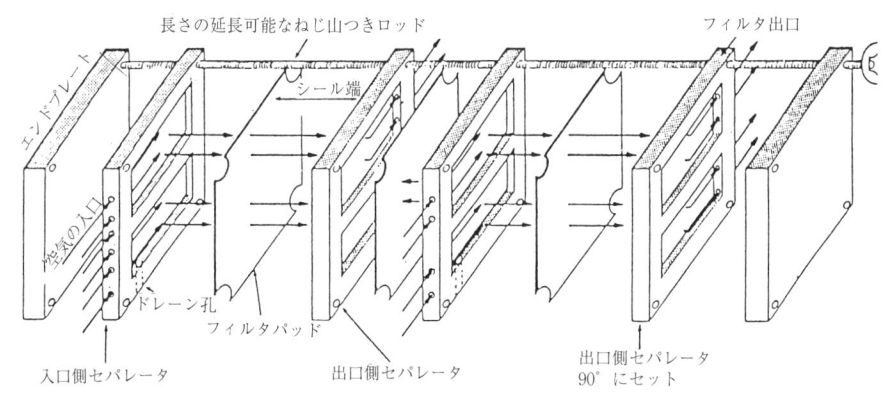

図 4.5.12 グラスファイバパッドフィルタ[17]

高融点のグラスファイバで1mm厚のパッドをつくって細かい金網の間に挿入し，1cmの厚のスペーサを介して組み立てたものである（図4.5.12）．スペーサの片側に空いている孔より排気ガスが入り，グラスファイバパッドで沪過後，隣のスペーサの出口孔を通って排気ガスが排出される仕組みである．高フィルタ効率，低圧損，高耐久性などの特徴を有しているとのことであるが，まだ研究室レベルの開発段階であり，実用化はまだ先のことと思われる．

（ix）**メタルワイヤメッシュフィルタ**[18]　ステンレスワイヤメッシュを中空円筒状に成形したフィルタで，外側から内側に向かって排気ガスが流れる（ジョンソンマッセイ社製）．メッシュに貴金属系触媒が担持されている．バス用にテストされたが重量が重いという欠点がある．

（x）**焼結金属フィルタ**[19]　ドイツのSHW社が開発したものでワイヤと粉末金属（Cr, Ni系）を混合，焼結した板状のものを重ねてフィルタとしている（図4.5.13）．捕集効率と圧損との兼ね合いで細孔サイズを決めているが，捕集効率はセラミックウォールフローハニカムより若干低い．メタル系なので重いのと，バーナ再生時に熱変形を生じやすい欠点があり，メーカは添加剤再生を推奨している．

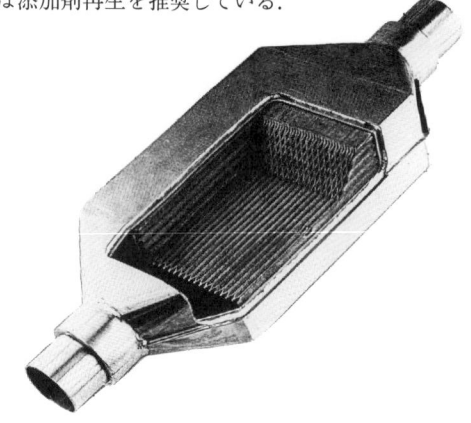

図4.5.13　焼結金属フィルタ（SHW社カタログより）

（xi）**金属多孔体フィルタ**[20]　これは住友電工が開発したセルメットと呼ばれる，骨格が海綿のように3次元の網目状になっている金属（Ni, Cr, Al）の多孔体で円筒をつくり，それらを複数個用いて，DPFとしたものである（図4.5.14）．耐熱性，機械強度は十分と思われるが，セラミックフォームフィルタと同様に初期の捕集効率が低い．

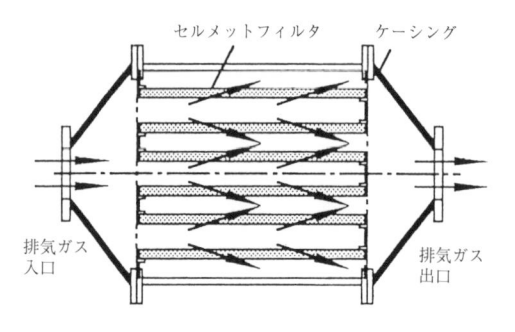

図4.5.14　セルメットフィルタ[20]

（xii）**ネステッドファイバフィルタ**[21]　金属の短繊維を積み重ね，吸着によりすすを除去するバテル研究所のアイデアである（図4.5.15）．低コスト，低圧損，高耐熱衝撃性という特徴を有しているとのことだが，まだ研究室段階である．

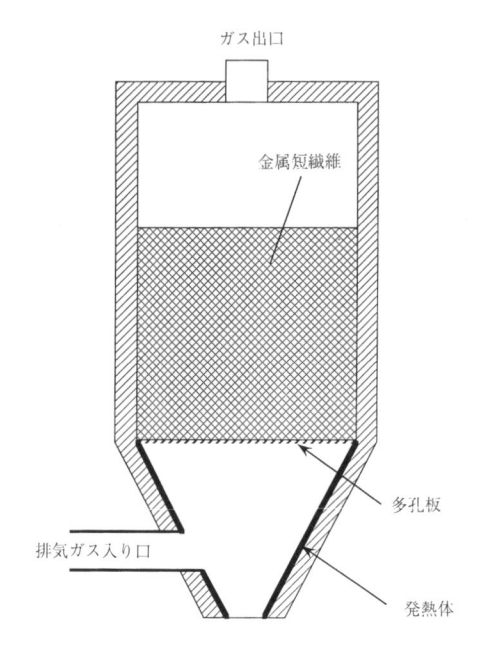

図4.5.15　ネステッドファイバフィルタ[22]

（xiii）**セラミック粒子填層フィルタ**[22]　前述の金属短繊維に代えて，直径約2mmの球状のアルミナなどの高温強度の高いセラミック粒体を充填し，パティキュレートを捕集する京都大学のアイデアである．表面積が大きくSOF分の捕集効率が高い，低圧損，高耐熱衝撃性という特徴を有しているとのことだが，これもまだ研究室段階である．

（xiv）**使い捨てペーパエレメントフィルタ**[23]　これはエアクリーナ用のペーパエレメントをDPFと

して使用するというものである（ディーゼルコントロールス社）．捕集効率は初期で86%あり，パティキュレートの堆積の増加に従って100%に達している．ただし，耐熱性がないので，フィルタ直前の排気ガス温度を100〜130℃程度に冷却する必要がある．

b．フィルタの再生方法

DPF 上に堆積したパティキュレートの着火温度は580℃程度[24]とされている．高負荷稼働の頻度の高い産業用車両では自然再生を期待できるが，都市バスの通常運行時の排気ガス温度は300℃以下であり，自然にDPFが再生されることはありえず，何らかの補助着火手段が必要である．以下に現在までに試みられている各種のDPFの再生方法について記述する．

（ⅰ）**自然・触媒再生システム**　地下鉱山やトンネル内の作業車は高負荷運転の頻度が高く，自然再生が期待でき，特別な着火補助手段を必要とせず，モノリスハニカム型が実用化されている[25]．触媒を用いると，着火温度を450℃程度に下げることができるので，DPFに触媒を担持させ，より自然再生をしやすくしている．日本でも1988年にトンネル工事用ホイールローダに触媒担持モノリスハニカム型フィルタが装着され販売が開始された[26]．なお，このシステムには吸気絞りによる排気温度上昇のための自動/手動制御も併用されている．

（ⅱ）**外部電源電気ヒータ再生システム**[27,28]
これは夜間，車両が休止中，商用電源(200〜220 V)を用いて，長時間かけて1日に捕集したパティキュレートを燃焼再生させるものである．ボルボ社はシティフィルタと名づけた触媒を担持したコーディエライトハニカム型モノリスフィルタの前面に渦巻き型の電気ヒータを置き（図4.5.16），3時間程度で再生している．日産ディーゼルはコーディエライトハニカム型モノリスフィルタの外周と前面にヒータを配置し（図4.

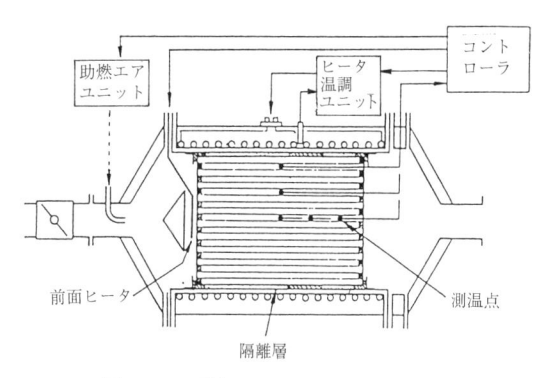

図 **4.5.17**　電気ヒータ再生システムの例[28]

5.17），約4.5時間で再生を行っている．この方式は長時間かけて再生するため，コーディエライトフィルタの再生時の溶損やき裂問題が発生しない．しかし，電源や助燃エアの接続をそのつど行わなくてはならず，手間がかかるとして，敬遠される欠点がある．

（ⅲ）**電気ヒータ再生システム**　アメリカのドナルドソン社は渦巻き状の電気ヒータを，触媒を担持したモノリスハニカム型フィルタの前面に装着した，全自動電気ヒータ式再生システムを開発している[29]．ニューヨーク市でこのシステムを搭載した400台のバスの大規模なフリートテストが実施されたが，コーディエライトフィルタのき裂，溶損の問題が解決できず，同社はDPFの開発を中止し商品化を断念した．

ドイツのFEVエンジン技術研究所はモノリスハニカム型フィルタの入り口の各セルに6 mmの深さまで熱線を装着する再生方式を開発している（図4.5.18）．熱線に50秒通電することにより，熱線近傍のパティキュレートを着火し，火炎伝播により60〜120秒ほどで，再生が完了するとしている[30]．通電時間が短いので電力消費量は少なく，乗用車用では200〜500 Wである．大型商用車用では1〜2 kW程度に，セグメントを分割し，順時再生を提案している．フェスト・

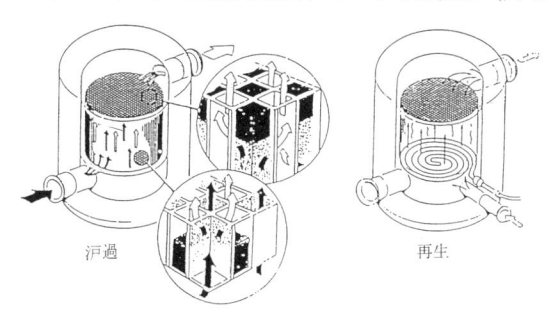

図 **4.5.16**　ボルボ・シティフィルタ[27]

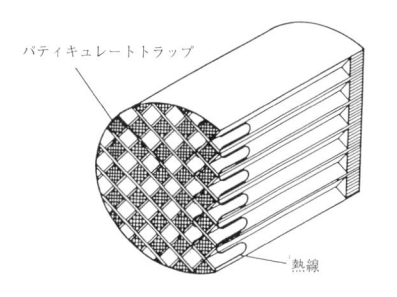

図 **4.5.18**　FEV 熱線着火システム[30]

アルピーネオートモティブ (Voest-Alpine Automotive) 社が商品化を目指していたが，会社が買収された後に，商品化が中止された．

セラミックファイバ積層フィルタ用に一体型電気ヒータ再生方式が開発されている[14]．図4.5.19に示すような形状にインコネル材を打ち抜き，それを丸めてV溝の接合部側を溶接した円筒管をつくり，両端に電極を設けて，ヒータとしている．ステンレスの多孔管に代えて，この円筒ヒータに直接セラミックファイバを巻き付けるもので，電力低減と再生の確実化のために排気ガスは内側から外側へと流す方式に代えている．

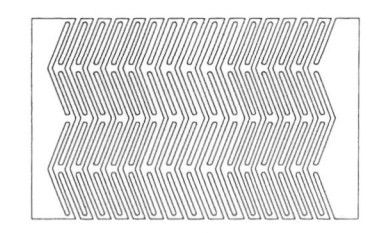

図4.5.19 ヒータ形状（これを巻いて円筒にする）[14]

そのほかにも種々の電気ヒータ，SiCフィルタ材に電極を付けて自発熱体としたもの，電子レンジに使われるマイクロウェーブを用いた再生方式などが試みられているが，ジェネレータやバッテリの容量を大きくしなくてはならないのが難点である．

（iv） バーナ再生方式　ドイツでは軽油を燃料とした車内用のヒータがよく使われており，このヒータ用のバーナ技術の延長として，DPF再生用のバーナがヴェバスト (Webasto) 社（ただし，DPF事業より撤退），ツォイナシュテルカ (Zeuna Stärker) 社，エバーシュペッヒャ (J. Eberspächer) 社などによって開発されている[27]．バイパス再生方式とフルフロー再生方式の2種類がある．

バイパス再生方式はフィルタを二つ並べて，再生と捕集を切り換えて再生を行う方式で，車両搭載性と切換えバルブの耐久性・信頼性の点で不利なため，フルフロー方式が最近は主流になっている．

フルフロー方式において，ツォイナシュテルカ社のO型（図4.5.20）は助燃エアを必要とせず，排気ガス中の酸素を利用してパティキュレートを燃焼させているため，残留酸素濃度の高いエンジン中低負荷で運転される都市バスなどに用いられる．

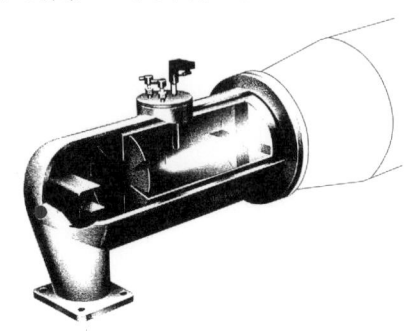

図4.5.20 ツォイナシュテルカ社のO型バーナ（同社カタログより）

一方，同社のM型（ヴェバストバーナの改良品）とエバーシュペッヒャ社のバーナ（図4.5.21）は助燃エアを用いており，あらゆる運転条件で再生が可能である．これらのバーナは，フィルタの前面に置かれ

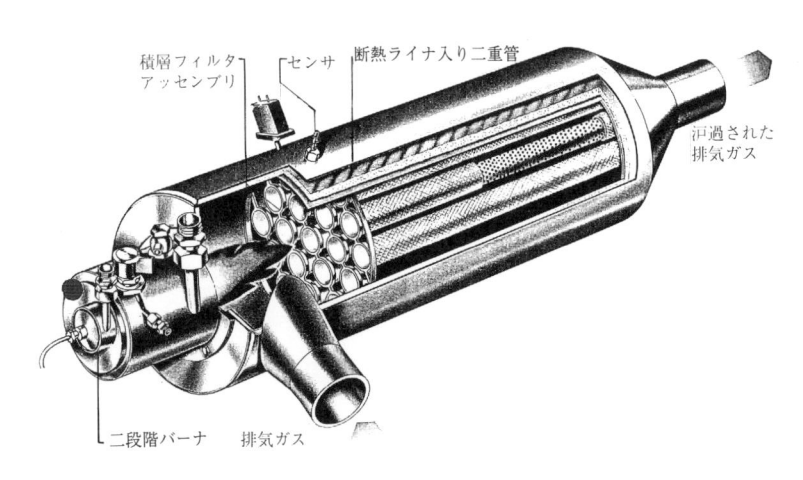

図4.5.21 エバーシュペッヒャ社のDPF（同社カタログより）

た温度センサの信号をもとに，燃料供給量を調節し，再生用のガス温度を700℃前後になるように制御している．このバーナ再生方式として，メンテナンスフリーの車載型と夜間などの車両停止時に排気系に接続して再生を行う定置型の2種類がある．

この温度フィードバックバーナ再生方式は再生を確実に行える優れた方式であるが，システムが複雑なため高価であることが難点である．

(v) パルスエア逆洗再生システム フィルタに堆積したパティキュレートを下流側より0.7 MPaのパルスエアで逆洗する方式を旭ガラスで開発している．逆洗したパティキュレートは下部に設置したヒータで燃焼させている．これにより，フィルタ内部で燃焼させていないので，自然再生が起こらない限り，フィルタの熱応力による割れや溶損の問題は発生しない．これはクロスフロー型積層フィルタに応用しているものであるが，フィルタの断面形状が四角のため，パルスエア作動時のケーシングのフランジ部分のシーリングがむずかしい．

日本ガイシはウォールフローハニカム型フィルタに逆洗再生方式を応用している[31]．断面が円形のため，シーリングの問題はなさそうである．そのほかに，バキュームタンクを備え，フィルタの上流側に負圧パルスを数十 ms 流し逆洗する BREHK 社の方式や，モノリスハニカム型フィルタを回転させ，部分ごとに順次圧縮空気で逆洗する（図4.5.22）ノースイースタン（Northeastern）大学のアイデア[32]もある．

(vi) スロットリング/燃料添加剤再生システム ギリシアのテサロニキ大学では排気スロットリングにより排気温度を上げ，セリウム化合物燃料添加剤の組合せで再生するシステムを開発し，アテネ市を中心に都市バスでの広範なフリートテストを実施している[33]．

燃料添加剤としては，セリウム[34]のほかに，銅[35]，鉄[36]，マンガンなどがあるが，銅系は詰まりやすいのとマンガンとともに毒性があるので望ましくないとの意見もある．燃料添加剤を入れることにより，パティキュレートの着火温度が下がるが，通常の運転時の排気温度では十分ではないので，AVL は背圧を高めること，TCA エンジンの場合アフタクーラをバイパスさせて給気温度を高めること，噴射時期遅延，吸気絞りなどの制御を加えて，部分負荷時の排気温度を高めることを提案している[34]．

燃料添加剤を給油のたびに燃料に添加することは，手間がかかるとのことでユーザに受け入れられないであろう．しかし，自動燃料・添加剤調合装置（こういうものをまず開発しなくてはならないが）の添加剤タンクに，年1回車検時に添加剤を補充すればよいとなれば，受け入れられる余地はあるかもしれない．再生システムとしては一番安価な方法であり，有望視する意見もある．

(vii) 振動ふるい落とし再生システム ネステッドファイバフィルタやセラミック粒体充塡層フィルタの場合，小さいフィルタ材が重ねてあるだけなので，

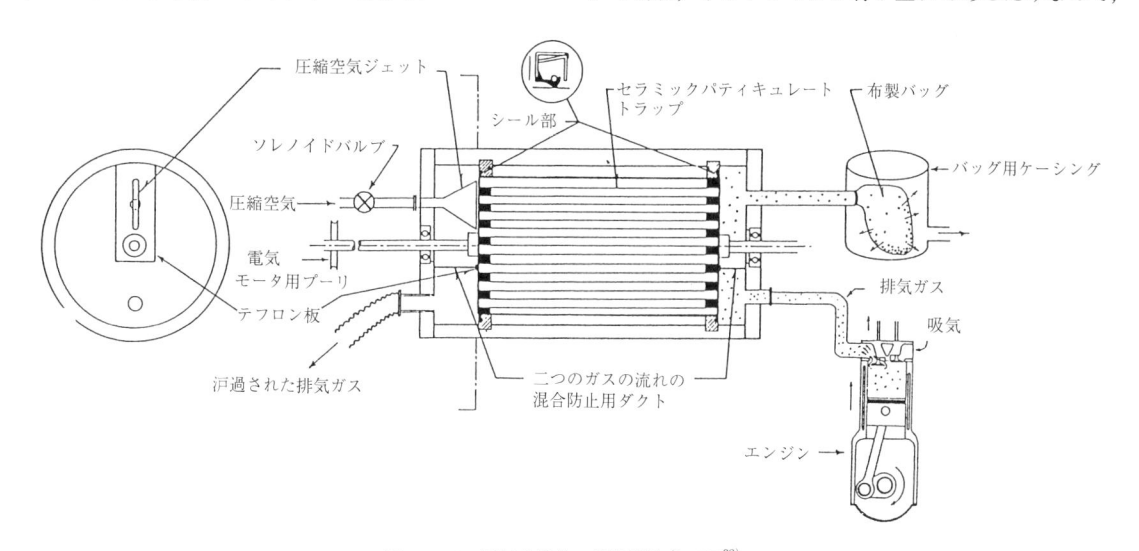

図 4.5.22 回転式捕集・部分逆洗式 DPF[32]

振動を与えて，付着したパティキュレートをふるい落とすアイデアがある．下に落としたパティキュレートを電気ヒータで燃やしたり，袋にためて捨てればよい．

c. パティキュレート堆積量検知システム

フィルタの内部で堆積したパティキュレートを燃焼再生する場合，堆積量増加は背圧の上昇を招き，燃費が悪化する．また，堆積したパティキュレートを燃焼させる際に発生する熱量が過大であると，フィルタ材のき裂や溶損の問題が発生する．そこで，背圧限界と安全再生限界の二つの観点から堆積量を何らかの手段で検知する必要がある．いままでに行われている方法について記述する．

(i) 圧力検知方式 圧力損失増加量は堆積量と排気ガス流量の関数である．排気ガス流量はエンジン回転数，負荷，ブースト圧などによって変化する．そこで，フィルタ前後圧力，エンジン回転数，入口における排気温度などを測定し，あらかじめ実験的に求めた実験式あるいはマップより，捕集量を推定する方法がとられている．IVECO ではフィルタの後部にベンチュリを置き，フィルタの前後差圧とベンチュリの前後差圧を測定し，両者の関係より捕集量限界を求めている[37]．

(ii) エンジン運転条件よりの推定方式 パティキュレート排出量はエンジンの運転条件により決まるので，エンジンの回転速度と負荷（噴射ポンプのラック位置）をモニタし，累積のパティキュレートを推定する．エンジンの劣化や，個体差などの影響を受けるので精度は悪いが，バックアップとして使うことが考えられる．バックアップとしてのより簡易化した方法では，運転時間で再生開始時期を決めているものもある．

(iii) マイクロウェーブ検知方式 カナダの AECL 研究所が開発した方法で，堆積したすすがマイクロウェーブを吸収する性質を応用したものである[38]．送信と受信の2本のアンテナを DPF 内に挿入し（図 4.5.23），受信側の電圧よりすすの堆積量を推定できるとしている．コーディエライトのような非導電性のものに有効と思えるが，SiC や金属系のような導電性のよいものには使用できない． ［渡邉慶人］

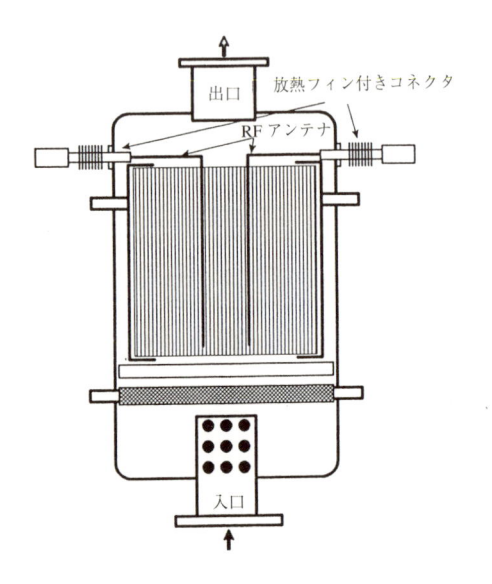

図 4.5.23 マイクロウェーブ式すす捕集検知システム[38]

参考文献

1) J. Abthof, et al: : The Regenerable Trap-Oxidizer for Diesel Engines, SAE Paper 850015 (1985)
2) M. Hori, et al : Evaluation of Diesel Particulate Filter Systems for City Buses, SAE Paper 910334 (1991)
3) K. Ha, et al. : Particulate Trap Technology Demonstration at New York City Transit Authority, SAE Paper 910331 (1991)
4) J. S. Howitt, et al. : Cellular Ceramic Diesel Particulate Filter, SAE Paper 810144 (1981)
5) J. Kitagawa, et al. : Improvement of Pore Size Distribution of Wall Flow Type Diesel Particulate Filter, SAE Paper 920144, SP-896, pp.81-87 (1992)
6) M. J. Muratagh : Development of a Diesel Particulate Filter Composition and its Effect on Thermal Durability and Filtration Performance, SAE Paper 940235, SP-1020, pp.43-53 (1994)
7) 伊藤ほか：SiC ハニカムを用いたディーゼルパティキュレートフィルタ (DPF) の開発（第1報），自動車技術会春期学術講演会前刷集 9301863 (1993)
8) 岡添ほか：SiC ハニカムを用いたディーゼルパティキュレートフィルタ (DPF) の開発（第2報），自動車技術会春期学術講演会前刷集，9301872 (1993)
9) J. W. Høj, et al. : Thermal Loading in SiC Particulate Filters, SAE Paper 950151, SP-1073, pp.29-36 (1995)
10) R. Bloom : The Development of Fiber Wound Diesel Particulate Filter Cartridges, SAE Paper 950152, SP-1073, pp.37-46 (1995)
11) R. Shirk, et al. : Fiber Wound Electronically Regenerated Diesel Particulate Filter Cartridge for Small Diesel Engines, SAE Paper 950153, SP-1073, pp.47-58 (1995)
12) A. Mayer, et al. : The Knitted Particulate Trap : Field Experience and Development Progress, SAE Paper 930362, SP-943, pp.129-141 (1993)
13) A. Mayer, et al. : Pre-Turbo Application of the Knitted Diesel Particulated Trap, SAE Paper 940459, SP-1020. pp.213-224 (1994)
14) Y. Kiyota, et al. : Development of Diesel Particulate Trap Oxidizer System, SAE Paper 860294 (1986)
15) T. Mihara, et al. : Diesel Particulate Trap of Corrugated Honeycomb Fabricated with Mulite Fiber Ceramics, SAE Paper 860010 (1986)

16) K. Takesa, et al.: Development of Particulate Trap System with Cross Flow Ceramic Filter and Reverse Cleaning Regeneration, SAE Paper 910326 (1991)
17) S. Mehta, et al.: A Thermally Regenerated Diesel Particulate Trap Using High-Temperature Glass-Fiber Filters, SAE Paper 950737, SP-1073, pp.175-186 (1995)
18) B. E. Enga, et al.: Catalytic Control of Diesel Particulate, SAE Paper 870015 (1987)
19) Neuer Rußfilter von SHW, MTZ, Vol.52, p.555 (1991)
20) 松沼ほか：金属多孔体ディーゼルパティキュレートフィルタの開発, 自動車技術会春期学術講演会前刷集 9634522, pp.241-244 (1995)
21) Nested-Fiber Filter for Diesel Particulate, The Battelle Perspective
22) 塩路ほか：粒体充塡層ディーゼル微粒子トラップの性能, 第11回内燃機関シンポジウム講演論文集, pp.339-344 (1993)
23) W. A. Majewski, et al.: Diesel Particulate Filter with a Disposable Pleated Media Paper Element. SAE Paper 930370, SP-943, pp.221-225 (1993)
24) R. W. McCabe, et al.: Oxidation of Diesel Particulate by Catalyzed Wall-Flow Monolith Filters, SAE Paper 870009 (1987)
25) B. E. Enga: Off-Highway Application of Ceramic Filters, SAE Paper 890398 (1989)
26) トンネル工事機械用セラミック式排気浄化装置, 内燃機関, Vol.27, No.5, p.70 (1988)
27) Proposed Europian Emission Standards for Particulates Force, The Pace of Filter Development, HIGH SPEED DIESEL & DRIVES, pp.10-24 (1990)
28) 新村ほか：都市バス用パティキュレートトラップシステムについて, 日産ディーゼル技報, No.53, pp.2-7 (1991)
29) M. A. Barris, et al.: Development of Automatic Trap Oxidizer Muffler Systems, SAE Paper 890400 (1989)
30) F. Pischinger, et al.: Modular Trap and Regeneration System for Buses, Truck and Other Applications, SAE Paper 900325 (1990)
31) T. Yamada, et al.: Development of Wall-Flow Type Diesel Particulate Filter System with Reverse Pulse Air Regeneration, SAE Paper 940237, SP-1020, pp.67-74 (1994)
32) A. Yannis, et al.: Evaluation of a Self-Cleaning Particulate Control System for Diesel Engines, SAE Paper 910333, SP-240, pp.183-193 (1991)
33) K. Patts, et al.: On-Road Experience with Trap Oxidizer Systems Installed on Urban Buses, SAE Paper 900109 (1990)
34) J. Lemaire, et al.: Fuel Additive Supported Trap Regeneration Possibilities by Engine Management System Measures, SAE Paper 942069 (1994)
35) D. T. Daly, et al.: A Diesel Particulate Regeneration System Using a Copper Fuel Additive, SAE Paper 930131, SP-943, pp.71-77 (1993)
36) G. Lepperhoff, et al.: Mechanismen zur Regeneration von Dieselpartikelfiltern durch Kraftstoffadditive, MTZ, Vol.56, pp.28-32 (1995)
37) G. M. Cornetti, et al.: Development of a Ceramic Particulate Trap for Urban Buses, SAE Paper 890170 (1989)
38) F. B. Walton, et al.: On-line Measurement of Diesel Soot Loading in Ceramic Filters, SAE Paper 910324 (1991)

4.5.3 NO_x 還元触媒
a. 開発のアプローチ

ディーゼル車用の NO_x 還元触媒は，まだ実用技術が確立されていない．三元触媒や酸化触媒などは実用化されているのに，ディーゼル車用の NO_x 還元触媒の開発がむずかしいのは，おもに次のような理由からである．

① 酸素が過剰に存在する排気中で，NO_x を還元しなければならない．
② NO_x 還元反応が，低温を含む広い温度域で実現する必要がある．
③ SO_x やパティキュレートなどの，触媒被毒物質が多量に共存している．

また，ガソリン車用の三元触媒と，ディーゼル車用の NO_x 還元触媒とでは，表4.5.1に示すように，それぞれの触媒が機能する条件に大きな違いがある．ガソリン車用三元触媒の場合，NO_x 還元反応を妨げる酸素は少なく，還元物質であるHC，CO，H_2 は多量に燃焼排ガス中に含まれており，ウィンドウと呼ばれる理論空燃比付近で最適な反応条件が巧まずして実現している．これに対してディーゼル車からの排気条件は，NO_x 還元触媒にとっては最悪の条件といえる．NO_x 還元を妨げる酸素はガソリン排気の約30倍，一方，還元物質は約1/10しか含まれていない．このことから，大幅に NO_x 還元を実現させるアプローチとしては，酸素の影響を受けにくい NO_x 還元触媒の開発と，排気ガス中に外部からHCなどの還元物質を添加補充するという方法が考えられる．

ヨーロッパは，ガソリン車に比べて，燃費がよく，環境に優しい（CO_2 が少ない）などの理由からディーゼル車の評価は高く，NO_x 還元触媒の開発は最も進んでいる．そして主要な自動車メーカや触媒メー

表4.5.1 触媒が機能する条件比較とシステム概念

	燃焼排ガスの組成（％）				
	NO_x	O_2	HC	CO	H_2
ガソリン車用三元触媒	0.05 ~0.15	0.2 ~0.5	0.03 ~0.08	0.3 ~1.0	0.1 ~0.3
ディーゼル車用 NO_x 還元触媒	0.04 ~0.08	6 ~15	0.01 ~0.05	0.01 ~0.08	0.01 ~0.05

NO_x 還元システムの概念

$$\begin{array}{c} \boxed{1倍} \quad \boxed{1倍} \\ H_2O \xleftarrow{\text{酸化}} O_2 + (HC, CO, H_2) + NO_x \xrightarrow{\text{還元}} N_2 + H_2O \\ CO_2 \qquad\qquad\qquad\qquad\qquad\qquad\qquad CO_2 \\ \boxed{30倍} \quad \boxed{1/10倍} \end{array}$$

表 4.5.2 ヨーロッパ共同開発研究プロジェクトの開発目標

engine type	reducing agent	demanded average conversion rate (%)	operating range (℃)	temperature stability (℃)
IDI diesel (passenger cars)	・diesel fuel ・other hydrocarbons	40	200～500	600
DI diesel (passenger cars)	・diesel fuel ・other hydrocarbons	50	150～500	550
DI diesel (heavy duty truck)	・diesel fuel ・ammonia or carbamide solution	50	150～500	550
Lean Otto engine	・exhaust generated HC ・additionally injected fuel	40	350～650	750

カによって EC 共同研究プロジェクトが組織されており，その開発目標を表 4.5.2 に示す．注目される内容としては，エンジン形式や大きさによって，触媒に要求される性能や温度は異なり，また NO_x 還元反応に必要とされる還元剤についても，相当に幅広い選択肢でその可能性を追求している．たとえば，大型トラックの場合では，還元剤としてアンモニア添加も対象にしている．

日本においてもさまざまな触媒技術が研究開発されているが，その多くは外部から排ガス中に還元剤を添加して，NO_x を還元するものである．

そこで以下では，まず添加する還元剤を中心にして，最新の NO_x 還元触媒技術を概説し，さらに NO_x 還元触媒システムを実現するために必要な関連技術について述べる．

b. NO_x 還元触媒技術

NO_x 還元剤としては，次のような物質もしくは方法が提案されている．

① 軽油添加
② 排気中の HC などを増量する
③ アルコール添加
④ アンモニアなどの添加

この中から実用性が高い技術や，すでにほかの分野で実用化されている技術を中心に具体的に説明する．

（i）軽油・HC などによる選択還元 軽油や HC などによる NO_x の選択還元は，非常に複雑で多様な要因がからんで反応が行われていると想像され，まだ高い効率の NO_x 還元技術が確立されていない理由でもある．ディーゼル車用の NO_x 還元触媒を実用化するには，触媒の金属種，触媒の担体種，最適な HC 種，それに活性温度域の四つの要因を考慮に入れた開発が必要になる．

表 4.5.3 は，NO_x 還元剤として軽油および HC などを添加して行われたエンジンテストデータの一覧である[1～6]．使用されている触媒は，その担体の種類によってアルミナ系とゼオライト系に大別され，また金属種によって貴金属系と卑金属系とに大別される．実用触媒の耐熱性としては，現状ではアルミナ系は 750℃ 程度，ゼオライト系では 600℃ 程度の耐熱性が期待できる．また NO_x 還元特性は金属種によって大きな違いがみられ，Pt などの貴金属系は 200℃ 前後で活性が高く，Cu や Ag などの卑金属系では 400～500℃ での活性が高いのが特徴である．

触媒の種類と HC 種と反応温度域との関連については，触媒の仕様は必ずしもすべてが明らかにはされてないが，表 4.5.3 などからおおよそ次のようにまとめることができる．

	アルミナ系担体	ゼオライト系担体
貴金属系触媒	・低温で働き，温度域狭い ・アロマ系 HC が効果的	・低温で働き，温度域狭い ・アロマ系 HC が効果的
卑金属系触媒	・高温で働き，温度域広い ・直鎖系 HC が効果的	・高温で働き，温度域広い ・アロマ系 HC が効果的

表 4.5.3 の中で，二つの触媒システムは限定的ではあるがかなり実用に近い．Johnson Matthey 社による Pt/Al_2O_3 触媒は，1996 年からのヨーロッパ乗用車規制/STEP II をクリヤできるとしている．またリケン社の Cu/Al_2O_3 と Ag/Al_2O_3 との複合触媒は，日本の 13 モードで EGR とほぼ同等の NO_x 低減が可能だとしているが，燃費悪化が約 7% とまだ実用には課題は多い．

表 4.5.3 軽油および HC 添加でのエンジンテストデータ[1~6]

catalyst system	reducing agent	sulfur in fuel	test engine	SV (h^{-1})	catalyst inlet temp.	NO_x conversion	ageing	test mode	note	references
Pt/ base metal oxide/ Al_2O_3	diesel fuel HC(3)/NO_x =2/1	0.05% S	12 l TDI	max 30 000	170~250℃ 195℃	20~42% max 42%	750℃	steady state	・the catalysts has been fully transferred to the production scale.	Johnson Matthey SAE 950750
	no addition HC/NO_x(mole) =0.3	0.05% S	2 l TD ICI	catalysts volume 2.47 l	—	15%	—	European ECER15+EUDC	・emission reduction HC 87% CO 95% PM 35%	
Cu/Al_2O_3 Ag/Al_2O_3 composite	diesel fuel fuel penalty 7%	0.2% S	4 l DI	20 000 ~30 000	300~600℃ 400℃	27~29% max 50%	—	Japanese 13-mode	・NO_x activity on HC $C_{16}H_{34}$》C_7H_{16},Fuel》C_3H_8	Riken JSAE 9439384
base metal type combination	diesel fuel fuel penalty 3%	—	CAT 3116 6.6 l ICT	cata. size ϕ7.5″ 7″ ~2 pieces	200~400℃ 375℃	12% max 20% (9% fuel)	—	US heavy duty transient cycle	・emission reduction PM 25%	ICT SAE 950154
LNX3-catalyst non-zeolite noble metal base	dilute(2%)C_3H_6 in N_2 carbon/NO_x =2/1	—	light-duty DI turbo	20 000 ~25 000	(ECE)150℃ (EUDC)200℃ 250℃	30~35% max 40% (C/NO_x=3)	365℃ ~24 h	European ECE+EUDC light-duty	・emission reduction CO 90%,HC 80%,PM 30%,SOF 96% so-called "4-way" catalyst	Allied Signal SAE 950751
Pt/zeolite	800 vppm C_4H_8/C_4H_{10} =2/1 constantly	—	vehicle-A vehicle-B	max 50 000	200~300℃ 180~200℃	19% 1%	100 h Engine aged	European MVEG-A	・emission reduction CO 40~50% PM 40~60% ・NO_x activity on HC aromatics》olefins》paraffins	Degussa SAE 930735
A-metal/zeolite	diesel fuel fuel(C1)/NO_x =10/1	—	2.5 l	36 000	350~500℃ 400℃	12~40% max 40%	500℃ ~500h	steady state	・NO_x activity on HC aromatics》》parffins	Engelhard SAE 950747

(ii) アルコール選択還元法 メタノールやエタノールを還元剤としてNOxを還元するプロセスは, 日本で開発された技術である. アルミナ系の触媒では, 酸素と水蒸気が共存する燃焼排ガスであっても, 還元剤にアルコールを用いると, 著しいNOx低減効果が現れる. これは, アルコールは親水性で水蒸気と似た性質があり, アルコールとアルミナが非常に良好なNOx還元反応を起こす性質があるためといわれている.

アルミナ系触媒にメタノールを還元剤として添加したテストでは, 触媒仕様, エンジン条件, SO_xなどの排ガス性状は不明であるが, 実験では2 000時間以上の耐久性が確認されたとの報告がなされている[7].

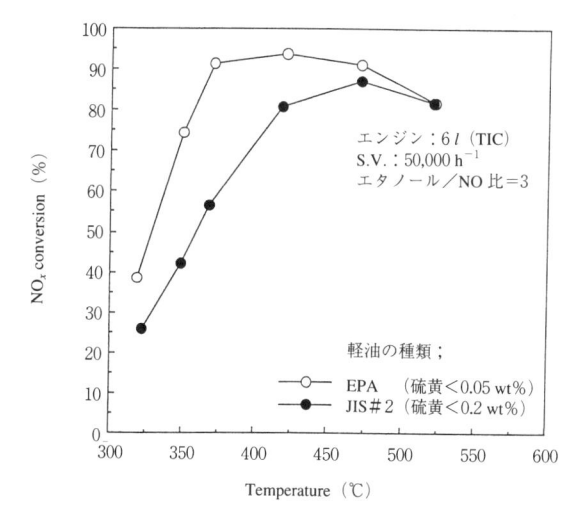

図 4.5.24 銀アルミナ触媒/エタノール添加による還元性能

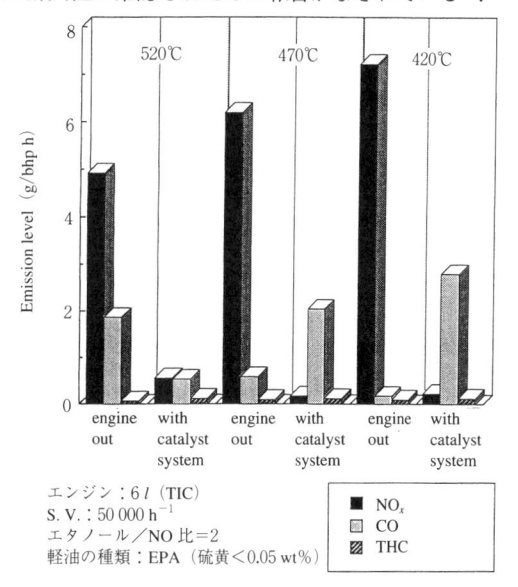

図 4.5.25 銀アルミナ触媒システムによる浄化性能[8]

図4.5.24および図4.5.25[8]は，銀アルミナ触媒にエタノールを還元剤として添加したテストデータである．370～530℃の広い温度範囲で，80%以上のNO_x還元率を実現しており，車両にアルコールタンクの搭載ができれば，ほぼ完成された実用技術と考えられる．このNO_x還元システムは，発電機用ディーゼルエンジンの排ガス処理装置として開発され，1995年から実用化されている．

（iii） アンモニア選択還元法（NH_3-SCR法）

アンモニアを還元剤としてNO_xを還元するプロセスも，日本で完成された技術であり，発電事業用ボイラをはじめとして，最近では大型ディーゼル発電機の排ガス処理用にも使用されている．これは排ガス中にアンモニアなどを導入し，金属酸化物を主成分とする固体触媒と200～400℃の温度で接触させ，NO_xを還元する方法で，反応は次の反応式に従う．

$$4NO + 4NH_3 + O_2 \longrightarrow 4N_2 + 6H_2O$$
$$NO + NO_2 + 2NH_3 \longrightarrow 2N_2 + 3H_2O$$

反応式からも明らかなように，この反応の進行には酸素の共存が必須であり，むしろ残存酸素が多くて，三元触媒の適用が困難なディーゼルエンジンの排ガス処理には，原理的には適している．

図4.5.26[9]は，フォルクスワーゲン社による実験結果で，この場合はアンモニアが臭気などで取扱いに問題が多いので，代わりの還元剤として尿素を添加している．

ここでは尿素を理論値の半分程度を添加し，80 km/h，320℃で約50%のNO_x還元率を実現している．また軽油からNO_x還元剤のアンモニアを合成する装置の検討も行われており，まだ実用化はされていないが，原理的には車両搭載が可能なシステムとして提案されている[10]．

c．NO_x還元触媒システムの実現へ

ディーゼルエンジンの排気成分は燃焼状態により大きく変化する．予混合気を燃焼させるガソリンエンジンと比べてはるかにその性状変化は大きい．NO_xを下げるため，噴射時期を遅らせると，HC，COが急増し，臭い成分も増える．ディーゼルの特徴を最高に引き出すには，排気中のすすや微粒子などの固体状の成分とガス状のNO_x，HC，COを合わせた4成分を同時に低減できる触媒，「ディーゼル車用4-way触媒」の実現が期待されている[4,11]．ここでは，「ディーゼル車用4-way触媒」までの過渡的なNO_x還元触媒技術として，「排気HC増量システム」と「軽油添加システム」を取り上げ，その可能性について述べる．

（i） NO_x還元に影響を与える因子　HC（炭化水素類）を還元剤とする場合，HCの種類によってNO_x還元特性に大きな違いが現れる．図4.5.27[5]は白金ゼオライト系触媒，図4.5.28[12]は銀アルミナ系触媒の場合で，どちらの触媒でも，最適なHC種の選択によっては高いNO_x還元率が期待できる．そこで軽油をうまく分解して最適なHC種に転換させて，NO_x還元触媒に添加すれば，大幅なNO_x還元率を実現できる可能性がある．

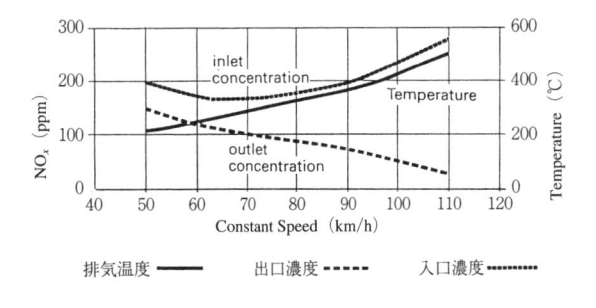

図4.5.26　SCR触媒/尿素添加による還元性能[9]
1.9 l NA Engine
Cu-ZSM-5
尿素NO_x比=0.4
SV ca.10 000 h^{-1}

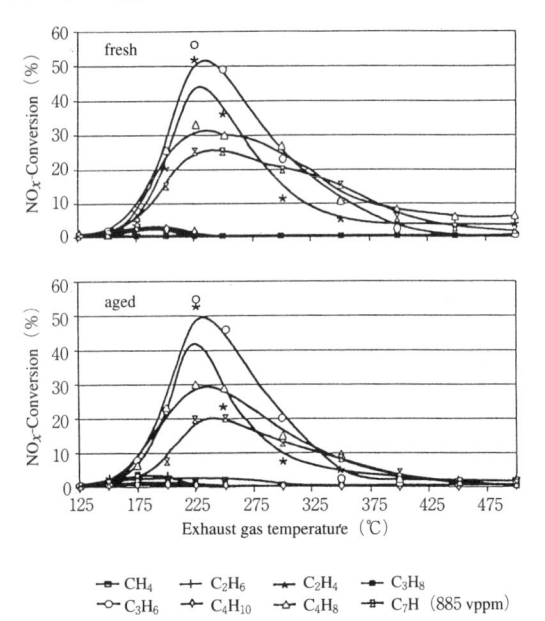

図4.5.27　各種HCと白金ゼオライト触媒による還元性能[5]

表4.5.4 NO_x還元に影響を与える因子

	関連技術のトレンド	NO_x還元触媒システムに与える影響
燃料	低硫黄分	NO_x還元特性,耐久性などのすべてに好影響
	低アロマ分	パラフィン分などが多く,卑金属/アルミナ触媒に好影響
本体	ターボ&インタクーラ	排気温度が低くなり,低温活性のよい触媒が要求されるので,触媒の適用はむずかしくなる
	EGR	EGR(低速・低負荷)とNO_x還元触媒(高速・高負荷)の組合せにより,大幅なNO_x除去システムが可能
	噴射タイミング	NO_x還元剤となる残留HCを調整できる
	電子制御	燃焼排ガス条件とNO_x還元触媒のシステム化に不可欠
運転モード		欧米モード(高速・高負荷の比率が大)のほうが,日本モードより高温でのNO_x量の比率が大きいので,触媒は有利

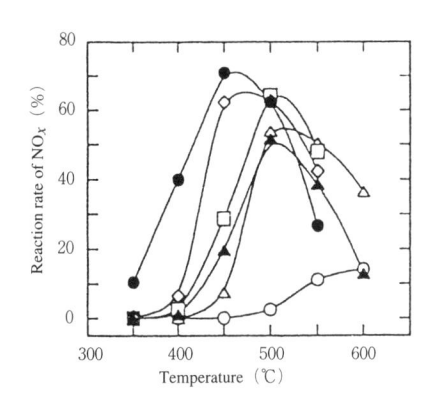

Ag(2 wt%)/Al_2O_3(pellet) catalyst
Concentrations of HC=1 500 ppmC
○ CH_4, △ C_2H_6, □ n-C_4H_{10}, ◇ C_2H_4, ▲ C_2H_4, ● C_3H_6

図4.5.28 各種HCと銀アルミナ触媒による還元性能[12]

しかし,排気中のHCを還元剤として使うにしろ,外部から排気中に軽油を添加するにしても,実用的にはディーゼルエンジンのシステム条件と密接な相関があり,NO_x還元触媒システムが優れた特性を発揮するには,ディーゼルエンジンのさまざまな条件とで,うまく最適化を図ることが不可欠となる.表4.5.4には,NO_x還元に影響を与える因子を,ディーゼル関連技術のトレンドとの関係でまとめてみた.

(ii) 排気HC増量によるNO_x還元触媒システム
HC種によってNO_x還元特性は大きく異なる.したがって,排気中のHC種を制御し,これを増量できれば大幅なNO_x還元特性が期待できる.燃焼タイミングの調整,ユニットインジェクタのサック容積調整[13],ヒュミゲーションなどの技術改良によっては,外部からの軽油を添加せずに,排気HCのコントロールによるシステムも期待できる.

(iii) 軽油添加によるNO_xコンバータシステム
リケン社からは,軽油添加によるディーゼル車用NO_xコンバータシステムが提案されている[2].燃焼排ガス中のNO_x量の測定には,NO_xセンサを用いずに,エンジンの運転条件と排出されるNO_x重量の関係を示すエンジン固有のマップをあらかじめCPUに記憶させ,エンジンの運転状態に応じたNO_x重量をこのマップから引き出す.そしてコンバータ制御システムでは,このマップとの照合を経てNO_x重量に基づく軽油添加量が演算指示され,軽油添加ポンプ出力がコントロールされている. [小笠原弘三]

参 考 文 献

1) G.Smedler, et al. : High Performance Diesel Catalysts for Europe Beyond 1996, SAE Paper 950750 (1995)
2) K.Ogasawara, et al. : De-NO_x Converter of Diesel Engine Vehicle for Practical Use, JSAE Paper 9433056/9439384 (1994)
3) M.Kawanami, et al. : Advanced Catalyst Studies of Diesel NO_x Reduction for On-Highway Trucks, SAE Paper 950154 (1995)
4) K.C.C. Kharas, et al. : Performance Demonstration of a Precious Metal Lean NO_x Catalysts in Native Diesel Exhaust, SAE Paper 950751 (1995)
5) B.H.Engler, et al. : Catalytic Reduction of NO_x with Hydrocarbons Under Lean Diesel Exhaust Gas Conditions, SAE Paper 930735 (1993)
6) J.S.Feeley, et al. : Abatement of NO_x from Diesel Engines: Status and Technical Challenges, SAE Paper 950747 (1995)
7) H.Tsuchida, et al. : Catalytic Performance of Alumina for NO_x Control in Diesel Exhaust, SAE Paper 940242 (1994)
8) リケン (未発表)
9) W.Held, et al. : Catalytic NO_x Reduction in Net Oxidizing Exhaust Gas, SAE Paper 900496 (1990)
10) 屋宜盛康,辻村欣司:自動車用ディーゼルエンジンの排気浄化触媒,新エィシーイー技術論文集, No.1 (1994)
11) 柳原弘道:ディーゼルエンジンの排気浄化と触媒への期待, TOYOTA Technical Review (Nov.1994)
12) 宮寺達雄:担体付き銀触媒を用いた炭化水素によるNO_xの選択還元,日本エネルギー学会誌,11号 (1994)
13) H.S.Ford, et al. : Fuel Injector Design Reduces Hydrocarbons in Diesel Exhaust, Diesel & Gas Turbine Progress, Jan. (1971)

4.6 ディーゼル技術における今後の発展

現在，ディーゼルエンジンは排気排出物の低減に関して，非常に厳しい立場に立たされており，低排出物化とくにNO_xの低減技術を中心にさまざまな研究努力が進行中である．これらの多くは本文中に触れられているが，それ以外にも自動車用エンジンとしては実現可能性がまったく未知数なためここに収録されなかった研究もある．たとえば，拡散燃焼が基本であるディーゼル燃焼に予混合燃焼を全面的に取り入れた燃焼法の研究[1~4]などが発表されている．一方，予混合燃焼のガソリンエンジンにおいては，ディーゼルエンジンに劣るといわれる燃費の低減を中心に，混合気の層状化を制御する新しい燃焼システムのアイデアが具体化しつつある．これらの，低排出物・低燃費の両面から別々のルートで開拓されている技術は根本的な考え方において違いがあるにもかかわらず，ハードウェアとしてはかなり似たものになりそうである．

小型ディーゼルエンジンにおいては，従来副室燃焼方式とくに渦流室方式が主流であり，渦流室の各種改良が4.3.2bに述べられているように努力されているが，効率向上の著しいガソリンエンジンとの競争上，燃費にすぐれる直接噴射燃焼式が多弁化とあわせて採用されつつある．ヨーロッパにおいてその傾向が先行しているが，わが国においてもこれに追随することは必至と考えられる．

また一方では，自動車用としてはほとんど消滅した予燃焼室方式も，その低排出物特性を生かして，大型の定置用エンジンにおいて種々の効率向上策が研究されている[5,6]．

今後は各種燃焼方式のディーゼルエンジンと新しい高効率ガソリンエンジンが，それぞれ用途別に特徴を生かして競争的に発展していくと思われる．そこに両エンジン技術のさらなる進歩が生まれるであろう．

その進歩を支える基幹技術として燃焼解析技術，とくに計算予測技術が非常に大きな役割を果たすと考えられる．4.2項に記述されるように排出物予測には燃焼の物理的・化学的過程を解析モデルとして構築することが必要で，現在のところ，確率過程論モデルがそのような解析が可能であり，低公害化燃焼の方向を基本的に理解するのに役立つ．しかしこのモデルは噴霧および流動を解いていないので，実際の燃焼室および噴霧系を与えて排出物予測をすることはできない．現在発達しつつあるCFD解析技術は格子平均量を基本としているので，種々の温度が存在する乱れ混合状態における化学反応を解くには無理がある．乱れ混合状態をモデル化する試みはなされつつあり，そのようなモデルと化学反応モデルの結合により排出物予測も可能となるであろう．現状においてもCFD解析技術は流動解析に関して成果を示しつつあり，燃焼室形状による低公害化の新しい試みについて，燃焼室内流動を把握し，実験結果を理解し，試みの方向が妥当であるかどうか判断するのに役立っている．ディーゼル噴霧モデルについてはDiscrete Drolet Modelが主流で開発が進んでいるが，分裂・蒸発・熱分解・乱流混合の過程に関するサブモデルが研究されている段階であり，そのために実験解析も盛んに行われつつある．これら両者の成果が今後ディーゼル噴霧モデルの実用化，ひいては低公害ディーゼル燃焼構築に結びついていくであろう．

［辻村欽司］

参考文献

1) 青山ほか：ガソリン予混合圧縮点火エンジンの研究，自動車技術会講演会前刷集 951，p.309 (1995-5)
2) 古谷ほか：超希薄予混合圧縮自着火機関試案，第12回内燃機関シンポジウム講演論文集，p.259 (1995-7)
3) 柳原弘道：新しい混合気形成法によるディーゼルのNO_x・煤同時低減，日本機械学会全国大会講演論文集Ⅵ，p.45 (1995-9)
4) 武田ほか：早期燃料噴射による希薄予混合ディーゼル燃焼の排出物特性，日本機械学会全国大会講演論文集Ⅲ，p.188 (1995-9)
5) 井元ほか：新中央副室式低NO_xディーゼル機関の研究開発，日本機械学会全国大会講演論文集Ⅵ，p.48 (1995-9)
6) 松岡ほか：遮熱形ガスエンジンの構造と性能，自動車技術会講演会前刷集 955，p.153 (1995-9)

5

新エネルギーおよび新エンジンシステム

5.1 はじめに

車社会には,オゾン,NO_2,SPM などにかかわる地域・都市型の環境問題,オイルショックへの備え,輸入原油の削減,ガソリン・軽油の節約などの代替燃料・省エネルギー問題および CO_2 などにかかわる地球温暖化問題など,3種の技術課題の解決が求められている.

これらの3種の技術課題に対しては,第一に,ディーゼルエンジンのローエミッション化をいっそう促進し,長期排出ガス規制のターゲットをクリヤし,速やかに新型車の導入を図ることが先決であり,第二には,現行ガソリン車の省エネルギー化,ローエミッション化(LEV,ULEV)を図ることが緊要であると考える.

しかし,これら現行のディーゼルエンジン,ガソリンエンジンの改善のみでは,3種の技術課題は解決できない.なぜならば,現行のレシプロエンジンは,石油エネルギーに依存しているからである.また,現行のレシプロエンジンの改善のみでは,ロサンゼルスなどの汚染が進んだ地域・都市における環境問題を速やかに解消できないからでもある[1].

それらの補塡・対応策として,代替燃料エンジン,電気自動車,ハイブリッドシステムおよびセラミックガスタービンなどの新エネルギー・新エンジンシステムの車社会への開発導入が不可欠の課題となっている.

メタノール/エタノールエンジンに対しては,1973年のオイルショック以降,現在までの約21年間,アメリカ,ドイツ,スウェーデン,中国,日本など内外で,メタノールを重点に R&D,フィージビリティスタディ(FS)が,それぞれの国において,国家プロジェクトとして地道に展開されてきた.しかし,現状では,アメリカカリフォルニア州において,数千台規模の大規模ユーザフリートの段階を迎えているものの,まだ,完全実用化,商業化の段階には至っていない.

電気自動車(EV)に対しても全く同様で,アメリカ,イギリス,フランス,ドイツおよび日本などにおいて,第1次オイルショック前後から現在まで,それぞれの国において,国策としての取組みを図ってきたものの,まだ比較的規模の小さいユーザフリートの段階にとどまっている.

完全導入ができない要因については,EV のバッテリ技術・コスト,メタノールエンジンの燃焼技術,耐久性・信頼性など技術的要因も種々あるが,おおまかにみると,下記のように分析できる.

- 一つは新エネルギー・新エンジンシステムの市場が形成できないこと.
- これを裏面的にみると,ほかに優れた市場が存在すること,すなわち,現行のレシプロエンジン車は,総合的特性・能力(性能,コストパフォーマンス,耐久性,信頼性,利便性など)が優れていること.
- 新しいエネルギー車の普及には,新しいエネルギーの供給設備,インフラの整備が不可欠である.インフラが不整備の状態では新しいエネルギー自動車の普及は困難である.

インフラの整備には,行政・ユーザの理解が不可欠である.行政側およびユーザのより高い評価を得るためには,性能面のみならず耐久性,信頼性,コストパフォーマンスの面についても,今後引き続き,地道な開発努力が必要である.　　　　　　　〔金　榮吉〕

参考文献
1) 金　榮吉:米国における代替燃料車(AFV)に係わる最近の動向,自動車研究,Vol.17,No.3,p.1(1995)

5.2 各エネルギー源の将来見通し

5.2.1 世界のエネルギー事情

経済成長率はエネルギー消費を決定する主要な要素である．世界の経済成長率を1990年から2000年まで2.4％，以後10年を3.1％と想定しエネルギー集約度を加味して世界のエネルギー消費を予測すると図5.2.1のとおりとなる．

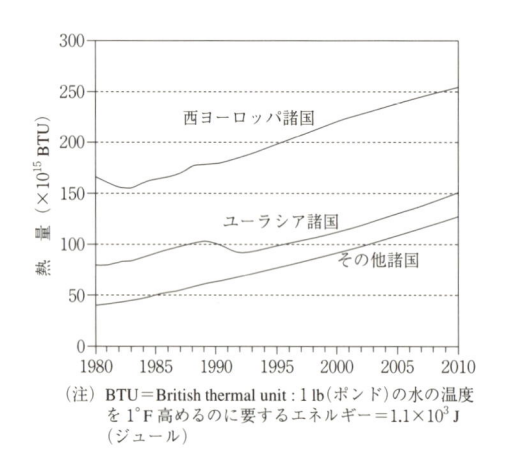

図 5.2.1 世界諸国のエネルギー消費の見通し

(注) BTU = British thermal unit : 1 lb（ポンド）の水の温度を1°F高めるのに要するエネルギー = 1.1×10^3 J（ジュール）

各地域のエネルギー消費量は異なる経済成長率を反映して西ヨーロッパ諸国では1.4％/年，ユーラシア諸国（中国・旧ソ連・東ヨーロッパ）では1.3％/年，その他諸国で2.4％/年で増加する．その他諸国では西ヨーロッパ諸国やユーラシア諸国の2倍の速度で消費量が増加することになる．

エネルギー別の傾向としては，石油は依然として主要なエネルギー源であり続けるが全体のエネルギー消費量に占める割合は，1990年に39％であったものが2010年には37％に低下するものと予想され，その相対的な重要性は失われていく．

代わってエネルギーの多様化と環境問題の観点から天然ガスの取引が急成長し，とくに西ヨーロッパと膨大な埋蔵量をもつ中東やロシアとの間で2000年以降急速に進められるであろう（図5.2.2）．また，発展途上国や旧ソ連における探鉱と開発に対する技術移転と，国際的な資金協力に関する政策が新しいエネルギー源を発展させるうえで，大きな役割を果たすことになるだろう．

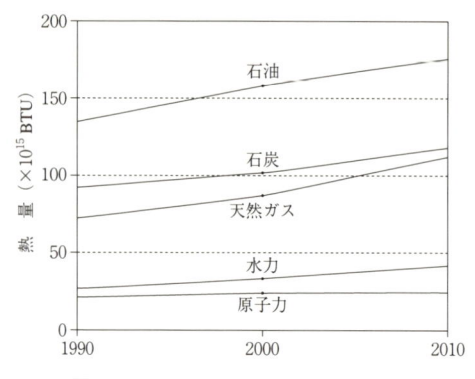

図 5.2.2 主要エネルギー別消費の見通し

5.2.2 世界の石油事情

a. 世界石油埋蔵量

1968年の世界石油埋蔵量は730億klであったがその後毎年生産・消費しているにもかかわらず，世界石油埋蔵量は新油田の発見の連続で表5.2.1に示すとおり1993年末では1590億klと増加し可採年数（埋蔵量÷1993年の生産量）は40年を越えている（表5.2.1）．しかし新しく発見される油田は深く，条件的に厳しいものばかりで当然探鉱・生産のコストも上昇する．したがって長い目でみれば原油価格は上昇し，従来経済的に引き合わないとされていた油田も稼働を始めることが可能となり，結果的に可採埋蔵量が増えることになろう．

表 5.2.1 世界の原油埋蔵量（1993年末）

	埋蔵量 （億 kl）	シェア （％）	可採年数
北 ア メ リ カ	46	2.9	9
中 南 米	199	12.5	47
西 ヨ ー ロ ッ パ	26	1.7	10
東ヨーロッパ・旧ソ連	94	5.9	20
中 東	1 054	66.3	99
ア フ リ カ	99	6.2	28
極 東 ・ 太 洋 州	71	4.5	19
全 世 界	1 589	100.0	46

b. 石油価格

供給と需要からみて2010年までは石油価格は穏やかに上昇する．供給側からみるとOPECの動向は世界の石油価格と市場のトレンドを決定づける支配的な要因となる．1994年ではOPECは石油全体の3分の1以上を供給しているが，2010年までには46％まで上昇しOPECへの依存度はさらに高まるだろう（図5.2.3）．

石油価格はOPECへの依存度が高まるにつれて上

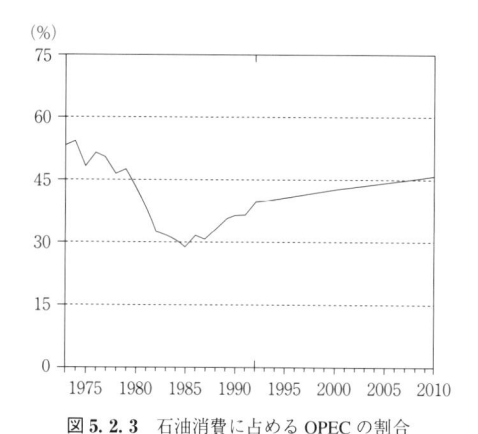

5.2 各エネルギー源の将来見通し

図5.2.3 石油消費に占めるOPECの割合

昇するものと予想される.

（注）OPEC = Organization of Petroleum Exporting Countries. 石油輸出国機構（サウジアラビア，UAE，クウェート，イラン，イラク，ベネズエラ，リビア，カタール，インドネシア，アルジェリア，ガボン，ナイジェリア）

c. 石油消費

世界の石油消費量は2010年まで1.3%/年で延びる．地域別では急成長する発展途上国が最も大きく2.3%/年の石油消費の増加が予想される．

とくに中国は経済活動で急成長しておりこれがエネルギー消費を急速に増加させており，近い将来，石油の純輸入国になるだろう．石油はその利便性と有効性のために多くの用途で，とくに自動車輸送の面で西ヨーロッパ諸国においても重要なエネルギーで日本とイタリアでは2010年まで依存率は若干低下するが，石油は総エネルギーの半分以上を占めると推測される（図5.2.4）．

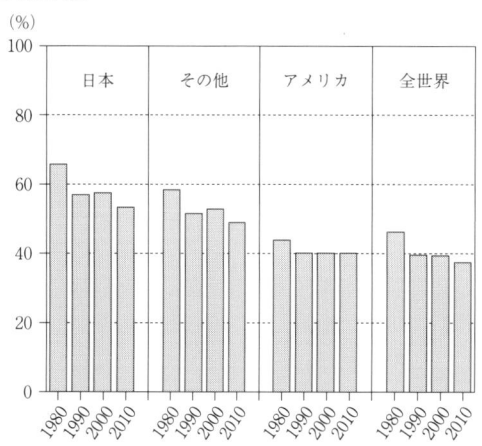

図5.2.4 エネルギー消費全体における石油消費の割合

d. OPECの石油生産能力

湾岸危機がOPECの生産能力の拡大計画を刺激しすでに表されている計画では，イラクの復帰を含め1992年から2000年までに，OPECの最近の埋蔵量の増加や石油の需要の中長期的増加などから，およそ1 000万バレル/日が追加されるだろう（表5.2.2）．

表5.2.2 石油生産能力の見通し（百万バレル/日）

	1990	2000	2005	2010
OPEC				
サウジアラビア	8.5	11.0	13.1	13.9
イラン	3.2	4.6	5.1	5.5
イラク	2.2	4.7	5.5	6.7
UAE	2.2	3.2	4.3	4.6
ベネズエラ	2.6	3.4	4.0	4.2
インドネシア	1.5	1.4	1.2	1.1
その他諸国	7.6	10.1	10.9	11.8
OPEC 合計	27.8	38.4	44.1	47.8
非OPEC				
アメリカ	9.7	8.0	7.8	8.1
北海	4.2	5.9	4.9	4.4
カナダ	2.0	2.2	2.5	2.5
中国	2.8	3.5	3.5	3.5
旧ソ連	11.5	8.2	9.6	11.1
中南米	5.2	6.4	6.1	6.0
その他諸国	6.4	7.7	7.1	6.8
非OPEC 合計	41.8	41.9	41.5	42.4
全世界合計	69.6	80.3	85.6	90.2

e. 非OPECの石油生産能力

全体としてユーラシア諸国を除く非OPECの石油生産は2000年までにゆっくり増加し，その後減少する．ユーラシア諸国の石油生産は2000年まで減少し，その後増加に転じると予測される．

とくに1990年末までに継続的に生産増が見込まれるのは北海，ペルシャ湾の非OPEC（オマーンなど），極東のインド・ベトナム，中南米ではコロンビアである．

また，ブラジル，メキシコは豊富な資源に恵まれているものの，資金不足や政府の姿勢の問題で現在のレベルを越えるものは期待できない．

北アメリカの生産は減少し続ける．

5.2.3 世界の天然ガス事情

世界の天然ガスの消費量は1990年から2010年の間に56%増加するとみられる．

a. 埋蔵量

世界の天然ガス埋蔵量は40%が旧ソ連，30%以上

が中東で合わせるとほぼ全体の4分の3を占める（図5.2.5）．

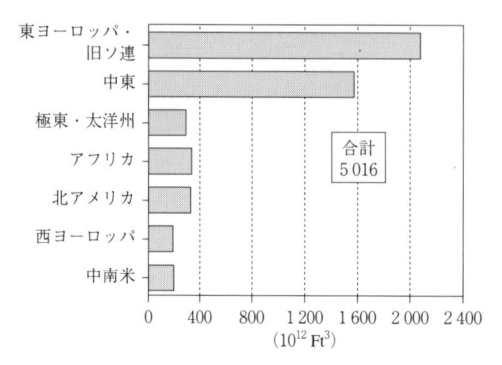

図5.2.5 天然ガス埋蔵量（1993年末）

b. パイプラインと液化（LNG）取引

国際取引において，天然ガスはパイプラインかLNG船のどちらかで輸送される．しかしガス田から消費者までパイプラインを敷設・運営するには多大な資金を必要とする．また，LNGの場合でも，天然ガスからLNGへの転換過程や輸送船それ自体，さらには備蓄タンクなどの費用がかかるという欠点がある．天然ガス価格は石油価格と連動しているため，石油価格が低ければ天然ガス価格は上がらない．

こういったことが，遠方の消費者にとって天然ガスは石油，石炭と比較して経済的な魅力が薄れる理由である．

ガス取引は3/4がパイプラインで，1/4がLNGとなろう．

c. 地域的見通し

北アメリカでは急速な天然ガスの需要増があり，またこの需要増に対し，今後20年間供給面で問題がないことと，環境保護への圧力，エネルギー安全保障，そして大陸全土にわたるパイプライン化による低コスト化が北アメリカにおける天然ガス消費量の増加を加速させ，カナダ・北アメリカの需要は，1990年から2010年の間に約30％成長すると推定されている．その量は2010年における西ヨーロッパ諸国の天然ガス消費量の50％以上になろう．

ヨーロッパにおける天然ガス埋蔵量は非常に小さいが，旧ソ連諸国，中東諸国，ノルウェーなど周囲に安定した天然ガス供給国があり，ヨーロッパのエネルギー消費量に占める天然ガスの割合は1990年の16％に対し2010年には25％と大幅に上昇することになろう．

長期的にはシベリアからヨーロッパへのパイプライン化プロジェクトに期待がかかる．

アジア・太平洋では，天然ガスの埋蔵量をもつインドネシア，マレーシア，オーストラリアといった国々が，国内利用と輸出の両方に力を入れている．

日本，韓国，台湾はこの地域のおもな輸入者であり，LNG取引は日本で成長すると推測されている．長期的にはサハリン天然ガス田から日本へのLNG輸送に期待がかかる．

［横井征一郎］

参考文献

1) 1993年度版オイル・アンド・ガスジャーナル誌
2) 米国エネルギー情報局発行「Internal Energy Outlook 1994」
3) ブリティッシュ・ペトロ―リアム社1993年度版「世界エネルギー統計」

5.3 石油製造技術の進歩

自動車用燃料であるガソリンおよびディーゼル軽油の製造方法について，最近の技術動向を中心に述べる．

5.3.1 ガソリンの製造

ガソリンは製品性状として要求されるオクタン価，蒸留性状，蒸気圧などが所定のものとなるように，表5.3.1に示すような各種基材を調合して製造される．おもなガソリン基材としては，接触改質装置からの接触改質ガソリン，流動接触分解装置からの接触分解ガソリン，アルキレーション装置からのアルキレート，ナフサ水素化精製装置からの軽質直留ナフサ，異性化装置からの異性化ガソリンおよびMTBE装置からのMTBEがある．これらの基材の製造装置間の関連を図5.3.1[1]に示す．

a. 接触改質ガソリン

接触改質法は水素化精製された直留重質ナフサを原料とし，白金系触媒を用いて水素加圧下でオクタン価の高い改質ガソリン（リフォメート）を製造する方法である．触媒上ではアルキルシクロヘキサンの脱水素，アルキルシクロペンタンの異性化脱水素，パラフィンの環化脱水素，パラフィンの異性化，水素化分解などのいずれもオクタン価の高い成分への転換が起こっている．これらのうち，脱水素反応は最も重要であり，オクタン価を上げる効果の大きい芳香族分を生成するとともに脱硫運転などに必要な水素ガスを発生する．

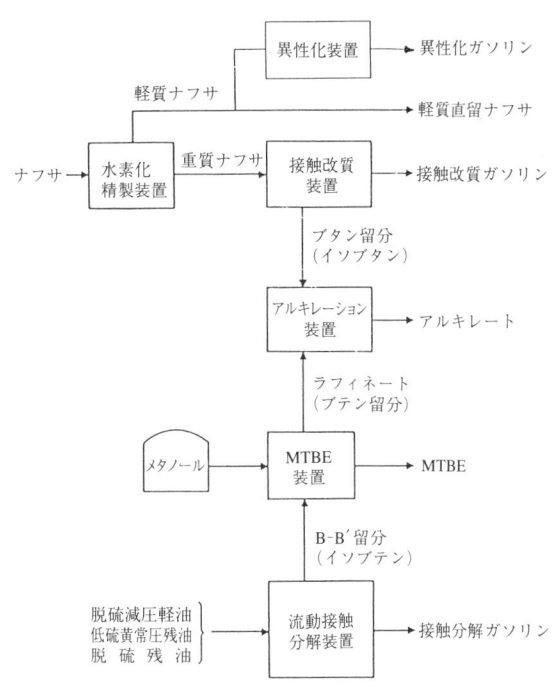

図5.3.1 ガソリン製造装置の関連図[1]

接触改質法で使用される触媒は，初期には白金，パラジウム－アルミナ系であったが，現在では白金粒子の凝集を防止し，触媒の活性を長期間にわたり維持できる第二金属（レニウム，ゲルマニウムなど）を併用したバイメタル触媒が主流となっている．

反応温度は通常470～540℃の範囲である．反応圧力は従来2.9～4.9 MPa程度であったが，バイメタル

表5.3.1 ガソリン基材の種類と特徴[1]

		軽質直留ナフサ	接触改質ガソリン	接触分解ガソリン	アルキレート	異性化ガソリン	MTBE
沸点範囲	(℃)	40～100	30～180	30～180	50～150	30～90	55
オクタン価	RON	65～70	95～102	90～93	94～96	82～90	118
	MON	63～68	84～89	78～80	90～94	80～88	101
炭化水素組成(vol%)							
	飽和分	95～98	30～50	25～40	100	100	0
	オレフィン分	0	0	40～50	0	0	0
	芳香族分	2～5	50～70	20～25	0	0	0
ガソリン基材としての特徴		・オクタン価が低く軽質留分のため混合割合が制限される	・芳香族分が多くオクタン価が高い ・軽質分よりも重質分のオクタン価が高く分離して使用する場合がある	・オレフィン分が多い ・重質分よりも軽質分のオクタン価が高く分離して使用する場合がある	・中質留分が主体の飽和成分でありセンシティビティが小さい	・軽質留分でオクタン価はそれほど高くない	・軽質であるがオクタン価がたいへん高い ・酸素分を約18wt%含む

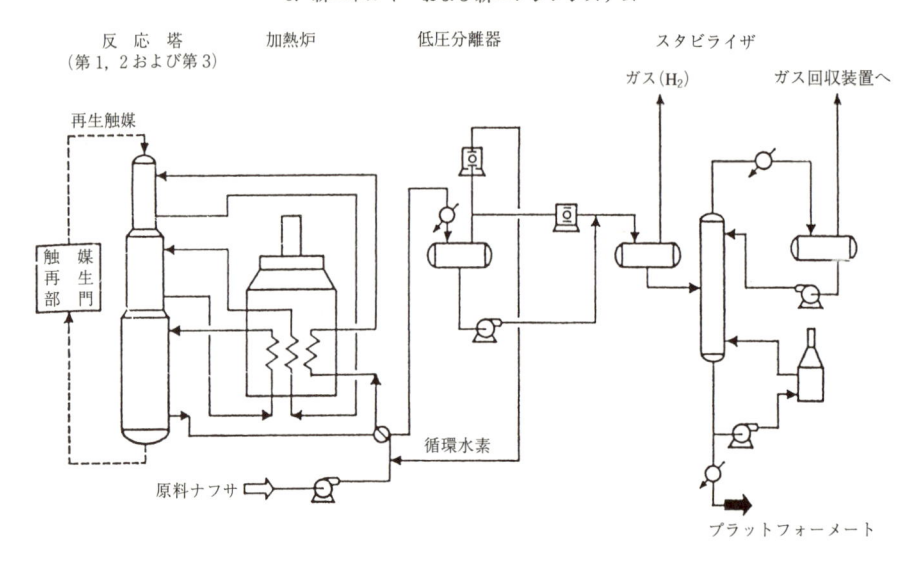

図5.3.2 連続再生式プラットフォーミング法工程図[2]

触媒の開発により，0.3〜1.5 MPa程度の低圧で反応を行わせることも可能になった．この低圧プロセスは従来の高圧プロセスに比較して，オクタン価の高い改質ガソリンおよび水素ガスを高収率で得ることができる．通常，改質ガソリンの目標オクタン価はRON 95〜102程度で運転され，ガソリン収率は60〜80 vol%，副生するLPG収率は5〜15 vol%である．

接触改質プロセスは触媒の再生方式により，半再生式，サイクリック再生式および連続再生式に分けられる．前二者には固定床式の反応塔，後者には移動床式の反応塔が用いられる．最近では，低圧運転でも触媒活性を一定に保ち安定な運転ができる，移動床の連続再生式が主流となっている．連続再生式（CCR式：Continuous Catalyst Regeneration式）プラットフォーミング装置の系統を図5.3.2[2]に示す．この反応塔はスタック状に積み重ねられており，第3反応塔の塔底部から触媒再生塔へきわめて少量の触媒を一定流量で連続的に移動させて再生し，再生触媒は第1反応塔の塔頂に戻される．

b. 流動接触分解ガソリン

流動接触分解法（FCC：Fluid Catalytic Cracking）は，減圧軽油あるいは常圧残油などの重質留分を原料とし，微粒子状の固体酸触媒を用いて分解反応を選択的に行わせる方法であり，ガソリン製造法として前述の接触改質とともに主流をなす方法である．触媒上では1次反応として炭素-炭素結合の切断による分解反応が起こり，さらに2次反応として水素移動，異性化，環化，重合などの複雑な副反応が起こる．

運転条件は反応温度470〜570℃，再生温度620〜760℃程度である．製品油の収率は原料性状および運転条件の選択によりかなりの幅があるが，分解ガソリン40〜70 vol%，分解軽油（LCO）15〜45 vol%，ブタン，ブテン留分5〜15 vol%，プロパン，プロピレン留分5〜10 vol%，コーク収率5〜10 wt%程度である．接触分解ガソリンのオクタン価はRONで90〜93程度であり，低沸点留分は側鎖を有するオレフィン，イソパラフィンが多く，高沸点留分は比較的芳香族分が多い．LPG留分はオレフィン分に富んでいるためアルキレート，MTBEなどの高オクタン価ガソリン基材の原料として重要である．反応塔で生成されるコークは触媒上に付着しその活性を低下させるため，触媒を再生塔に循環しコークを燃焼除去して活性を回復させる．燃焼によって高温となった触媒は反応塔に戻され循環使用される．この反応塔と再生塔の触媒循環が流動状態で行われる．

FCC用触媒としては，流動特性に優れていること，分解反応の活性と製品の選択性が高いこと，原料中の金属分の沈積による活性低下が少ないこと，再生時の高温に耐えられることなどの性能が要求され，現在ではゼオライト系の固体酸触媒が広く用いられている．

FCC装置は原料油により減圧軽油FCCと残油FCCに大別される．従来，残油はFCCの原料油として不

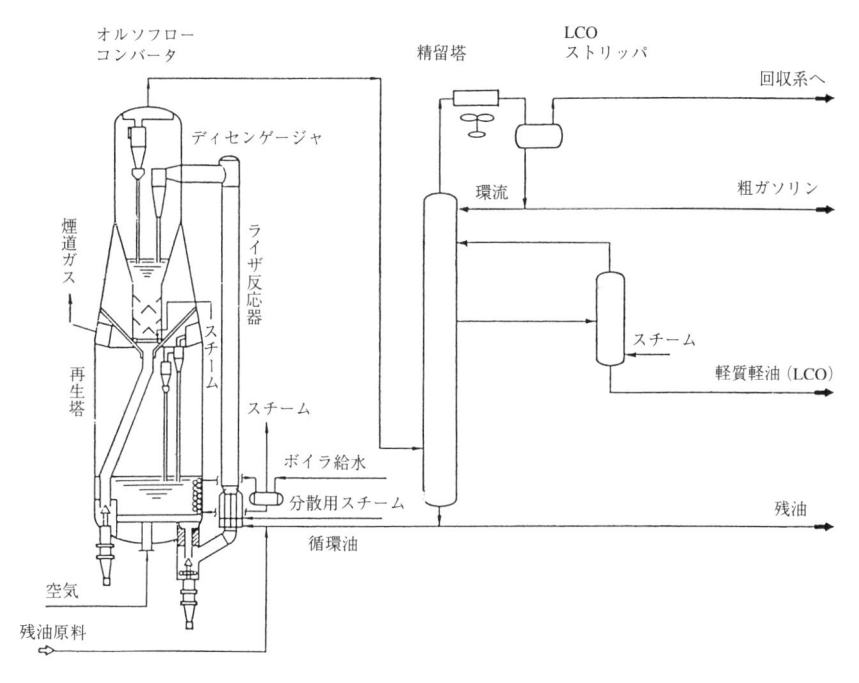

図 5.3.3 残油 FCC（HOC 法）工程図 [3]

適当とされてきたが，重質油の余剰，軽質油の不足という最近の情勢から残油を軽質化する目的で残油 FCC 装置の導入が進められている．残油を FCC で処理する場合の最も大きな問題は，原料中のアスファルテン分と金属分（Ni，V，Fe）による影響である．アスファルテン分を多く含む残油は減圧軽油に比べてコーク生成量がかなり多くなるため，図 5.3.3[3] の残油 FCC 装置のように再生塔でスチームを発生させて冷却を行ったり，あるいは再生塔を 2 段式にするなどの新しい技術が実用化されている．また，原料油の金属分が多いと触媒活性を維持するための触媒補給量が多量となるので，残油の前処理として高圧の直接脱硫装置を置くことで脱金属を行い，原料油の制約をかなり緩和できる．わが国ではほとんどの FCC 装置で反応性の向上，製品品質の向上および排出ガス浄化のため，原料油を水素化精製装置で前処理している．

c. MTBE

MTBE（Methyl Tertiary-Butyl Ether）は芳香族分やオレフィン分を含まず，酸素分を約 18 wt% 含有していること，および沸点が 55℃ と比較的低いにもかかわらず，オクタン価が RON で 118，MON で 101 とたいへん高いことが特徴である．わが国では 1991 年から MTBE のガソリンへの調合が 7 vol% まで認められるようになり，プレミアムガソリンの 50% 以上に高オクタン価基材として使用されている．またアメリカでは大気汚染防止のための含酸素基材として MTBE が広く使用されている．

MTBE の合成反応は非常に選択的であり，イソブテンとメタノールのみが下記のように反応するため，FCC 装置からのブタン，ブテン留分の混合物をそのまま MTBE 装置に供給できる．

$$\underset{\text{(イソブテン)}}{\overset{\overset{CH_3}{|}}{\underset{\underset{CH_3}{|}}{C}}=CH_2} + \underset{\text{(メタノール)}}{CH_3OH} \longrightarrow \underset{\text{(MTBE)}}{\overset{\overset{CH_3}{|}}{CH_3-O-\underset{\underset{CH_3}{|}}{C}-CH_3}}$$

MTBE 装置の系統図の一例を図 5.3.4[4] に示す．触媒には強酸性イオン交換樹脂が使われており，原料中にアンモニア，アミンなどの不純物が含まれると活性が著しく低下するため，原料のブタン，ブテン留分はまず水洗塔で不純物が除かれる．次にメタノールと混合され，反応温度 50～70℃，反応圧力 0.9～1.1 MPa の条件で固定床タイプの第 1 反応塔，続いて反応蒸留塔に入る．そこで反応と蒸留が効率的に行われ，最終

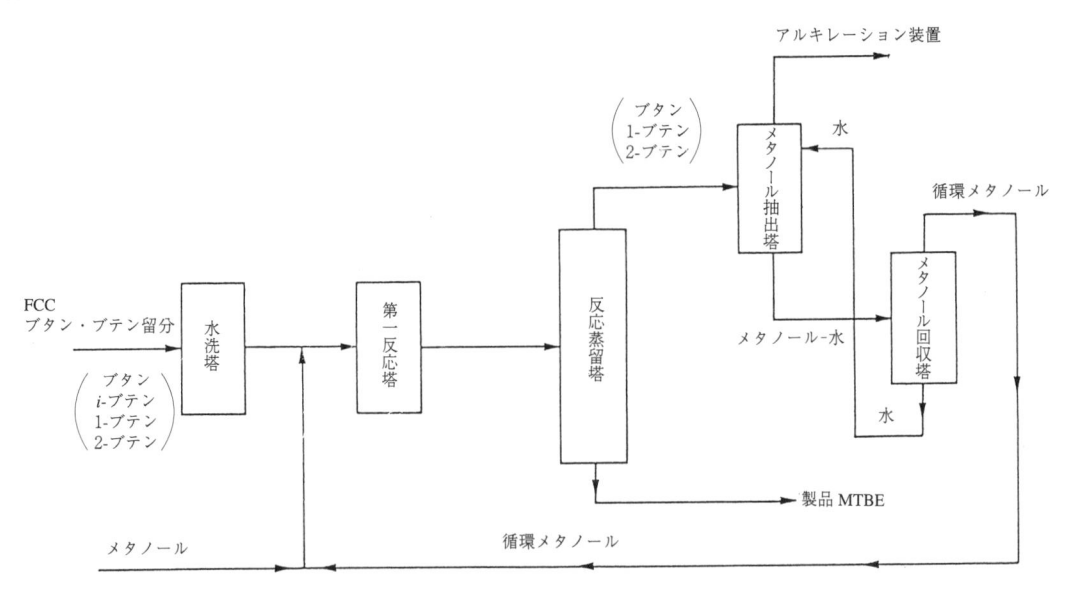

図 5.3.4 MTBE 製造法（CDTEC 法）の系統図[4]

的にイソブテンの約 96％が MTBE に転化されて，塔底から製品として抜き出される．

d. アルキレート

アルキレートは，FCC 装置から生成する軽質オレフィン（ブテンなど）と接触改質装置や常圧蒸留装置からのイソブタンを主原料にして生成される．成分は C_7 および C_8 のイソパラフィンが主体で，芳香族やオレフィン分を含んでいないことに加え，オクタン価は RON が 94〜96，MON が 90〜94 とセンシティビティ（RON と MON の差）が小さいことが特徴である．酸触媒としては 96〜98％の硫酸あるいは，85〜90％のフッ化水素を用いるが，安全性の面では硫酸法が優れているため，国内に建設されたアルキレーション装置はすべて硫酸法が採用されている．

e. 異性化ガソリン

異性化法は水素化精製された直留軽質ナフサ（C_5，C_6 留分主体）を原料とし，直鎖パラフィンを側鎖のある異性体に転化する方法である．反応は白金触媒を用いて水素加圧下で行われ，100〜200℃で行う低温法と 200〜500℃で行う高温法がある．異性化ガソリンは芳香族分，オレフィン分を含まないガソリン基材であるが，オクタン価は RON で 82〜90 程度と比較的低い．

5.3.2 深度脱硫軽油の製造

軽油の脱硫は水素加圧下で Co-Mo，Ni-Mo 系の触媒を用いて行われるが，軽油留分中には図 5.3.5[5] に示すような種々のタイプの硫黄化合物が含まれておりそれぞれ水素化脱硫の反応性が異なる．脱硫反応のむずかしい化合物の順位は概略下記のようになる．

- チオール類＜スルフィド類＜チオフェン類
- 二環チオフェン＜三環チオフェン＜四環チオフェン（反応性が最も低い）

一般に重質留分になるほど脱硫のむずかしい硫黄化合物が増加し，また脱硫の程度が深くなるほど脱硫のむ

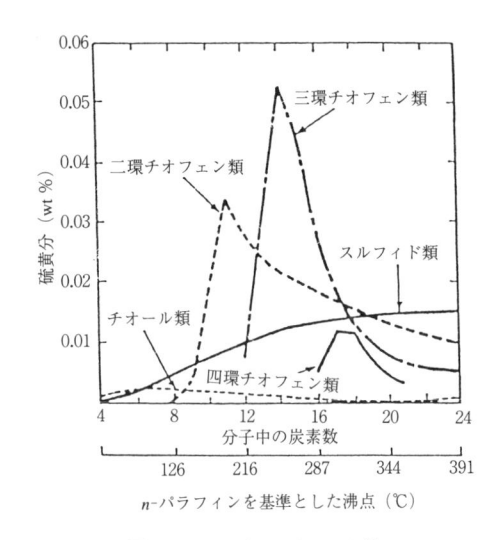

図 5.3.5 原油中の硫黄分布[5]

ずかしい硫黄化合物が残存する傾向にある.

したがって,軽油中の硫黄分を 0.05% まで低減するためには,硫黄分 0.5% 規格をベースに設計された 2.0〜3.9 MPa 程度の比較的低い水素分圧の脱硫装置では対応ができなくなり,既設脱硫装置の増強に加え,高圧タイプの脱硫装置の建設が必要となる.

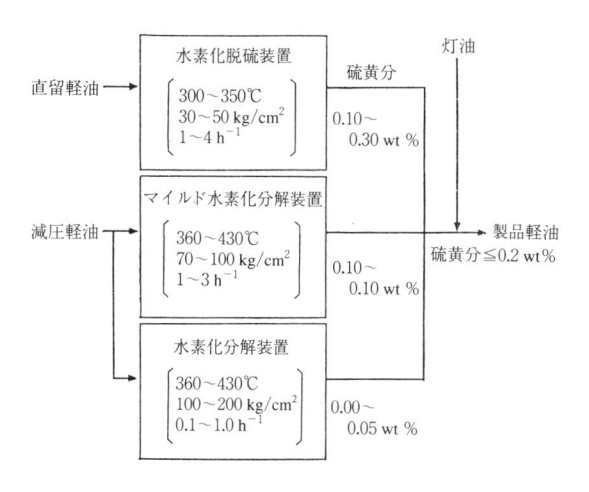

図 5.3.6 硫黄分 0.2% 軽油の製造方法[6]

硫黄分 0.2% 軽油の代表的な製造方法を図 5.3.6[6]に示す.おもな軽油基材としては,原油を蒸留して得られる硫黄分 0.8〜1.6% の直留軽油を水素化脱硫して,硫黄分を 0.1〜0.3% とした直留脱硫軽油,減圧軽油を水素化分解して得られる硫黄分 0.0〜0.1% の水素化分解軽油および低温性能を確保するために必要な粗灯油がある.これに対して,図 5.3.7[6]に示す硫黄分 0.05% 軽油の製造では,基材の大部分を占める直留軽油の深度脱硫に加え,灯油基材でさえも水素化脱硫する必要が生じる.

深度脱硫を効率的に達成するためにプロセスおよび

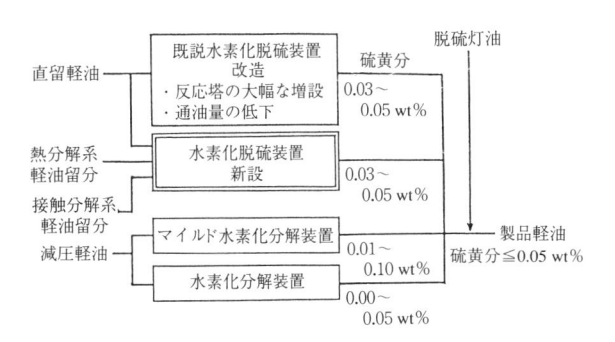

図 5.3.7 硫黄分 0.05% 軽油の製造方法[6]

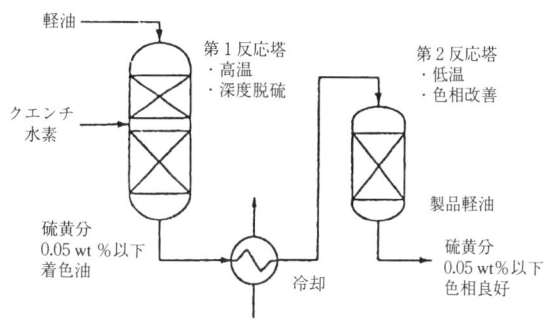

図 5.3.8 軽油の 2 段深度脱硫法の系統図[7]

触媒の両面から改良が行われている.その一例として 2 段式深度脱硫法の概要を図 5.3.8[7]に示す.この装置では硫黄分を低減する高温の第 1 反応塔の後に,色相改善のための低温の第 2 反応塔が付設されており,機能を分けることで触媒効率と運転フレキシビリティの向上が図られている.

［小俣達雄］

参考文献
1) 石川典明:ガソリン製造装置,日石レビュー,Vol.36, No.1, p.21(1994)
2) 石油学会編:新石油精製プロセス,p.93,幸書房(1986)
3) 石油学会編:新石油精製プロセス,p.76,幸書房(1986)
4) 古沢貴和:MTBE 装置,日石レビュー,Vol.35, No.1, p.63(1993)
5) R.L.Martin, et al.: Anal. Chem., Vol.37, p.644(1965)
6) 畑山 実:二段深度脱硫法による軽油の品質改善,第 20 回石油製品討論会(石油学会),p.99(1993)
7) 牛尾 賢ほか:軽油の二段深度脱硫法,ペトロテック,Vol.17, No.8, p.63(1994)

5.4 代替燃料エンジン[1〜3]

5.4.1 天然ガスエンジン[2]

a. 性状と特質

天然ガスの性質を表5.4.1に示す．エンジンへの利用面からみた特質を整理すると，下記のようになる．

- 天然ガスはメタン（CH_4）を主成分とし炭素量の少ない炭化水素燃料である．
- メタンの沸点は-162℃で常温では気体である．常温で液体であるガソリンなどとは自動車燃料としての可搬性の面で差異がある（図5.4.1）．
- オクタン価は比較的高く（RON：120〜136），セタン価は低い（おおむねゼロレベル）．
- 炭素量の割合が低いので，発熱量当たりのCO_2の排出量は比較的少ない．
- 排出ガスのオゾン生成に関係する光化学反応性は低い．
- 燃料系統の部品材料の耐腐食性・劣化性などの材料特性はガソリン並みである．

b. 利用技術の種類と特徴

天然ガスの利用技術はCNG（圧縮天然ガス：気体）とLNG（液体）とに大別でき，それぞれの手法の概要を表5.4.2に示す．

c. CNGエンジン

(i) 軽量車用・CNG/ガソリン・バイフューエル法 この方式は，市場で利用されている既存のガソ

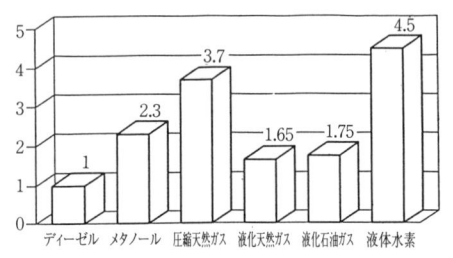

(a) 天然ガスの可搬性（単位エネルギー当たりの燃料容積の比較）

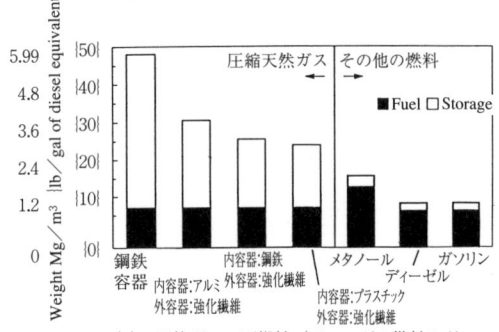

(b) 天然ガスの可搬性（ディーゼル燃料1ガロン$<3.78\times10^{-3}m^3>$相当のCNG重量と容器重量

図5.4.1

表5.4.1 天然ガスの性状

	天然ガス CH_4	ガソリン（平均値）
密度（ガス状，kg/Nm^3）	0.718	5.093*
密度（液体，kg/l）	0.425	0.74
低発熱量（MJ/kg）|kcal/kg|	49.8 |11 900|	44.4 |10 600|
同　上　対ガソリン比	1.12	1.00
低発熱量（液体，MJ/l |kcal/l| ）	21.2 |5 060|	32.7 |7 800|
同　上　対ガソリン比	0.65	1.00
理論空燃比（重量）	17.2	14.9
理論空燃比（ガス体積）	9.55	59
理論混合気の発熱量（MJ/Nm^3）|kcal/Nm^3|	3.39 |810|	3.77 |900|
同　上　対ガソリン比	0.90	1.00
理論空気量当たり発熱量（MJ/Nm^3）|kcal/Nm^3|	3.74 |894|	3.83 |916|
同　上　対ガソリン比	0.98	1.00
沸点（0℃，1気圧，℃）	-162	100*
気化熱（沸点，MJ/kg |kcal/kg| ）	0.51 |122|	0.28 |68|*
気化熱（MJ/kg |kcal/発熱量10^{-3}| ）	0.04 |10.3|	0.03 |6.4|
自発火温度（大気中，℃）	650	500（軽油340）
点火限界燃料体積比（%）	5.3〜15	1.2〜6
点火限界当量比（ϕ）	0.65〜1.6	0.7〜3.5
オクタン価（RON）	120〜136	90〜100
セタン価	概ねゼロレベル	概ねゼロレベル

＊イソオクタンの値

5.4 代替燃料エンジン

表 5.4.2 天然ガスの利用技術

燃料の利用法	利用技術の区分		特徴		
	ベースエンジン(サイクル)	方式	混合気の特性	燃料の供給方法	着火・燃焼方式
C N G	○ガソリンエンジンベース，オットーサイクル	1. バイフューエル(CNG/ガソリン)	予混合気	ボンベ，減圧弁，ミキサなどによるマニホールドへの供給	火花点火
		2. 専用方式(CNG)	同 上	同上，インジェクタによるマニホールドへの供給	同 上
	○ディーゼルエンジンベース，オットーサイクル	3. 専用，予混合，火花点火方式 ○三元触媒方式 ○リーンバーン方式	理論混合比の予混合気($\lambda=1.0$)	同 上	同 上
			希薄の予混合気($\lambda=1.4\sim1.6$)	同 上	同 上
		4. 専用，DI・火花点火(DISC)	ガス状噴霧，不均一混合気	ボンベ，減圧弁，ガス噴射弁によるシリンダ内直接噴射	同 上
	○ディーゼルサイクル	5. デュアル CNG/軽油，フュミゲーション方式	CNG の予混合気+軽油噴霧	予混合気：1~3と同一軽油：直接噴射	圧縮着火
		6. デュアル，DI	ガス状噴霧+軽油噴霧	CNG：4と同一軽油：直接噴射	同 上
		7. 専用，DI，圧縮・熱面着火(グロー)	ガス状噴霧，不均一混合気	4と同一，ボンベ，減圧弁，ガス噴射弁による直接噴射	圧縮・熱面着火
L N G		8. 専用，予混合，火花点火	予混合気	LNG タンク，熱交換器，吸脱着装置，低圧インジェクタによるマニホールド噴射	火花点火
		9. 専用，DI 方式	ガス状噴霧	LNG タンク，熱交換器，吸脱着装置，高圧インジェクタによる直接噴射	火花点火+圧縮・熱面着火

リン車をベースに CNG エンジンキットを用いて，CNG 車に改造して用いる方法である．この方式は，CNG あるいはガソリンのいずれの燃料も使用できる点が特徴であり，ガソリンエンジンの燃料供給系を残した状態で，CNG ボンベ，減圧弁，混合器(ミキサ)，空燃比の制御装置などの CNG 供給系を付加する方式である．

イタリア，ニュージーランド，アルゼンチンなどでおおむね 100 万台近い CNG 車が，現在利用されているが，その多くは，LD バイフューエル車である．

(ii) 軽量車用・CNG 専用法 この方式は，天然ガスの性状を生かし，燃焼系，排気系の最適化を図ったエンジンである．バイフューエル法では，圧縮比，触媒コンバータなどは変更せず，ガソリン仕様がそのまま用いられる．天然ガスはオクタン価が高いので，圧縮比を高めれば，熱効率のみならず出力の改善もできる．触媒コンバータも，ガソリンと排気組成が異なるので，メタン浄化に最適な触媒コンバータの開発が必要となる．図 5.4.2 に LD 専用車の開発例，排出ガス特性を示す．

この方式は，最近では，アメリカカリフォルニア・

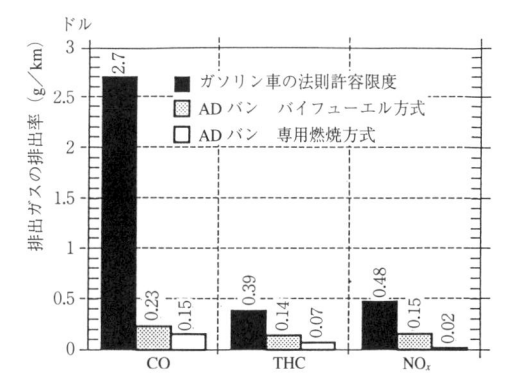

図 5.4.2 LD CNG 専用車の排出ガスの初期特性
(東京ガス/日産社)

ローエミッションビークル(LEV)をねらいとした開発(ホンダ，大宇自動車)も進められている．

(iii) 重量車用・CNG デュアルフューエル法 デュアルフューエル法は，市場に現存する多数のディーゼル車を対象にしたレトロフィット型の利用技術である．スモークパティキュレートの低域，軽油の節約が図れる点が最大の長所である．エンジンの改造は，小規模の範囲でなされるので，改造・製造コストが比

較的少なくてすむ点も第2の長所である．ただし，NO_x，CO，HC の排出ガス清浄性は，後述の三元触媒（TWC）方式，リーンバーン方式に比べ劣る．この手法は，TNO，M.Benz 社，Caterpillar 社，Ortech/DDC 社，GAFCOR 社などで開発が試みられた．

（ⅳ）**重量車用・CNG 予混合・火花点火・三元触媒（TWC）法**　ディーゼル車の HD の分野を対象とした CNG 専用利用技術としては，予混合・火花点火・三元触媒法とリーンバーン法とがある．この 2 種は最も広く利用されている利用技術である．

TWC 法は，最も高い排出ガスの清浄性，とくに NO_x の浄化が期待できる点が長所である．コストパフォーマンス，熱効率（燃費率）および耐久性はリーンバーン法に比べやや劣る．

TWC 法のガスの供給方法としては，アナログ方式とディジタル方式とがあり，前者は，混合器（ミキサ）方式とメカニカルな方式（絞り弁）とに分けられる．ミキサ方式はいわゆるキャブレタ方式で，ベンチュリを流れる空気量の増減，負圧の変化に応じ，ガス流量をアナログ的に流量調整する方法である．メカニカルな方法は，空気とガスの流量を絞り弁型の流量調節弁で，メカニカルな機構で連動させ，一定の流量比，空燃比になるようコントロールする方法である．ディジタル方式はガソリンエンジンの噴射方式と同様，インジェクタの噴射期間を電子的にコントロールし，ガスの流量調整を行い，理論混合比 $\lambda=1.0$ 近傍に制御する方法である．

メカニカルな方法は，オランダのガス事業者ガス・ユニ社によって開発された．噴射方式は Ortech 社，オークランド/ユニサービス社，Volvo 社および JARI などで開発が試みられた．現状では実用化の手段としては，ミキサ方式が多く用いられている．ミキサ方式でも設定空燃比 $\lambda=1.0$ に対する微量なガス流量の調節は，O_2 センサとマイクロプロセッサのフィードバックコントロール機構によってなされる．図5.4.3に，TWC・ミキサ方式の開発例を示す．

TWC 方式の開発は，このほか，M.Benz 社，Ricardo/Saab-Scania 社，JGA/JARI，いすゞ/東京ガス，マツダ社，Iveco 社/TNO などで試みられている．

（ⅴ）**重量車用・CNG 予混合・火花点火・リーンバーン法**　天然ガスはガス状なので，混合気の形成がしやすく，極希薄域までのリーンバーンが可能である．リーンバーンにより熱効率の改善，NO_x の低減，熱負荷軽減による耐久性向上が期待できる．これはこの手法の第 1 の長所といえる．第 2 の長所はシステムの簡素化が図られることから，コストパフォーマンスの改善が期待できる点である．高度の電子制御システム，触媒コンバータなどを必ずしも必要としない．NO_x などの排出ガスの清浄性は TWC 法に比べ劣る．この点はこの手法の短所である．

燃料供給装置は，TWC 法と基本的には同一のシステムが用いられる．リーンバーン方式でもミキサ方式が多く用いられている．図5.4.4にエンジンシステム

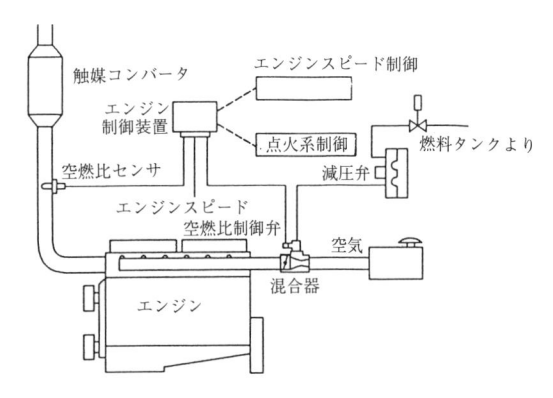

図5.4.3　HD, CNG 予混合・火花点火, ミキサ・TWC 方式の開発例（TNO／Deltec 社）

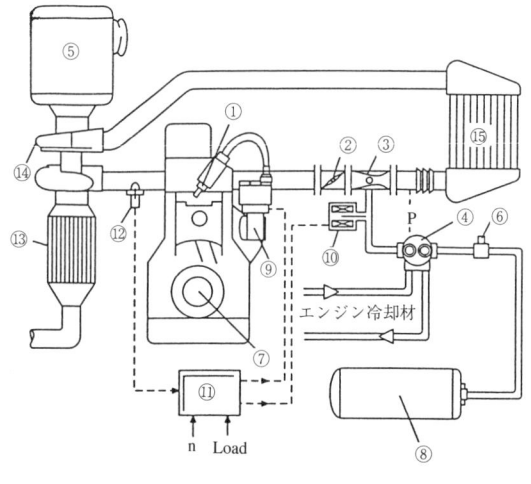

①スパークプラグ　⑥ガス遮断弁　⑪電子制御
②絞り弁　　　　　⑦ガスエンジン　⑫ラムダセンサ装置
③混合器　　　　　⑧ガスタンク　　⑬酸化触媒
④減圧弁　　　　　⑨点火システム　⑭ターボチャージャ
⑤エアフィルタ　　⑩ラムダ弁　　　⑮空気式クーラ

図5.4.4　リーンバーン方式のエンジンシステムの構成（M. Benz 社）

の一般的な構成を示す．

リーンバーンのコンセプトは，熱効率の向上，NO_xなどの低減，燃焼のサイクル変動を抑え，車の運転性，ドライバビリティの確保および熱負荷を軽減し，耐久性向上とコスト低減を図ることである．

開発研究は，TNO/Deltec社，SWRI，Ricardo Cummins社，M.Benz社，Caterpillar社，Volvo社，GACOF社，日産ディーゼル社，JGA/JARI，AVLなどで試みられている．

(vi) 重量車用・CNG，直接噴射 (DI) 法 高圧ボンベに充填されている圧縮天然ガスを高圧のまま，シリンダ内に直接供給できれば，ガスの容積過大に起因する容積効率，吸入効率の低下もより少なく，出力改善のメリットを引き出すことができる．またDIにより良好な層状給気（プラグ近傍がリッチで，逐次リーン）が形成できれば，均質リーンに比べ，プラグ近傍の局部混合比はよりリッチになり，火炎核の初期発達は改善される．そうして，火炎の初期発達の良否に強く依存するシリンダ全体の火炎伝播特性は大幅に向上する．結果として，サイクルの等容度の改善などにより熱効率の改善が図られる．

池上ら（京都大学）によって，油圧駆動ガス噴射弁によるDI，グロープラグ熱面着火方式が試みられ，DI方式の可能性（燃焼安定性）と燃費改善の課題（ディーゼルに比べ低い）などが示された．

このほかDI法は，SWRI，DDC，JARIおよび福谷ら（職能開発大学校），T.Krepecら（Concordia大学）で研究開発が進められている．

図5.4.5にDDC社の高圧ガス噴射弁の開発例を示す．

d．LNGエンジン

LNGエンジンは大きく2種に分類される．一つはLNGフィードポンプを備えない自然吸入方式であり，他はフィードポンプを備え，強制的に燃料の供給制御ができる強制供給方式である．前者は主としてLD用に，後者はHD用に用いられる．自然吸入方式は，

図5.4.5 HD CNG，直接噴射弁の開発例（DDC社）

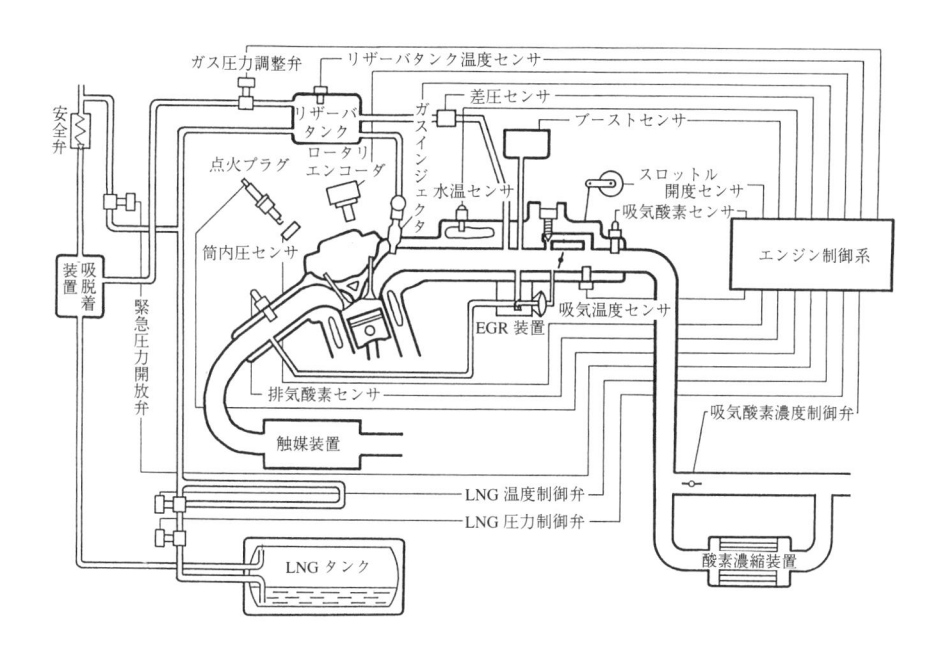

図5.4.6 LD LNG マニホールド噴射・火花点火方式エンジンの開発例（JARI）

LNG断熱容器に外部から流入する熱に応じ，タンク内のLNGの一部が気化し，圧力増加が生じ，その自然に生ずる圧力差により，ガスをエンジンに供給する方法である．強制方式は，LNGタンク内にLNGフィードポンプを装着し，負荷に応じ，LNG量をコントロールして，エンジンに供給する方法である．以上の燃料供給系以外の燃焼系，排気系のシステムはCNGエンジンと類似な仕様のシステムが用いられる．

(i) 軽量車用・LNGエンジン 図5.4.6にJARIの開発例を示す．ガソリン乗用車の53年規制値をクリヤしかつ，燃費もガソリン車に比べ，おおむね30%の向上が可能であったが，LNGタンクの性能換失率は5～7.8%/日と大きく，今後の課題として残された．

(ii) HD LNGエンジン HD LNGエンジンは，HD CNGエンジンの航続距離性の短所を補う方策の一つとして，アメリカおよびオーストラリアなどで関心がもたれている方式である．

HD LNG法には，LNG専用方式とLNG/軽油のデュアルフューエル方式とがある．現在，下記に示す各種のR&D，デモンストレーション計画，およびフリートテストが実施されている．

- ヒューストン交通局バスデモンストレーション（デュアルフューエル，専用）
- メリーランド交通局バスデモンストレーション
- カリフォルニア SCAQMD HD トラックデモンストレーション
- ロサンゼルス空港（LAX）プロジェクト
- アトランタ BFI ゴミ収集トラックデモンストレーション
- オーストラリア シドニー APPIN HD 石炭運搬トラックデモンストレーション（デュアルフューエル）

表5.4.3 NGV '94会議における開発成果の発表とNGVエンジン技術の動向

燃料	ベースエンジン（サイクル）	利用技術の種類 方式			R&D, FS Ⅰ.基礎研究（単シリンダテスト）	Ⅱ.応用・開発研究（エンジンシステム，車両システム）
C N G	・オットーサイクル	1. バイフューエル（CNG/ガソリン）				Ⓕ
		2. 専用方式（CNG） TLEV並み仕様			⑩	⊗, Ⓣ, Ⓕ, Ⓝ, Ⓗ, Ⓜ, ⊖, Ⓐ
		ULEV仕様				㉒, ㉖, ㉘
	・ディーゼルエンジンベース（オットーサイクル）	3. 予混合火花点火	TWC	ミキサー仕様	⑧	⊗, ⑤
				噴射仕様		▫
			Lean.B	ミキサー仕様	④	⊗, ②, ⑥, ⑦, ⑬, ⑲
				噴射仕様 副室		⊗, ⑨, ⑪, ⊠
				単一		
	・ディーゼルサイクル	4. DI火花点火（DISC）				Ⓙ, Ⓐ
		5. デュアル，PI軽油圧縮着火				⊗, ⑳
		6. デュアル，DI軽油圧縮着火				
		7. DI，NG圧縮・熱面着火				
L N G	・オットーサイクル	8. 専用方式				Ⓙ, ⊗
	・ディーゼルエンジン	9. 専用方式 デュアル方式			①	

（注） Ⓢ：SNAM, Ⓜ：M.Benz, Ⓐ：Atlanta Gas, △：Consumers Gas, Ⓒ：CHRYSLER, Ⓖ：GM, Ⓑ：BHP Engr, Ⓘ：IVECO, Ⓒ：GDC(NZ, Ⓤ：オークランド大/ユニサービス, Ⓣ：TFS社, Ⓕ：GDF, ⊖：三菱自工, Ⓣ：トヨタ, Ⓝ：ニッサン, Ⓗ：ホンダ, Ⓜ：マツダ, Ⓡ：FORD, Ⓙ：JARI, Ⓦ：STEWART&STEVENSON, ⊗：JGA/JARI, Ⓕ：ORTECH/GFI, Ⓖ：SAGASCO, Ⓐ：AGL, Ⓣ：東京ガス, 1）：鉄道用　注：記号は上記のR&D, FSの場所を示す．数字はNGVのフリート＆生産台数を表す.
◐：SWRI/Hercules, ▶：Hercules, ◆：TNO, ⊠：Ortech, ⊙：SWRI/Cummins, ◎：DDC, ▫：GM, △：Cummins/LIO, ▽：

1994年10月，カナダ，トロント市において，天然ガス自動車に関する第4回の国際会議が開催された．同会議に発表された研究開発成果[4]と，内外におけるNGVエンジン技術の動向[1~3]をとりまとめて，表5.4.3に示す．

5.4.2 含酸素燃料エンジン

a. メタノール・エタノールエンジン[1~3]

（i）性状と特質 メタノール・エタノールエンジンが期待されるゆえんを求めると下記となる．

- 自動車用燃料としての第一要件としての可搬性を有すること．
- 常温で液体であるので，従来のレシプロエンジン技術の多くが活用可能であること．
- メタノールは天然ガス，石炭から，エタノールは砂糖きび，とうもろこしなどのバイオマスなどから製造でき，将来の石油代替燃料として優れた資源性を有すること．
- すすが発生しないなどクリーンな燃料であること．

表5.4.4に示す性状から，以下に示す特徴が類推できる．

- C_1，C_2 の単一成分系の含酸素燃料である．
- オクタン価は比較的高く，セタン価が小さい．
- 気化潜熱が比較的大きい．
- 燃焼性は比較的よい（燃焼速度）．
- 低沸点分を含有しないため，低温始動が困難となる．
- O_2 の含有割合（50 wt%）だけ，単位重量当たりの発熱量は小さくなり，航続距離は半減する．
- メタノールは金属，樹脂，ゴム類に対して強い材料腐食・膨潤・劣化性を有する．エタノールはより弱い．

（ii）利用技術の種類とR&D，FSの結果 上述の燃料の特性を生かし，各種の利用技術の研究開発が試みられている．それらの利用技術を整理，分類し，メタノールについて，それぞれのR&D，フィジビリティスタディ（FS）の現状を概観すると，表5.4.5のようになる．

第1次オイルショック以降，現在まで20年以上にわたる内外のR&D，FSの結果，表5.4.5を踏まえ，総合的視点から，とくにメタノールエンジンについてメリット，デメリットを論じてみると，下記となる．

- 第1の長所は，現在の車社会に提起されている3種の技術課題，地域・都市型の環境問題，代替エネルギー問題，地球温暖化問題に対応できる技術的ポテンシャルを有している点にある．
- 第2の長所は，常温で液体であり，自動車用燃料としての第1要件，可搬性を有していること．一般需要家，ユーザ，ドライバの自動車に対する充足度を十分に満たしうる動力性能などを備えていること．$0.5 l$程度の小排気量から$20 l$程度の大排気量まで，乗用ならびに貨物用などあらゆる用途に使用可能であること．すなわち自動車の利用技術として，使いやすく，用途が広い．
- 短所の一つは，車社会への輸送手段としての耐久性，信頼性確立に時間を要する点である．すなわち，現状の利用技術は，種別により差異はあるものの，おおむねいまだ熟成度が不足しており，

表 5.4.4 メタノール燃料の性状

性　　状	単　　位	メタノール	エタノール	オクタン(ガソリン)
分　子　式		CH_3OH	C_2H_5OH	C_8H_{18}
モル質量	g/mol	32	46	114
密　度 (20℃)	kg/l	0.795	0.790	0.692
炭　　素	wt%	37.5	52.0	84.0
水　　素	wt%	12.5	13.0	16.0
酸　　素	wt%	50.5	35.0	0
理論空燃比	kg air/kg fuel	6.45	9.0	15.1
低位発熱量	kJ/kg	20 092	26 791	44 372
	{kcal/kg}	{4 800}	{6 400}	{10 600}
発熱量(Stoich.)	kJ/kg air	3 114	2 976	2 939
	{kcal/kg air}	{744}	{711}	{702}
発熱量(Stoich.)	kJ/kg mix	2 696	2 679	2 754
	{kcal/kg mix}	{644}	{640}	{658}
気化潜熱	kJ/kg fuel	1 101	862	297
	{kcal/kg fuel}	{263}	{206}	{71}
気化潜熱(Stoich.)	kJ/kg mix	149	86.2	18.4
	{kcal/kg mix}	{35.5}	{20.6}	{4.4}
リサーチオクタン価		106	106	100 (84〜94)
モータオクタン価		92	89	100 (76〜83)
セタン価		3	8	12
沸　　点	℃	64.7	78.3	125.7
凝　固　点	℃	−97.8	−114	−57
蒸気圧(Reid, 37.8℃)	bar	0.37	0.20	0.155 (0.6〜0.9)
発火温度	℃	470	420	240 (456)
燃焼下限界	vol%	6.7	4.3	(1.4)
燃焼上限界	vol%	36	19	(7.4)
層流燃焼速度(大気圧, 常温)	cm/s	52		(38)

車社会の輸送手段として耐久性，信頼性は必ずしも十分でない．メタノール車は，燃料系，燃焼系などの部品材料の耐メタノール材への全面的変更が不可欠であり，耐メタノール材，部品の耐久性への構築には，広い範囲と長い年月を必要とするためである．

- メタノール自動車の車社会への導入速度は，上述の利用技術面のフィジィビリティのみならず，燃料価格，インフラの整備状態などに依存する．

(iii) 21世紀に向かっての将来型利用技術 将来型代替エネルギーエンジンは，下記の要件を満たさなければならない．

- 地域・都市型の環境問題への解決手段として有用であること．
- エネルギー問題，代替エネルギー問題への解決手段としても有用であること．
- 地球規模の環境問題，CO_2 などの温暖化問題への解決手段としても有用であること．
- 一般需要家が，ビークルとして期待する基本的要件，動力性能，運転性，燃料経済性および耐久性・信頼性を備えていること．

● **LDビークル** 現在まで開発されてきたLDオットータイプエンジンで，上述の要件を満たすには，① −30℃までの低温始動性の確保，② カリフォルニア州，ウルトラローエミッションビークル(ULEV) 並みの排出ガス清浄性の達成，③ ディーゼルエンジン並みの熱効率の改善を図る必要がある．

以上の要件を満たしうるコンセプトとして図5.4.7に示すメタノール直接噴射グローアシスト方式のアプローチがある．すでに FEV/VW 車 AVL などで開発が試みられている．

● **HDビークル** アメリカ98年度排出ガス規制値をクリアし，ディーゼルエンジン並みの高い熱効率を期待できるアプローチとして4サイクルオートイグニション方式がある．この方式は，スパークアシスト方式，グローアシスト方式に比べ，熱効率の改善ができ，ディーゼルエンジン並みを達成できること，NO_x 低域が図られることなどがわかる．またグロープラグ(始動時)の使用頻度の低下により，プラグの耐久性の向上も期待できる．

表5.4.5 メタノール燃料の利用技術のR&D, FSの現状[4]

主目的	利用技術		R&Dのステップ			
			Ⅰ 基礎研究 (エンジンベンチテスト)	Ⅱ 応用研究 (エンジンダイナモテスト)	Ⅲ 開発研究 (シャシダイナモテスト)	Ⅳ プロトタイプ車,フリートテスト
ガソリン代替 (オットータイプ)	ニート・高濃度利用法	予混合・火花点火(均質)法				BMFT (VW, M.Benz など:425台), MITI/PEC/JARI(8メーカ*:32台), DOE(20), BOA(300), MFV(159), Ford(506), GM(11)
		層状給気法 (PI, DI)	Hokkaido U., Ford, Porsch	JARI	FEV/VW, AVL	
		改質法	Waseda U., RIT, Toyota, U. of Wisconsin, U. of Texas, Tokyo U. of A & T-Fuji Heavy Industries	Nissan, SERI, JARI, VW		
	その他	FFV法				Ford, GM, VW, Volvo, Nissan, Toyota, MMC など(数千台)
ディーゼル燃料代替 (ディーゼルタイプ)	フュミゲーション法	キャブレタ仕様 噴射仕様	Nihon U., U. of Wisconsin, Richardo, SWRI M. Benz, Volvo, Cummins, Hokkaido U.			
	ニート・高濃度利用法 (二燃料噴射法)	2ポンプ・2インジェクション法 {渦室 予室 単室}	Hokkaido U, JARI, SWRI, Aachen TH		MWM	JARI Volvo Aachen TH-KHD
		2ポンプ・1インジェクション法		Isuzu		MITI/PEC/JARI(Toyota)
	ニート・高濃度強制着火法	直噴・火花点火(スパークアシスト)法,直噴・グロー熱面着火(グローアシスト)法 予混合・火花点火(ガスエンジン)法 直噴・圧縮着火(オートイグニション)法	KAST			Caterpillar, Navistar, KHD, MAN(12), MFV/Komatsu(40), JARI, MITI/PEC/JARI (4自動車メーカ**) M.Benz (10), DDC(477)
	改質法	ニート法 フュミゲーション法		JARI Kogakuin U.-Komatsu		
	その他	セタン価向上剤添加法	Shell, M.Benz(Brazil), Volvo			MILE(Cummins), CEC(DDC)

* Nissan, Toyota, MMC, Honda, Isuzu, Fuji Heavy Industries, Daihatsu and Mazda.
** Hino, MMC, Nissan-Diesel, Isuzu.

b. 植物油エンジン

ディーゼルエンジン用石油代替燃料として,10%前後の酸素含有率をもつ植物油が候補の一つとなっている.期待されるゆえんは下記の点である.

- セタン価が比較的大きいこと.
- バイオマスフューエルであること,再生可能燃料であり,地球温暖化防止方策としての可能性をもつこと.
- 利用技術として,動粘度の調整を行えば,ほかに技術的課題が比較的少ないこと.
- 動粘度の調節は,エステル化,加熱,混合使用により,比較的容易に対応可能であること.
- 食用油として使用済の回収油の再利用は,河川・湖の汚染防止,資源のリサイクルの視点から有用であること

などである.

植物油としては,パーム油,なたね油,大豆油,紅花油,ひまわり油,ピーナツ油,綿実油などが候補となっている.

表5.4.6に示す植物油を対象に,動粘度を軽油並みに調整(加温)すれば,出力および燃費性能に大きな差異は生じないが,長時間使用の性能については,図5.4.8に示すように,差異を生ずる.

長期にわたるエンジン性能を確保するためには,ノズルの詰まり,ピストンランド,ピストンリングに付着するカーボンデポジットの生成がより少ない植物油

表 5.4.6 植物油（綿実油，ピーナツ油，大豆油，ひまわり油）と動粘度

植物油[a]	粘度 C(cSt)			動粘度 CH_2O 15.6℃		
	20	40	100	20	40	100
C/CSO	76.44	34.89	8.03	0.92204	0.90889	0.86992
R/CSO	70.38	32.56	7.65	0.92286	0.91001	0.87154
RBD/CSO	75.23	34.25	7.91	0.92419	0.91040	0.87199
C/PNO	80.02	36.33	8.20	0.92363	0.90591	0.86872
R/PNO	82.27	37.16	8.37	0.91962	0.91292	0.87340
RBD/PNO	82.79	37.38	8.43	0.91450	0.90159	0.87256
C/SBO	65.80	32.23	7.66	0.91546	0.90198	0.86658
DG/SBO	66.46	31.28	7.57	0.91469	0.90182	0.86355
R/SBO	64.26	30.55	7.47	0.92054	0.90878	0.86842
H/SBO	—[b]	37.54	8.38	0.91671	0.90288	0.86803
C/SNO	65.70	30.96	7.55	0.92545	0.90867	0.86974
R/SNO	64.66	30.69	7.52	0.92078	0.90785	0.86935
DW/SNO	64.78	30.61	7.53	0.92230	0.90747	0.87042
RBD/SNO	67.08	31.67	7.67	0.92165	0.90747	0.86902

[a] C = crude ; R = refined ; RBD = refined, bleached and deodorized ; DG = degummed ; H = hydrogenated ; DW = dewaxed ; CSO = cottonseed oil ; PNO = peanut oil ; SBO = soybean oil ; SNO = sunflower oil.
[b] Below cloud point.

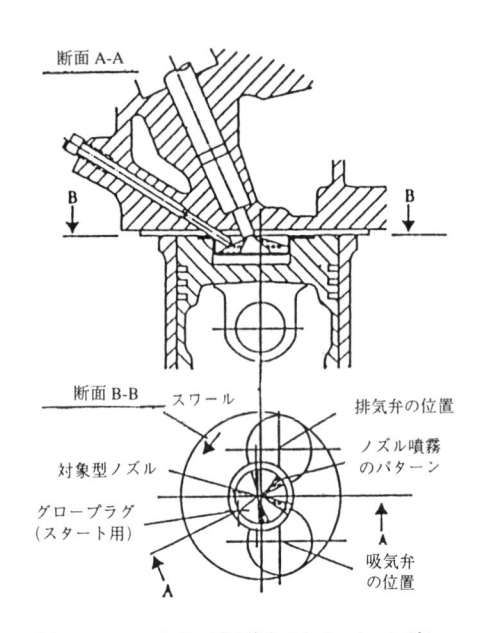

図 5.4.7 LD 直噴・圧縮着火メタノールエンジンの開発例（AVL）

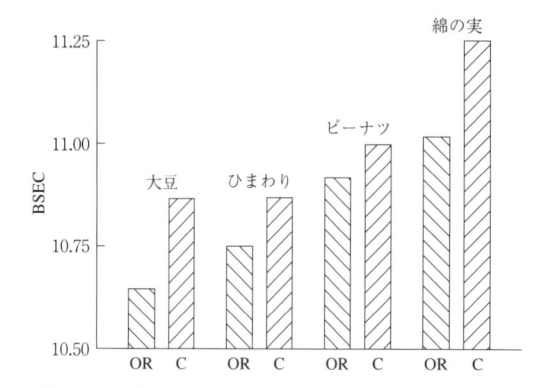

図 5.4.8 植物油の精製の有無が DI エンジンのエネルギー消費率・耐久性能に及ぼす影響

の性状が望まれる．

植物油の性状の中で，これらエンジンの耐久性に関係する因子は，動粘度などの物理的因子だけでなく，ガム質の生成に関係する化学的因子である．

植物油を軽油と比較した場合の差異は，植物油の不飽和度である．植物油の場合，高い不飽和度が，酸化，自由ラジカルを形成し，ガム成分の形成を誘導する酸化重合が起こりやすくなる．このガムが燃焼室あるいはノズルチップ部でのカーボンデポジットやピストンリングでのスティックなどの原因になると考えられる．ガム質の除去，精製処理などの対策が不可欠である．

5.4.3 水素エンジン[2)]

a. 性状と特質

表 5.4.7 に性状を示す．性状からみた特質を整理すると，下記となる．

- 沸点が －252.8℃ であり，常温では気体で，可搬性に難点がある．従来のレシプロエンジン技術は，そのままでは利用できない．
- 可搬性を確保するため，水素エンジン独自の技術，燃料供給系の技術開発が不可欠である．

5.4 代替燃料エンジン

表 5.4.7 水素燃料の性状

		水素 H_2	ガソリン近似 C_8H_{18}	比 H_2/C_8H_{18}
比重：気体	(293 K, 大気圧)	0.0838×10^{-3}	4.74×10^{-3}	0.018
液体	(20 K, 大気圧)	0.071	0.702	0.10
理論混合気の燃料濃度	(体)	0.296	0.0165	17.9
	(重)	0.0284	0.06	0.45
理論空燃比	(重)	34.2	15.0	2.28
低位発熱量	(MJ/kg)	120	44.6	2.69
理論混合気の発熱量	(MJ/kmol)	71.6	83.9	0.85
理論空気当たりの発熱量	(MJ/kmol)	101.7	85.3	1.19
点火希薄限濃度	(体%)	4	1.2	3.3
点火希薄限濃度	λ	10	1.33	7.5
最小点火エネルギー	(MJ)	0.02	0.25	0.08
自発火温度	(大気圧)(K)	850	770, 軽油620	1.19
拡散係数	(cm^2/s)	0.63	0.08	8

- 単位重量当たりの発熱量は，ガソリンの 2.7 倍，単位容積当たりの発熱量は 1/20 であり，ガソリンエンジンと大幅に異なるので，独自の燃焼技術の開発を必要とする．
- 点火エネルギーはガソリンの 1/13 と小さく，点火しやすい．すなわち火炎伝播特性は優れており，火花点火エンジンにおいては，リーンバーンが可能となる．反面自己着火温度は高く，圧縮着火エンジンには不向きの燃料である．
- 極希薄の混合気でも，最小点火エネルギーは小さいので，何らかの点火源が存在すると，異常燃焼を起こしやすい．
- C を含有しない理想的なクリーンフューエルである．
- 金属などの材料影響は，炭化水素燃料と異なる．

b. 利用技術の種類と R&D の状況

水素エンジンの成否のポイントは，可搬性を補うための貯蔵運搬技術，すなわち燃料供給系の技術の開発にある．この技術課題を解決するために，内外で下記の利用技術の開発が試みられている．

- メタルハイドライド（MH 法）（金属水素化物法）
- 液体水素（LH$_2$）法
- 高圧ボンベ法

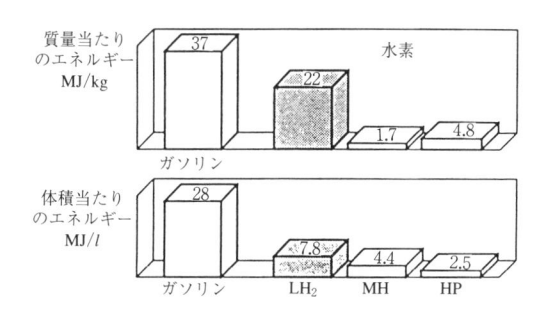

図 5.4.9 水素燃料の利用技術と貯蔵エネルギー密度
（LH$_2$：液体水素，MH：メタルハイドライド，HP：高圧容器）

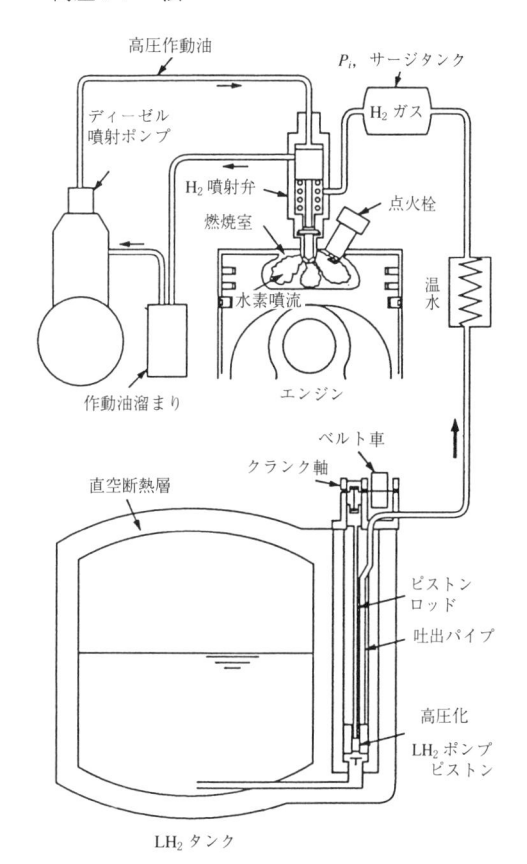

図 5.4.10 液体水素エンジンの開発例
（武蔵工大/日産社：武蔵 8 号）

(i) **MH法** これは，MgNi，LaNi$_5$，TiFe などの水素吸蔵合金を利用し，水素ガスを化学的に吸着させ貯蔵する方法である．貯蔵能力（密度）は1.86～0.82 wt%である．加圧・冷却すると吸着，貯蔵でき，エンジンに供給する際には，減圧，加熱する．この手法はシステム全体の安全性が確保でき，優れている点に特徴がある．短所は，100 kgの金属に2 kg未満の水素しか貯蔵できないという貯蔵密度が小さい点にある（図5.4.9）．

MHに関しては，M.Benz社，BROOK-HEVEN社，BILLINGS社，工業技術院機械技術研究所およびマツダ社などで開発が試みられた．

(ii) **LH$_2$法** この方法は水素をガス化させないで，液体のままの状態で断熱容器に収めて用いる方法である．この特徴はMH法に比べ，重量負担が小さいこと，図5.4.9に示すように，エネルギー密度が大きいことにある．

また液状の状態で，LNGタンクから直接くみあげ，高圧でシリンダ内に直接噴射すれば，比出力特性の改善も期待できる．大きな技術課題は下記の2点である．

- 断熱容器を用いなければならないこと，-252.8℃の断熱性の確保は難度の高い技術である．
- -252.8℃の水素を断熱容器から，ポンプアップするには，高度の低温工学技術を必要とする．

LH$_2$法については，UCLAアラマス研究所，ドイツの航空宇宙研究所（DFVLR），BMW社および武蔵工業大学などにおいて開発が進められている．武蔵工業大学においては，1975年以降から現在の武蔵9号まで各種のLH$_2$車の開発が試みられた．図5.4.10に武蔵8号の開発例を示す．

(iii) **高圧ボンベ法** MH法と同様，高圧ボンベの重量負担が大きいため，図5.4.9に示すように，貯蔵エネルギー密度は低い．現在まで，系統的開発は試みられていない．今後，FRPなどの軽量ボンベの開発が進展すれば，このアプローチも見直される．

5.4.4 LPGエンジン

LPGエンジンは，以前より，内外においてタクシーなどの用途に広く用いられてきた．

昨今，アメリカにおいては，オゾンなどの地域都市型環境問題への対応策の一環として，LPGも，メタノール，天然ガスなどと同様，クリーンフューエル候補として位置づけられた．日本においても，資源エネルギー庁総合エネルギー調査会石油代替エネルギー部会は，HD LPGエンジン車を，大都市におけるNO$_x$・粒子状物質などの環境改善に資する方策として，クリーンエネルギー自動車候補として，位置づけた．

現在，各社[5]で開発が進められ，市場に導入されている． ［金　榮吉］

参考文献

1) 金　榮吉：21世紀に疾駆する新型原動機車，自動車技術，Vol.49, No.1(1995)
2) 遠藤，金，古浜，金山：新エネルギー自動車，p.59-151，東京，山海堂(1995)
3) 金　榮吉：クリーン代替燃料エンジン・車の開発動向，機械の研究，Vol.45, No.8, p.7(1993.8)
4) Proc. of 4th International Symposium on NGV & Exhibitions, Tront(1993.10)
5) 石見治美ほか：マツダ技報，No.13, p.53(1995)

5.5 電気自動車

5.5.1 電気自動車の概要

電気自動車とはエネルギー源として電力を使用し，車両に搭載された電池の電気エネルギーにより，電動モータを作動させ，その駆動力で走行する車両である．

低公害車のなかでも走行中に排気ガスを全く出さない最もクリーンな車であるが，その普及は進んでいない．

電気自動車の普及を阻害している大きな要因は性能と価格である．

性能面についていえば，とくに一充電走行距離の制約が大きな普及阻害要因となっており，限られた用途の使用にとどまっている．現在，わが国の電気自動車普及台数は軽自動車を中心に約2 000台，車両構造は価格面からガソリン車の改造車が主流である．

車両価格はガソリン車の約2～3倍，都市内一充電走行距離性能はおよそ60～200 kmである．表5.5.1[1)]に実用電気自動車の諸元を示す．

一方，アメリカでは新大気浄化法が制定され，とくに自動車および燃料について厳しい立法処置がとられている．カリフォルニア州では2003年より，10％のZEV（ゼロエミッションビークル：排気ガスを全く出さない車）の販売義務がメーカに課せられるとともに，そのための種々の導入促進政策が総合的に打ち出されている．

ヨーロッパでもフランスを中心に電気自動車の普及促進政策がとられ，世界中で電気自動車の開発機運が高まっている．

5.5.2 電気自動車用電池

電気自動車の一充電走行距離性能の大部分が電池性能に依存している．

現在，電気自動車に搭載されている電池の多くは鉛電池である．鉛電池は低エネルギー密度の弱点をもちながらも，コスト，信頼性，安全性などの面で現在，最も実用的な電池であり，鉛電池に代わる実用的な新しい電池の出現にはもう暫くの期間が必要と思われる．

現在，電気自動車用として開発が進められ期待されている電池の概要を表5.5.2に示す．

高性能電池の代表的な開発プロジェクトとしては，アメリカのビッグ3，電力会社，連邦政府が出資し，1991年に設立されたアメリカのUSABC（US Advanced Battery Consortium）があげられる．

中・長期の目標を掲げて，ニッケル・水素電池など数種類の高性能電池に絞って莫大な開発資金が投入されている．

わが国では，通産省工業技術院の指導のもとに1992年度に「リチウム電池電力貯蔵技術研究組合」（LIBES）が設立され，電力貯蔵用の長寿命型と並行して電気自動車用などの高エネルギー密度型電池の開発研究が行われている．

表5.5.3にUSABC，LIBES電池開発のおもな目標値を示す．

a. 鉛電池

現在，電気自動車に最も数多く使用されているが，その多くが開放型（液式）である．補水作業の煩わしさが使用者の負担になり，また電池不具合の要因にもなっており，密閉化（シール型電池）が最優先の課題として各社で開発が進められた結果，実用電気自動車においても一部採用を始めている．

シール型鉛電池の基本構成は，流動液を有する開放型と同じであるが，負極板での酸素ガス吸収反応を円滑に行わせて水の消失を防ぐよう，種々の工夫がされている．

この電池の課題は，開放型より劣るエネルギー密度，寿命の向上にある．

b. ニッケル・カドミウム電池

正極にオキシ水酸化ニッケル（NiOOH），負極にカドミウム（Cd），電解液に水酸化カリウム水溶液を用いた電池であり，発明以来90年の歴史をもつ電池である．高率充放電特性が良好，また密閉電池であるため，取扱いが容易で，多くの用途に適合できる電池である．

① 鉛電池よりも高エネルギー密度
② 低温の大電流放電特性が優れている
③ 放電状態で長期放置しても容量回復が可能

などの特徴から，ヨーロッパの低温地域を中心に実用されている．

課題としては，メモリ効果の低減，高温下での充電効率の向上，自己放電の低減，リサイクルシステムの確立などがある．

c. ニッケル・水素電池

正極にオキシ水酸化ニッケルを，負極に水素吸蔵合金に貯蔵した水素を用いた電池であり，ポータブル機

表 5.5.1 実用電気自動車の諸元例[1]

			トヨタ RAV4L EV ECA10G	三菱リベロ R-CD2VLNJ7(改)	日産プレーリージョイ EV E-PM11(改)	スズキアルト EV V-HC11V(改)	ダイハツハイジェットバン V-S140V(改)	スバルサンバー EV クラシック V-KV3(改)
主要寸法	車種		小型乗用車	小型乗用車	小型ボンネットバン	ボンネットバン	軽キャブバン	軽キャブバン
	全長	(m)	3 565	4 270	4 545	3 295	3 295	3 295
	全幅	(m)	1 695	1 680	1 690	1 395	1 395	1 395
	全高	(m)	1 620	1 460	1 695	1 400	1 855	1 885
質量	空車重量	(kg)	1 460	1 710	1 690	845	1 320	1 350
	最大積載量	(kg)	—	—	100	100(0)	200(100)	200(100)
	乗車人員	(人)	4	4	4	2(4)	2(4)	2(4)
	車両総重量	(kg)	1 680	1 930	2 010	1 105(1 115)	1 630(1 640)	1 660(1 670)
性能	最高速度	(km/h)	125	130	120	105	85	90
	登坂能力 tan θ	(度)	0.25	0.38	0.38	0.35(19°17′)	0.32(17°44′)	0.41(24°46′)
	最少旋回半径	(m)	5.2	5.1	5.6	4.4	3.8	3.9
	一充電走行距離 40km/h定速走行時	(km)	215	165	—	90	130	150
	平均都市内走行時	(km)	—	75	(10・15モード)200以上	(10・15モード)55	上記の約50%	
原動機	種類		永久磁石式同期型電動機	交流誘導モータ	ネオジウム磁石同期型	DCブラシレス	直流分巻	直流直巻
	定格出力・電圧・時間	(kW・V・h)	20・288・1	20・240・1	62-345・1	15・120・1	14・112・1	14.66・120・1
	制御方式		トランジスタインバータ	トランジスタインバータ	PWMベクトル制御	IGBTインバータ	トランジスタチョッパ	MOS・FETチョッパ
タイヤ	前輪		195/80R16 97S	165R14-6PRLT	195/65R15	145R12-6PRLT	145R12-8PRLT	145R12-6PRLT
	後輪		195/80R16 97S	165R14-6PRLT	195/65R15	145R12-6PRLT	145R12-8PRLT	145R12-6PRLT
電池	主電池 種類・電圧		シール型ニッケル水素電池	鉛電池・E75A	リチウムイオン	シール型鉛電池・SEV60	鉛電池・ED150A	シール型鉛電池・SEV150
	容量 (Ah・HR・V)		95/5-12	75/5-12	100/3-28.8	30/3-12	150/5-12	150/5-12
	積載個数	(個)	24	20	12(96セル)	10	10	10
	総電圧	(V)	288	240	345	120	120	120
	補助電池 型式・電圧		46B24R-12	34B19R-12	80D26-12	28B17L-12	Y T60-S4NL-12	26B17-12
充電装置	設置形式		車載型	車載型(別置型も使用可)	別置型	別置型	車載型	携帯型
	充電方式		コンダクティブ	コンダクティブ	インダクティブ	コンダクティブ	コンダクティブ	コンダクティブ
	充電制御方式		定電流自動充電	定電流定電圧自動充電	定電力多段定電流	2段定電流自動充電	2段定電流自動充電	2段定電流自動充電
	交流入力電源相数・電圧・電流 (φ・V・A)		1・200・30	1・200・30	1・200-30	1・200・20	1・200・60 1・200・30	1・200・30
	最長充電時間(急速充電)	(h)	8	8	5	8	8(1)	8

5.5 電気自動車

表5.5.2 電気自動車用電池の概要

電池の種類		構成 ⊕/電解液/⊖ 電圧	理論 Wh/kg	エネルギー密度 実用 Wh/kg, Wh/l		出力密度 実用 W/kg, W/l		寿命（サイクル）		開発の課題
				現状	将来	現状	将来	現状	将来	
鉛	開放	PbO₂/H₂SO₄/Pb 2.0 V	170	38 / 70	40 / 80	150 / 280	200 / 400	500～1 000	500～1 000	・エネルギー密度向上 ・長寿命化 ・低コスト
	密閉			35 / 65	38 / 75	300 / 750	300 / 750	350	500～800	
ニッケル・カドミウム		NiOOH/KOH/Cd 1.2 V	240	55 / 110	60 / 130	220 / 370	250 / 380	500	1 000<	・低コスト ・高温性能向上
ニッケル・水素		NiOOH/KOH/M·H 1.2 V	280	60 / 150	70 / 160	240 / 430	280 / 450	1 000	1 000<	・低コスト ・大型化密閉型
常温リチウム		たとえば 3.7 V LiCoO₂/有機液/Li	410	— / —	120 / 240	— / —	100 / 200	—	500<	・安全性 ・大型化
リチウムイオン		たとえば 3.7 V LiCoO/有機液/C LiCoO₂	580	100 / 200	150 / 230	300 / 360	300< / 360<	500	1 000	・安全性 ・低コスト
ナトリウム・硫黄		S/βアルミナ/Na 1.8 V	780	100 / 140	120 / 170	120 / 170	200 / 300	500	1 000<	・低コスト ・βアルミナ改善 ・断熱性向上 ・安全性確立

表5.5.3 USABC，LIBES 電池開発のおもな目標性能

	USABC		LIBES	
	中期	長期	長寿命型	高エネルギー密度型
重量エネルギー密度 (Wh/kg)	80～100	200	120	180
体積エネルギー密度 (Wh/l)	135	300	240	360
重量出力密度 (W/kg)	150～200	400	—	—
体積出力密度 (W/l)	250	600	—	—
サイクル寿命 (回)	600	1 000	3 500	500
目標価格 (ドル/kWh)	150 以下	100 以下	—	—
エネルギー変換効率 (%)	—	—	90 以上	85 以上

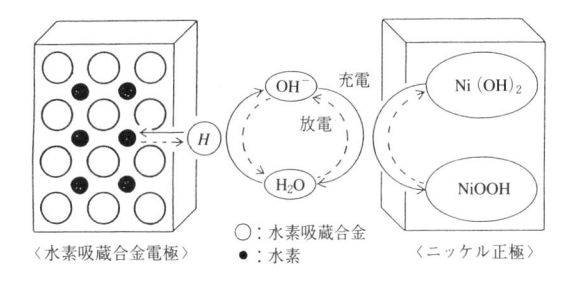

図5.5.1 ニッケル水素電池の作動原理

器用電源として近年実用化された新しい電池系である．
① ニッケルカドミウム電池よりも高エネルギー密度化が可能である
② サイクル寿命に優れる
③ カドミフリーである
などの特徴をもち，電気自動車にとっては当面最も期待されている電池である．

正極と負極のアルカリ電解液中での充放電反応は，充電時には水素が正極から負極へ，放電時にはその逆に移動するだけで，電解液の増減を伴わない．

電池の密閉化は負極の容量を正極のそれより十分大きくして，過充電時に正極から発生する酸素ガスを極板上で吸収することにより実現している．

作動原理を図5.5.1に示す．

d．ナトリウム・硫黄電池

300～350℃で作動する高温型の2次電池であり，溶融ナトリウムを負極活物質，溶融硫黄を正極活物質として使用し，電解質としてはナトリウムイオン伝導性を有するβ-アルミナの固体電解質が用いられている．

放電時が発熱反応，充電時が吸熱反応になる．したがって，放電中には内部抵抗によるジュール熱と合わせて発熱量が多く，実際の組電池は保温のために断熱容器に収納されているが，大電流放電の場合冷却が必要になることが多い．

電気自動車用として開発されたナトリウム・硫黄電

池のエネルギー密度は鉛の2.5倍の性能を有している.
また,電池内ではナトリウムイオンの移動以外の電気反応がないので,効率が高い,材料資源的に問題がないなどの利点があるが,高温作動であるため,高温制御用のエネルギーが必要,また断熱や危険物質を使用しているため,破損時の安全対策,熱ストレスに対する固体電解質の長寿命化などの課題がある.

e. リチウムイオン電池[4,5]

高性能1次電池として広く用いられているリチウム電池のほかに,最近になりビデオカメラなどの電子機器用電池としてリチウムイオン2次電池が市場に出現している.

リチウムイオン電池は負極に炭素を用い,リチウムイオン導電体である非プロトン性有機溶媒にリチウム塩を溶解して電解液とリチウムイオンを可逆的に電気的に出し入れできる正極活物質とで構成される.

この電池は高エネルギー密度を有するので,電気自動車,電力貯蔵などの電源として有望であるとして研究開発が進められている.

わが国の電気自動車用への適用を想定したリチウムイオン2次電池の研究開発は,前述のLIBESにおいて1992年度から本格的に着手され,2001年度に20~30 kWh級で,鉛電池の4倍強の高エネルギー密度の電池が試験運転される計画である.

リチウムイオン電池を開発・実用化するためには,正極・負極・電解質材料などの高容量化,長寿命化や安全性向上などの技術開発が重要である.

作動原理を図5.5.2に示す.

f. 燃料電池

燃料電池は,天然ガス,メタノールナフサなどの燃料を改質して得られる水素と空気中の酸素から電気エネルギーを得る装置であり,反応生成物は水のみであるというエネルギー変換装置である.

燃料電池は,使用される電解質の種類により,リン酸型(PAFC),溶融炭酸塩型(MCFC),固体電解質型(SOFC),固体高分子型(PEMFC),アルカリ型(AFC)などがある.

電気自動車の動力用としては作動温度の低いPAFC・AFC・PEMFCなどで出力5~80 kW級システムで開発評価が進められている.

いずれも開発過程にあり,経済性・信頼性の課題が残されている.

PEMFCはイオン導電性のある高分子膜を電解質とした固体のみで構成される燃料電池であり,出力密度が高いこと,低温で作動するなどの特徴があるが,これまではコストなどの理由から用途が限定されていたが,最近になって,イオン交換膜を用いた燃料電池の出現により,出力密度が向上し,また白金触媒の使用量の低減の可能性も示された[2].

こうした技術的ブレークスルーにより,発電用の電源のみならず,電気自動車などの移動用電源としても活用できるとの期待が高まりつつある.

燃料電池は出力密度が低いため,電気自動車に搭載する場合は,別の電池を組み合わせたハイブリッド型になると考えられる.

g. その他の電池

その他の電池として,ナトリウム・金属塩化物電池,アルミニウム・空気電池などの高エネルギー密度をもつ電池が研究開発されている.いずれも効率の向上,コストの低減,車両搭載を考えた信頼性や使用性の確認などの課題がある.

また,実用電気自動車の電池とは異なるが,太陽電池はもっぱらソーラーカーの電源として話題を提供している.

太陽電池は,表5.5.4[3]に示すように使用する半導体材料により,シリコン太陽電池と化合物半導体太陽電池に大別される.

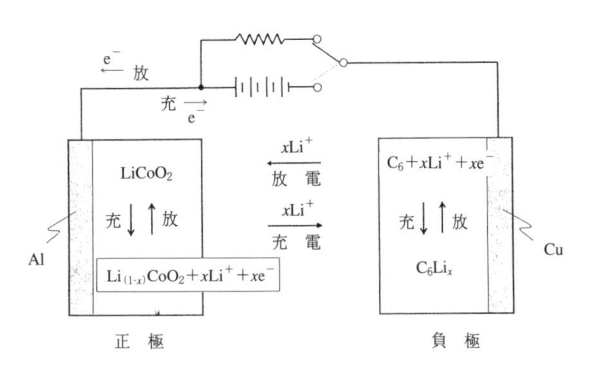

図5.5.2 リチウム電池の作動原理

表5.5.4 太陽電池の種類[3]

太陽電池の種類		構成元素	変換効率(%)
シリコン太陽電池	結晶系	単結晶 Si	18~23
		多結晶 Si	15~17
	アモルファス系	a-Si, a-SiC	11~13
化合物半導体太陽電池	Ⅲ-Ⅴ族系	GaAs, InP	18~24
	Ⅱ-Ⅵ族系	CdS, CdTe	10~15
	Ⅰ-Ⅲ-Ⅵ$_2$族系	CuInSe$_2$	11~16

いずれも，変換効率の向上とコスト低減が大きな課題である．

㎡当たりの出力に限界があり，実用電気自動車の出力電源としては期待できず，充電補完用としての活用が考えられる．

5.5.3 電気自動車用モータ
a. モータの分類

電気自動車に採用例のあるモータについて分類した例を図5.5.3に示す．

直流モータは界磁巻線の接続方式により，直巻型と分巻型に分類される．

交流モータは誘導機（非同期型）と同期型に分類され，いずれも最近開発された車両で採用例が多い．同期型モータは，最近注目されているDCブラシレスモータ（永久磁石式同期モータ）が含まれる．

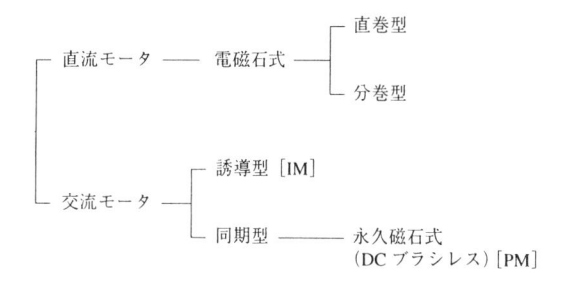

図5.5.3 電気自動車用モータの分類例

b. 直流モータ

直流モータは直流電源をそのまま利用でき，トルク制御が容易で，かつ少ない電力素子数で安価に構成できるため，現時点では実用電気自動車用として数多く採用されている．

モータ単体としては熟成された感があり，最近では技術改善報告例は少ない．

電気自動車に用いられる直流モータは，直巻，分巻の2種類に分類される．

- 分巻型モータ：負荷変動による電機子電流変化に対する界磁電流への影響は少なく，回転速度変動は発生しにくい．また，界磁電流を変化させることで回転速度範囲を広げたり，速度制御が容易にできる特徴をもつ．
- 直巻型モータ：起動時のトルクは大きくとれるが，電機子の回転上昇とともにトルクが低下する．

また，電機子電流がそのまま界磁巻線を通るので，電流が低下すると界磁磁束も小さくなり，回転速度が上昇する特性をもつため，無負荷運転には適さない．

c. 交流モータ

(ⅰ) **誘導モータ** 高速演算素子（マイコン）や大電力スイッチング素子の実用化により，速度制御や低負荷領域の効率改善が実現可能となってきたため電気自動車用として見直されている．

とくに，モータ価格の安さにより，インバータ用電力素子の価格低下が進むことで今後普及していくことが期待される．

このモータの発生トルクは，回転子導体の誘導電流と磁束の積に比例し，この誘導電流は磁束に比例することにより，磁束（回転磁束用電流）の2乗に比例するという電気自動車用としては使いやすい特性をもっている．

出力特性例を，図5.5.4に示す．

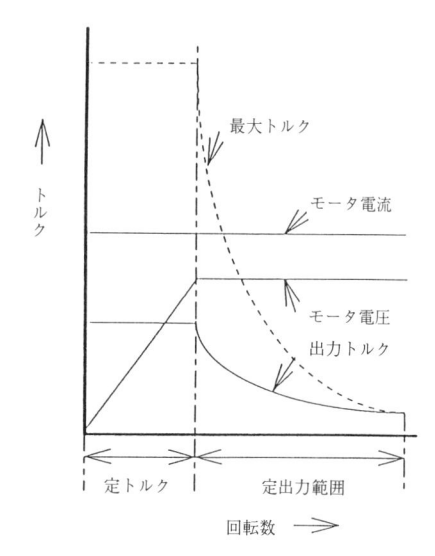

図5.5.4 誘導モータの出力特性例

[技術動向] モータ本体の改善もあるが，前述のように，マイコンの高速化と電力素子の高速スイッチング化を利用したベクトル制御の応用による低速・低負荷領域の効率向上に関しての事例報告が多い．

改善策として，最大効率制御[4]が提案されている．図5.5.5に示すように，軽負荷時の効率が5～20％改善できると報告されている．

高速化については，モータ単体では15 000 rpmの域に達しており，課題となる回転センサの高速化や車載環境への対応が進められている．また，回転センサ

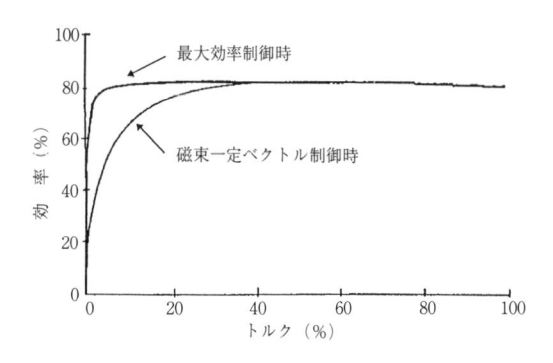

図 5.5.5 誘導モータの最大効率制御による効率改善例

を不要とする，センサレス制御の試みも進められている．

（ii） **DC ブラシレスモータ** 従来磁石の10倍を超えるエネルギー積をもつ高性能希土類磁石が実用化の域に入ってきたので，これを利用した小型で効率のよい電気自動車用モータとして期待される．

とくに，超小型・軽量化が期待できるため，ホイールに組み込みタイヤを直接駆動するような新しい駆動形式をもつ実用電気自動車の出現も考えられる．

［構造・特性］ DC ブラシレスモータの構造例を図5.5.6に示す．

回転子は永久磁石で構成されるため，直流モータのように電源を供給するブラシや整流子は不要となる．

しかし，回転子を一定方向に回転させるためには，回転子の磁極位置に対応した固定子巻線を励磁させる必要があり，回転子の磁極位置を検出する手段が必要となる．

発生トルクは，直流モータ同様に，電流と磁束の積に比例し，磁束は永久磁石により一定となるため電流に比例する．

出力特性としては，励磁電流が不要で回転子電流も流れないため効率はよい．しかし，定出力範囲における電圧一定条件下では，磁束は一定となるため，回転上昇に伴い逆起電圧が比例して増加し，高回転域において出力が十分に得られにくい特性をもち，電気自動車への採用の課題となる．

高回転域での出力を得るためには，電源電圧を高くするか，磁石の磁束を弱める減磁機構が必要となる．

減磁電流を用いた場合の特性例を図5.5.7に示すが，パターン(1)電流のように高回転域では減磁電流が増加しモータ電流が増加する．

高回転域でのモータ電流増加を避けるために低回転域での電圧を低く抑えた場合をパターン(2)電流で示すが，低速回転域での電流が増大する．

高回転域での出力改善としては，磁気抵抗低減のためモータの凸極性[5]利用のリラクタンス型モータや，永久磁石磁界と直流界磁巻線を組み合わせ直流分巻モータのように界磁巻線により界磁磁束の調整を行うハイブリッド方式[6]などが検討されている．

［技術動向］ モータ本体を主体に進められており，とくに，希土類磁石を使っての小型軽量化，高効率化の開発が盛んである．

高速化に関しては，回転子に軽量で最大エネルギー積の大きい永久磁石を採用することでロータイナーシャを低く設定することができ，誘導モータに比較し回転立上り特性をさらに改善できる利点を併せもつが，

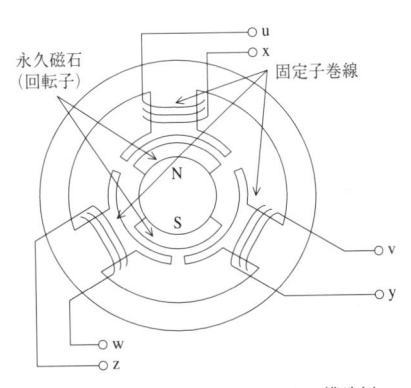

図 5.5.6 DC ブラシレスモータの構造例

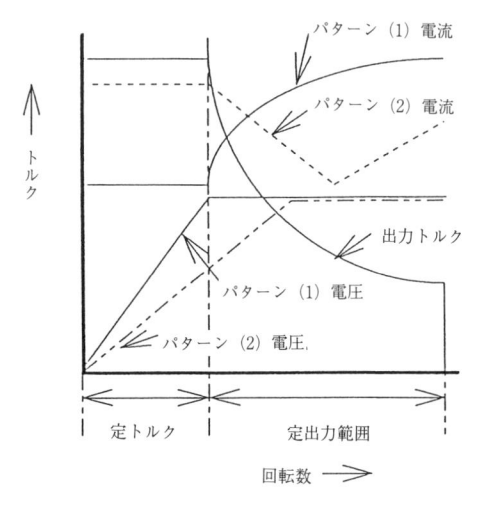

図 5.5.7 DC ブラシレスモータの出力特性例

表 5.5.5 モータの特徴

	特　　徴		
	直流モータ	誘導モータ	DCブラシレスモータ
モータ構造	複雑	簡単	やや複雑
駆動電源	直流	交流	交流
センサ類	なくてもよい	回転検出が必要	磁極検出が必要
整流子・ブラシ	必要	不要	不要
寿命	ブラシ寿命	軸受寿命	軸受寿命
定出力特性	容易に得られる	比較的容易に得られる	高回転域が課題
高速化	整流機構があり不向き	容易に得られる	回転子磁石の固定方法が課題
小型化	不向き	不向き	多極化により容易
高効率化	良い	回転子銅損，励磁電流損が課題	良い
大容量化	不向き	容易	やや難
制御性	単純で容易	複雑	やや容易
信頼性	ブラシメンテナンスが必要　密閉構造化に難	構造的には堅固　回転センサが課題	回転子磁石の固定方法と位置検出センサが課題

回転子磁石の固定方法に工夫が必要である．

d. モータの特徴

各種モータの特徴をまとめ表 5.5.5 に示す．

5.5.4 モータ制御装置

a. 制御装置用電力素子

電気自動車用モータの制御装置は，マイクロコンピュータに代表される高速演算素子と大電力高速スイッチング素子の開発・発展によるところが大きい．

とくに，電力用素子に関しては，トランジスタの発明にあることはいうまでもないが，SCR（サイリスタ）の出現によるところが大きく，抵抗器を入れその抵抗値を徐々に下げる抵抗式が主流であった初期の電気自動車用のモータ制御に比べ，熱損失がなく電力をオン・オフ制御できるサイリスタチョッパ制御への移行は画期的なできごとであった．

現在使用されている電力用素子はおもに，サイリスタ，GTO (Gate Turn-off Thyristor)，バイポーラトランジスタ (BPT：Biopolar Transistor)，MOS FET (Metal Oxide Semiconductor Field Effect Transistor)，IGBT (Insulated Gate Bipolar Transistor) の5種類がある．

当初，電気自動車用のチョッパ制御としてサイリスタが用いられていたが，自己消弧能力がある GTO へと推移し，近年では動作周波数の高い BPT や MOS FET が用いられる．

最近では，まだ価格的には高価ではあるが MOS FET に比べ，高い電流密度がとれ駆動が容易である

IGBT へ徐々に移行しつつある．

b. 直流モータの制御装置

直流モータの制御は，一部の車両で採用されている抵抗式を除けば，現在ではチョッパ回路が用いられる．

基本回路を図 5.5.8 に示すが，サイリスタやトランジスタなど電力素子を用いた直流スイッチ回路で，オン・オフ制御により直流モータの制御を行う．

使用される電力素子により，サイリスタチョッパ，トランジスタチョッパと呼ばれる．

直流電流を遮断することは転流が大きな問題となるが，自己消弧能力を備えたスイッチング速度の速い電

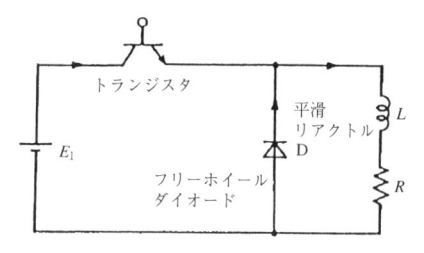

(a) トランジスタチョッパ回路

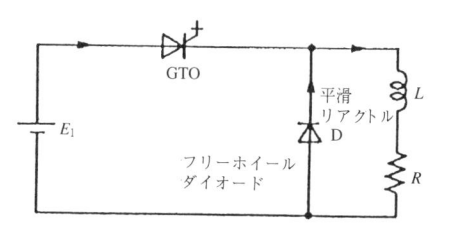

(b) GTO チョッパ回路

図 5.5.8 直流チョッパ回路

力素子の出現と高速演算素子の出現により，信頼性の高い優れた制御が実現できるようになってきている．

直流チョッパとして，2種類のパルス出力方法がおもに用いられる．

- 電流ヒステリシス制御：モータと直列にリアクトルを配置した誘導性負荷回路構成とすることで，チョッパのオン・オフによる負荷電流波形が時定数をもった三角波に近似した波形に変化することを利用し，電流の瞬時値をあらかじめ設定した上限値と下限値のヒステリシス幅を保つように電力素子をオン・オフ制御する方法で，ほぼ一定の電流をモータに供給できる利点をもつ．

高速演算素子が出現するまでの電気自動車では，ヒステリシス幅全体をアクセル開度などにより移動設定させトルク制御を行うこの方式が主流であった．

- PWM（Pulse Width Modulation）制御：周期 T を一定としてスイッチオン時間をアクセル開度などにより変化させモータを制御するパルス幅変調方式で，マイクロコンピュータに代表される高速演算素子の出現により，現在の電気自動車における主流の制御方式となった．

c. 交流モータの制御装置

交流モータには，インバータが欠かせない電力変換機器である．

インバータとは，直流電力を交流電力に変換する機器で，とくに電圧と周波数を入力信号に応じて自由に変化させることのできる VVVF（Variable Voltage Variable Frequency）インバータの実用化により，従来速度制御が困難であった誘導モータや DC ブラシレスモータの可変速駆動が直流モータ並みの手軽さで高性能に実現できるようになってきている．

インバータの基本回路を図 5.5.9 に示す．

これは，サイリスタやトランジスタを用いて，直流電力を交流電力に変換する周波数変換回路で，直流チョッパ回路同様に使用される電力素子によって，サイリスタインバータ，GTO インバータ，トランジスタインバータなどと呼ばれる．

インバータは，組み合わされるモータの特性を最大限に引き出すために出力波形にさまざまな改良が加えられた改善が多く見受けられる．

出力波形の相違により，方形波方式と PWM 方式に分類されるが，現在では，高速演算素子と高速スイッチング電力素子の低価格化が始まったことにより

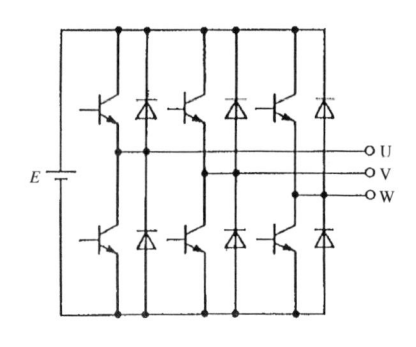

図 5.5.9 インバータ回路例

PWM 方式が主流となってきている．

PWM 方式には，単一パルス幅変調方式，多パルス幅変調方式，高周波パルス幅変調方式などがある．

なかでも高周波パルス幅変調方式を用いることで電圧・電流波形を等価的に正弦波に近似させることが可能となり，交流モータのトルクリップルの改善や損失の低減に大きく寄与するようになってきている．

［川勝史郎］

参考文献

1) 平成9年度電気自動車購入補助案内，（財）電動車両協会資料
2) FC NEWS LETTER, Vol.7, No.4 (1995)
3) 川内晶介ほか：新しい電池技術のはなし，工業調査会 (1993)
4) 永山和俊ほか：ベクトル制御インバータによる誘導電動機最大効率制御の一方法，平成5年電気学会半導体電力研究会 (1993)
5) W. L. Soong, et al.：Design of New Axilly-Laminated Interior Parmanent Magnet MOTOR
6) 森田茂樹ほか：2000年へ向けての半導体技術，平成6年パワーエレクトロニクス研究会，Vol.20, No.1(1994)

5.6 ハイブリッド車

一般にハイブリッド車は作動原理の異なる二つ以上の動力源を有し，状況に応じて単独または複数の動力源を同時に作動させて走行する車をいうが，定まった定義はない．

このため，広義に解釈すれば，エンジンの排気エネルギーを排気タービンを介して回収しクランク軸に戻すターボコンパウンドエンジンも含まれるが，ここでは近年，低公害性では電気自動車には及ばないが，実用性の高い低公害車として世界的にその進歩が注目されているエンジン─電動機（以下，電気という）のハイブリッド車を中心に述べ，最後に近年わが国で大型バスの油圧回生システムが実用化され始めているので，その概要を紹介する．

5.6.1 エンジン─電気のハイブリッド車の歴史的経過

エンジンと電気のハイブリッド車の歴史は古く，自動車のできた初期の時代にはエンジン技術が未熟であったため，高出力エンジンの製造がむずかしく，エンジンの出力不足をモータで補助するハイブリッド車が考えられ，ごくふつうに用いられていた．しかしその後，エンジン技術の目覚ましい進歩によりその必要性は薄れ，衰退した．1970年代に入り大気汚染問題に加えてオイルショックが発生し，排ガス対策と省燃費のニーズが高まり，欧米のみならず日本においても各種のハイブリッド車が研究開発された．しかし1985年以降，石油事情の好転と排ガス対策技術の進歩により，これらの研究は再び下火となった．

このようにハイブリッド車は幾度か実用化に向かって研究開発が盛んに行われたが，複数の動力源を有することから，重量の増加とコストの上昇は避けられず，衰退の歴史をたどってきた．しかしハイブリッド車はもともと排ガスおよび燃費改善のポテンシャルが高く，近年パワーエレクトロニクスの進歩なども手伝って新しい考え方のハイブリッド車が世界的に活発化している．

5.6.2 種類と特徴

エンジン─電気のハイブリッド車は動力配分方式によって，またエンジンおよびモータの取付位置によって表5.6.1のように分類できる．

a. シリーズ方式

一方の動力源で車軸を駆動し，他方の動力源は駆動しない方式をシリーズ方式という．通常，表5.6.1のシリーズ方式①，②に示すようにエンジンに発電機を取り付け（いわゆる発電ユニットとして）効率のよい回転数で運転して発電し，得られた電気をバッテリに蓄え，この電気でモータを駆動して車を走らせる．この方式は制御が簡単な特徴をもつが，システム全体の重量が重くまた大きく，効率が悪い欠点を有する．最近はこの欠点をカバーするため，エンジンとしてロータリエンジンやガスタービンを用いる例が増えている．また表5.6.1の②のようにモータをホイール部に取り付けて駆動系部品を不要として軽量化するものもある．減速時にはモータを発電機として制御し，ブレーキエネルギーをバッテリに蓄える例もある．

b. パラレル方式

複数の動力源で車軸を駆動する方式をパラレル方式というが，エンジンとモータの取付位置によっていろいろなタイプがある．この方式は一般に重量，効率ともにシリーズ方式より優れているが，制御がむずかしい欠点をもっている．しかし近年，パワーエレクトロニクスの進歩によりこの問題は解決しつつある．

表5.6.1のパラレル方式①は一方の車軸をモータで駆動して，他方の車軸をエンジンで駆動する．またエンジンは発電機を駆動してバッテリを充電することができ，モータは減速時にブレーキエネルギーを回生して，バッテリを充電することもできる．

②は駆動軸上にモータとエンジンを置いて，ギヤボックスを介して車軸を駆動する．モータを空転させて，エンジンだけの走行も可能である．①と同様にモータを発電機として制御し，バッテリを充電することもできる．

③はエンジンおよびモータの配置は②と同じであるが，クラッチが②の場合にはモータとギヤボックスの間に一つあるのに対して，③はさらにモータとエンジンの間にもあり，モータ単独で車軸を駆動し，モータ走行ができる．

④はエンジンとモータがパラレルに配置され，それぞれが単独に車軸を駆動することができる．大出力のモータの取付けが可能なため，大型車に向いている．また都市内走行においてエンジンを停止させてモータを架線から得られた電気で駆動するいわゆるトロリと

表5.6.1 エンジン-電気のハイブリッド車の分類

方式	レイアウト図	採用例
シリーズ方式	①	・Volvo：小型乗用車 ・GM：小型バン，三菱：小型乗用車 ・トヨタ：小型バス ・IVECO：小型バス，大型バス ・MAN：大型バス
	②	・GM：小型乗用車 ・Unique Mobility：中型バス ・Chrysler：レースカー 　　　　　　　　　（パトリオット）
パラレル方式	①	・Audi：小型乗用車
	②	・日野：HIMR 大型バス ・日野：HIMR 中型トラック
	③	・VW：小型乗用車 ・Clean Air：小型乗用車
	④	・Benz：大型トラック ・FIAT：大型トラック

D：差動ギヤ(Differential Gear)　G：発電機(Generator)　M：電動機(Traction Motor)
ICE：内燃機関用クラッチ(Internal Combustion Engine Cluch)　MG：電動機-発電機(Traction Motor-Generator)　S：蓄電器(Storage System)　GB：ギヤボックス(Gear Box)

して使用する例がある．

5.6.3 最近のハイブリッド車の事例と諸元

表5.6.2に近年発表されたエンジン—電気のハイブリッド車とその諸元を示す．車の種類は小型乗用車から大型トラック・バスに及んでいる．ハイブリッド方式についてはシリーズ方式，パラレル方式ともにありとくに定まってはいない．またモータと組み合わせるエンジンにはガソリン，ディーゼル（軽油），天然ガスを燃料とするピストンエンジン，ガスタービン，ロータリエンジンなどさまざまである．より低公害で，軽量な高性能ハイブリッド車が各方面で積極的に研究開発されていることを示している．

バッテリについては酸化鉛製が最も多く，ニッケル-カドミウム(Ni-Cd)，ナトリウム-硫黄(Na-S)などもあり，今後の動向が注目される．以下に代表的なハイブリッド車の概要を説明する．

図5.6.1はGM（アメリカ）が開発したシリーズ方式ハイブリッド車HX3（5人乗のFF車）である．906 ccの小型3気筒エンジンに発電機を取り付け，これによりバッテリ（鉛-320 V）を充電し，ACモータ(45 kW，2個)で走行する．

図5.6.2はトヨタが開発したシリーズ方式の小型バス（コースターHV）である．1331 cc三元触媒付きガソリンエンジンで20 kWの発電機を運転（1000～3000 rpm）し，70 kWのモータで走行する．バッテリはシール型の鉛電池（288 V），最高速度は80 km/hで，大幅な排ガス改善が期待できる．

図5.6.3はAudi（ドイツ）のパラレル方式（2シャフト式）の小型乗用車Duoである．前輪を従来の

5.6 ハイブリッド車

表5.6.2 近年発表のハイブリッド車の主要諸元

No.	メーカー名(型式)	車の種類	ハイブリッド方式 シリーズ	ハイブリッド方式 パラレル	エンジンの種類 (出力等)	電動機の種類 (出力等)	バッテリの種類 (容量等)	備考	引用文献
1	GM (XREV G VAN)	小型バン	○		ガソリン (7kW 発電)	DC (45kW)	Lead-Acid (216V 1 170kg) (35.1kWhr)	110km(Batt.) 6V-162.5Ahr *20個シリーズ	1) 2)
2	GM (HX3)	小型乗用	○		ガソリン (906cc L3cyl) (40kW 発電)	AC-Induction (45kW *2個)	Lead-Acid (320V 380kg) (13.2kWhr)	700km(Hybrid) 10V-41Ahr *32個シリーズ	2)
3	GM CHEVROLET (XA-100)	小型乗用	○		ガソリン (ロータリ 30kW)	DC (18.7〜56kW)	Lead-Acid (120V 164kg 1パラ仕様) (120V 298kg 2パラ仕様)	32km(Batt.) 570km(Hybrid) 12V-Ahr *10個シリーズ *2パラ	2) 3)
4	VOLVO (ECC)	小型乗用	○		ガスタービン(軽油) (41kW 出力) (38kW 発電)	AC-Induction (70kW)	Ni-Cd (120V 350kg) (16.8kWhr)	146km(Batt.) 670km(Hybrid) 6V-140Ahr *20個シリーズ	4)
5	VW (GOLF)	小型乗用		○	ディーゼル (1 600cc 55kW 出力)	AC-Induction (6kW)	Ni-Cd (60V 215kg)		5)
6	VW (Chico)	小型乗用		○	ガソリン (25kW 出力)	AC-Induction (6kW)	Lead-Acid (205kg)	56km(Batt.) 400km(Hybrid)	2) 6)
7	AUDI (100 DUO ESTATE)	小型乗用		○	ガソリン (86kW 出力) (2 300cc L5cyl)	DC (9.3kW)	Ni-Cd (64.8V 200kg)	80km(Batt.) 560km(Hybrid) 1.2V-Ahr *54個シリーズ	7)
8	AUDI (100 DUO AVANT)	小型乗用		○	ガソリン (86kW 出力)	AC-Syncronus (21kW)	Na-S (252V 224kg)	80km(Batt.)	8)
9	ALFA ROMEO (alfa 33)	小型乗用		○	ガソリン (1 500cc)	DC (6kW) (AC仕様もあり?)	Lead-Acid		9)
10	PEUGEOT (405 BREAK)	小型乗用	○		ディーゼル (30〜40kVA 発電)	(20kW *2個)	Ni-Cd (230V) (5.3kWhr)	72km(Batt.) 750km(Hybrid)	6)
11	CLEAN AIR TRANSPORT/IAD (LA301)	小型乗用	○		ガソリン (658cc 77ps) (25kW 発電)	DC (42kW)	Lead-Acid (216V 540kg)	80km(Batt.)	2) 10)
12	ダイハツ (EV セダン)	小型乗用	○		ガソリン (660cc L3cyl) (8kW 発電)		Ni-MH (120V 220kg) (13.2kWhr)	450km(Hybrid) 12V-110Ahr *10個シリーズ	11)
13	三菱 (ESR)	小型乗用	○		ガソリン (1 500cc)	AC (70kW)	Ni-Cd		12)
14	CHRYSLER (PATRIOT)	レースカー	○		ガスタービン (液化天然ガス 700HP) (185kW 発電)	AC-Induction (370kW)	Flywheel Batt. (22.2kWhr)	1995年のル・マンに出場予定	13)
15	トヨタ (Coaster SAURUS)	小型バス	○		ガソリン (1 300cc L4cyl) (20kW 発電)	AC-Induction (70kW)	Lead-Acid (288V 580kg) (18.7kWhr)	12V-65Ahr *24個シリーズ	14)
16	UNIQUE MOBILITY (OBI ORION II)	中型バス	○		圧縮天然ガス (4 300cc V6cyl) (63kW 発電)	DC (70kW *2個)	Lead-Acid (180V 1 920kg) (57.6kWhr)	オンタリオバス 25-feet Bus 12V-160Ahr *15個シリーズ*2パラ	15)
17	日野 (HIMR 集配車)	中型トラック		○	ディーゼル TI (3 839cc 110kW 出力)	AC-Induction (22kW)	Lead-Acid (300V 380kg) (10.5kWhr)	12V-35Ahr *25個シリーズ	16)
18	日野 (HIMR 塵芥車)	中型トラック		○	ディーゼル TI (3 839cc 110kW 出力)	AC-Induction (22kW)	Ni-Cd (288V 128kg) (2.9kWhr)	7.2V-10Ahr *40個シリーズ	17)
19	BENZ (1117L)	大型トラック		○	ディーゼル (125kW)	AC-Induction (46kW)	Ni-Cd or Lead gel (1200kg or 2 000kg)	11-ton Truck	18)
20	IVECO	大型バス	○		ディーゼル (2 500cc 4cyl) (30kW 発電)	(128〜143kW)	Lead-Acid (596V) (59.6kWhr)	Ni-Cdのオプションもあり 100Ahr	
21	IVECO FORD TRUCK (AltroBus-TurboCity)	大型バス	○		ディーゼル (2 000cc)	DC (22kW)	Lead-Acid	12-meter Bus	19)
22	Blue Bird/WEC	大型バス	○		圧縮天然ガス (60HP)	AC (150kW)	Lead-Acid(ガラスマット)	35-feet Bus	20)
23	MAN	大型バス	○		ディーゼル TI (110kW 出力) (85kW 発電)	AC-Syncronus (150kW)	Flywheel Batt. (140kW 550kg) (1.3kWhr)		21)
24	日野 (HIMR バス)	大型バス		○	ディーゼル (9 882cc 147kW 出力)	AC-Induction (30kW)	Lead-Acid (300V 600kg) (19.5kWhr)	12V-65Ahr *25個シリーズ	22)

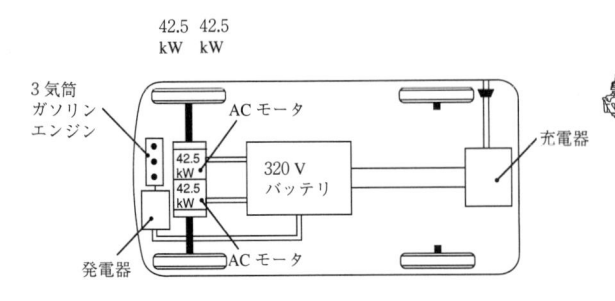

図 5.6.1 GM のシリーズ方式小型乗用車 (HX3)

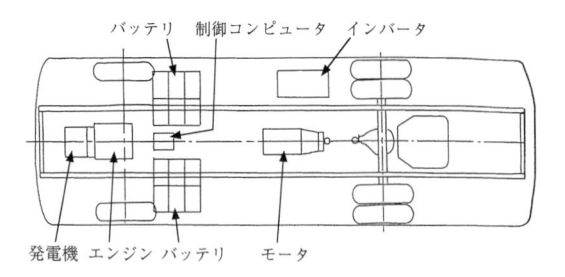

図 5.6.2 トヨタのシリーズ方式小型バス (コースター HV)

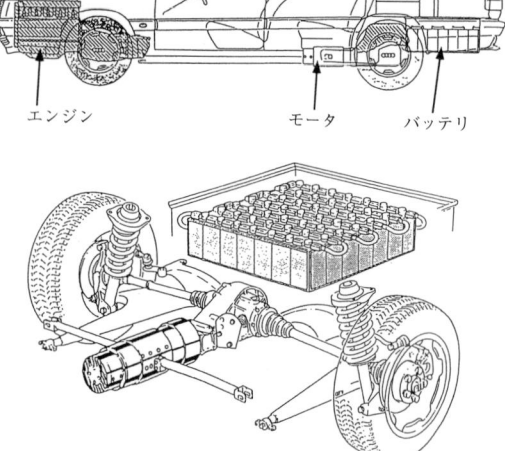

図 5.6.3 Audi のパラレル方式小型乗用車 (Duo)

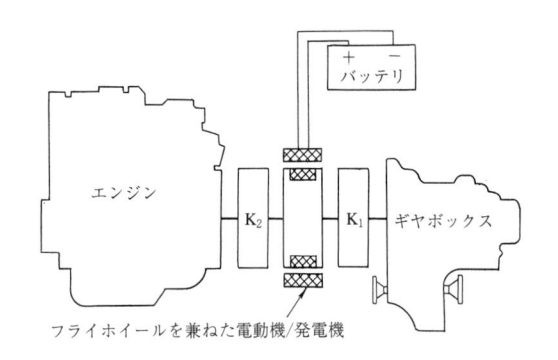

図 5.6.4 VW のパラレル方式ハイブリッドシステム (小型乗用車 GOLF)

エンジンで，後輪をモータ (9.3 kW 直流) で駆動する．都市内走行時にはモータで走行し，郊外走行時にはエンジンで走行する．既存の 4WD の駆動系部品をそのまま利用できるのでコスト的に有利であるという．

図 5.6.4 は VW（ドイツ）が開発したパラレル方式（シングルシャフト式）で小型乗用車ゴルフのシステムである．モータ (6 kW 交流) をエンジン (1 600 cc ディーゼル，55 kW) の後に直列に配置して，前後にクラッチを設けて，都市内走行時にはエンジン側のクラッチ (K_2) を OFF にしてエンジンを止め，ギヤボックス側のクラッチ (K_1) を ON にして電気自動車として走行する．また必要に応じてエンジンからの動力補助を行うことができる．バッテリ (Ni-Cd, 60 V) は家庭で容易に充電できるようになっている．

図 5.6.5 は日野自工が大型バスおよび中型トラックですでに実用化しているパラレル方式（シングルシャフト式）のハイブリッドシステム HIMR (Hybrid Inverter Controlled Motor & Retarder) である．既存のディーゼルエンジンのフライホイールハウジング内に超薄型の三相交流機を内蔵させ，これをコンピュータ付きのインバータで制御して，スタータ，モータ，発電，リタータ，エネルギー回生の五つの機能を発揮する．三相交流機はフライホイール外周部に取り付けたロータとフライホイールハウジング内周部に組み込まれたステータとによって構成され，外径と幅の比は約 10：1 と超薄型でエンジンの全長は従来と変わらない．この三相交流機はエンジン始動時にはスタータスイッチの信号を受けてスタータとして作動するため，従来のスタータは不要となる．また車両の発進・加速時にはアクセルペダルに取り付けられたアクセルセンサから信号を受けて，ペダルの踏み込み量に応じてエンジンをトルクアシストする．車両の制動時にはリタータ調整レバーの信号を受けて電気ブレーキとして作動し，このときのブレーキエネルギーを電気として取り出し，バッテリに充電して回生する．このため従来のオルタネータは不要となる．このシステムの採用による排ガス低減は中型トラックの例で， NO_x が約 40% 減，黒

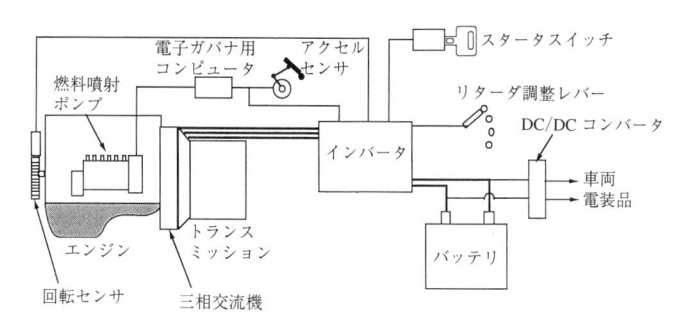

図 5.6.5 日野 HIMR システム

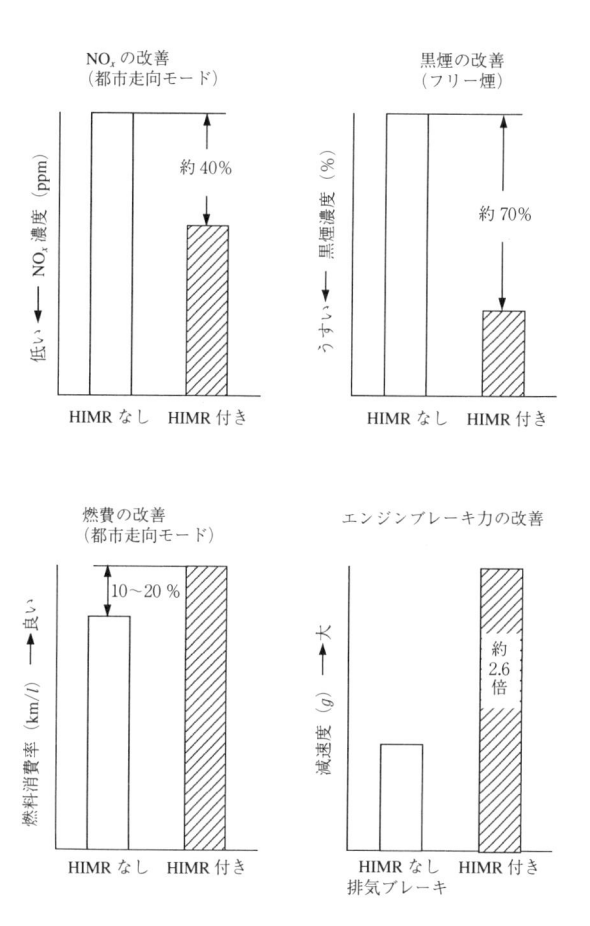

図 5.6.6 HIMR による改善効果（中型トラックの例）

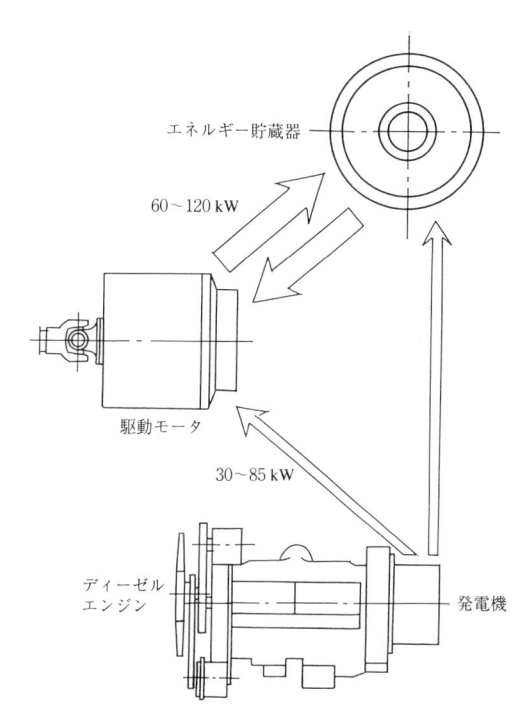

図 5.6.7 MAN のシリーズ方式ハイブリッド
システム（大型バス）

煙濃度が約 70% 減となり，走行中の黒煙は目視できないレベルとなる．また燃費は 10〜20% 改善する．その他エンジンブレーキ力の向上により，サービスブレーキの使用頻度が大幅に減少するため，ブレーキライニングの寿命延長も期待される（図 5.6.6）．

図 5.6.7 は MAN（ドイツ）が開発したシリーズ方式の大型バスのシステム概要図である．注目される点は図 5.6.8 に示すフライホイールバッテリと称する特殊なエネルギー貯蔵器で，永久磁石付きのフライホイールを真空容器中に備えたモータ兼発電機である．大きさは径 66 cm，高さ 58 cm，重量 500 kg で，今後の動向が注目される．

図 5.6.9 は Benz（ドイツ）が開発したパラレル方式（2 シャフト式）の大型トラックである．トランスミッションの後端にギヤボックスを取り付け，ドライブシャフトを介してモータが装着されている．制御の

詳細は不明であるが，ほかのパラレル方式と同様にモータによる単独走行，ブレーキエネルギーの回生などが可能と思われる．

フィアット（イタリア）などでも大型トラック用としてこの方式が開発されており，今後の動向が注目される．

以上にエンジン―電気のハイブリッド車の種類，代表的な開発事例などについて概説したが，世界的に多くの種類のハイブリッド車があり，まだ定まった方式がないのが現状である．今後とも，エンジンおよびモータ双方の良さを生かし欠点をカバーし，よりよいシステムを創造する研究が積極的に続けられるものと予想される．

課題は重量軽減とコスト低減であるが，モータとバッテリの進歩に期待するところが大きいといえる．

5.6.4 大型バス用油圧回生システムの事例

油圧回生システムは古くからヨーロッパの MAN 社や Volvo 社などによって大型バスの燃費改善を目的として研究・開発が進められてきた．

近年，わが国でも三菱[23]，いすゞ[24]，日産ディーゼル[25]の各社が大型バス用に開発を進めており，すでに三菱自動車は図 5.6.10 に示すバス（MBECS）を東京都などの大都市で実用走行を行っている．この方式はパラレル式でエンジン，駆動系のレイアウトは従来車のままとし，客室の床下に油圧ポンプ/モータとピストン式アキュムレータを置き，駆動輪（後輪）と油圧ポンプ/モータとをギヤボックスを介して専用のプロペラシャフトでつないでいる．制動時にブレーキエネルギーを油圧ポンプを介して回生しアキュムレータに蓄え，そのエネルギーで発進・加速時に油圧モータを駆動してトルクアシストを行う．これにより都市内走行において，排ガス，燃費ともに約 20% 改善し，黒煙の排出も大幅に低減するとしている．システムは高油圧で作動するため，その信頼性，耐久性の確保とメンテナンスがポイントとされている．　　［鈴木孝幸］

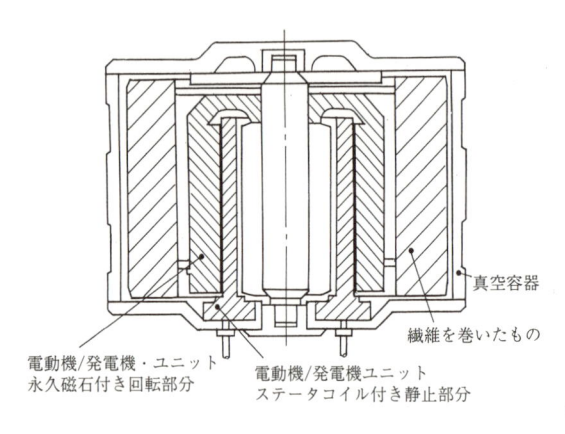

図 5.6.8　MAN のフライホイールバッテリ

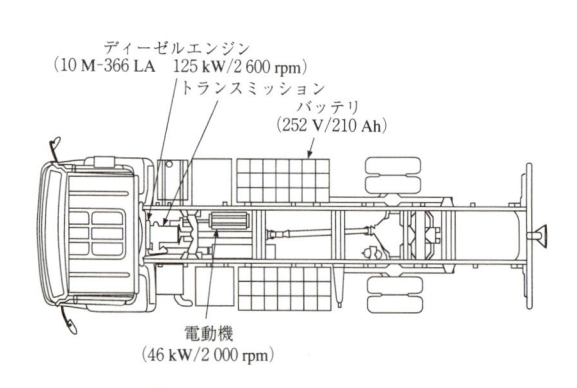

図 5.6.9　Benz のパラレル方式大型トラック

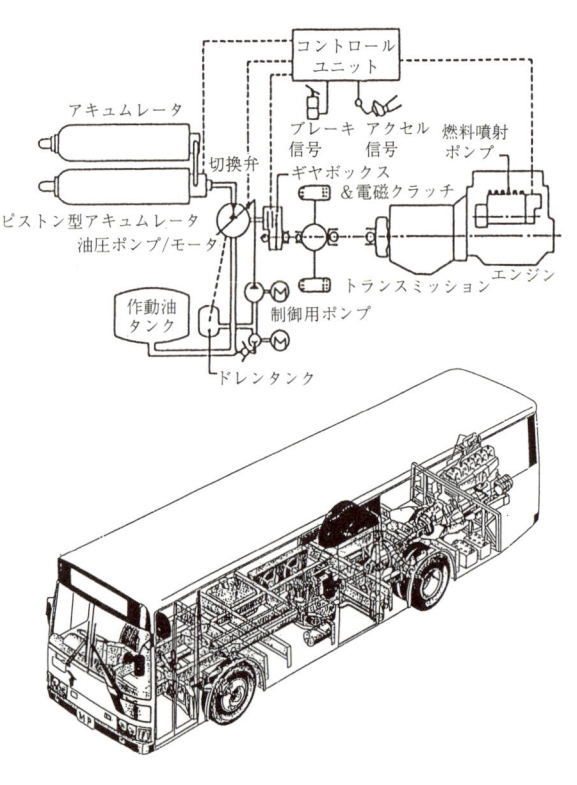

図 5.6.10　三菱の油圧回生式大型バス

参考文献

1) A.S.Keller, et al.：Performance Testing of a Extended-Range (Hybrid) Electric G Van, SAE Paper 920439(1992)
2) A.F.Burke：Hybrid/Electric Vehicle Design Options and Evaluations, SAE Paper 920447(1992)
3) J.S.Reuyl：XA-100 Hybrid Electric Vehicle, SAE Paper 920440 (1992)
4) MF Tech Information, Motor Fan, 12, pp.86-89(1992)
5) A.Kalberlah：Electric Hybrid Drive Systems for Passenger Car and Taxis, SAE Paper 910247(1991)
6) Automotive Engineering/September, pp.21-25(1992)
7) Lufthansa Bordbuch, 3/91, Mai/Juni(1991)
8) 低公害車の開発状況調査,（財）日本自動車研究所, 1994. 3. 17
9) A. Bassi, et al.：A Hybrid Car, Proc. FISITA, Vol.2, pp.2.49-2.54(1986)
10) J.Samuel：The Clean Air LA301 Electric Vehicle for the Los Angeles Electric Vehicle Initiative, Journal of Power Sources, Vol.40, pp.27-37(1992)
11) 第31回東京モーターショウ資料, 10-11(1993)
12) CARB to test Mitsubishi hybrid-electric vehicle, Ward's Engine and Vehicle Technology, Vol.21, No.11-1 (1995)
13) L.Brooke：Patriot Games, Automotive-Industries, February, p.114, 116, 174(1994)
14) Electric Vehicle Progress, December 1, pp.3-4(1994)
15) A.T.Gilbert, et al.：Natural Gas Hybrid Electric Bus, SAE Paper 910248(1991)
16) 小幡ほか：ディーゼル―電気新型ハイブリッドシステム採用の低公害低燃費中型トラックの開発, 日本機械学会環境工学総合シンポジウム '93, 講演論文集, pp.207-210(1993)
17) 宮下ほか：ディーゼル・電気の新型ハイブリッドシステム（HIMR）を適用したごみ収集車について, 自動車技術会学術講演会前刷集, No.941-27(1994)
18) Truck & Bus Builder/September, p.3(1994)
19) Electric Vehicle Progress, April 1, pp.5-6(1993)
20) Westinghouse Electric Corporation Tech/Paper(1994)
21) G.Heidelberg, et al.：The Magnetodynamic Storage Unit-Test Result of an Electrical Flywheel Storage System in a Local Public Transport Bus with a Diesel-Electrical Drive, Intersoc. Energy Eng. Conf. Vol.23th, No.2, 889230
22) 鈴木ほか：日野HIMR採用のディーゼル―電気ハイブリッドエンジン搭載の大型路線バスについて, 自動車技術会学術講演会前刷集, pp.61-64(1990)
23) 武田ほか：蓄圧式制動エネルギー回生バス, 三菱自動車テクニカルレビュー, No.4, p.82-90(1992)
24) エネルギー回生の蓄圧式ハイブリッドシステムいすゞシャッセ, MOTOR VEHICLE, Vol.44, No.5, pp.32-33(1994)
25) 中村ほか：都市内路線バス用蓄圧式ハイブリッドバスの開発, 自動車技術会誌, Vol.49, No.9, pp.53-58(1995)

5.7 セラミックガスタービン

5.7.1 開発の目的と開発経緯[1]

そもそもガスタービンを自動車用エンジンとして搭載しようとの試みはイギリスのローバ社における開発が最初で1950年以前にさかのぼる．その後欧米の主要自動車メーカを中心にトラック，バス用の大型から乗用車用の小型まで多くのガスタービンエンジンが研究開発されてきた．1970年代初頭には大型トラック，バス用エンジンとして生産寸前のところまできていたが，ちょうどそのころ起こった排気規制の強化，二度にわたるエネルギー危機という時代の大きな変化に対して対応を迫られることとなった．排気，騒音，振動といった面では圧倒的に有利であるが，走行燃費の点でディーゼルエンジンにはかなわず，燃費をよくするためには冷却せずにタービン入口ガス温度（TIT）を1350℃程度まで引き上げる必要がある．この難局を乗り切るためには，当時ようやく世の中に出はじめていた構造用セラミックスでガスタービンの高温部品をつくり，「排気も燃費もよい自動車用ガスタービン」をつくろうという研究が生まれつつあった．

自動車用セラミックガスタービンの研究開発が本格的に始められたのは1970年代初めである．アメリカではDARPA（Defence Advanced Research Project Agency）のプロジェクトとして1971年に開始され，フォード社が200馬力の1軸式セラミックガスタービンの研究開発に取り組んだ．さらに1976年にCATE（Ceramic Applications in Turbine Engine）プログラムを開始し，ゼネラルモータス社アリソン事業部が開発していたバス・トラック用メタルガスタービンの高温部品を，順次セラミックスに置き換え20％の燃費向上を図ろうというものである．このプロジェクトは最終段階のTIT＝1240℃に至る前に中断され次のAGTプログラムに引き継がれた．1979年，エネルギー省（DOE）は本格的な自動車用セラミックガスタービンの開発をめざし，エンジン車載を含む5年計画のAGT（Advanced Gas Turbine）プログラムを発足させ，GMアリソンのチームとガレット（Garrett）/フォード混成の二つのチームが参加し，前者は2軸再生式，後者は1軸再生式の100 PSのエンジンを開発することになった．

これらの開発を通じてセラミックス適用技術は大幅

に向上したが，エンジンとしての性能評価にはなかなか至らず計画目標を見直すとともに，1987年ATTAP（Advanced Turbine Technology Applications Project）に引き継がれた．ATTAPは5年計画で，その目的はエンジン開発というよりはセラミックスの適用技術開発，アメリカ国内セラミックスメーカの育成に重点がおかれ，AGTで開発してきたエンジンはセラミックコンポーネントの評価テストリグとして使うという位置付けとなった．最終目標は「自動車用エンジンのライフコストに合致し，1371℃のTITのエンジン環境の中で3500時間の運転が可能なセラミックコンポーネントを開発しそれを実証すること」であり，具体的にはエンジンテストベッドで300時間の耐久テストを実施し，これらを通じセラミックスの設計マニュアルをまとめることであった．

参加メーカは基本的にはAGTと同じであるが，GMチームには新たにテクニカルセンタが加わり，評価エンジンもテクニカルセンタが独自に開発してきた軸流タービン使用の2軸再生式AGT-5に変更された．一方，ガレットチームからはフォードが抜けている．ATTAPではセラミック部品の開発が引き続き行われ，ようやく300時間の耐久評価試験が実施できるレベルとなった．予定期間を過ぎていたこともあり1992年ごろからはプロジェクト内容の見直しがなされ1994年，プロジェクトは方向を多少変更し1998年まで期間延長がなされている．すなわちアライドシグナル社（AlliedSignal：旧ガレット社）のチームは開発してきたセラミックス適用技術を自社で開発している航空機用APUの第1段ノズルとタービンロータブレードに適用し長時間のフィールドテストを実施するとともに，セラミック部品の製造技術のスケールアップを行い実用化に一歩近づけるという方向で[2]，他方，アリソンエンジン社（Allison Engine Company：旧GMのアリソン事業部）はGMチームがやってきた仕事を引き継ぎ，残された技術的課題の開発をするという二つの方向で内容変更がなされた．目的はいずれもDOEの新たなプロジェクトとして発足したハイブリッド車両用セラミックガスタービンエンジン開発への技術支援ということになっている．プロジェクトの名称もそれぞれCTEDP（Ceramic Turbine Engine Demonstration Project），HVTETSP（Hybrid Vehicle Turbine Engine Technology Support Project）と改称されている．

一方，ヨーロッパにおいては，当時の西ドイツが最も積極的で研究技術省のスポンサによる国家プロジェクトが1974年より10年計画で開始され，自動車メーカ，セラミックメーカ，大学，国立研究所なども参加して高温，高強度の構造用セラミック材料およびそのコンポーネント化の技術開発が実施された．タービンロータ，ノズル，燃焼器ライナ，熱交換器などの部品をそれぞれの担当メーカがつくり要素試験が行われ1983年には終了している．当時の技術では期待されたほどの部品強度，信頼性は得られず，ベンツ社はその後も継続して研究開発を続けた．すなわち「AUTO-2000」国家プロジェクトに関連して1982年セラミックロータを組み込んだ乗用車の走行テストを実施，その後も通常の生産車（W124シリーズ，M/B 200～300Eクラス）にも搭載してテストを続け，路上で20000 kmの延べ走行を含み，エンジンにセラミック部品（主としてロータ）を入れたトータル運転時間は600時間以上に及んだが，その後ベンツ社は社内事情により，自動車用セラミックガスタービンの研究開発を中断している．

スウェーデンでは，ユナイテッドタービン社（現Volvo Aero Turbines）が政府の援助を得て3軸再生式のガスタービンの開発を進め，1982年3月には，世界で初めてセラミックガスタービン搭載の乗用車を公道でテストしたといわれている．その後エンジン改良の検討やセラミックス化の研究なども進めてきたが，最近はもっぱらボルボ社の進めている電池とのハイブリッド車用ターボジェネレータの開発に重点を移し，後述するようにAGATAプロジェクトにも参加しセラミック化の研究も進めている．

AGATA（Advanced Gas Turbine for Automobile）はECとしてのプロジェクトで1987年にスタートし，当初計画ではドイツ，フランス，スウェーデンのメーカが参加し直接車両を駆動する100 kWセラミックガスタービンを開発し，7年間でプロトタイプのテストまでをする計画であった．しかしながらドイツの不参加表明などもあり，実質的な研究開発はほとんど進まず，その間排気ガスに対する規制値がますます厳しさを増す中で，1992年AGATA計画の全面見直しが行われ，新たにハイブリッド車両用セラミックガスタービンを開発する内容に方向転換を行った[3]．このプロジェクトではTIT＝1350℃，60 kWの自動車用エンジンを目標としているが，エンジンはつくらず，燃費と排気にとって重要な要素技術として三つのセラミッ

ク部品（触媒燃焼器，ラジアルタービンロータ，レキュペレータ）を選び設計，試作，実験評価を通じてその技術的な可能性を実証する計画となっている．プロジェクトは1993年から1996年までの4年計画で進められており，主要部品の設計が終わったところである．

わが国では，1980年前後ころよりトヨタ，日産，三菱自工などがセラミックガスタービンの研究開発を独自に進めていたが，1990年より（財）石油産業活性化センターが「自動車用セラミックガスタービンの開発」プロジェクト（CGTプロジェクト）を通産省の補助事業として開始し，日本自動車研究所を中心に自動車メーカのこれまでの技術を結集して開発が進められることになった．このプロジェクトは7年計画であり，図5.7.1に示すようなTIT＝1350℃，100kWのエンジンを開発し，1996年度末には熱効率40％以上，ガソリン乗用車用の排気規制値を満足することをエンジン台上試験で立証することを目標とし，現在開発努力が続けられている[4]．

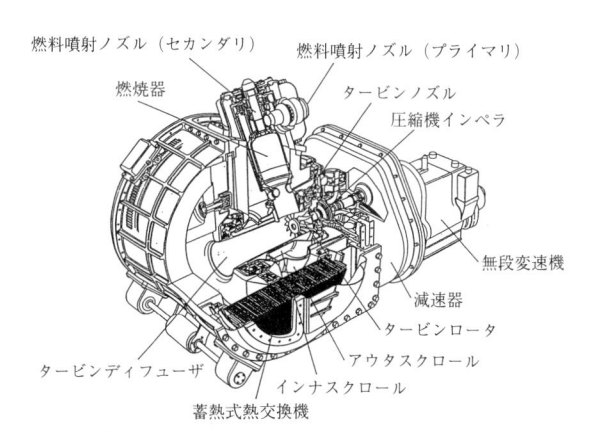

図5.7.1 CGTプロジェクトガスタービンエンジン[4]

5.7.2 技術の現状

技術の現状をアメリカのATTAP/HVTETSプロジェクトおよびわが国のCGTプロジェクトの例を中心に述べる．

アリソン社は重点となるコンポーネントとして，タービンロータ，タービンスクロール，燃焼器，熱交換器，断熱材を選びこれを中心にセラミックス化の開発が行われてきた．最終段階としてすべてのセラミック部品を組み上げ，エンジン内での耐久テストが行われている．100時間の耐久サイクルテストは1991年に終了し，最終ステップとしての300時間耐久のテストが実施されているが何度か途中でトラブルが発生し，そのつど組み換えてテストが続けられている．エンジンテストとして最もよい結果は267時間であった．幸いなことにいずれもセラミック部品から先に壊れた例はなく，それ以外のセラミックス/金属のインタフェース部，位置決めの不備，熱変形などに第一の原因があり，これらを対策しながらさらに300時間達成の努力が続けられている．セラミック部品として最も注目されるタービンロータについては最終的には空力性能と強度信頼性を両立させる必要があるが，空力性能を多少犠牲にした翼枚数20枚のものでは，ブレードチップの接触やハードカーボンの衝突などにも耐えて1000時間の運転実績をもつものもある．また，従来はセラミック部品開発に追われ，エンジン全体性能（燃費，排気特性）はおろそかになっていたが，ATTAPからHVTETSに変更したこともあり，最近ではエンジン性能向上に必要な熱交換器の特性改善，低NO_x燃焼器の開発などにも精力が注がれるようになってきた．とくに燃焼器については，予蒸発予混合方式の開発を進め，その内空燃比を制御するためにポペットバルブ式可変機構をもうけたものを試作し定常試験が実施されている．良否判断には過渡性能の評価も必要であるがいまのところ目標に近い有望なデータが出ている模様である．燃焼器の排気性能目標値をULEV規制値と比較して図5.7.2に示す[5]．

CGTプロジェクトにおいては，各部品の試作，評価実験が続けられており，1994年度末には各要素の性能はそれぞれの中間目標値を達成した．要素を組み

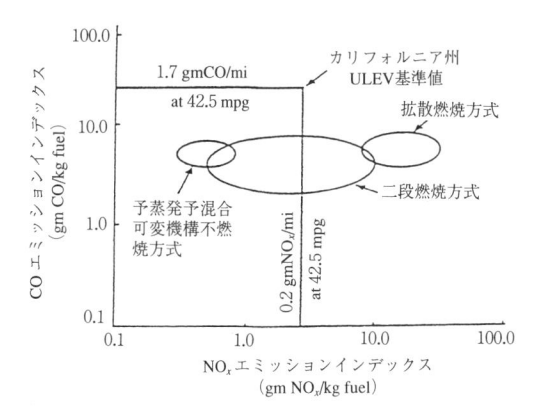

図5.7.2 低公害燃焼器の排気性能目標値[5]

合わせた各種組合せ試験が実施され，エンジンテストがようやく始まったところである．まだ燃費を議論できるレベルではないが，TIT＝1 200℃，回転数10万rpmの機能テストが行われとくに大きな問題は出ていない模様である[6]．図5.7.3に評価中のセラミック静止部品を示す．タービンロータはラジアル式（図5.7.4）で3種類の窒化ケイ素が試みられているが，材料強度に比べ高温でのロータ強度が十分でなく，1 350℃の高温における信頼性確保のため低応力化の検討がなされている．燃焼器は予蒸発・予混合希薄燃焼方式のものが試作され，定常性能試験が行われている．排気性能はNO_xも非常に低いレベルであるが，逆火現象により燃焼範囲が制限される問題があり，その対策が検討されている．

要するにセラミックガスタービンの技術の現状を一口でいえば，部品評価のレベルはそろそろ仮卒業し，ようやくエンジンとして評価できるレベルになってきたというところである．組み合わせて評価した場合には部品単体では問題なかったような問題も新たに出てくるであろうから，今後とも何度か評価結果をフィードバックしながらこれらの評価を繰り返し信頼性の向上を図っていく必要がある．

5.7.3 今後の展望

以上述べてきたように自動車用セラミックガスタービンの研究開発は1970年代初めから開始されすでに25年が経過している．その間セラミックスの適用技術，製造技術は格段に進歩し，1985年には自動車用セラミックターボチャージャロータが世界で初めて実用化され，その信頼性の高さは市場でも立証済みである．ガスタービンは一つの部品だけセラミック化してもエンジンとしてあまり効果が現れないのでターボチャージャのようにすぐに実用化とはいかない面もあるが，その後の技術の進歩も着実に進んでおり一部の部品についてはすでに実力的には実用化できるレベルのものもある．実際に実用化されるか否かは市場原理で決まるわけで，最終的に重要なのは信頼性確保とコストに見合った機能向上であろう．

信頼性とコストについては，上に述べたようにターボチャージャロータが自動車用部品とし商品化されている事実から，あと一歩というところでありある程度の見通しはあるが，いままでセラミックス化によりエンジン性能が本当に向上するという実証がなされていなかった．早くこの点が実証されることが重要である．現在わが国で進められている100 kW CGTプロジェクトは実際にエンジンを試作して，エンジンとしての性能向上を実証することを目標に進められている．また，アメリカのCTEDPでは航空機用APUを用いてセラミックノズル，ブレードの長時間実証テストを実施しており，さらにHVTETSおよびヨーロッパのAGATAでは，排気，燃費の両面からニーズの高いハイブリッド車両用のターボジェネレータとしてセラミックガスタービンの開発が開始されている．これらのプロジェクトの結果はここ数年以内に明らかになる予定であるが，長時間の耐久性，信頼性も問題なく，「セラミックガスタービンは燃費も排気もこんなにすばらしいエンジンだ」という結果が示されることが大いに期待されている．

[伊藤高根]

図5.7.3 評価中の各セラミック静止部品

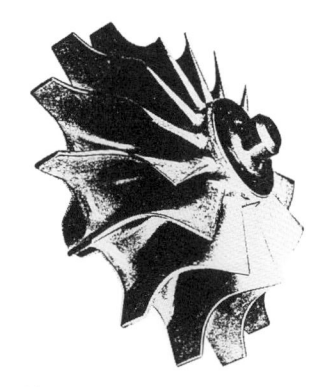

図5.7.4 セラミックタービンロータ

参考文献

1) 伊藤高根:世界の小型セラミックガスタービンの開発動向,日本ガスタービン学会誌, Vol.22, No.87, pp.58-63 (1994)
2) M.L.Easley, et al.: Ceramic Gas Turbine Technology Development, ASME Paper 94-GT-485 (1994)
3) R.Lundberg: AGATA: A European Ceramic Gas Turbine for Hybrid Vehicles, ASME Paper 94-GT-8 (1994)
4) T. Itoh, et al.: Status of the Automotive Ceramic Gas Turbine Development Program, Transactions of the ASME (Journal of Gas Turbine and Power), Vol.115, Jan. (1993)
5) S.G.Benery: Progress on the Advaced Turbine Technology Applications Project (ATTAP), ASME Paper 94-GT-9 (1994)
6) 西山 圓ほか:100kW自動車用セラミックガスタービン—エンジン開発の現状—,日本ガスタービン学会誌, Vol.22, No.87, pp.38-57 (1994)

索引

ア
アイドル速度制御　71
アキュムレータ式パイロット噴射装置　100
アフタバーナ型　50
アルカリ価　130
アルキレーション装置　159
アルキレート　159
アルコール選択還元法　151
アンモニア選択還元法　152

イ
ECE 15　4
ECE 83　4
EGR　126
EGR 制御　100
EGR 率制御　71
EGR 率制御性　129
EHL (Elasto-Hydrodynamic Lubrication)　43
イオンプレーティング　42
イオンプレーティングピストリング　134
異常燃焼　20
異性化ガソリン　159
異性化装置　159
位相変化型　45
一酸化炭素 (CO)　15
インジェクタ　15

ウ
ウェストゲート付きターボ過給機　121
渦室容積比　115
渦流室　114

エ
FEM 解析　132
FEM 感度解析　132
H 無限大最適制御　75
HEUI　105
LQ 最適制御　75
MBT (Minimum advance for Best Torque)　19
MTBE　66, 159
SOF (Soluble Organic Fraction)　84
エアアシスト弁　31
液膜流　15
エネルギー回生　1

オ
オクタン価　21, 64
遅閉じ　45
オゾン遷移委員会 OTC　9
Auto/Oil 大気浄化プログラム　66
オーバブースト　121
オレフィン分　66
温度境界層　21

カ
改質ガソリン　13
火炎核　16
火炎伝播速度　17
火炎の面積　17
化学活性種　16
過給エンジン　119
拡散燃焼　82
学習制御　75
学習補正　71
拡大ゼルドヴィッチ機構　23
確率過程論モデル　82
ガス窒化　42
過早着火　22
ガソリン清浄剤　69
ガソリン無鉛化　68
活性温度　58
過渡的低排出ガス車 (TLEV)　8
過渡補正　71
可燃範囲　16
可燃予混合気　15
過濃燃焼　114
可変気筒数エンジン　47
可変動弁機構　45
可変ノズルターボ過給機　121
可変バルブタイミング　39
可溶有機成分　84
還元反応　50
含酸素化合物 MTBE　13
慣性効果　120

キ
機械損失の内訳　39
気化器　15
気筒数可変機構　45
希薄燃焼　19, 114
揮発性　64
揮発性有機化合物 VOC　7
基本制御　71
逆スキッシュ　82
吸気コントロールシステム　121
吸気絞り　100
吸気絞り損失　24
吸気ポート噴射方式　22

吸気密度法　71
吸気流量法　71
球形燃焼室　33
吸蔵還元方式　59
吸入空気量　119
境界潤滑　131
極圧添加剤　131
局所当量比　82
均一予混合気燃焼　22
金属基複合材料 (MMC)　134

ク
空燃比　15
空燃比制御　71
空燃比センサ　37
クエンチ層　25
クエンチング　136
空気過剰率　16
クロスフロー型積層フィルタ　143
グロープラグ制御　100

ケ
経済成長率　156
軽質直留ナフサ　159
軽油・HC などによる選択還元　150
減圧軽油 FCC　160

コ
光化学スモッグ　3, 4
光化学反応　3
硬質アルマイト化　134
コーディエライト担体　51
コモンレール式ユニットインジェクタ　101
コンケーブカム　94
混合気の層状化　154
コンプレックス　125

サ
最小点火エネルギー　16
最適点火時期　19
サイドフィード型噴射弁　32
サイヤミーズブロック構造　44
ザウター平均粒径　31
Thermal NO　23, 86
サーマルピンチ　118
サーマルリアクタ　50
サルフェート　139
酸化触媒　26, 139
酸化反応　50
産業構造審議会　13
三元触媒　26

索　引

三元触媒装置　9
三元触媒方式　50
O_2センサ　37
残油FCC　160

シ

CAFE規制　12
CCD方式　117
CCD方式ディーゼル燃焼法　84
CFD解析技術　154
CNGエンジン　164
CNG/ガソリン・バイフューエル法　164
CNG専用法　165
CNG，直接噴射（DI）法　167
CNGデュアルフューエル法　165
CNG予混合・火花点火・三元触媒（TWC）法　166
CNG予混合・火花点火・リーンバーン法　166
CPV　94
シーケンシャルターボ　12
自然吸気エンジン　119
失火　41
質量燃焼速度　17
自動車排出ガス規制　4
ジャーク式　93
車載故障診断装置(OBD)　7
斜流タービン　124
13モード　5
10・15モード　5
10モード法　4,5
消炎層　25
浄化ウィンドウ　53
蒸気圧　65
硝酸アルキル　137
小排気量過給エンジン　47
蒸発ガス　3
蒸留性状　64
初期噴射率の低減　96
助触媒　50
シリーズ方式　183
しわ状の火炎　18
シンタリング　53,55

ス

水蒸気改質反応　50
水性ガス反応　50
水素化脱硫　162
スキッシュ　33
スキッシュ流　109
スクリュ式機械過給機　48
Skeletalモデル　86
すす　84
すす前駆体　136
ストローク/ボア比　33
スパイラルポート　118
スプール式噴射システム　101
スワール　19,110
スワール傾き角　29
スワールコントロールバルブ　29

スワール比　28,118
スワール保存性　110

セ

制御装置用電力素子　181
制御ロジック　71
成層燃焼　22
石油消費量　157
セタン価向上剤　137
接触改質ガソリン　64,159
接触改質装置　159
接触分解ガソリン　64,159
セラミックエンジン　125
ゼルドヴィッチ機構　23
ゼロ排出ガス車(ZEV)　9
旋回流　19

ソ

増圧式コモンレール型ユニットインジェクタ　105
総括当量比　82
総括反応モデル　17
層状給気　41
層状給気燃焼　22
相対乱れ強さ　17
層流火炎　18
層流燃焼速度　18
総量規制　3
素反応　17

タ

大気汚染への寄与率　3
耐スカッフ性　132
耐摩耗性　132
ダイレクショナルポート　118
多環芳香族炭化水素　89
多種燃料機関　22
縦渦　19
多弁化　154
ターボインタクーラエンジン　121
ターボ過給エンジン　121
ターボコンパウンドエンジン　124
ターボジェネレータ　190
炭化水素（HC）　15
　　──の巻上がり　97
HCトラップシステム　54
タンジェンシャルポート　118
弾性流体潤滑解析　43
炭素蒸気　89
　　──のクラスタリング　85
炭素粒子　84
断熱火炎温度　82,135
タンブル　19

チ

遅延噴射　82
蓄圧式ユニットインジェクタ　102
CrNイオンプレーティング　134
窒素酸化物（NO_x）　15
NO_x吸着能　60

NO_x触媒（酸素過剰下でもNO_xを浄化する）　37
NO_x総量削減法　5
着火時期センサ　99
中央環境審議会　5
中央公害審議会　5
中間生成物　17
長円ポート　94
超仕上加工　43
超低排出ガス車(ULEV)　8
直接筒内燃焼噴射方式　37
直接分解方式　59
直接噴射式エンジン　109
直接噴射燃焼式　154
直接噴射方式　22
直動式動弁系　43
直留ガソリン　64
直結触媒システム　54

テ

DCブラシレスモータ　180
DPF　141
TICSポンプ　93
TRB燃焼室　110
低温活性触媒　54
低公害車技術指針　6
低公害ディーゼル燃焼構築　154
ディスレス点火方式　35
ディーゼルパティキュレートフィルタ　141
ディーゼル噴霧モデル　154
低速-高速カム切換え型　45
Tig再溶融処理　132
低排出ガス車(LEV)　8
低排出ガス車(LEV)規程　8
低発熱量　17
定容サイクル　19
テイラーのマイクロスケール　17
適応制御　75
デポジット評点　69
点火エネルギー（最小限の）　16
添加剤　69
点火時期制御　71
　　──の遅延　24
電気加熱触媒　54
電子制御ガバナ　93
電子制御式分配型ポンプ　99
電子制御式ユニットインジェクタ　101
電子制御タイマ　93
電子燃料噴射弁　29
電流ヒステリシス制御　182

ト

等圧弁　94
Cuイオン交換/ZEM-5ゼオライト　59
統一車両認証制度 WVTA　9
当量比　16
ドライバビリティ　70
ドラビリ　36
トロイダル燃焼室　109

索 引

ナ
ナトリウム・硫黄電池　177
斜めスワール　27
ナフサ水素化精製装置　159
鉛電池　175

ニ
二色法　128
2ステージカム　100
2スプリングインジェクタ　106
2段開弁圧ノズル　106
二段過給エンジン　125
二段燃焼のコンセプト　88
二段燃焼法　83
ニッケル・カドミウム電池　175
ニッケル・水素電池　175

ネ
熱価　34
熱発生率　17
熱疲労き裂　132
熱分解過程　84
熱面点火　22
燃焼圧センサ　37
燃焼火炎温度　128
燃焼攪乱室　117
燃焼速度　17
燃焼中間生成物　136
燃焼率　17
燃費規制　4
燃費測定法 ECE 84　4
燃費の巻上がり　97
燃料カット領域　78
燃料規制　4
燃料電池　178
燃料噴射圧の高圧化　93
燃料噴射装置
燃料噴射ノズル清浄剤　137
燃料噴射率の制御　93

ノ
濃度制御（時間的空間的な）　83
ノック　19, 20
ノックセンサ　21
ノルマルヘプタン不溶解分　130

ハ
排気ガス　3
排気ガス再循環　126
排気再循環　19
排気再循環法　24
排出ガス耐久劣化係数　8
ハイトップリング化　133
ハイブリッドシステム　1
パイロット噴射　94
パティキュレート　3
パティキュレート堆積量検知システム　148
バーナ再生方式　146

ハ（続）
ハニカム型担体　51
早閉じ　45
パラレル方式　183
バルククエンチ　26
パルスエア逆洗再生システム　147
バルブオーバラップ期間　119
バルブリセス量　119
パワータービン　124

ヒ
PAH　89
PAH生成　85
PAM (Particulate Matter)　81
PWM (Pulse Width Modulation)制御　182
PZTアクチュエータ式ユニットインジェクタ　102
比表面積　32
非メタン系炭化水素の規制　6
非メタン系有機ガス NMOG　8
表面点火　22
ピントルタイプ　31

フ
VOCノズル　108
VVVF (Variable Voltage Variable Frequency)　182
ファイバ積層フィルタ　143
フィルタの再生方法　145
副室式ディーゼル　84
副室式ディーゼルエンジン　109
副室式燃焼室　114
副室方式　22
部分酸化　85
浮遊粒子状物質 SPM　3
Fuel NO　23
プリイグニション　22
プリストローク可変噴射ポンプ　94
フレキシブルフライホイール　43
プログラム生成ツール　75
ブローダウンエネルギー　119
ブローバイガス　3
ブローバイガス還元装置　26
Prompt NO　23, 85
分解速度　23
分配型ポンプ　93
噴霧粒径　31

ヘ
平衡濃度　23
ヘリカルポート　28, 118
ベル形特性　92
ペレット型担体　51
変速スケジュール　70
弁停止機構　45
ペントルーフ型　33

ホ
芳香族分　66
ポストイグニション　22
ポリアセチレン　89

ホールタイプ　31
ポンプ-パイプ-ノズル方式　93

マ
マスキー法　4
慢性過給　119

ミ
ミスファイア　16
乱れ強さ　17
ミニサックノズル　108
未燃混合気　16
脈動効果　120
ミラーサイクル　126
ミラーサイクルエンジン　48
Miller-Bowman の詳細モデル　85

ム
無鉛化燃料　10

メ
メカ駆動式　93
メーカ平均燃費規制　12
メタル担体　52
メタロシリケート　59

モ
モーダル解析　132
モノリス型担体　51
モノリスハニカム型コーディエライトフィルタ　141

ユ
誘導時間　21
誘導モータ　179
ユニットインジェクタ　93
ユニットポンプ　101

ヨ
容積型過給機　126
予混合燃焼　20, 154
予混合燃焼ピーク　128
予蒸発予混合方式　191
予燃焼室　114
ヨーロッパ経済委員会(ECE)　4

ラ
ライトオフ特性　56
ライナレス構造　132
ラジアルタービン　124
ラダーフレーム構造　132
乱流強度　17
乱流燃焼　18
乱流燃焼速度　18

リ
リアルタイムシミュレーション　75
リエントラント型燃焼室　82, 109
リチウムイオン電池　178
リッチスパイク　74

reduced model 85
リード蒸気圧 RVP 13
リフォーミュレイテッドガソリン 66
粒子状物質 PM 3
粒子状物質 81
留出温度 65
粒状型担体 51
流動接触分解装置 159
流動接触分解法 160
理論空気量 16
理論空燃比検出遅れ 75

臨界温度 135
リング張力 41
リングの薄幅化 41
リーンスパイク 74
リーン NO_x 触媒 50
リーンバーン 19

レ

冷却損失 32
0サックノズル 108
04規制 4

レーザ焼入れ 132
列型ポンプ 93
連続再生式プラットフォーミング装置 160
連絡孔 115

ロ

6モード 5
ロックアップ 78
ローラフォロア化 43

自動車技術シリーズ 1
自動車原動機の環境対応技術(普及版) 定価はカバーに表示

1997 年 7 月 10 日　初　版第 1 刷
2005 年 3 月 10 日　　　　第 3 刷
2008 年 8 月 20 日　普及版第 1 刷

編　集　(社)自動車技術会
発行者　朝　倉　邦　造
発行所　株式会社 朝倉書店
　　　　東京都新宿区新小川町 6-29
　　　　郵便番号　162-8707
　　　　電　話　03(3260)0141
　　　　F A X　03(3260)0180
　　　　http://www.asakura.co.jp

〈検印省略〉

Ⓒ 1997〈無断複写・転載を禁ず〉　ショウワドウ・イープレス・渡辺製本

ISBN 978-4-254-23771-9　C 3353　　Printed in Japan

元農工大 樋口健治著

自動車技術史の事典

23085-7 C3553　　B5判 528頁 本体22000円

著者の長年にわたる研究成果を集大成して，自動車の歴史を主にエンジン開発史の視点から，豊富な図表データとともに詳説した。付録には，名車解説，著名人解説，自動車博物館リスト，著名なクラシック・カーのスペック一覧表なども収録。〔内容〕自動車とは何か／自動車の開発前夜／自動車時代の到来／エンジン／特殊エンジン／車種別のエンジン技術／日本車のエンジン／エンジン研究の歴史／パワートレーン／フレームとシャシ／ボディと内外装備品／走行性能研究の歴史／他

前東大 大橋秀雄・横国大 黒川淳一他編

流体機械ハンドブック

23086-4 C3053　　B5判 792頁 本体38000円

最新の知識と情報を網羅した集大成。ユーザの立場に立った実用的な記述に最重点を置いた。また基礎を重視して原理・現象の理解を図った〔内容〕【基礎】用途と役割／流体のエネルギー変換／変換要素／性能／特異現象／流体の性質／【機器】ポンプ／ハイドロ・ポンプタービン／圧縮機・送風機／真空ポンプ／蒸気・ガス・風力タービン／【運転・管理】振動／騒音／運転制御と自動化／腐食・摩耗／軸受・軸封装置／省エネ・性能向上技術／信頼性向上技術・異常診断〔付録：規格・法規〕

中原一郎・渋谷寿一・土田栄一郎・笠野英秋・
辻　知章・井上裕嗣著

弾性学ハンドブック

23096-3 C3053　　B5判 644頁 本体29000円

材料に働く力と応力の関係を知る手法が材料力学であり，弾性学である。本書は，弾性理論とそれに基づく応力解析の手法を集大成した，必備のハンドブック。難解な数式表現を避けて平易に説明し，豊富で具体的な解析例を収載しているので，現場技術者にも最適である。〔内容〕弾性学の歴史／基礎理論／2次元弾性理論／一様断面棒のねじり／一様断面ばりの曲げ／平板の曲げ／3次元弾性理論／弾性接触論／熱応力／動弾性理論／ひずみエネルギー／異方性弾性論／付録：公式集／他

早大 山川　宏編

最適設計ハンドブック
―基礎・戦略・応用―

20110-9 C3050　　B5判 520頁 本体26000円

工学的な設計問題に対し，どの手法をどのように利用すれば良いのか，最適設計を利用することによりどのような効果が期待できるのか，といった観点から体系的かつ具体的な応用例を挙げて解説。〔内容〕基礎編(最適化の概念，最適設計問題の意味と種類，最適化手法，最適化テスト問題)／戦略編(概念的な戦略，モデリングにおける戦略，利用上の戦略)／応用編(材料，構造，動的問題，最適制御，配置，施工・生産，スケジューリング，ネットワーク・交通，都市計画，環境)

産業技術総合研究所人間福祉医工学研究部門編

人間計測ハンドブック

20107-9 C3050　　B5判 928頁 本体36000円

基本的な人間計測・分析法を体系的に平易に解説するとともに，それらの計測法・分析法が製品や環境の評価・設計においてどのように活用されているか具体的な事例を通しながら解説した実践的なハンドブック。〔内容〕基礎編(形態・動態，生理，心理，行動，タスクパフォーマンスの各計測，実験計画とデータ解析，人間計測データベース)／応用編(形態・動態適合性，疲労・覚醒度・ストレス，使いやすさ・わかりやすさ，快適性，健康・安全性，生活行動レベルの各評価)

東工大 伊藤謙治・阪大 桑野園子・早大 小松原明哲編

人間工学ハンドブック

20113-0 C3050　　B5判 860頁 本体34000円

"より豊かな生活のために"をキャッチフレーズに，人間工学の扱う幅広い情報を1冊にまとめた使えるハンドブック。著名な外国人研究者10数名の執筆協力も得た国際的企画。〔内容〕人間工学概論／人間特性・行動の理解／人間工学応用の考え方とアプローチ／人間工学応用の方法論・技法と支援技術／人間データの獲得・解析／マン-マシン・インタフェース構築の応用技術／マン-マシン・システム構築への応用／作業・組織設計への応用／環境設計・生活設計への「人間工学」的応用

上記価格（税別）は 2008 年 7 月現在